冶金工业出版社

普通高等教育“十四五”规划教材

金属力学性能

李 杰　那顺桑　冯运莉　编

北 京
冶 金 工 业 出 版 社
2024

内 容 提 要

本书主要介绍金属材料在外加载荷及环境因素（如温度、加载速率等）联合作用下所表现的变形、断裂等力学行为规律及其物理本质和测试方法。内容涵盖材料在静拉伸载荷下的力学性能、其他静载荷下的力学性能（压缩、弯曲、扭转、剪切、缺口效应、硬度）、金属的变形（弹性变形和塑性变形）、金属的断裂、金属的断裂韧度、变动载荷下的力学性能、材料的磨损与接触疲劳，以及高温条件下的力学性能等。此外，各章后还附有思考题，以便于课后巩固与提高。

本书可作为高等理工科院校材料科学与工程类专业本科生教材，同时也可供材料类专业的研究生及从事材料研究、生产和应用的专业技术人员阅读参考。

图书在版编目(CIP)数据

金属力学性能/李杰，那顺桑，冯运莉编. —北京：冶金工业出版社，2024. 3

普通高等教育“十四五”规划教材

ISBN 978-7-5024-9791-0

Ⅰ. ①金…　Ⅱ. ①李…　②那…　③冯…　Ⅲ. ①金属—力学性质—高等学校—教材　Ⅳ. ①TG113. 25

中国国家版本馆 CIP 数据核字（2024）第 056019 号

金属力学性能

出版发行　冶金工业出版社　　**电　话**　(010)64027926
地　址　北京市东城区嵩祝院北巷 39 号　　**邮　编**　100009
网　址　www. mip1953. com　　**电子信箱**　service@ mip1953. com

责任编辑　王悦青　美术编辑　吕欣童　版式设计　郑小利
责任校对　王永欣　责任印制　禹　蕊
北京印刷集团有限责任公司印刷
2024 年 3 月第 1 版，2024 年 3 月第 1 次印刷
787mm×1092mm　1/16；15. 75 印张；380 千字；241 页
定价 49. 00 元

投稿电话　(010)64027932　投稿信箱　tougao@cnmip. com. cn
营销中心电话　(010)64044283
冶金工业出版社天猫旗舰店　yjgycbs. tmall. com
(本书如有印装质量问题，本社营销中心负责退换)

前　言

根据教育部高等学校专业目录调整精神，金属力学性能是材料类专业必修的核心课程。随着科技的迅猛发展，新的学科和领域不断涌现，其中金属材料领域的力学冶金就是一个典型的例子。力学冶金是研究金属材料在力和外界因素的联合作用下发生行为和性态的学科。学习金属力学性能不仅指导着金属变形和加工的具体实践，还为研究金属在不同作用力下的行为和行为变化规律提供了支撑。除研究不同加载方式对金属材料的影响外，还需要对力学性能指标范围的有效性进行鉴定。同时要对金属在外力作用下的行为与外界条件之间建立正确的关系。对于设计和开发新的合金材料来说，掌握有关材料性能的知识是重要的基础，也是挖掘材料性能潜力的理论基础。

金属力学性能课程是让学生了解金属材料力学性能的一般知识和基本概念，奠定其对材料力学性能物理本质的理论基础。同时，培养学生熟悉力学性能检验的一般方法，将一般力学性能指标转化为工程问题，并建立数据处理能力。我们还希望培养学生利用材料性能知识解决实际工程问题的能力。本教材探索融入思政教育元素，重视培养学生的综合素质。通过将安全意识、职业素养等内容融入教学，引导学生深刻理解诚实守信、爱岗敬业的重要性，以及这些品质与国家基本国情、综合国力、中国梦之间的辩证关系。结合材料专业案例引导学生认识到本专业在国民经济发展中的重要地位，从而实现对学生的价值观塑造、能力培养与知识传授的有机统一。

编写本教材时，我们参考了许多中外文书籍和期刊，在此感谢前人做出的卓越工作，他们的成果是我们不断汲取的知识宝库。尽管我们努力做到精益求精，但书中难免存在不足和疏漏之处，敬请读者批评指正。

编著者
2024 年 1 月

目　　录

0　绪论 …… 1

0.1　材料的概念与分类 …… 1
0.2　材料科学与工程的基本要素 …… 2
0.2.1　材料成分 …… 3
0.2.2　材料结构 …… 3
0.2.3　合成与制备工艺 …… 3
0.2.4　材料性能 …… 3
0.2.5　材料性能与成分、结构、工艺之间的关系 …… 3
0.3　材料的力学性能 …… 4
0.3.1　材料性能的概念 …… 4
0.3.2　材料性能的分类 …… 4
0.3.3　材料力学性能的概念 …… 4
0.3.4　材料力学性能的研究内容 …… 5
0.3.5　材料力学性能的研究目的和意义 …… 6
思考题 …… 7

1　金属在单向静拉伸载荷下的力学性能 …… 8

1.1　拉伸力-伸长曲线和应力-应变曲线 …… 8
1.1.1　拉伸实验 …… 8
1.1.2　拉伸曲线和应力-应变曲线 …… 9
1.1.3　规定非比例伸长应力的测定方法 …… 13
1.1.4　不同材料的应力-应变曲线 …… 15
1.2　真应力-真应变曲线 …… 16
1.3　拉伸试验的相关问题 …… 17
1.3.1　试样的规格、尺寸 …… 17
1.3.2　双向拉伸试验和性能数据的应用 …… 18
思考题 …… 20

2　金属在其他静载荷下的力学性能 …… 21

2.1　应力状态软性系数与应力状态图 …… 21
2.2　压缩 …… 23
2.2.1　压缩试验的特点 …… 24

2.2.2　压缩试验…………………………………………………………… 24
2.3　弯曲…………………………………………………………………… 25
2.3.1　弯曲载荷的作用特点……………………………………………… 25
2.3.2　弯曲试验…………………………………………………………… 26
2.4　扭转…………………………………………………………………… 27
2.4.1　扭转试验的特点…………………………………………………… 28
2.4.2　扭转试验…………………………………………………………… 29
2.5　剪切…………………………………………………………………… 30
2.5.1　单剪切试验………………………………………………………… 30
2.5.2　双剪试验…………………………………………………………… 31
2.5.3　冲孔式剪切试验…………………………………………………… 31
2.6　缺口试样静载荷试验………………………………………………… 31
2.6.1　缺口效应…………………………………………………………… 31
2.6.2　缺口试样静拉伸试验……………………………………………… 34
2.6.3　缺口试样静弯曲试验……………………………………………… 35
2.7　硬度…………………………………………………………………… 36
2.7.1　硬度概念与分类…………………………………………………… 36
2.7.2　布氏硬度…………………………………………………………… 37
2.7.3　洛氏硬度…………………………………………………………… 40
2.7.4　维氏硬度和显微硬度……………………………………………… 44
2.7.5　其他硬度试验方法………………………………………………… 46
2.7.6　硬度与其他力学性能指标的关系………………………………… 49
思考题 …………………………………………………………………… 50

3　金属的变形……………………………………………………………… 51

3.1　弹性变形……………………………………………………………… 51
3.1.1　弹性变形及其物理本质…………………………………………… 51
3.1.2　胡克定律…………………………………………………………… 52
3.1.3　弹性变形的特点…………………………………………………… 55
3.1.4　弹性常数…………………………………………………………… 56
3.1.5　弹性比功…………………………………………………………… 59
3.1.6　弹性不完整性……………………………………………………… 60
3.2　塑性变形……………………………………………………………… 65
3.2.1　塑性变形的方式和特点…………………………………………… 65
3.2.2　屈服现象和屈服点………………………………………………… 67
3.2.3　影响屈服强度的因素及提高屈服强度的途径…………………… 70
3.2.4　形变强化…………………………………………………………… 75
3.2.5　颈缩现象和抗拉强度……………………………………………… 78
3.2.6　屈强比……………………………………………………………… 79

3.2.7 静力韧度 …… 80
思考题 …… 80

4 金属的断裂 …… 82

4.1 金属断裂的类型 …… 82
4.1.1 韧性断裂和脆性断裂 …… 83
4.1.2 穿晶断裂和沿晶断裂 …… 85
4.1.3 剪切断裂和解理断裂 …… 86
4.1.4 正断型和切断型断裂 …… 87
4.2 解理断裂 …… 89
4.2.1 裂纹的形成 …… 89
4.2.2 裂纹的扩展 …… 93
4.2.3 微观断口特征 …… 93
4.2.4 准解理断裂 …… 95
4.3 微孔聚集型断裂 …… 96
4.3.1 韧性断裂的普遍特征 …… 96
4.3.2 微孔的成核和长大 …… 97
4.3.3 微观断口特征 …… 98
4.4 断裂强度理论 …… 99
4.4.1 理论断裂强度 …… 99
4.4.2 断裂强度的裂纹理论 …… 100
4.4.3 断裂理论的意义 …… 103
思考题 …… 104

5 金属的断裂韧度 …… 106

5.1 线弹性条件下的金属断裂韧度 …… 107
5.1.1 裂纹扩展的基本形式 …… 107
5.1.2 应力场强度因子 K_{I} 及断裂韧度 K_{IC} …… 108
5.1.3 裂纹扩展能量释放率 G_{I} 及断裂韧度 G_{IC} …… 119
5.2 断裂韧度 K_{IC} 的测试 …… 121
5.2.1 试样的形状、尺寸及制备 …… 121
5.2.2 测试方法 …… 122
5.2.3 试验结果的处理 …… 123
5.3 影响断裂韧度 K_{IC} 的因素 …… 124
5.3.1 断裂韧度 K_{IC} 与常规力学性能指标之间的关系 …… 124
5.3.2 影响断裂韧度 K_{IC} 的因素 …… 125
5.4 弹塑性条件下金属断裂韧度 …… 128
5.4.1 J 积分及断裂韧度 J_{IC} …… 128
5.4.2 COD 法及断裂韧度 δ_{c} …… 130

思考题…… 132

6　钢的冷脆及冲击韧性 …… 133

6.1　冲击载荷下金属变形和断裂的特点 …… 133
6.1.1　冲击载荷特征与形变速率 …… 133
6.1.2　冲击载荷对弹性变形的影响 …… 134
6.1.3　冲击载荷对塑性变形和断裂的影响 …… 134
6.1.4　静力和冲击作用的区别 …… 134
6.2　冲击弯曲试验和冲击韧性 …… 136
6.2.1　冲击弯曲试验的原理 …… 136
6.2.2　冲击试样断裂过程分析 …… 138
6.2.3　冲击试验的用途 …… 139
6.3　低温脆性 …… 141
6.3.1　低温脆性现象 …… 141
6.3.2　低温脆性的本质 …… 141
6.3.3　低温脆性的影响因素 …… 142
6.4　冷脆的评定方法 …… 147
6.4.1　韧脆转变温度 T_c 及冷脆…… 147
6.4.2　能量法定义 T_c …… 147
6.4.3　断口形貌定义 T_c …… 148
6.4.4　落锤试验法 …… 148
6.4.5　动态撕裂试验法 …… 150
6.4.6　其他低温脆性评定规范 …… 151
思考题…… 152

7　金属的疲劳 …… 153

7.1　金属疲劳现象及特点 …… 153
7.1.1　疲劳载荷的类型 …… 153
7.1.2　疲劳现象及特点 …… 155
7.1.3　疲劳的宏观断口特征 …… 155
7.2　金属的疲劳试验 …… 157
7.2.1　疲劳试验类型及装置 …… 157
7.2.2　疲劳试验 …… 158
7.2.3　疲劳试验结果的统计处理及 *P-S-N* 曲线的绘制 …… 162
7.2.4　疲劳试样 …… 165
7.3　疲劳力学性能 …… 167
7.3.1　疲劳曲线和对称循环疲劳极限 …… 168
7.3.2　抗疲劳过载能力 …… 169
7.3.3　不对称循环疲劳极限与疲劳图 …… 170

7.3.4　疲劳缺口敏感度 …… 172
7.4　影响疲劳强度的因素 …… 174
7.4.1　零件尺寸效应 …… 175
7.4.2　变动载荷频率范围 …… 175
7.4.3　表面状况 …… 175
7.4.4　平均应力 …… 176
7.4.5　合金成分及显微组织 …… 178
7.4.6　使用温度 …… 178
7.4.7　环境介质 …… 178
7.4.8　表层残余应力 …… 179
7.5　疲劳强度与材料基础力学性能之间的关系 …… 179
7.5.1　疲劳强度和抗拉强度之间经验关系 …… 179
7.5.2　疲劳宏观因子和常规力学性能的关系 …… 180
7.6　疲劳机理 …… 180
7.6.1　裂纹的萌生 …… 181
7.6.2　疲劳过程的硬化和软化 …… 181
7.6.3　疲劳裂纹的扩展 …… 182
7.7　疲劳强度设计 …… 182
7.7.1　无限寿命设计法 …… 183
7.7.2　有限寿命设计法 …… 185
7.7.3　复合应力下的疲劳强度设计 …… 187
7.8　疲劳裂纹扩展速率及测试 …… 188
7.8.1　疲劳裂纹速率测定试样及制备方法 …… 189
7.8.2　试验程序 …… 190
7.8.3　试验结果的处理和计算 …… 191
7.9　其他形式的疲劳 …… 193
7.9.1　低周疲劳 …… 193
7.9.2　多次冲击抗力（冲击疲劳） …… 193
7.9.3　热疲劳 …… 196
思考题 …… 197

8　金属磨损和接触疲劳 …… 199

8.1　磨损及磨损类型 …… 199
8.1.1　磨损的概念 …… 199
8.1.2　耐磨性 …… 200
8.2　磨损模型和磨损机理 …… 200
8.2.1　黏着磨损 …… 201
8.2.2　磨粒磨损 …… 204
8.2.3　冲蚀磨损 …… 210

8.2.4 腐蚀磨损 …… 212
8.2.5 微动磨损 …… 213
8.3 磨损试验方法 …… 214
8.4 金属的接触疲劳 …… 215
8.4.1 接触疲劳现象与接触应力 …… 215
8.4.2 接触疲劳破坏机理 …… 219
8.4.3 接触疲劳试验方法 …… 220
8.4.4 影响接触疲劳寿命的因素 …… 220
8.5 摩擦磨损的控制 …… 222
8.5.1 润滑剂的使用 …… 223
8.5.2 摩擦副材料的选择 …… 224
8.5.3 材料的表面改性与强化处理 …… 225
思考题 …… 227

9 金属高温力学性能 …… 228

9.1 金属的蠕变与蠕变断裂 …… 229
9.1.1 蠕变现象 …… 229
9.1.2 蠕变过程中变形与断裂机理 …… 230
9.2 蠕变极限与持久强度 …… 232
9.2.1 蠕变极限及其测定方法 …… 232
9.2.2 持久强度及其测定方法 …… 233
9.2.3 影响蠕变极限及持久强度的主要因素 …… 235
9.3 松弛稳定性 …… 237
9.3.1 金属中的应力松弛现象 …… 237
9.3.2 松弛稳定性指标及其测定方法 …… 237
9.4 其他高温力学性能 …… 239
9.4.1 高温短时拉伸性能 …… 239
9.4.2 高温硬度 …… 239
思考题 …… 240

参考文献 …… 241

0 绪 论

材料，作为人类文明进步的基石，其在人类征服与改造自然的过程中扮演着至关重要的角色。从古至今，每一次材料科学的重大进展都伴随着人类文明的飞跃，从石器时代、陶器时代、青铜时代、铁器时代，到现代的聚合物时代、半导体时代和复合材料时代，每一次材料科学的突破都标志着人类文明的新篇章。它们不仅是物质文明的体现，更是科技进步的驱动力。

随着信息技术和人工智能技术的飞速发展，我们已经迈入了一个全新的时代——数字化时代和智能化时代。在这个时代，材料科学与信息技术、人工智能技术的融合，不仅极大地拓展了材料的应用领域，也为人类社会的发展带来了革命性的变革。首先，新型信息材料，如半导体材料、光电材料等，是信息技术发展的物质基础。它们使得数据存储、处理和传输更加高效，极大地推动了信息技术的进步，为人工智能的发展提供了强大的支撑。其次，人工智能技术的发展，也为材料科学的研究提供了新的工具和方法。通过机器学习和深度学习等人工智能技术，可以预测材料的性能，优化材料的设计，加速新材料的发现和应用。这种技术与材料科学的结合，极大地提高了材料研发的效率和准确性。此外，随着智能制造和3D打印技术的发展，先进材料在制造业中的应用也日益广泛。这些技术能够实现材料的精准加工和高效利用，推动了制造业的转型升级，为社会经济的可持续发展提供了强有力的支撑。

在未来，随着科技的不断进步，材料科学将继续在人类社会发展中发挥着不可替代的重要作用，引领人类社会向更加智能、高效、可持续的方向发展。

0.1 材料的概念与分类

对于“材料”的定义，在学术界并无绝对标准，因为它涉及多个学科领域和应用背景。然而，可以从一个较为广泛接受的角度来理解“材料”：材料是指那些被用来制造物品、构建结构或提供服务的物质。它们可以是自然存在的，也可以是通过人工加工和合成得到的。材料的选择和使用取决于其特定的物理、化学、电学、磁学和机械性能，以及它们在特定环境下的表现。

按照肖纪美先生的定义，材料是指人类社会所能接受、能够经济地制造出有用器件的物质。这一定义被普遍接受，它明确了材料与物质的关系：虽然所有材料都是物质，但并非所有物质都能被称为材料。例如，燃料、化学原料、工业化学品、食物和药物通常不被视为材料。然而，这一界定并非绝对，特定情境下的物质如炸药和固体火箭推进剂，由于其在火炮或火箭中的特定用途，可被归类为“含能材料”。

材料与其他类物质的区别主要体现在以下3个方面：

(1) 环境与资源关系：材料的生产和应用受到资源、能源和环境保护的约束。这意味着，在选择和使用材料时，必须考虑到资源的可获取性、能源的消耗及对环境的影响，即资源判据、能源判据和环保判据。

（2）经济效益：在进行材料的生产和应用之前，必须进行成本分析和经济核算，以确保所选材料能够提高社会的经济效益。这一点强调了经济性在材料选择和应用中的重要性，即经济判据。

（3）技术性能：材料应具备良好的工艺性能，使其能够被加工成有用的器件，同时也应具有满足人类需求的使用性能。这一点涉及材料的质量判据，包括其制造过程的可行性及最终产品的功能性和可靠性。

因此，材料不仅是构成人类社会物质基础的核心元素，其选择和应用还需综合考虑环境、经济和技术等多方面的因素。

材料分类的方法众多，各有特点和适用性。其中，一种常见的分类方式是基于材料的组成、结构和性能特点，将其划分为金属材料、无机非金属材料和高分子材料三大类。

金属材料：包括黑色金属（如铁、钢）、有色金属（如铜、铝）及特种金属材料（如钛合金、高温合金等）。这些材料以其高强度、优良的导电和导热性能广泛应用于各种工程领域。

无机非金属材料：主要包括陶瓷、玻璃、水泥和耐火材料等。这类材料以其高硬度、良好的化学稳定性和低成本等特点，在建筑、化工、电子等领域有广泛应用。

高分子材料：包括塑料、橡胶、纤维等。这些材料以其轻质、易加工、良好的绝缘性能等特点，在日常生活和工业生产中占据重要地位。

值得注意的是，在某些文献或特定领域中，除了上述三大类材料外，还会提及复合材料。然而，在这种分类方式中，复合材料并不被视为一个独立的材料类别，而是由两种或多种不同性质的材料通过物理或化学方法组合而成，以发挥各自的优势并弥补彼此的不足。因此，复合材料更多被视为一种材料的设计策略或技术，而非一个独立的分类。

此外，根据不同的分类标准和应用场景，还可以将材料分为天然材料和人造材料、结构材料和功能材料、传统材料和新型材料等。

0.2 材料科学与工程的基本要素

材料科学与工程是关于材料成分、结构、制备工艺与材料性能之间相互关系的知识开发和应用的学科。换言之，材料科学与工程是要研究材料组成、结构、生产过程、材料性能与使用性能及它们之间的关系。因而常把组成（composition）、结构（structure）、合成/加工（synthesis/processing）、性能及使用效能（properties/perfomance），称为材料科学与工程的 4 个基本要素。把四要素连接在一起，便形成一个四面体，如图 0-1 所示。

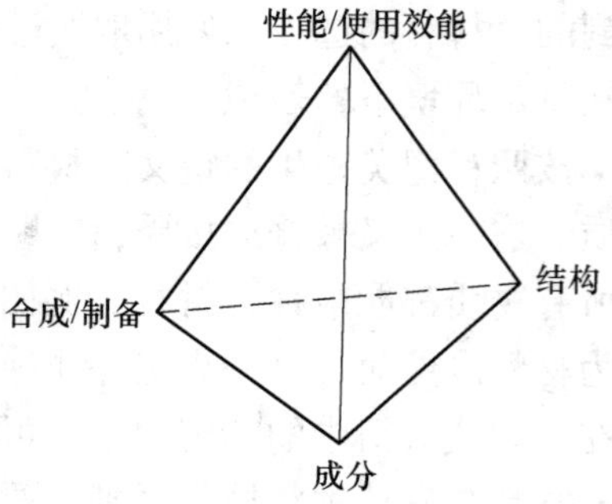

图 0-1 材料科学与工程的基本要素

0.2.1 材料成分

材料成分，即构成材料的基本元素及其组成比例，是决定材料性质和功能的关键因素。不同元素的种类和比例的差异，可以赋予材料从硬度、强度到电导率等多样化的性质。例如，钢的强度和硬度可以通过调整碳的含量来改变；半导体材料的导电性能则可通过掺杂不同的元素来调控。因此，对材料成分的精确控制和研究，构成了材料科学与工程的基础，是设计和制备具有特定性能材料的前提。

0.2.2 材料结构

材料结构的研究分为两个主要层面：晶体结构和组织结构。

晶体结构：晶体结构描述的是材料中原子或分子的空间排列方式，这一结构层面直接影响材料的物理和化学性质。例如，金刚石和石墨都是碳的同素异形体，但由于它们的晶体结构不同，导致硬度、电导性等性质有极大差异。

组织结构：组织结构涉及材料内部的微观结构特征，如晶粒的大小、形状、分布及不同相之间的界面等。这些微观结构的差异，会对材料的宏观性能产生显著影响，如影响材料的强度、耐腐蚀性能等。

0.2.3 合成与制备工艺

合成与制备工艺是材料科学的核心环节，它涉及将原材料通过物理或化学手段转化为具有预期结构和性能的材料的过程。这一过程包括多种技术手段，如熔炼、固相反应、化学气相沉积、溶液生长等。通过精确控制合成条件（如温度、压力、反应时间等），可以实现对材料微观结构的精细调控，从而获得具有优异性能的材料。

0.2.4 材料性能

材料性能指的是材料在特定环境和使用条件下所展现的一系列宏观特性，包括但不限于力学性能（如强度、韧性）、物理性能（如导电性、导热性）、化学性能（如耐腐蚀性）等。这些性能的优劣，直接决定了材料是否能满足特定应用场景的需求。因此，材料性能的研究和测试是材料科学研究中的重要内容，也是材料设计和应用的重要依据。

0.2.5 材料性能与成分、结构、工艺之间的关系

材料性能与其成分、结构和制备工艺之间存在着密切的相互关系。成分决定了材料的基本属性；结构（包括晶体结构和组织结构）决定了材料的微观特性；而制备工艺则影响着材料特定结构的实现。通过深入理解这些关系，我们能够精确控制材料的性能，以满足特定的应用需求。例如，在半导体材料的制备中，通过调整掺杂元素的种类和浓度，可以精确控制材料的电导性；在合金材料的开发中，通过调整合金元素的比例和热处理工艺，可以获得既具有高强度又具有良好塑性的材料。

此外，随着纳米技术的发展，材料科学家们开始能够在原子或分子层面上精确操控材料的结构，从而开发出具有全新性能的纳米材料。这些材料因其独特的尺寸效应、表面效应和量子效应，展现出传统材料所不具备的优异性能，为材料科学的发展开辟了新的

方向。

在实际应用中，通过对材料成分、结构和制备工艺的综合考量和优化，可以设计出满足特定性能要求的材料。例如，在航空航天领域，对材料的轻质、高强和耐高温性能有极高的要求；在电子信息领域，则更加注重材料的电学性能和光学性能。因此，材料科学与工程学科不仅需要深入研究材料的基本理论，还需要不断探索新的材料体系、新的制备技术和新的性能测试方法，以推动材料科学的发展和材料技术的应用。

0.3 材料的力学性能

0.3.1 材料性能的概念

在材料科学与工程的4个基本要素中，材料性能无疑是核心要素之一。对于材料研究者、工程师和设计师而言，深入了解材料在各种条件下的性能表现至关重要。材料的性能，指的是材料在特定外界条件下所展现出的行为特性。这些外界条件包括应力、温度、化学介质、磁场、电场及辐照等。不同的外界条件将导致同一材料展现出各异的性能表现。

0.3.2 材料性能的分类

材料性能可根据其复杂性和应用领域进行分类。

简单性能：主要包括物理性能、力学性能和化学性能。这些性能相对独立，能够直接反映材料的基本特性。

复杂性能：包括复合性能、工艺性能和使用性能。这些性能往往涉及多种简单性能的交互作用，更加贴近材料的实际应用场景。

与材料性能的分类相呼应，还可按材料的性能区分材料，将材料分为结构材料和功能材料。

结构材料：这类材料以利用其力学性能为主，如强度、韧性和耐磨性等，广泛应用于建筑、机械和交通等领域。

功能材料：以利用其物理和化学性能为主，如声、热、光、电、磁和辐射等性能，常用于电子、通信和能源等领域。

0.3.3 材料力学性能的概念

材料力学性能是研究材料在特定环境中，在外力作用下所表现的力学行为。这涉及材料的力学行为（如弹性变形、塑性变形和断裂等）、不同形式的外力作用（如静载荷、冲击载荷和交变载荷等）及不同温度和环境介质条件（如常规大气、海洋大气、化学与电化学腐蚀和磨损等）。材料的力学性能常用材料的力学性能指标来表述，这些指标通过实验测得，用于量化材料的力学行为。

材料力学性能指标是材料在载荷和环境因素作用下抵抗变形与断裂的量化因子。这些指标是评定材料质量的主要依据，也是结构设计时选材的依据。常见的力学性能指标包括：

强度指标：反映材料对塑性变形和断裂的抗力，包括屈服强度、抗拉强度、断裂强度和疲劳强度等。

塑性指标：描述材料在外力作用下发生不可逆的永久变形的能力，如延伸率和断面收缩率等。

硬度：表示材料的软硬程度，常见的硬度指标有布氏硬度、洛氏硬度、维氏硬度、努氏硬度和莫氏硬度等。

韧性指标：反映材料在断裂前吸收塑性变形功和断裂功的能力，如静力韧性、冲击韧性和断裂韧性等。

耐磨性：描述材料抵抗磨损的能力，如线磨损量、质量磨损量、体积磨损量和相对耐磨性等。

疲劳指标：描述材料在循环载荷作用下的性能表现，如疲劳寿命和疲劳强度等。这些指标对于评估材料的长期使用性能至关重要。

除上述给出的力学性能指标之外，还有诸如材料的刚度、形变强化指数、脆性转化温度（NDT、FTP、FTE、FATT 等）、裂纹扩展的能量释放率 G_{I}、裂纹顶端的张开位移 COD、应力强度因子的门槛值（ΔK_{th}、K_{ISCC}等）、等强温度 T 等性能指标。

材料力学性能指标是本课程的核心主线。在学习本课程的过程中，将会在各个章节中遇到不同的力学性能指标，如强度、硬度、冲击韧性和疲劳强度等。通过本课程的学习，要建立起对材料力学性能指标的全面理解，从而能够在实际应用中准确地评估和选择适合的材料。这种能力对于未来从事材料科学相关领域的工作具有重要意义。因此，抓住材料力学性能指标这一主线，是学习本课程的关键所在。

0.3.4 材料力学性能的研究内容

0.3.4.1 材料在各种服役条件下的力学性能

材料力学性能的研究内容广泛，涵盖了材料在各种服役条件下的力学行为，具体可以从以下几个方面进行分类和探讨：

(1) 按材料类型分：研究内容包括金属材料、陶瓷材料、高分子材料、复合材料及纳米材料等不同类型材料的力学性能。每种材料因其独特的化学成分和微观结构，展现出不同的力学行为。

(2) 按试样形状分：研究光滑、缺口和裂纹试样在受力时的力学性能，以模拟材料在实际应用中可能遇到的不同情况。

(3) 按加载条件分：包括静载、冲击载荷和变动载荷等不同加载方式对材料力学性能的影响。

(4) 按环境条件分：探讨温度（低温、高温）、化学介质（如应力腐蚀开裂 SCC、氢致开裂 HIC、化学疲劳 CFC、腐蚀磨损 CW）、中子辐照、液态金属等环境条件对材料力学性能的影响。

(5) 按相对运动分：研究摩擦、磨损等相对运动条件下的材料力学性能。

0.3.4.2 材料力学性能的影响因素

内在因素：包括材料的化学成分、微观结构（如晶体结构、相界面）、冶金质量、内部缺陷（如孔洞、夹杂物）、残余应力等。

外在因素：涉及温度、载荷性质（静载荷、冲击载荷、交变载荷）、应力状态（拉伸、压缩、扭转、弯曲等）、环境介质（如腐蚀介质、湿度）、试样尺寸和形状等。

0.3.4.3 材料力学性能的微观机制

材料力学性能的研究是一个跨学科的领域，它汇集了材料学、物理学、力学、化学、冶金学、金属学、陶瓷学、高分子物理等多个学科的理论与知识。这一领域的研究不仅依赖于对材料宏观性能的观察和分析，更需深入地探讨材料的微观机制，以揭示材料力学性能背后的基本原理。例如，在金属材料的研究中，位错的运动、增殖及其与其他缺陷（如点缺陷）的交互作用是理解材料变形和断裂过程的关键。这些微观过程直接影响材料的强度、韧性和疲劳寿命等力学性能。

在材料力学性能的研究中，只有通过对这些机制的深入研究，才能准确解释材料的宏观行为，明确提高材料力学性能的方向和方法。因此，我们将介绍材料力学性能的微观机制，以及如何通过理解这些机制来指导材料的设计和优化。

0.3.4.4 材料力学性能的测试技术

对材料力学性能的研究是建立在实验基础之上的，而各种力学性能指标均通过实验测定。因此，在材料力学性能的研究中，掌握和理解测试原理及方法显得尤为重要。

深入理解材料力学性能的实验测试技术，不仅有助于我们更准确地评价材料的性能，还能够加深我们对力学性能理论的认识。例如，脆性材料断裂强度的裂纹理论就是在对比材料的理论断裂强度与实际断裂强度差异的基础上提出的。这一理论为我们提供了评估材料断裂行为的重要参考。根据不同的外加载荷和环境条件，常用的材料力学性能测试技术包括：静载拉伸、扭转、压缩、弯曲、硬度测试、低温冲击、平面应变断裂韧性、疲劳、高温蠕变、摩擦磨损等。

0.3.5 材料力学性能的研究目的和意义

正确地使用材料：通过对材料力学性能的深入研究，指导材料的正确选择和使用，确保结构和设备的安全可靠。

评价材料合成与加工工艺的有效性：通过力学性能测试和分析，可以评估材料合成与加工工艺的有效性，进而通过控制和优化加工工艺，提高材料的力学性能。

开发新材料：在材料力学性能理论的指导下，结合新的材料成分、结构设计及加工和合成工艺，可以设计和开发出满足更高需求的新型材料。这对于推动材料科学的发展、满足工业和社会发展的需求具有重要意义。

材料力学性能的研究不仅是材料科学与工程领域的基础，也是实现材料应用和创新的关键。通过深入理解和掌握材料在不同条件下的力学行为，以及这些行为背后的微观机制，我们能够更加科学地选择和使用材料，同时也为材料的改性、优化和创新提供了理论基础和技术支持。

我们国家的材料科学技术正迅猛地发展，材料生产在推动经济运行和基础设施建设中扮演着至关重要的角色。每一位同学都应该深刻理解，作为未来的材料科学与工程专业人才，我们肩负着推动我国成为材料强国的历史使命。我们应立志在国家富强、社会进步的道路上有所作为。这不仅是个人职业生涯的追求，更是对国家和社会的贡献。通过本课程的学习，我们希望同学们能够充分理解并拥抱这份专业使命感，为实现材料强国的理想信念而不懈学习和奋斗。

本章介绍了材料的概念和分类、材料科学与工程的基本要素、材料性能的概念和分类。从材料力学性能的概念出发，讨论了材料力学性能的研究内容、力学性能指标、影响因素、微观机制和测试技术，并指明了研究材料力学性能的目的和意义及其与实际生产生活的关系。

思 考 题

0-1 什么是材料、材料的性能、材料的力学性能？

0-2 试从材料科学与工程的基本要素出发，论述研究材料性能的重要性。

0-3 材料的力学性能有哪些主要性能指标？试说明其各自的物理意义。

0-4 试阐述材料力学性能的主要研究内容。

0-5 研究材料力学性能的目的和意义是什么？

0-6 试举出在日常生活中利用材料力学性能原理的事例，并说明其原理。

1 金属在单向静拉伸载荷下的力学性能

本章将探讨金属在单向静拉伸载荷作用下的力学行为。单向静拉伸是指金属材料在沿着一个方向缓慢、均匀增加的拉伸载荷作用下的变形和断裂过程。在此过程中，金属会经历弹性形变、塑性形变及最终的断裂。

静载荷的特点是载荷施加的速度非常缓慢，以确保试样上的任何变化都可以被精确地测量和记录。在这种条件下，试样的变形和断裂行为仅由载荷的大小决定，而不考虑载荷速率的影响。

本章将重点介绍表征这些力学行为的关键性能指标，如弹性极限、屈服强度、抗拉强度、延伸率等，并详细阐述这些指标的物理意义。此外，还将介绍用于测定这些性能指标的标准测试方法。

1.1 拉伸力-伸长曲线和应力-应变曲线

1.1.1 拉伸实验

金属材料在不同的应力状态下，其力学性能表现出显著的差异。相对于其他试验方法，在单向拉伸条件下进行的测量，结果较为稳定，且具有较高的可比性，这是因为单向应力状态下的试验条件相对简单且易于控制。同时，通过该试验可以获得关键的材料性能指标，并在工程设计和材料选择中提供支持。因此，单向拉伸试验成为了评估金属材料力学性能的标准方法之一，被各国广泛采用，并在各自的国家标准中做了严格规定。

拉伸试验一般采用光滑的圆柱形或板状（横截面为长方形）试件。这种试件设计旨在确保在拉伸过程中，试件主要承受单向应力，从而避免由于试样表面的缺口或裂纹引入的双向或三向应力状态，这些复杂的应力状态会显著改变材料的力学行为。试件的具体尺寸和形状在国家标准《金属材料　拉伸试验　第 1 部分：室温试验方法》（GB/T 228.1—2021）中有明确的规定。以圆柱试件为例，结构如图 1-1 所示，其设计要求试件在拉伸区域具有均匀的直径，以确保应力均匀分布，从而获得准确可靠的力学性能数据。

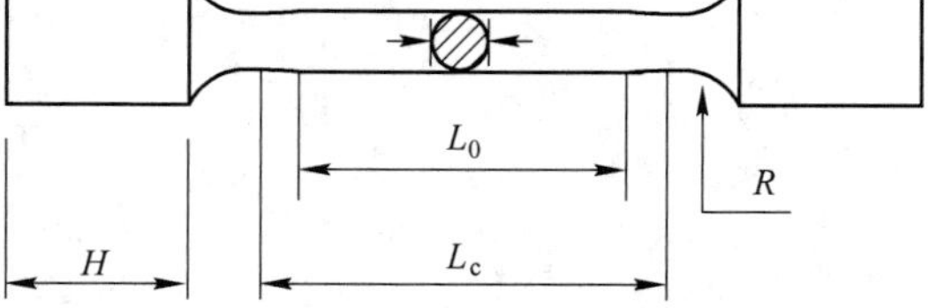

图 1-1　拉伸用的圆柱试样的规格

圆柱试件的结构设计考虑到了实验的可重复性和数据的准确性，试样上不应存在任何缺口和裂纹，以避免引入非预期的应力集中效应，这些效应可能导致试验结果的不确定性增加。通过遵循这些设计原则和测试方法，可以确保拉伸试验结果的准确性和可比性，为金属材料的性能评估和应用提供科学依据。

光滑试件由 3 个部分组成：工作部分长度 L_0（也称为标距长度）、平行长度 L_c、工作部分直径 d_0、过渡部分圆角半径 R（拉伸时会产生应力集中，处理不好会在此断裂）、夹持部分 H（保证把载荷正确地加到工作部分，此部分长度不做要求）。

国家标准《金属材料　拉伸试验　第 1 部分：室温试验方法》（GB/T 228.1—2021）中对试样的截取取向、部位、各种尺寸精度及试样各部位的表面粗糙度等都有明确的规定。这些规定确保了试验的标准化和结果的可比性，是进行科学研究和材料性能评估的基础。

用拉伸实验机拉伸试件，由附加仪器记录拉伸力 F 及其对应的试件标距间长度的绝对伸长量 ΔL 。以 F 为纵坐标，ΔL 为横坐标，做出的 F- ΔL 曲线，称为拉伸力-伸长曲线，也称为拉伸图（曲线）。

1.1.2 拉伸曲线和应力-应变曲线

拉伸试验的基本出发点是给材料施加单向作用力，测定在单一作用力情况下材料具有的一系列性能指标，因此试样截面必须能够实现试验过程中试样承受单向加载作用力。由于试样是具有均匀截面积，所以试样承受的载荷除以试样的截面积，我们称作试样承受的应力［由于从 GB/T 228—2002 版之后的拉伸试验的国家标准开始，逐渐将屈服强度、抗拉强度等用 $R_{0.2}$、R_m（旧国家标准如 GB/T 228—1987 分别表示为 $\sigma_{0.2}$ 和 σ_b）符号表示，而其他标准如疲劳试验等还是采用 σ 表示应力，所以在本章中同时应用两种方法表示应力和强度］，即单位面积上作用的力。以后我们还把它称为工程应力。

我们用一组数据说明材料的拉伸试验的意义及材料强度特性。

将直径 12.8 mm、长度 50.8 mm 的铝合金圆柱体试样的两头夹持在能够轴向均匀移动的夹头之间，施加轴向张力作用，并在不同的作用力水平时记录试样发生的长度变化及对应计算试样中的应力、应变，试验结果汇总在表 1-1 中。

表 1-1 铝合金圆柱体试样拉伸数据

载荷/N	伸长量/mm	计算值	
		应力/MPa	应变
0	0	0	0
4448	0.0254	34.47	0.0005
13344	0.0762	103.4	0.0015
22240	0.127	172.4	0.0025
31136	0.178	241.3	0.0035
33360	0.762	258.6	0.0150
35139.2	2.032	272.3	0.0400

续表 1-1

载荷/N	伸长量/mm	计算值	
		应力/MPa	应变
35584（最大载荷）	3.048	275.8	0.0600
35361.6	4.064	273.7	0.0800
33804.8（断裂）	5.027	262	0.1025

根据这些数据做成曲线，就有图 1-2 的形式，称为应力（载荷除以试样原始截面积作为纵坐标）-应变（试样伸长量除以原始标距长度作为横坐标）曲线。应力-应变曲线纵坐标单位一般用 MPa 表示，横坐标用%表示。应力-应变曲线方便之处是可以从曲线上直接读出材料的力学性能指标，例如弹性极限（规定非比例伸长应力=规定非比例延伸强度）、屈服强度、抗拉强度、断裂强度，在操作精确的情况下我们可以直接测量材料的弹性模量。当然这些数据的计算有一个基本条件，那就是将施加在试样上的外力除以试样原始截面积 A_0。

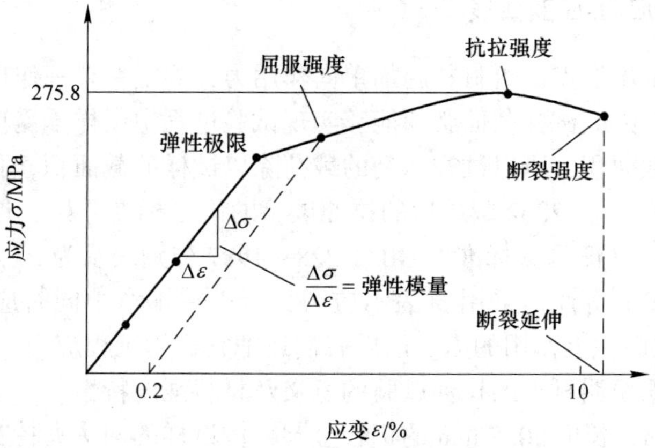

图 1-2 根据表 1-1 的数据绘制的应力-应变曲线

上述的那些应力计算公式如下：

工程应力：

$$\sigma = \frac{F}{A_0} \tag{1-1}$$

真应力：

$$S = \frac{F}{A} \tag{1-2}$$

工程应变（延伸率）：

$$\delta = \frac{l - l_0}{l_0} = \frac{\Delta l}{l_0} \times 100\% \tag{1-3}$$

断面收缩率：

$$\Psi = \frac{A_0 - A}{A_0} \times 100\% \tag{1-4}$$

式（1-1）所表示的工程应力可以采用不同变形程度的应力与原始截面积的比值来分别表征具有不同意义的临界应力。

这些应力的计算公式如下：

规定非比例伸长应力（残余应变偏离比例应变达到0.005%的应力）；相应的还可以有 $R_{0.01}$，$R_{0.005}$等根据不同的残余应变可以对应过去的比例极限、弹性极限或者屈服极限等指标（见图1-3）。

$$R_{0.005} = \frac{F_{0.005}}{A_0} \tag{1-5}$$

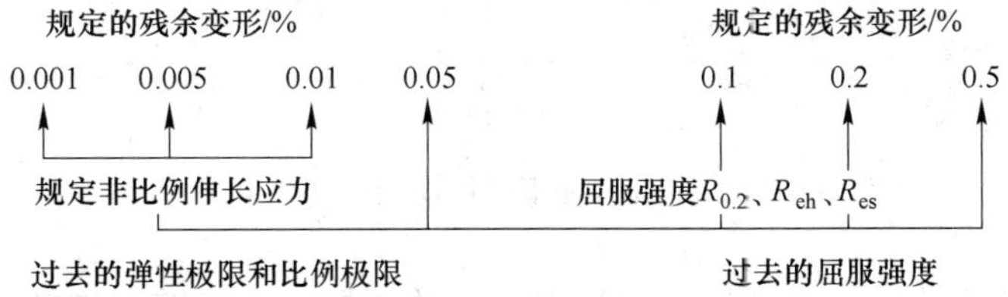

图1-3　不同的规定残余变形与对应的强度指标关系

像低碳钢这样的材料会出现图1-4所示的拉伸曲线，屈服变形明显，出现在 h 点之后，应力不增加的情况下变形继续增加，图1-4的 h 点和 s 点，分别称为上屈服点和下屈服点。

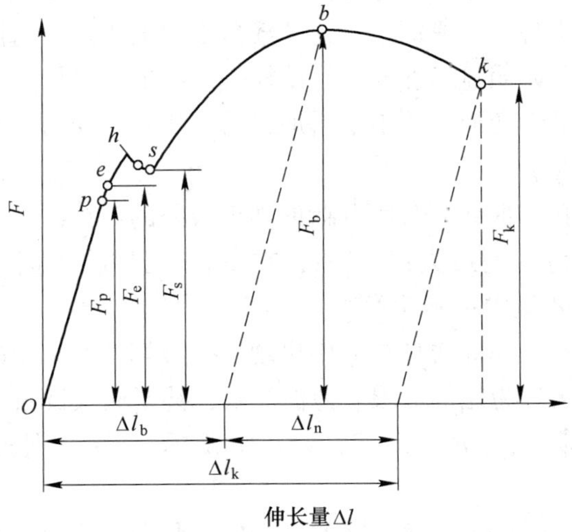

图1-4　低碳钢拉伸曲线

上屈服点应力：

$$R_{eh} = \frac{F_h}{A_0} \tag{1-6}$$

下屈服点应力：

$$R_{es}=\frac{F_s}{A_0} \tag{1-7}$$

这些表达式中的符号的意义如图 1-5 所示。

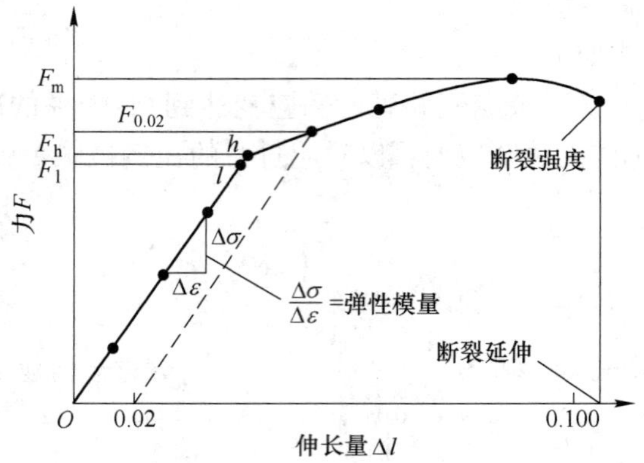

图 1-5　得到各种不同性能指标的示意图

选取适当尺寸的试样，或者加工成规定尺寸的试样，在能够施加轴向载荷的设备上进行轴向拉伸，这样的试验称为拉伸试验。这样的试样，在比较细的线材、棒材上直接按原始直径截取试样，原料比较粗大时加工成规定尺寸的试样。

下面结合低碳钢拉伸曲线（见图 1-4）说明各个不同载荷的物理意义。

F_p比例极限载荷：试样伸长随载荷成正比，保持直线关系的最大载荷。

F_e弹性极限载荷：开始产生微量塑性变形的载荷。F_e与 F_p很接近。

F_s屈服：拉伸图上出现平台或锯齿，这种载荷不增加或减少的情况下，继续伸长的现象为屈服。屈服后金属开始明显塑性变形，试样表面出现滑移带。

形变强化：屈服后继续变形，须不断增加载荷。随着塑变的增大，抗力不断增大的现象为形变强化（加工硬化）。

F_b强度极限载荷：拉伸曲线上最大载荷的强度极限的载荷。

集中塑性变形：载荷达到最大值 F_b后，在试样某部位截面开始急剧缩小，出现了“颈缩”，以后的变形主要集中在颈缩附近。

F_k断裂载荷：指材料在单向拉伸试验中出现断裂破坏时所承受的最大载荷。

对应这些载荷，过去称为比例极限、弹性极限，甚至屈服极限等指标可以参照式（1-5）表示为 $R_{p0.001}$、$R_{p0.005}$或者 $R_{e0.01}$、$R_{0.2}$等。下角标 p、e 分别表示“比例”“弹性”之意。

σ_b（R_m）抗拉强度（五大力学性能指标之一），同样参照式（1-8）计算得到。它在拉伸曲线上是均匀塑变和集中塑变的分界点（图 1-4 中的 b 点），是材料能承受的最大拉应力，是工程设计、材料研究和材料选择的主要依据之一。

$$R_m=\frac{F_m}{A_0} \tag{1-8}$$

S_k断裂强度：由断裂载荷除以试样断裂处的截面积得到。其他塑性指标分别按照式（1-3）、式（1-4）计算得到。

需要注意的是，一般金属材料都有弹性变形阶段，而其他部分可能有也可能无。弹性变形与塑性变形之间没有绝对的分界点，这些在后面的章节详细讲解。

1.1.3 规定非比例伸长应力的测定方法

在 GB/T 228—2002 版国家标准开始将过去很多（诸如比例极限、弹性极限，甚至屈服极限）强度指标转化为规定非比例伸长应力（延伸强度），其对应的残余变形范围如图 1-3 所示。

规定非比例伸长应力的测定方法在国家标准中做了详细的规定。下面介绍两种测定方法。

1.1.3.1 拉伸试验法确定规定非比例伸长应力

规定非比例伸长应力用拉伸方法测定有几种方法，其中主要采用“逐级施力法”。

试验采用标准比例试样、引伸计和相应的力测量记录装置。

举例说明如下：

试样尺寸：直径 10 mm，标距长度 50 mm。试样夹在试验机夹头，安装引伸计（见图 1-6）。

在测定规定非比例伸长应力之前，估计材料的比例极限 R_p（或者称为比例延伸强度），现估计其为 600 MPa。具体测定方法是：取估计的比例极限的 10%的载荷为初载荷 F_0，即：$F_0 = 10\% \times A_0 \times R_p = 0.1 \times 78.5 \times 600 = 4710$ N，取整为 5000 N。

材料试验机施加初载荷 5000 N，在加初载荷状态将引伸计标定为零。引伸计的每一格为 0.002 mm。

然后将估计比例极限的 80%的载荷分四级依次施加。

$0.8R_p = 600 \times 0.8 \times 78.5 = 37680$ N，取 37000 N。四等分，则每一级 $(37000-5000)/4 = 8000$ N。其中第四级载荷还分为若干小等级——每一级增加 25 MPa 左右。小等级载荷 $= 25 \times 78.5 = 1960$ N，取 2000 N。

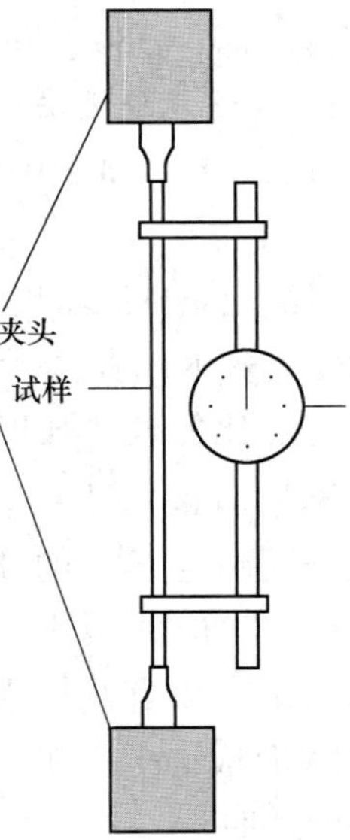

图 1-6 试样夹持和安装引伸计

如果要测定非比例伸长量是 0.01%的延伸强度，即 $R_{p0.01}$，所要求的引伸计伸长量为：

$$50 \times 0.01\% = 0.05 \text{ mm}$$

由于引伸计的每一格变化为实际伸长 0.002 mm，所以引伸计要转动 0.005/0.002 = 2.5 格，才能引起试样 0.05 mm 的伸长。

在施加载荷的同时精确测量试样的伸长量。试验数据见表 1-2。

表 1-2 试验数据

载荷/N	5000	13000	21000	29000	37000	39000	41000	43000	45000	47000	49000
引伸计读数/格	10	22.5	34.5	46.0	58.0	61.0	64.0	67.5	71.5	77.5	86.0
读数增量/格	0	12.5	12.0	11.5	12.0	3.0	3.0	3.5	4.0	6.0	8.5

由表 1-2 数据计算弹性范围内小等级载荷引起的平均伸长量 Δl 。数据说明，在 41000 N 载荷之前，伸长量和载荷之间满足线性关系。载荷从 5000 增加到 41000，伸长量从 10 格增加到 64 格。所以小等级载荷引起的伸长量 $\Delta l = (64-10)/[(41000-5000)/2000] = 3.0$ 格，也就是说，每 2000 N 载荷增量引伸计伸长 3 个格。

对数据的分析说明，载荷超过 41000 N 之后伸长量和载荷之间偏离线性关系。偏离长度达到 2.5 格的载荷是 45000 N（41000 N 偏离 3 格；45000 N 偏离了 4.0 格；而到 47000 N 时引伸计格数为 77.5，比应该有的数据 73 格偏离了 4.5 格，比 2.5 大得多了）。因此应该选 45000 N。但是这个 45000 N，还不是精确值 $R_{p0.01}$。这个精确值可以用内插法得到。根据偏离线性关系的载荷范围，这个值应该在 45000 至 47000 之间。因为这个力值之间引伸计偏离格数是 1.5~4.5。所以这个阶段引伸计每格的载荷增量 = (47000−45000)/(4.5−1.5) = 666.7 N/格。45000 N 时只偏离 1.5 格，再偏离一格应该增加 666.7 N。所以对应载荷是 45000+666.7 = 45667 N。

因此修正后的 $R_{p0.01} = 45667/78.5 = 581.7$ MPa。

修正后 $R_{p0.01} = 580$ MPa。

1.1.3.2　逐步逼近法确定规定非比例伸长应力

这个方法在拉伸试验中曲线比较精确并且可能没有明显的弹性直线段的情况下适合采用。

下面以测定条件屈服极限 $R_{0.2}$ 为例说明。

在图 1-7 所示的曲线上估计至少超过规定非比例延伸强度的某一值 $F_{0.2}^{0}$，对应曲线上的 A_0 点。然后在曲线上分别确定 $F_{0.2}^{0}$ 的 0.1 倍和 0.5 倍的点，对应曲线上 D_1 和 B_1 点。过这两个点作直线，然后从原点沿水平方向取 OC 长度，等于规定延伸长度，即：

$$OC = 0.2\% L_0 n$$

式中，L_0 为试样的标距长度；n 为所作曲线（见图 1-7）的放大倍数。

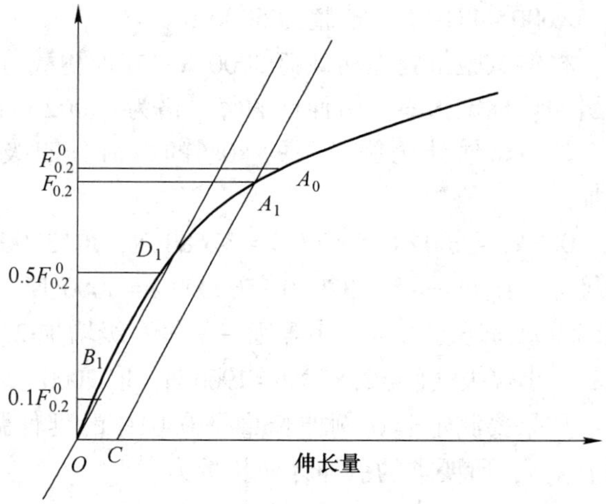

图 1-7　逐步逼近法确定规定非比例伸长应力示意

然后过 C 点作直线 CA_1，平行于 D_1B_1，交曲线于 A_1。如果 A_1 点与 A_0 点重合，$F_{0.2}^{0}$（当然也是 $F'_{0.2}$）就是规定非比例伸长应力。如果不重合，再取 $F'_{0.2}$ 的 0.1 倍和 0.5 倍的载荷，以及对应的点 D_2B_2，连接这两个点作直线，过 C 点作这个直线的平行线，与拉伸曲线相交于 A_2 点，得 $F_{0.2}^{2}$，看是否与 A_1 点重合，如果重合，这个载荷便是。如果不重合，继续相同的操作直到第 A_n 次交点 A_{n-1} 次交点重合。则 A_n 次的力 $F_{0.2}^{n}$ 为造成规定非比例延伸 0.2%的力。那么 $R_{0.2} = \dfrac{F_{0.2}^{n}}{A_0}$，$A_0$ 是试样的原始截面积。

这样得到的 D_nB_n 曲线的斜率可作为确定其他规定非比例伸长应力的基准斜率，以此斜率分别测定 $R_{p0.01}$、$R_{p0.1}$、$R_{p0.05}$ 等。

当然这个斜率也可以作为材料弹性模量的参考值。

1.1.4 不同材料的应力-应变曲线

退火的低碳钢的拉伸曲线具有非常典型的特征（见图 1-4），以此为例说明曲线上不同变形阶段和曲线的划分。

拉伸过程中金属的变形可分为 4 个阶段：

（1）弹性变形（*Oe* 段）：曲线基本上是直线，应力-应变之间呈线性关系。

（2）屈服（*hs* 段，塑性屈服）：金属开始发生塑性屈服（发生不可自行恢复的永久变形），是从局部位置个别晶粒（达到临界分切应力的晶粒）开始，所以是非均匀变形。

（3）均匀塑性变形（*sb* 段）：随应力的增大，试样整体发生均匀变形。

（4）不均匀集中塑性变形（*bk* 段，即“颈缩”现象）：曲线上表现为应力下降的情况下变形继续进行，至 *k* 点断裂。

需要指出的是，塑性阶段仍然伴随弹性变形，只是此时外观上表现出不可逆的塑性变形。弹性变形在拉伸过程中具有全局性，这在后面“金属的变形”章节中还会强调。

不同材料的曲线差别很大，有些材料只有弹性变形阶段，如陶瓷和淬火高碳钢；有些材料没有不均匀的塑性屈服阶段，如有色金属。不同材料的拉伸曲线如图 1-8 所示。

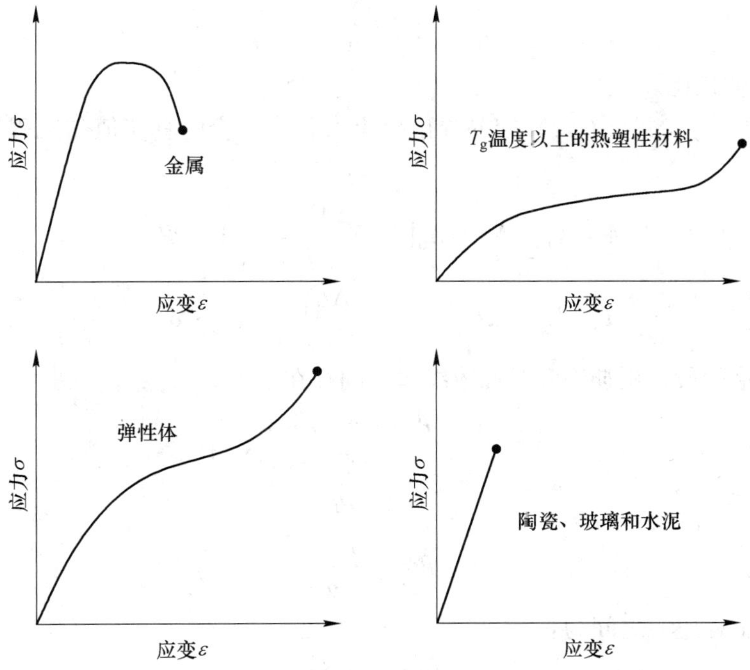

图 1-8 不同材料的应力-应变由线

1.2 真应力-真应变曲线

正如1.1节所述，试样承受载荷开始变形以后，由于试样的尺寸与其原始值相比已有改变，实际试样每单位面积承受的应力不同于式（1-1）计算的结果。对这部分的工程应力-应变曲线必须谨慎地加以诠释。使用真实应力 $S=F/A$，而不是工程应力 $\sigma(R)=F/A_0$，可以更直接地度量材料在塑性流动范围内的响应。与真实应力相对应的常用的应变度量方法，则是取应变的增量为位移的增量除以当前的长度：dL/L 通常称此为“真实”应变或“对数”应变。钢的真应力-真应变曲线如图1-9所示。

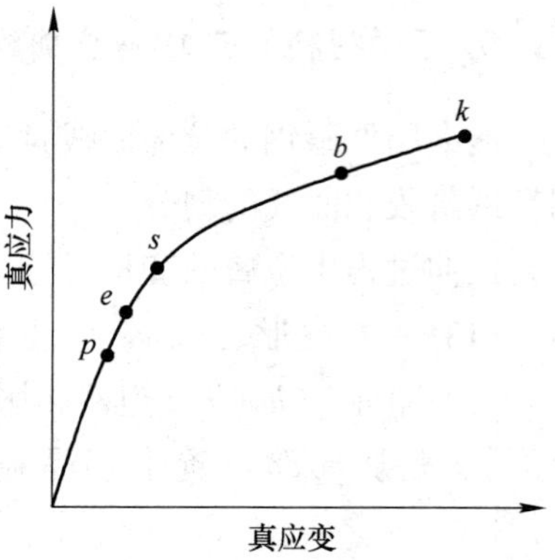

图1-9 钢的真应力-真应变曲线

在屈服及随后的塑性流动期间，材料流动引起的体积改变可忽略不计，因为长度增加的影响被横截面面积的减小抵消了。在颈缩前，应变沿整个试样长度仍旧是相同的，体积不变的约束条件可写成：

由于

$$dV = 0 \tag{1-9}$$

所以

$$AL = A_0L_0$$

即

$$\frac{L}{L_0} = \frac{A_0}{A} \tag{1-10}$$

L/L_0 比值称为伸长比。

应用式（1-11）、式（1-12）容易导出拉应力和拉应变的真实值与工程测量值之间的关系：

$$A = A_0 - \Delta A = A_0\left(1 - \frac{\Delta A}{A_0}\right) = A_0(1 - \Psi) \tag{1-11}$$

$$L = L_0 + \Delta L = L_0\left(1 + \frac{\Delta L}{L_0}\right) = L_0(1 + \delta) \tag{1-12}$$

在均匀变形阶段，延伸率和断面收缩率之间存在如下关系：

$$(1 - \Psi)(1 + \delta) = 1$$

$$\delta = \frac{\Psi}{1 - \Psi} \tag{1-13}$$

$$\Psi = \frac{\delta}{1 + \delta} \tag{1-14}$$

真应力与工程应力之间为：

$$S = \sigma(1 + \delta) \tag{1-15}$$

真应变则是每一时刻的伸长 dl，对于原始长度的比值。所以累加起来：

$$\int_{L_0}^{L_k} \frac{dL}{L_0} = \ln \frac{L_k}{L_0} = \ln(1 + \delta) \tag{1-16}$$

式中，L_k 是图 1-4（或图 1-9）中 k 点对应的试样长度。

1.3 拉伸试验的相关问题

1.3.1 试样的规格、尺寸

试样的截面积必须是均匀的（缺口拉伸试验的试样除外）。这样拉伸载荷作用沿试样全长均匀分布，能够正确测定试样的各种性能指标。对于截面积不同大小的试样如螺纹钢筋，要按照直径对应的公称（理论）截面积计算载荷。对于厚度特别小的薄板，由于试样制备时的剪切过程造成边缘的厚度变化，容易造成测量误差。所以应该采用千分尺这样的工具测量其厚度，而不用卡尺。

试样在拉伸时的延伸，在拉伸曲线上当载荷达到 F_b（见图 1-4）点时，试样继续伸长而外力则不断降低，这就是刚才提到的最后的不均匀变形。这个时候，试样上出现局部地方变细，其他地方不变形的情况。式（1-3）表示的伸长数据自然包括了均匀变形和不均匀变形两部分，所以将变形划分为均匀变形和非均匀变形。

有人做了非常详细的研究：将不同直径的线材制成许多不同长度的试样，分别进行拉伸试验，并将结果绘制成试样的延伸率和试样长度之间的关系曲线（见图 1-10 和图 1-11）。

拉伸试样结果说明了两个问题：（1）不同直径的试样，随试样的长度增加，延伸率是不断减小的；（2）试样截面积越大延伸率越大。截面积为 24 mm^2 的试样在长度为 200 mm 时得到的延伸率与截面积为 6 mm^2 的试样在 50 mm 长度时得到的延伸率相等，如图 1-11 所示，注意横坐标的增加方向是自右至左。

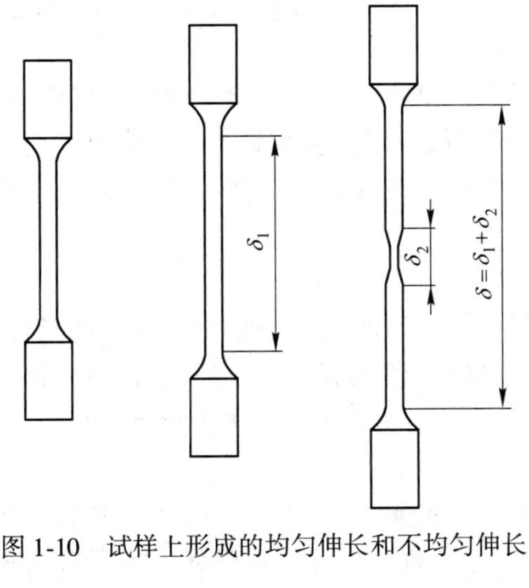

图 1-10 试样上形成的均匀伸长和不均匀伸长

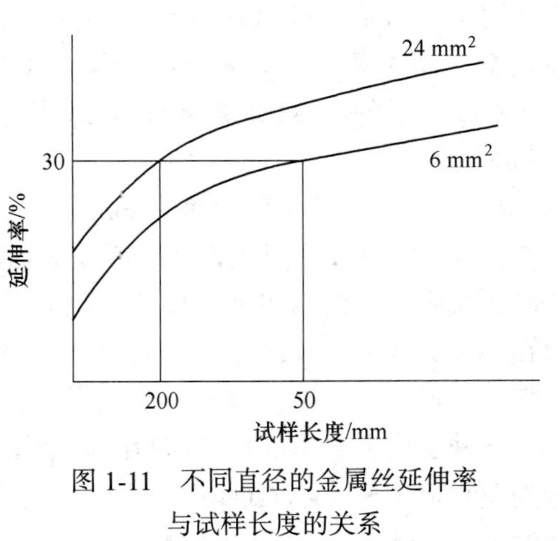

图 1-11 不同直径的金属丝延伸率与试样长度的关系

如果把试样的总伸长量表示成均匀变形伸长量ΔL_1和非均匀变形伸长量ΔL_2的和，则

$$\Delta L = \Delta L_1 + \Delta L_2$$

试验证明，其中均匀变形伸长量ΔL_1主要与试样的原始长度有关，可以表示为：

$$\Delta L_1 = al_0$$

非均匀变形伸长量ΔL_2则与试样的截面积有关：

$$\Delta L_2 = b\sqrt{A_0}$$

式中，a 和 b 为材料常数。

如果：
$$\delta = \frac{\Delta L}{l_0}$$

则有：
$$\delta = \frac{\Delta L}{l_0} = a + b\frac{\sqrt{A_0}}{l_0}$$

这个结果说明，δ_k 值除决定于材料自身外，还与 $\sqrt{A_0}$ 成正比，与 l_0 成反比。为了使 $\sqrt{A_0}$ 和 l_0 的影响归一化，必须保证试样的 $l_0/\sqrt{A_0}$ 比值是个常数才可以。所以进行拉伸试验的试样在国家标准和国际标准中都明确规定，试样原始截面积 A_0 和试样标距长度 l_0 之间要保持一个特定的比例：规定 $l_0/\sqrt{A_0}$ 等于5.65或者11.3。对于圆柱体试样，刚好是长度为直径的5倍或者10倍，称为比例试样，并且分别称为短试样和长试样。$l_0/\sqrt{A_0}$ 等于5.65时，δ_k 记为 δ_5，这时 l_0 称为短标距；$l_0/\sqrt{A_0}$ 等于11.3时，δ_k 记为 δ_{10}，这时 l_0 称为长标距。采用标距测得 δ_k 有可比性。

如果被试验材料不能制作比例试样，可以制作非比例试样，其延伸率值要按照国家标准进行换算，否则必须报告样品尺寸，不报告样品尺寸而给出的非比例试样的 δ_k 值与别人的测得值之间无比较意义。

1.3.2　双向拉伸试验和性能数据的应用

1.3.2.1　双向拉伸试验

在不同的工程领域，有时候为了考察材料在不同应力状态或双向应力状态下的静载力学性能，采用双向拉伸试验和相关试样。

典型的双向拉伸试样有图1-12所示的几种形式。这样拉伸的主要目的当然是考察材料在双向应力状态下的抵抗断裂和抵抗变形的能力。试样的这种形式也是为了应力均匀分布。拉伸试验装置如图1-13所示。试验结果分别以 x 方向和 y 方向强度指标表示。

1.3.2.2　拉伸试验数据的应用

试验得到的试样延伸率的数据是表面光滑、截面均匀的小试样在特定条件下的指标，不同于实际构件的真实延伸性能。例如某钢材试样的延伸率是20%，这个钢材制成钢丝架在相距200 m的江两岸，那么这个钢丝受拉伸载荷发生断裂时绝不可能延伸40 m，也许只能延伸1~2 m或者更少。构件尺寸越大，性能指标越低。

各种手册上给出的拉伸试验的数据往往是若干试样的统计平均值，一个有具体性能指标的材料加工成10个试样进行同样的拉伸试验，则这个数据中可能出现强度指标有10%的波动、塑性指标有20%的波动、冲击指标可能出现50%的波动、疲劳指标可能出现

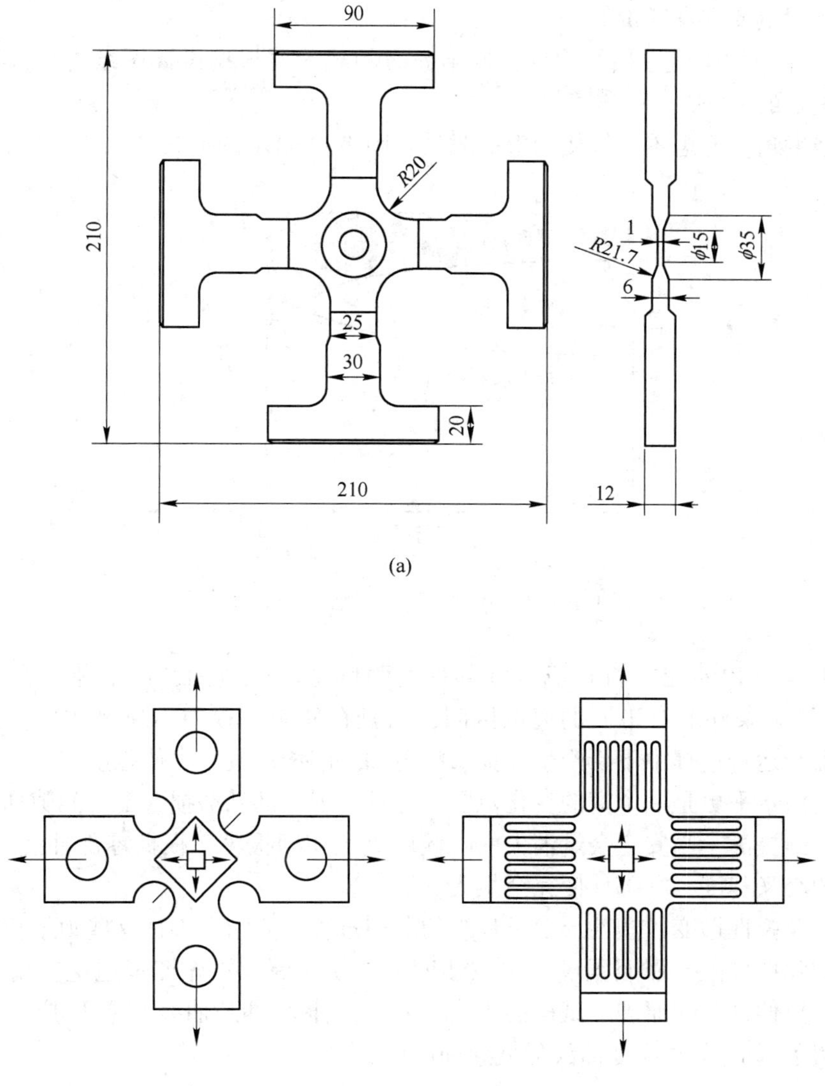

图 1-12 几种形式的十字试样

（a）典型的板材试样；（b）带过度圆角的十字试样；（c）开槽的十字试样

80%的波动的现象，这是完全正常的，所以对于各种手册给出的数据要批判地使用。

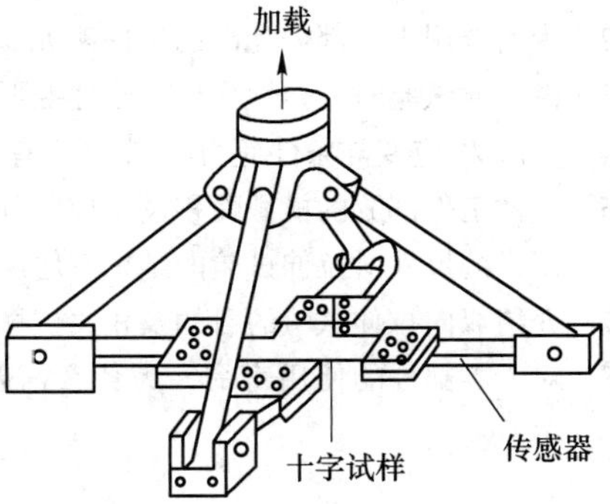

图 1-13 十字试样拉伸装置

金属的抗拉强度是拉伸试验中最大载荷 F_m 除以试样的原始截面积得到的商，因为多数试样在断裂时已经发生了塑性变形，这个载荷是个名义应力。该数据有两个方面的意义：

（1）对于金属材料，抗拉强度表征了金属原子之间结合强度的信息，所以抗拉强度试验数据往往比较稳定，分散度小。这对于不同合金的研究或应用来讲具有很重要的参考价值。

(2) 对于只按强度考核的构件，发生断裂的载荷要根据设计图纸进行计算，所以强度指标是重要的。

仅从强度角度考虑零部件使用寿命时具有图 1-14 所示的形式。

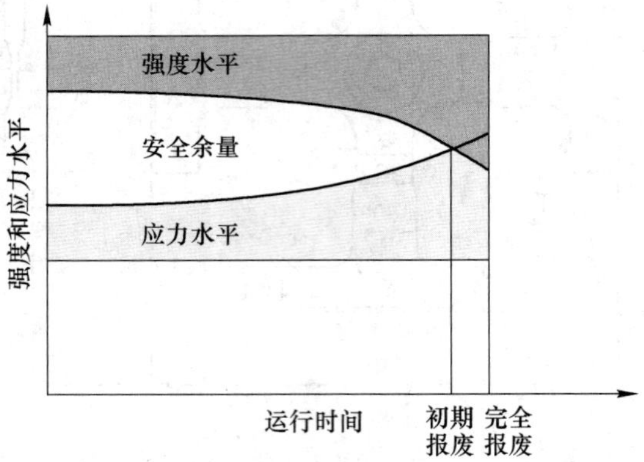

图 1-14　零部件强度、应力水平和使用寿命

由图 1-14 可以看出，材料或者零部件的强度是一个范围，这个范围在不同材料和(或) 不同试验条件下有不同的离散区间，而且在使用过程中不断离散化，并且不断降低，这是由于运行过程中不断产生磨损、疲劳和缺陷增加或集中使强度变化；其次，零部件承受的应力水平更是一个宽的变化范围，并且也因零部件磨损、配合间隙加大等原因在离散化和不断提高。当安全余量消失的时候就进入初期报废，根据零部件使用条件不同，达到一定的交叉程度，零部件便完全报废。

本章涉及弹性形变、塑性形变及最终的断裂过程；介绍了表征这些力学行为的关键性能指标，如弹性极限、屈服强度、抗拉强度、延伸率等，并详细阐述这些指标的物理意义；讨论了拉伸试验的原理、试样的规格尺寸、拉伸力-伸长曲线和应力-应变曲线等相关内容；介绍了真应力-真应变曲线的概念和应用。

思 考 题

1-1　为什么在单向静拉伸试验中要求试样具有均匀的截面积且表面光滑？这对试验结果有何重要意义？

1-2　为何选用工作部分光滑的试件测 $R_{0.2}$？

1-3　做拉伸试验时，弹性变形与塑性变形之间是否有确切分界点？

1-4　真应力-应变与条件应力-应变之间有何差异？有何内在联系？

1-5　试件工作部分的横截面积及工作部分长度对 δ_k 值有何影响？

1-6　试样的尺寸对拉伸试验的结果有何影响？为什么要保持试样的特定比例？

1-7　介绍双向拉伸试验的目的及相关试样形式，并分析其应用价值。

1-8　对于零部件的使用寿命，为什么需要考虑材料或者零部件的强度和应力水平？简要说明二者的关系。

2 金属在其他静载荷下的力学性能

在讨论材料力学性能的概念时，我们知道它是指材料在一定环境中，在不同形式的外力作用下所展现出的力学行为。其中不同形式的外力作用，包括载荷性质的不同，也包括应力状态的不同。本章旨在探讨金属材料在不同应力状态的外力作用下所呈现的截然不同的力学行为。在第1章中，我们讨论了金属在单向静拉伸载荷下的力学性能。然而，在实际生产中，机械和工程结构中的材料或零件往往承受压缩、弯曲、扭转、剪切等多种作用方式，在这些加载方式下，金属材料的力学性能与拉伸加载有明显的差别。因此，在研究金属材料在常温静载荷下的力学性能时，除了采用单向静拉伸试验方法外，还需要选用压缩、弯曲、扭转等不同的试验方法。这些方法的选择有以下两个目的：

（1）许多机件或工具在实际服役时常承受弯矩、扭矩或轴向压力的作用，或其上有螺纹、空洞、台阶等引起应力集中的部位，因此需要测定相应承载条件下的力学性能指标，以便为设计和选材提供依据。

（2）不同的加载方式将在试样中产生不同的应力状态，而金属材料在不同应力状态下所表现的力学行为不完全相同，不同应力状态下获得的力学性能不能相互替代。因此选用不同应力状态的试验方法能够更全面地了解金属材料的力学性能，为工程应用提供理论指导。

本章将首先介绍应力状态软性系数的概念，然后介绍压缩、弯曲、扭转、剪切和缺口静拉伸等试验方法及其测定的主要力学性能指标。硬度是衡量材料软硬程度的一种性能指标。金属硬度试验方法在工业生产及科研中的应用极为广泛。由于常用的布氏硬度、洛氏硬度和维氏硬度等试验方法属于静载压入试验，本章将硬度试验也作为一种静载试验方法，一并加以介绍。

2.1 应力状态软性系数与应力状态图

塑性变形和断裂是金属材料在静载荷下失效的主要形式。它们是金属所承受的应力达到其相应的强度极限而产生的。当金属所受的最大切应力 τ_{max} 达到屈服强度 τ_s（相当于拉伸时的屈服点 σ_s）时，产生屈服；当最大切应力 τ_{max} 达到切断强度 τ_k 时，产生剪切型断裂；当最大正应力 σ_{max} 达到正断强度时，产生正断型断裂。但同一种金属材料，在一定承载条件下产生何种失效形式，除与其自身的强度大小有关外，还与承载条件下的应力状态有关。为便于理解，我们引入一个直观的实例。考虑一根筷子，若我们尝试通过弯曲使其发生塑性变形，这一过程将相对容易实现。然而，若我们采用拉伸的方式，筷子则很难发生塑性变形。这一现象凸显了材料在不同应力状态的应力作用下的力学行为差异。不同的应力状态，其最大正应力 σ_{max} 与最大切应力 τ_{max} 的相对大小是不一样的。因此，其对金属的变形和断裂性质将产生不同的影响。为此，我们必须知道在不同的静加载方式下试样

中 τ_{max} 和 σ_{max} 的计算方法及其相对大小的表示方法。

材料力学中已述及，任何复杂应力状态都可用 3 个主应力 σ_1、σ_2 和 σ_3（$\sigma_1>\sigma_2>\sigma_3$）来表示。根据这 3 个主应力，可以按“最大切应力理论”计算最大切应力，即 $\tau_{max}=(\sigma_1-\sigma_3)/2$；按“相当最大正应力理论”计算最大正应力，即 $\sigma_{max}=\sigma_1-\nu(\sigma_2+\sigma_3)$，$\nu$ 为泊松比。τ_{max} 与 σ_{max} 的比值表示它们的相对大小（见式 2-1），称为应力状态软性系数，记为 α。(对于金属材料，ν 取 0.25 或者 0.3) 则 α 值为：

$$\alpha = \frac{\tau_{max}}{\sigma_{max}} = \frac{\sigma_1 - \sigma_3}{2\sigma_1 - 0.5(\sigma_2 + \sigma_3)} \tag{2-1}$$

例如，单向拉伸时的应力状态只有 σ_1，$\sigma_2=\sigma_3=0$，代入式（2-1）后得 $\alpha=0.5$。

常用的几种静加载方式的应力状态软性系数 α 值列于表 2-1。

表 2-1 不同加载方式的应力状态软性系数（$\nu=0.25$）

加载方式	主 应 力			软性系数 α
	σ_1	σ_2	σ_3	
三向不等拉伸	σ	$8/9\ \sigma$	$8/9\ \sigma$	0.1
单向拉伸	σ	0	0	0.5
扭转	σ	0	$-\sigma$	0.8
二向等压缩	0	$-\sigma$	$-\sigma$	1
单向压缩	0	0	$-\sigma$	2
三向不等压缩	$-\sigma$	$-1/3\ \sigma$	$-7/3\ \sigma$	4
平面应变（设 $\sigma_1=\sigma_2$）	σ	σ	$2\nu\sigma$	3/8

由表 2-1 可知，不同加载方式对应的 α 值在 0.1~4 之间，最低的是三向不等拉伸（$\alpha=0.1$），最高的是三向不等压缩（$\alpha=4$）。工程实践证明，材料或者构件承受拉应力载荷时容易断裂或者破坏，而承受压应力载荷时可能相对比较安全。结合应力状态软性系数讨论时，α 值比较大说明剪应力分量比较大，反之亦然。

α 值越大的试验方法（或者工作状态），试样中最大切应力分量越大，越易于产生塑性变形，表示试样承受的应力状态越“软”，因而可能发生韧性断裂。反之，α 值越小的试验方法，试样中最大正应力分量越大，应力状态越“硬”，金属越不易产生塑性变形而易于产生脆性断裂。通常，$\alpha>1$ 的应力状态称为“软性”应力状态；$\alpha<1$ 的应力状态称为“硬性”应力状态；$\alpha\approx1$ 的应力状态称为“较软性”应力状态。注意，α 的绝对值并不能定量评定材料的塑性变形（或塑性）特性，仅用于比较不同试验方法应力状态的“硬”或“软”，以供选择试验方法之用。

由表 2-1 可知，单向静拉伸的应力状态较硬，故一般适用于那些塑性变形抗力与切断强度较低的所谓塑性材料的力学性能测定。对于那些正断强度较低的所谓脆性材料（如淬火并低温回火的高碳钢、灰铸铁及某些铸造合金），在这种加载方式下试验金属将产生脆性正断，显示不出它们在韧性方面的各种力学行为和能力。此时，应该采用在弯曲、扭转等应力状态较“软”的加载方式下试验，则可以揭示那些客观存在而在静拉伸下不能反映的塑性性能。反之，对于塑性特别好的金属材料，则常采用三向不等拉伸的加载方法，使之在更“硬”的应力状态下显示其脆性倾向。

需要特别指出的是，应力状态软性系数反映的是应力状态的软硬程度，与测试材料本身的力学性能无关。

假设我们知道材料的正断抗力 $\sigma_{fracture}$ ，又知道这个材料的剪断抗力 $\tau_{fracture}$ ，那么我们根据试样或工件受力状态的软性系数，就可以知道这个工件发生什么类型的断裂了。我们可以做应力状态图——以正应力为横坐标，以剪应力为纵坐标，然后在这个坐标系上表示出正断抗力 $\sigma_{fracture}$ 和剪断抗力 $\tau_{fracture}$ ，应力状态图就做成了（见图 2-1）。通常发生剪切断裂属于塑性（韧性）断裂，所以在断裂之前总是有一部分塑性变形，此时把开始塑性变形时的载荷称为 τ_{strain} ，实际上这是与屈服强度对应的塑性变形抗力指标，也标在应力状态图上。可见，应力状态图可以直观地展示出材料在不同应力状态下的力学行为。此外，应力状态图还常用于表示材料在断裂前的塑性变形情况，以及与此相关的塑性变形抗力指标，如屈服强度等。通过观察和分析应力状态图，我们可以对材料的断裂类型、断裂前的塑性变形情况等进行深入的理解和评估。

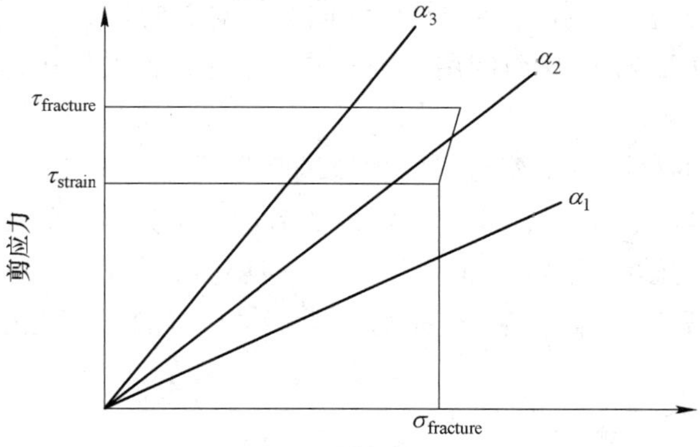

图 2-1　某材料的应力状态图和不同的几个软性系数

由于坐标系是正应力和剪应力，所以从原点引出的任何一条射线都表示一个 α。水平线表示 $\alpha=0$，纵坐标表示 $\alpha=\infty$ 。另外应力状态图的矩形区域之外材料发生断裂，并且 σ_f 线的右侧发生正断——脆性断裂；τ_f 线的上方发生剪切断裂——塑性断裂。

现在有 α_1、α_2、α_3 3 个不同的受力状态，由于它们和状态图的交点不同，所以发生不同的断裂：α_1状态发生脆断；α_2受力状态先发生一定的塑性变形，然后脆断；而 α_3则先发生塑性变形，然后发生剪切断裂，属于韧性断裂。

以上的分析说明，从应力状态的角度来说，不存在材料是韧性材料还是脆性材料的问题。同一个材料可以发生脆性断裂，改变了应力状态，还可以发生韧性断裂。

2.2 压　　缩

压缩作为一种常见的受力方式，广泛存在于各种工程构件中，如机器设备的底座、连杆、支架及桥墩等。这些构件在受到压缩力时，其材料可能发生的失效形式主要有 3 种：弹性失稳、压缩变形和压缩断裂。

弹性失稳：在某些情况下，当材料受到压缩力时，即使应力没有达到其弹性极限，材料也可能因为结构上的不稳定而发生失稳现象。通常发生在细长杆件或薄壁结构中，当外力达到一定值时，结构会突然发生大的变形，失去原有的稳定性。

压缩变形：当材料受到的压缩应力超过其弹性极限时，材料会发生塑性变形。这种变形是永久性的，即使外力撤去，变形也不会完全恢复。对于许多工程构件来说，过大的变形可能会影响其正常功能，因此压缩变形也是一种常见的失效形式。

压缩断裂：当压缩应力达到材料的强度极限时，材料会发生断裂。与拉伸断裂不同，压缩断裂通常伴随着较大的塑性变形和能量吸收。在某些情况下，如冲击载荷或疲劳载荷作用下，材料可能在远低于其强度极限的应力下发生断裂，这种情况需要特别关注。

2.2.1　压缩试验的特点

单向压缩试验的应力状态软性系数 $\alpha=2$，比拉伸、扭转、弯曲的应力状态都软，所以主要应用于测量拉伸时呈脆性的金属材料的力学性能指标，以显示这类材料在塑性状态下的力学行为。图 2-2 比较了拉伸曲线和压缩曲线。对于同样的试样而言，压缩曲线总是在拉伸曲线的上方。压缩试验目前使用比较多的是水泥构件的抗压强度测量、脆性金属材料的抗压强度测量等。

拉伸时塑性很好的材料在压缩时只发生压缩变形而不会断裂（见图 2-3）。脆性金属材料在拉伸时产生来自载荷轴线的正断，塑性变形量几乎为零，而在压缩时除能产生一定的塑性变形外，常沿与轴线呈 45°方向产生断裂，具有切断特征。正因为如此，塑性材料很少做压缩试验；如需做压缩试验，也是为了考察材料对加工工艺的适应性。

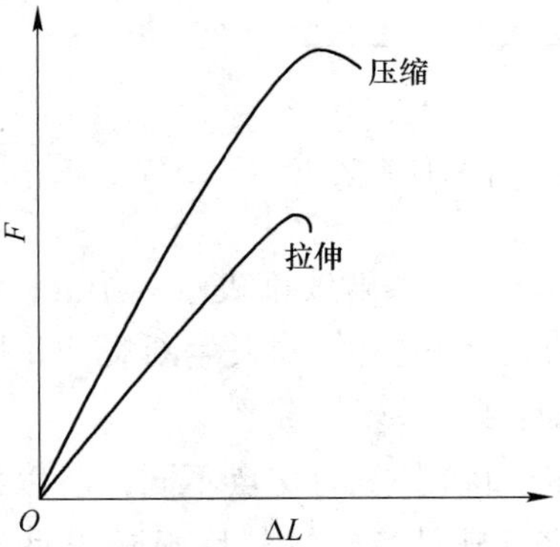

图 2-2　低碳钢拉伸和压缩曲线的比较

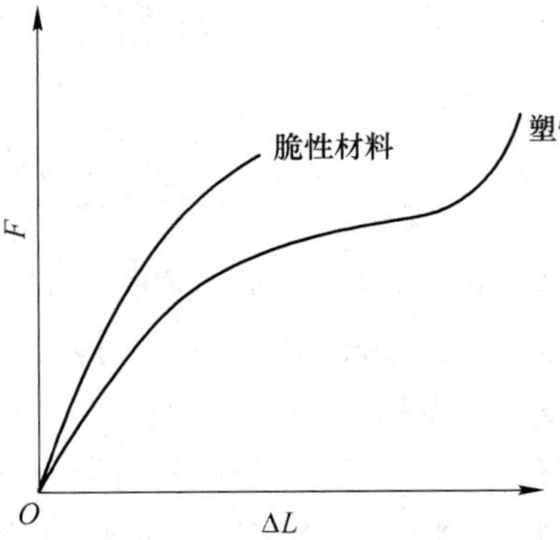

图 2-3　不同材料的压缩曲线

2.2.2　压缩试验

压缩试验用的试样横截面为圆形或正方形，试样长度一般为直径或边长的 2.5~3.5 倍。在有侧向约束装置以防试样屈曲的条件下，也可采用板状试样。

通过压缩试验主要测定脆性材料的抗压强度 σ_{bc}。如果在试验时金属材料产生明显屈服现象，还可测定压缩屈服点 σ_{sc}。金属在压缩变形时试样表面可以产生显著的应变而不开裂。例如直径 8 mm 的试样压缩 70%时，中间直径可以增加到 13 mm 而表面不形成裂纹，如果计算表面部分沿切向变形可以达到 62.5%。这是塑性材料在拉伸状态下不能达到的。

试样压至破坏过程中的最大应力称为抗压强度。从压缩曲线上确定最大压缩力 F_{bc}（或直接从试验机的测力度盘上读出），然后按下式计算：

$$\sigma_{bc} = \frac{F_{bc}}{A_0} \tag{2-2}$$

还可以测定脆性材料的相对压缩率 ε_{ck} 和相对断面扩胀率 Ψ_{ck}：

$$\varepsilon_{ck} = \frac{h_0 - h_k}{h_0} \times 100\%$$

$$\Psi_{ck} = \frac{A_k - A_0}{A_0} \times 100\%$$

h_k、A_k 分别为断裂时试样的高度和横截面面积。如果在压缩曲线上出现明显的屈服现象，则与拉伸曲线一样，可以通过作图法得到压缩弹性极限 s_{ec}、屈服强度 σ_{sc} 等力学性能指标。真实抗压强度低于工程抗压强度。

压缩试验总是将圆柱体试样压缩成圆鼓肚形。变形只在试样的中心部分，而上、下表面附近几乎没有横向扩展变形（见图 2-4）。

试样的表面与试验机压头接触不能发生横向变形这个事实说明，压缩试验的结果与试样表面状态和润滑情况密切相关。应该注意试验条件的同一性。

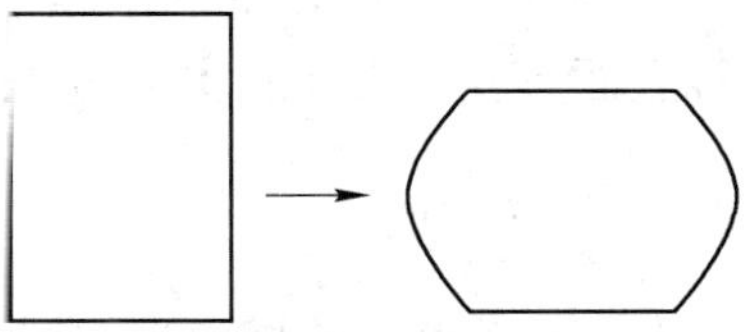

图 2-4 压缩试验的变形情况

2.3 弯 曲

弯曲是另一种常见的工程构件受力方式，广泛应用于各种实际场景中，如桥梁、建筑横梁、机械零件和管道等。与压缩不同，弯曲主要涉及材料在受到垂直于其原始轴线方向的外力作用时产生的形变。弯曲状态下的材料失效形式与压缩有所不同。常见的失效形式包括弹性失稳、弯曲疲劳和断裂。为了评估材料在弯曲状态下的性能，通常会进行弯曲试验，如三点弯曲试验和四点弯曲试验。这些试验可以测量材料的抗弯强度、弯曲弹性模量、断裂挠度 f_{bb} 和断裂能量 U 等关键参数，从而为工程设计和选材提供重要依据。

2.3.1 弯曲载荷的作用特点

金属杆状试样承受弯矩作用后，其内部应力主要为正应力，与单向拉伸和压缩时产生的应力类似，但由于杆件截面上的应力分布不均匀，表面最大，中心为零，且应力方向发生变化，因此，金属在弯曲加载下所表现的力学行为与单纯拉应力或压应力作用下时不完全相同。例如，很多材料的拉伸弹性模量与压缩弹性模量不同，而弯曲弹性模量却是两者的复合结果。又如，在拉伸或压缩载荷下产生屈服现象的金属，在弯曲载荷下显示不出来。因此，对于承受弯曲载荷的机件，如轴、板状弹簧等，常用弯曲试验测定其力学性能，作为设计或选材的依据。

弯曲试验与拉伸试验相比还有以下特点：

（1）弯曲试验试样形状简单、操作方便。同时，弯曲试验不存在拉伸试验时的试样偏斜（力的作用线不能准确通过拉伸试样的轴线而产生附加弯曲应力）对试验结果的影响，并可用试样弯曲的挠度显示材料的塑性或者弹性变形能力。因此，弯曲试验方法常用于测定铸铁、铸造合金、工具钢及硬质合金等脆性与低塑性材料的强度和显示塑性的差别。图 2-5 所示为热处理工艺对合金工具钢弯曲力学性能影响的试验结果，据此可确定最佳淬火温度范围。

（2）与扭转试验类似，弯曲试样表面应力最大，受力表面两侧形成最大拉应力和最大压应力。可较灵敏地反映材料表面缺陷。因此，常用来比较和鉴别渗碳层和表面淬火层等表面热处理机件的质量和性能。

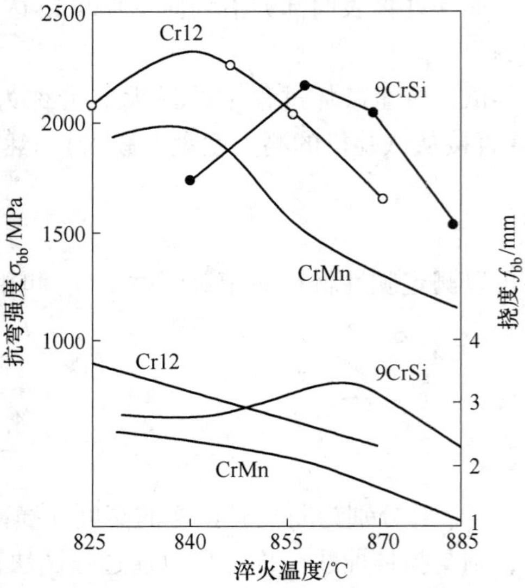

图 2-5　热处理工艺对合金工具钢弯曲力学性能影响的试验结果

2.3.2　弯曲试验

弯曲试验时，将圆柱形或矩形试样放置在一定跨距 L 的支座上进行三点弯曲（图 2-6 显示了弯矩和挠度）或四点弯曲（见图 2-7）加载，通过记录弯曲力 F 和试样挠度 f 之间的关系曲线（见图 2-8），确定金属在弯曲力作用下的力学性能。

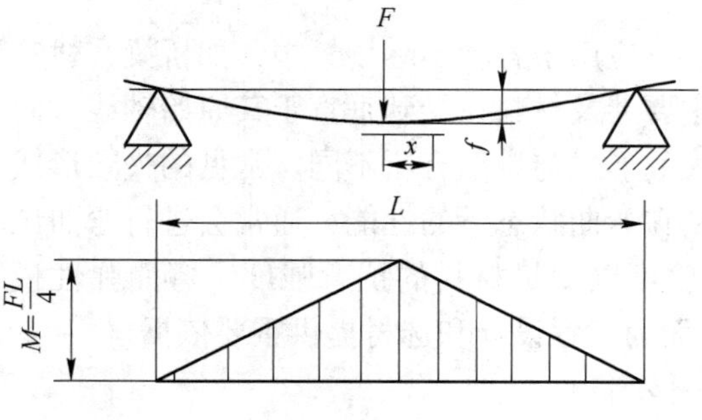

图 2-6　三点弯曲的挠度和弯矩

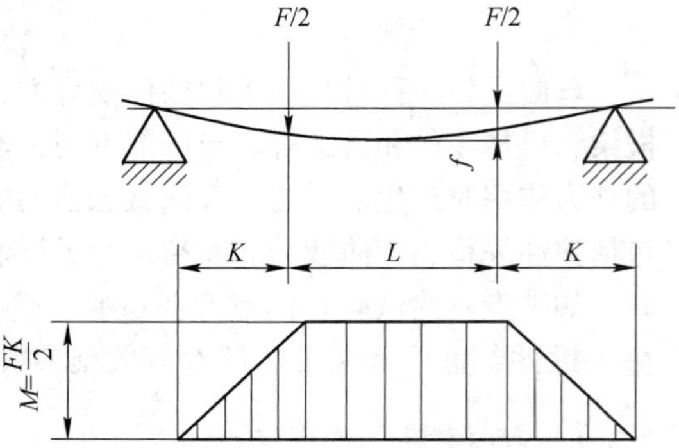

图 2-7　四点弯曲的挠度和弯矩

试样在弹性范围内弯曲时，受拉侧表面的最大弯曲应力 σ 按下式计算：

$$\sigma = \frac{M}{W} \tag{2-3}$$

式中，M 为最大弯矩，三点弯曲时，$M = FL/4$，四点弯曲时 $M = FK/2$；W 为试样抗弯截面系数。

直径为 d 的圆柱试样，$W = \pi d^3/32$；

宽度为 b、高度为 h 的矩形试样，$W=bh^2/6$。

弯曲试验主要测定脆性或低塑性材料的抗弯强度。试样弯曲至断裂前达到的最大弯曲力，按弹性弯曲应力公式计算的最大弯曲应力，称为抗弯强度。从图 2-8 所示的曲线上 B 点读取最大弯曲力 F_{bb}，或从试验机测力度盘上直接读出 F_{bb}，然后计算断裂前的最大弯矩，再按式（2-3）计算。

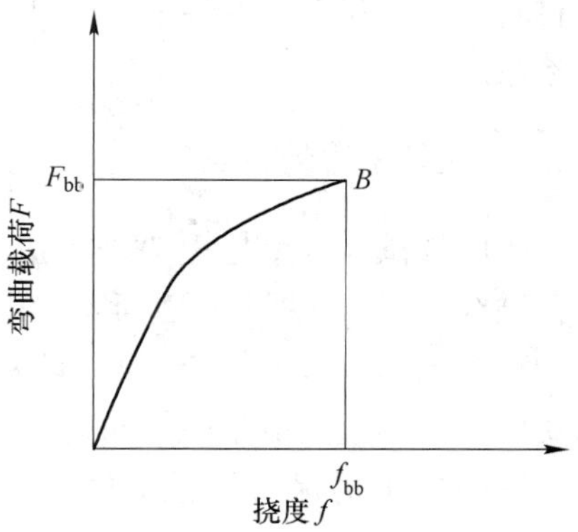

图 2-8　弯曲试验曲线

对高塑性材料，弯曲试验不能使试件发生断裂，其曲线的最后部分可延伸很长。因此，弯曲试验难以测得塑性材料的强度，而且试验结果的分析也很复杂，故塑性材料的力学性能由拉伸试验测定，而不采用弯曲试验测定。

弯曲试验还可测定弯曲弹性模量、断裂挠度 f_{bb} 和断裂能量 U 等力学性能指标。

弯曲试验所用圆形截面试样的直径 d 为 5~45 mm，矩形截面试样的 $h×b$ 为 5 mm×7.5 mm（或 5 mm×5 mm）至 30 mm×40 mm（或 30 mm×30 mm）。试样的跨距 L 为直径 d 或高度 h 的 16 倍，要求试样有一定的加工精度，但铸铁弯曲试样表面可不加工。

σ_{bb} 是灰铸铁的重要力学性能指标。灰铸铁的抗弯性能优于抗拉性能，其 σ_{bb} 为 280~650 MPa，而抗拉强度仅为 150~350 MPa。球墨铸铁和可锻铸铁的 σ_{bb} 比灰铸铁的大得多，如珠光体球铁的 σ_{bb} 为 700~1200 MPa，为抗拉强度的 1.6~1.9 倍。

弯曲试验常应用于以下 3 方面：

（1）测定灰铸铁的抗弯强度。灰铸铁的弯曲试件一般采用铸态毛坯圆柱试件。试验时加载速率不大于 0.1 mm/s。若试件的断裂位置不在跨距的中点，而在距中点 x 处（见图 2-6)，则抗弯强度的计算公式如下：

$$\sigma_{bb} = 8F_b(L - 2x)/(\pi d_0^3)$$

（2）测定硬质合金的抗弯强度。硬质合金由于硬度高，难以加工成拉伸试件，故常用弯曲试验评价其性能和质量。但由于硬质合金价格昂贵，故常采用方形或矩形截面的小尺寸试件，常用的规格是 5 mm×5 mm×30 mm，跨距为 24 mm。

（3）陶瓷材料的抗弯强度测定。由于陶瓷材料脆性大，测定抗拉强度很困难，难以得到精确的结果，故目前主要是以测定其抗弯强度作为评价陶瓷材料性能的指标。陶瓷材料的弯曲试样常采用方形或矩形截面的试件。应当指出，试样的表面粗糙度对陶瓷材料的抗弯强度有很大的影响，表面越粗糙，抗弯强度越低。另外，若磨削方向与试件表面的拉应力垂直，也会较大幅度地降低陶瓷材料的抗弯强度。

2.4 扭　　转

扭转也是一种在工程领域中常见的受力方式，常见于各种需要传递扭矩的部件和结构中，如螺栓、轴、齿轮和传动轴等。扭转涉及到材料在受到与其轴线方向垂直的力偶作用时产生的形变。在扭转过程中，材料的表面会受到剪切应力的作用，而内部的应力分布则相对复杂。扭转状态下的材料失效形式主要包括弹性失稳、疲劳断裂和剪切断裂。为了评估材料在扭转状态下的性能，通常会进行扭转试验，测量材料的剪切模量、扭转强度等关键参数。

2.4.1 扭转试验的特点

当圆柱试样承受扭矩 T 进行扭转时，试样表面的应力状态如图 2-9（a）所示。在与试样轴线呈 45°的两个斜截面上作用最大与最小正应力 σ_1 及 σ_3，在与试样轴线平行和垂直的截面上作用最大切应力 τ。两种应力的比值近于 1。在弹性变形阶段，试样横截面上的切应力和切应变沿半径方向的分布是线性的（见图 2-9（b））。当表层产生塑性变形后，切应变的分布仍保持线性关系，但切应力则因塑性变形而有所降低，不再呈线性分布（见图 2-9（c））。

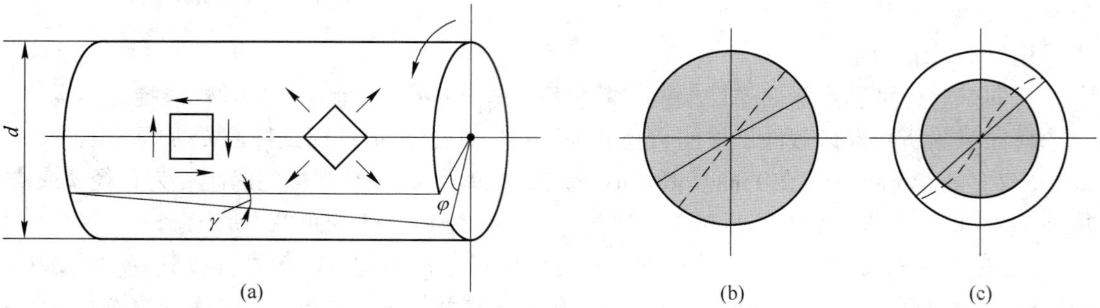

图 2-9 圆柱体试样扭转作用力下的应力与应变分布
（a）试样表面应力状态和扭转角；（b）弹性变形阶段的应力与应变；
（c）弹性、塑性变形阶段的应力与应变
（实线表示应变，虚线表示应力，由于发生塑性变形，应力得到了部分松弛）

通过上述的应力、应变分析可以看出，扭转试验具有如下的特点：

（1）扭转的应力状态软性系数 $\alpha=0.8$，比拉伸的应力状态软性系数（$\alpha=0.5$）大，易于显示金属的塑性行为。故可用来测定那些在拉伸时呈现脆性或低塑性材料（如淬火低碳钢、工具钢、灰铸铁和球墨铸铁等）的强度和塑性。

（2）圆柱形试样扭转时，整个长度上塑性变形是均匀的，试样的标距长度和截面面积基本保持不变，不会出现静拉伸时试件上发生的颈缩现象。所以能实现大塑性变形量的试验。可用扭转试验精确评定那些拉伸时出现颈缩的、高塑性的材料的变形能力和变形抗力，而这在单向拉伸或压缩试验时是难以做到的。高温扭转试验（热扭转试验）可以用来研究金属在热加工条件下的流变性能与断裂性能，评定材料的热压力加工性，并为确定生产条件下的热压力加工工艺（如轧制、锻造、挤压）参数提供依据。

（3）在进行扭转试验时，试样截面的应力分布不均匀，表面最大，越往芯部越小。因此，扭转试验能较敏感地反映出材料表面缺陷及表面硬化层的性能。因此，可利用扭转试验研究或检验工件热处理的表面质量和各种表面强化工艺的效果。

（4）扭转时试样中的最大正应力与最大切应力在数值上大体相等，而生产上所使用的大部分金属材料的正断强度大于切断强度，所以，扭转试验是测定这些材料切断强度最可靠的方法。

（5）根据扭转试样的宏观断口特征，还可明确区分金属材料最终断裂方式是正断还是切断。塑性材料的断裂面与试样轴线垂直，断口平整，有回旋状塑性变形痕迹（见图 2-10 (1)），这是由切应力造成的切断；脆性材料的断裂面与试样轴线呈 45°角，呈螺旋状（见图 2-10 (2)），这是在正应力作用下产生的正断。图 2-10 (3) 为木纹状断口，断裂面顺着试样轴线形成纵向剥层或裂纹。这是因为金属中存在较多的非金属夹杂物或偏析，并在轧制过程中使其沿轴向分布，降低了试样轴向切断强度造成的。因此，可以根据断口宏观特征来判断承受扭矩而断裂的机件的性能。

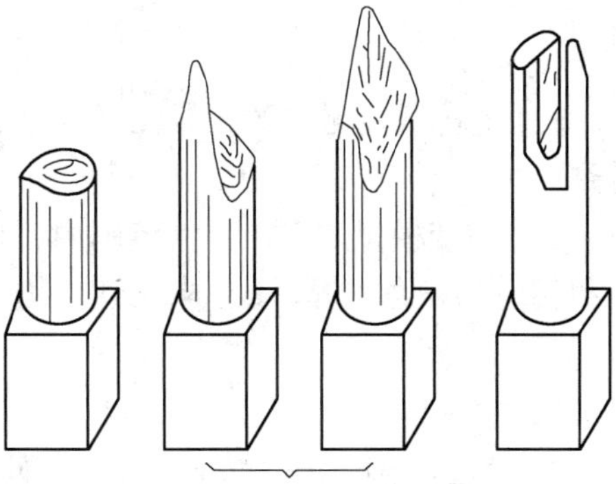

图 2-10　几种不同材料的扭转断裂形貌

扭转试验虽然能够用于测定塑性材料和脆性材料的剪切变形和断裂的力学性能，但扭转试验的优点在某些情况下也会变为缺点。如由于扭转试件中表面的切应力最大，越往芯部切应力越小，当材料表层发生塑性变形时，芯部仍处于弹性状态（见图 2-9 (c)）。这样，很难精确地测定试样表层何时开始塑性变形，因而用扭转试验难以精确地测定材料的微小塑性变形抗力。

2.4.2　扭转试验

扭转试验主要采用直径 $d_0 = 10$ mm、标距长度 L_0 分别为 50 mm 或 100 mm 的圆柱形试样。试验时，对试样施加扭矩 T，随扭矩增加，试样标距 L_0 间的两个横截面不断产生相对转动，其相对扭角以 φ（单位为 rad）表示。金属扭转时的扭矩-扭角（T-φ）曲线（扭转曲线）如图 2-11 所示。扭转曲线与拉伸试验测定的真应力-应变曲线相似，这是因为在扭转时试样的形状不变，其变形始终是均匀的，即使进入塑性变形阶段，扭矩随变形的增大而增加，直至试样断裂。关于扭转试验方法的技术规定，可参阅国家标准《金属材料　室温扭转试验方法》（GB/T 10128—2007）。

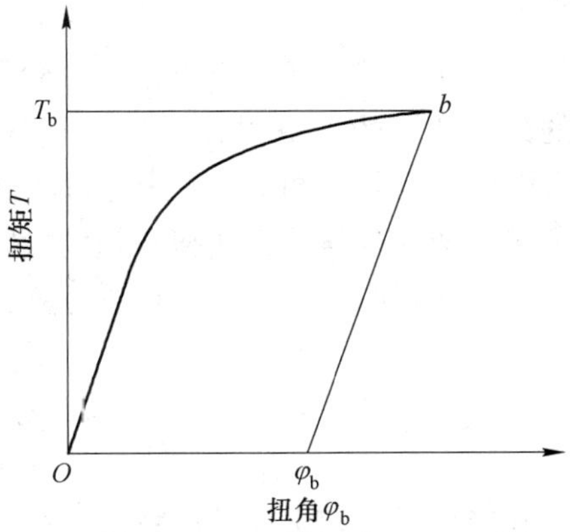

图 2-11　扭转曲线（扭矩-扭角图）

在弹性变形范围内，由材料力学理论可知试样表面的切应力 τ 和切应变 γ 为：

$$\tau = \frac{T}{W} \tag{2-4}$$

$$\gamma = \frac{\varphi d_0}{2L_0} \tag{2-5}$$

式中，W 为试样抗扭截面系数。对于实心圆杆试样，$W = \pi d_0^3/16$；对于空心圆杆试样，$W =$

$\pi d_0^3\left(1-\dfrac{d_1^4}{d_0^4}\right)/16$，其中 d_0 为外径，d_1为内径。

通过扭转试验测定的扭转图及式（2-4）和式（2-5），可得到材料的下列主要力学性能指标。

（1）切变模量 G。在弹性范围内，切应力与切应变之比称为切变模量。测出扭矩增量 ΔT 和相应的扭角增量 $\Delta\varphi$，求出切应力、切应变，即可得

$$G=\frac{32\Delta TL_c}{\pi\Delta\varphi d_0^4} \tag{2-6}$$

（2）扭转屈服点 τ_s。具有明显拉伸物理屈服现象的金属材料，扭转试验时也同样有屈服现象。在扭转曲线或试验机扭矩度盘上读出屈服时的扭矩 T_s，按式（2-4）就可计算出扭转屈服点 τ_s。

$$\tau_s=\frac{T_b}{W} \tag{2-7}$$

倘若扭转屈服时扭矩有波动现象，则需测定上屈服点和下屈服点。

（3）抗扭强度 τ_b。试样在扭断前承受的最大扭矩（T_b），利用弹性扭转公式计算的切应力称为抗扭强度。

$$\tau_b=\frac{T_b}{W} \tag{2-8}$$

T_b可从扭转曲线上求出或从试验机扭矩度盘上读出。必须指出，τ_b是按弹性变形状态下的公式计算的，由图 2-9（c）可知，它比真实的抗扭强度大，故称为条件抗扭强度。只有陶瓷等很脆的材料，在扭转时没有明显塑性变形时，上述计算的 τ_b值才比较真实。为了求得塑性材料的真实扭转强度极限，可运用塑性力学理论，按圆柱形试样在大塑性变形下的扭转真应力计算。其计算方法详见有关的参考文献。

2.5 剪 切

制造承受剪切机件的材料，通常要进行剪切试验，以模拟实际服役条件，并提供材料的抗剪强度数据作为设计的依据。这对诸如铆钉、销子之类的零件尤为重要。常用的剪切试验方法有单剪切试验、双剪切试验和冲孔式剪切试验。

2.5.1 单剪切试验

单剪切试验主要用于板材和线材的抗剪强度测量，故剪切试样常取自板材或线材。试验时将试件固定在底座上，然后对上压模加压，直至试件沿剪切面 m-m 剪断（见图 2-12）。根据试件被剪断时的最大载荷 F_b和试件的原始截面面积 A_0，计算剪切面上的最大切应力，即材料的抗剪强度

$$\tau_b=F_b/A_0 \tag{2-9}$$

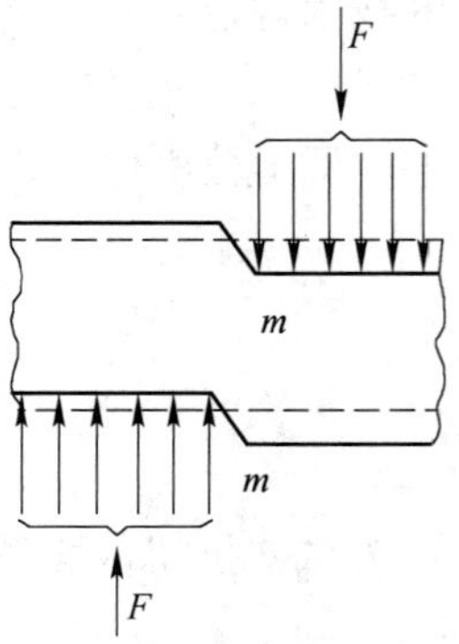

图 2-12 单剪切试验示意图

2.5.2 双剪试验

双剪试验是最常用的剪切试验。试验时，将试样装在压式或拉式剪切器（如图 2-13（a）的压式剪切器）内，然后加载。这时，试件在Ⅰ—Ⅰ和Ⅰ—Ⅱ截面上同时受到剪力的作用（见图 2-13（b））。根据试件断裂时的载荷 F_b，可计算材料的抗剪强度

$$\tau_b = F_b/2A_0 \tag{2-10}$$

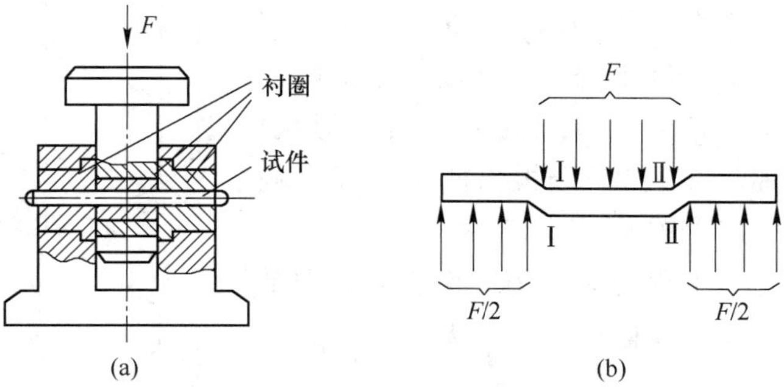

图 2-13 双剪切试验装置
（a）压式剪切器；（b）试件受剪情况

双剪试验用的试件为圆柱体，其被剪部分长度不能太长。因为在剪切过程中，除了两个剪切面受到剪切外，试样还受到弯曲作用。为了减小弯曲的影响，被剪部分的长度与试件直径之比值不要超过 1.5。

剪切试验加载速率一般规定为 1 mm/min，最快不得超过 10 mm/min。剪断后，如试件发生明显的弯曲变形，则试验无效。

2.5.3 冲孔式剪切试验

薄板的抗剪强度，也可用冲孔式剪切试验法测定，试验装置如图 2-14 所示。试件断裂时的载荷为 F_b，断裂面为一圆柱面，故材料的抗剪强度

$$\tau_b = F_b/(\pi dt) \tag{2-11}$$

式中，d 为冲孔直径；t 为板料厚度。

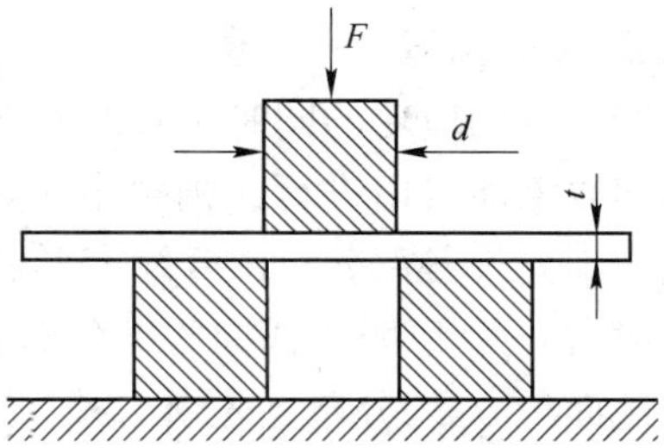

图 2-14 冲孔式剪切试验装置

2.6 缺口试样静载荷试验

2.6.1 缺口效应

前面介绍的拉伸、压缩、弯曲、扭转等静载荷试验方法，都是采用横截面均匀的光滑试样，但实际生产中的机件，绝大多数都不是截面均匀而无变化的光滑体，往往存在截面的急剧变化，如键槽、油孔、轴肩、螺纹、退刀槽、铸造或焊接所带来的孔洞、沙眼及裂纹等。这种截面变化的部位可视为“缺口”。这些缺口有的是结构设计上所必需的，有的是原材料或制造工艺过程中所不可避免的。由于缺口的存在，在静载荷作用下，缺口截面

上的应力状态将发生变化，产生所谓“缺口效应”，从而影响金属材料的力学性能。因此，必须考虑缺口对材料性能的影响。

2.6.1.1 缺口试样在弹性状态下的应力分布

设有一薄板的边缘开有缺口，并承受拉应力 σ 作用。当板材处于弹性范围内时，其缺口截面上的应力分布如图 2-15 所示。由图可见，缺口截面上的应力分布是不均匀的。轴向应力 σ_y 在缺口根部最大。随着离开根部距离的增大，σ_y 不断下降，即在缺口根部产生应力集中。其最大应力决定于缺口几何参数（形状、深度、角度及根部曲率半径），以根部曲率半径影响最大，缺口越尖锐，应力越大。

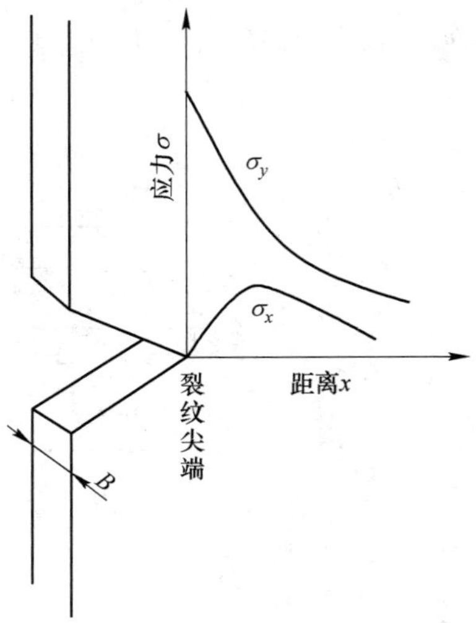

图 2-15 带缺口的薄板拉伸时应力分布

缺口引起的应力集中程度通常用理论应力集中系数 K_t 表示。K_t 定义为缺口净截面上的最大应力 σ_{max} 与平均应力 σ 之比，即

$$K_t = \frac{\sigma_{max}}{\sigma} \tag{2-12}$$

K_t 值与材料性质无关，只决定于缺口几何形状，可从有关手册中查到。

由图 2-15 可知，开有缺口的薄板承受拉伸应力后，缺口根部内侧还出现了横向拉应力 σ_x。它是由于材料横向收缩引起的。可以设想，假如沿 x 方向将薄板等分成很多细小的纵向拉伸试样，每一小试样受拉伸都能自由变形。根据小试样所处位置不同，它们所受的 σ_y 大小也不一样。越靠近缺口根部，σ_y 越大，相应的纵向应变 ε_y 也越大。每一小试样在产生纵向应变的同时，必然要产生横向收缩应变 ε_x，且 $\varepsilon_x = -\nu\varepsilon_y$（$\nu$ 为泊松比）。如果横向收缩能自由进行，则每个小试样将彼此分离开来。但是，实际上薄板是弹性连续介质，不允许各部分自由收缩变形。由于此种约束，各小试样在相邻界面上必然要产生横向拉应力 σ_x，以阻止横向收缩分离。因此，σ_x 的出现是金属变形连续性要求的结果。在缺口截面上 σ_x 的分布是先增后减，这是由于在缺口根部金属能自由收缩，所以根部的 $\sigma_x = 0$。自缺口根部向内部发展，收缩变形阻力增大，因此 σ_x 逐渐增加，当增大到一定数值后，随着 σ_y 的不断减小，σ_x 也随之下降。

对于薄板，在垂直于板面方向没有作用力，是自由的，于是 $\sigma_z = 0$。这样，具有缺口的薄板受拉伸后，其中心部分（距裂纹尖端一定位置）是两向拉伸的平面应力状态。但在缺口根部（$x=0$ 处），$\sigma_x = 0$，仍为单向拉伸应力状态（见图 2-15）。

如果在厚板上开有缺口，则受拉伸力作用后，在垂直于板厚方向的收缩变形受到约束，即 $\varepsilon_z = 0$，故 $\sigma_z \neq 0$，$\sigma_z = \nu(\sigma_x + \sigma_y)$，作图时，将此作用力画在 y 坐标上，显示其相对大小。厚板缺口拉伸时弹性状态下的应力分布如图 2-16 所示。由图 2-16 可知，在缺口根部为两向拉伸应力状态，缺口内侧为三向拉伸的平面应变状态，且 $\sigma_y > \sigma_z > \sigma_x$。

由上述分析可知，缺口的第一个效应是引起应力集中，并改变了缺口前方的应力状态，使缺口试样或机件中所受的应力由原来的单向应力状态改变为两向或三向应力状态，也就是出现了 σ_x（平面应力状态）或 σ_y 与 σ_z（平面应变状态），这要视板厚或试样直径而定。

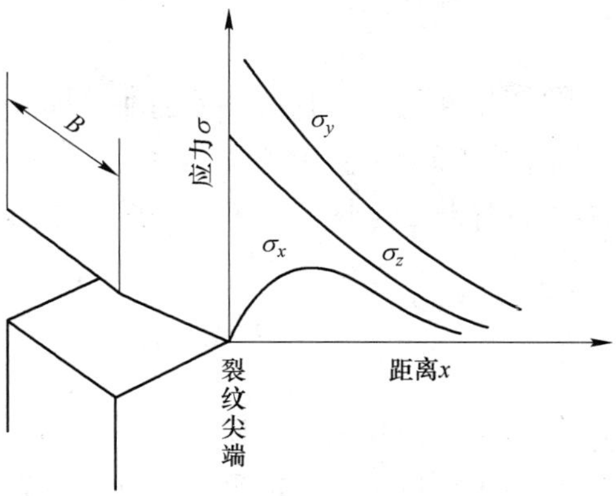

图 2-16 带缺口的厚板拉伸时应力分布

两向或三向不等拉伸的应力状态软性系数 $\alpha<0.5$，使金属难以产生塑性变形。脆性材料或低塑性材料进行缺口试样拉伸时，很难通过缺口根部极为有限的塑性变形使应力重新分布，往往直接由弹性变形过渡到断裂。由于断裂是在试样缺口根部的最大纵向应力 σ 作用下产生的，因此其抗拉强度必然比光滑试样的低。

2.6.1.2 缺口试样在塑性状态下的应力分布

对于塑性较好的金属材料，若缺口根部产生塑性变形，应力将重新分布，并随载荷的增大塑性区逐渐扩大，直至整个截面上都产生塑性变形。

现以厚板为例，讨论缺口截面上应力重新分布的过程。根据屈雷斯加判据，金属屈服的条件是 $\sigma_{max}=\sigma_y-\sigma_z=\sigma_s$（式中 σ_{max} 为在三向应力状态下换算的最大正应力）。在缺口根部，$\sigma_z=0$，故，$\sigma_{max}=\sigma_y=\sigma_s$。因此，当外加载荷增加时，$\sigma_y$ 也随之增加，缺口根部将最先满足 $\sigma_{max}=\sigma_y=\sigma_s$ 的要求而首先屈服。一旦根部屈服，则 σ_y 便松弛而降低到材料的 σ_s 值。但在缺口内侧的截面上，由于 $\sigma_x\neq0$，故要满足屈雷斯加判据要求，必须增大纵向应力 σ_y，即芯部屈服要在 σ_y 不断增大的情况下才能产生。如果满足这一条件，则塑性变形将自表面向芯部扩展。与此同时，σ_y、σ_z 随 σ_x 快速增大而增大（因 $\sigma_y=\sigma_x+\sigma_s$，$\sigma_z=\nu(\sigma_x+\sigma_y)$，且塑性变形时，$\sigma_y$ 引起的横向收缩约比弹性变形时大一倍，需要较大的 σ_x 才能保持变形的连续性），一直增大到塑性区与弹性区交界处为止。因此，当缺口内侧截面上局部区域产生塑性变形后，最大应力已不在缺口根部，而在其内侧一定距离 r_y 处。该处 σ_x 最大，所以 σ_y 及 σ_z 也最大。越过交界处，弹性区内的应力分布与前述弹性变形状态的应力分布稍有不同，σ_x 是连续下降的。显然，随着塑性变形逐步向内部转移，各应力峰值越来越大，它们的位置也逐步移向中心，可以预料，试样中心区 σ_y 最大。

由此可见，在存在缺口的条件下由于出现了三向应力状态，并产生应力集中，试样的屈服应力比单向拉伸时高，产生了所谓“缺口强化”现象。“缺口强化”并不是金属内在性能发生变化，纯粹是由于三向拉伸应力约束了塑性变形所致。因此，不能把“缺口强化”看作是强化金属材料的手段。在有缺口时，塑性材料的抗拉强度也因塑性变形受约束而增高了。

虽然缺口提高了塑性材料的“强度”，但由于缺口约束塑性变形，故使塑性降低，增加材料的变脆倾向。

缺口使塑性材料强度增高，塑性降低，这是缺口的第一个效应，也是我们应该特别警惕的。

综上所述，无论脆性材料或塑性材料，其机件上的缺口都因造成两向或三向应力状态和应力应变集中而产生变脆倾向，降低了使用的安全性。为了评定不同金属材料的缺口变脆倾向，必须采用缺口试样进行静载力学性能试验。一般采用的试验方法是缺口试样静拉伸和缺口试样静弯曲。

2.6.2 缺口试样静拉伸试验

缺口试样静拉伸试验分为轴向拉伸和偏斜拉伸两种。

金属材料的缺口敏感性指标用缺口试样的抗拉强度 σ_{bn} 与等截面尺寸光滑试样的抗拉强度 σ_b 的比值表示，称为缺口敏感度，记为 NSR（notch sensitivity ratio）：

$$\mathrm{NSR} = \frac{\sigma_{bn}}{\sigma_b} \tag{2-13}$$

NSR 越大，缺口敏感性越小。脆性材料如铸铁、高碳钢的 NSR 总是小于 1，表明缺口根部尚未发生明显塑性变形时就已经断裂，对缺口很敏感。高强度材料的 NSR 一般也小于 1。塑性材料一般 NSR 大于 1。

缺口静拉伸试验，广泛用于研究高强度钢（淬火低中温回火）的力学性能、钢和钛的氢脆及用于研究高温合金的缺口敏感性等。缺口敏感度指标 NSR 如同材料的塑性指标一样，也是安全性的力学性能指标。在选材时只能根据使用经验确定对 NSR 的要求，不能进行定量计算。

在进行缺口试样偏斜拉伸试验时，因试样同时承受拉伸和弯曲载荷复合作用，故其应力状态更“硬”，缺口截面上的应力分布更不均匀，因而更能显示材料对缺口的敏感性。这种试验方法很适合高强度螺栓之类零件的选材和热处理工艺的优化，因为螺栓带有缺口，并且在工作时难免有偏斜。

图 2-17（a）所示为缺口偏斜拉伸试验装置。与一般缺口拉伸不同，在试样与试验机夹头之间有一垫圈，垫圈的偏斜角 β 有 4°和 8°两种。相应的缺口抗拉强度以 σ_{bn}^{A} 和 σ_{bn}^{B} 表示。一般也用缺口试样的 σ_{bn}^{a} 与光滑试样的 σ_b 之比表示材料的缺口敏感度。

图 2-17（b）和（c）所示为 30CrMnSiA 钢的热处理工艺对缺口偏斜拉伸性能的影响。图中虚线表示光滑试样的 σ_b，实线为缺口偏斜拉伸试样的抗拉强度。偏斜角为 0°，即为缺口试样轴向拉伸，所得结果为 σ_{bn}，将其除以 σ_b 即为 NSR。试样经淬火后在 200 ℃和 500 ℃两种温度下回火，其缺口试样轴向拉伸试验的 NSR 都是 1.2 左右。但两者偏斜拉伸的结果却不相同。30CrMnSiA 钢经 200 ℃回火后，σ_{bn} 较高，但对偏斜十分敏感，表现为偏斜角增大，强度急剧下降（见图 2-17（b））；经 500 ℃回火后，σ_{bn} 仍高于 σ_b，但由于金属的塑性升高，使应力分布均匀化，故 σ_{bn} 对偏斜不敏感，数据分散性也很小（见图 2-17（c））。这个试验结果表明，对于 30CrMnSiA 钢制造的高强度螺栓，其热处理工艺以淬火+500 ℃回火为佳。进一步试验证明，若对 30CrMnSiA 钢施以 860 ℃加热、370 ℃等温淬火，其偏斜 4°、8°的缺口强度均优于淬火+500 ℃回火者。偏斜 8°时，两者相差一倍有余。

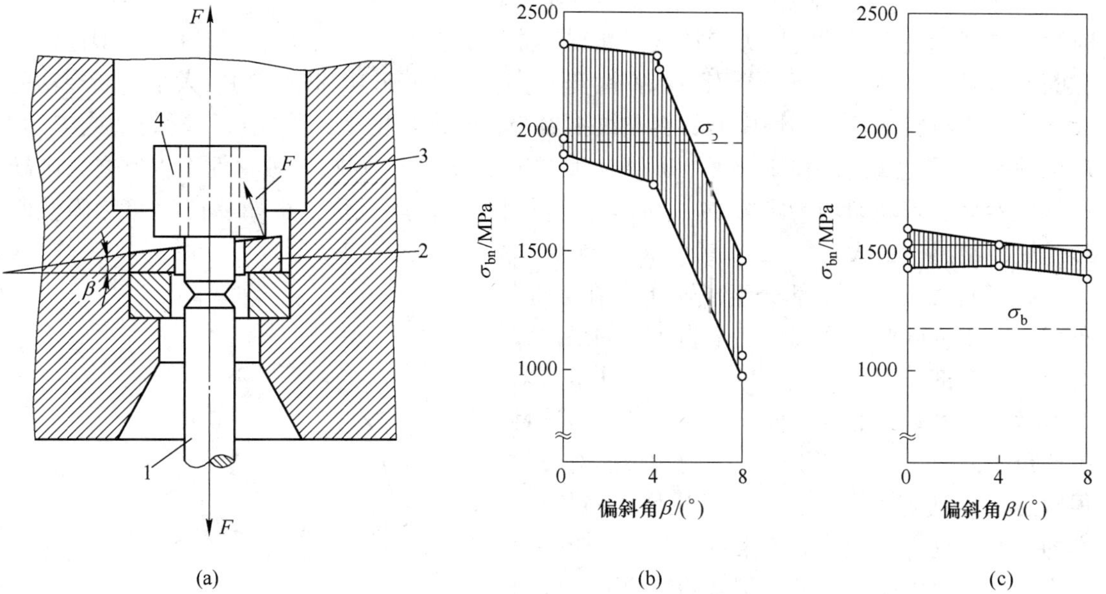

图 2-17　30CrMnSiA 钢的热处理工艺对缺口偏斜拉伸性能的影响

（a）试验装置；（b）30CrMnSiA 钢淬火+200 ℃回火；（c）淬火+500 ℃回火的缺口偏斜拉伸性能

1—试样；2—偏斜垫片；3—试验机夹头；4—试样螺纹夹头

2.6.3　缺口试样静弯曲试验

缺口静弯曲试验也可显示材料的缺口敏感性，用于评定或比较结构钢的缺口敏感度和裂纹敏感度。船用板材或压力容器制造选用低合金高强度钢时，规定用缺口试样静弯曲试验评定钢材冶金质量和热加工、热处理工艺是否符合检验标准。由于缺口和弯曲所引起的应力不均匀性叠加，使试样缺口弯曲的应力应变分布的不均匀性比缺口拉伸时更甚，但应力应变的多向性则减少。

缺口静弯曲试验可采用图 2-18 所示的试样及装置。也可采用尺寸为 10 mm×10 mm×55 mm、缺口深度为 2 mm、夹角为 60°的 V 形缺口试样。试验时记录弯曲曲线（试验力 *F* 与挠度 *f* 关系曲线），直至试样断裂。

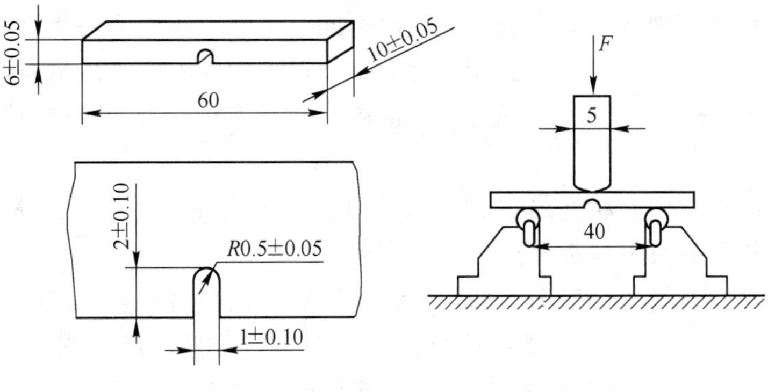

图 2-18　缺口静弯曲试验的试样及装置

图 2-19 所示为某种金属材料的缺口试样静弯曲曲线。试样在 F_{max} 时形成裂纹，在 F_1 时裂纹扩展到临界尺寸随即失稳扩展而断裂。曲线所包围的面积分为弹性区Ⅰ、塑性区Ⅱ和断裂区Ⅲ。各区所占面积分别表示弹性变形功、塑性变形功和断裂功的大小。断裂功的大小取决于材料塑性。塑性好的材料裂纹扩展慢，断裂功增大，因此可用断裂功或 F_{max}/F_1 的值来表示金属的缺口敏感度。断裂功大或 F_{max}/F_1 大，则缺口敏感性小；反之，则缺口敏感性大。若断裂功为零或 $F_{max}/F_1=1$，表明裂纹扩展极快，金属易产生突然脆性断裂，缺口敏感性最大。

如果曲线只由第Ⅰ部分组成而不存在第Ⅱ、Ⅲ部分，则说明此时金属已完全脆化。如果曲线有第Ⅰ、Ⅱ部分而无第Ⅲ部分，则说明此金属对缺口敏感，并且第Ⅱ部分面积越小，缺口敏感性越严重。此时不存在第Ⅲ部分，说明金属对裂纹很敏感。一旦萌生裂纹，裂纹很快便失稳扩展，亦即其断裂韧性极低。曲线第Ⅲ部分代表当裂纹产生后，金属阻碍裂纹继续扩展的能力。裂纹可在 F_{max} 处产生，也可在过了 F_{max} 点以后的某点处产生，也可能一直不产生，如图 2-19 中虚线所示。

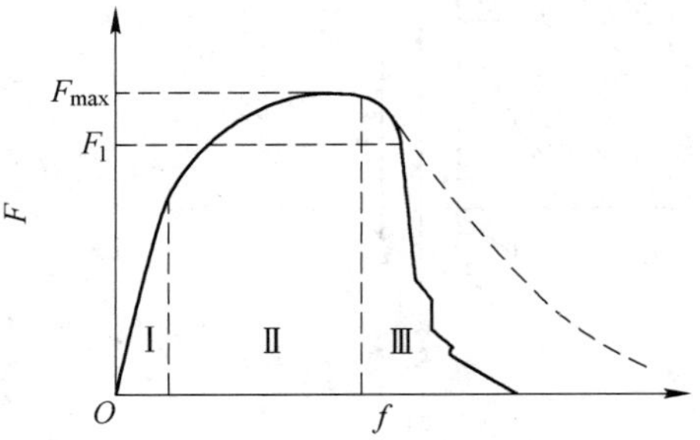

图 2-19　缺口试样静弯曲曲线

低合金高强度钢，当用作船板或压力容器时，可用缺口静弯曲试验来评定材料的冶金质量和热加工、热处理的工艺是否正常。高强度钢（$\sigma_s>1200$ MPa），也可用缺口静弯曲试验来揭示其合金成分和组织对缺口敏感度和裂纹敏感度的影响。

2.7 硬　　度

2.7.1 硬度概念与分类

2.7.1.1 硬度的概念

硬度是衡量材料软硬程度的一种力学性能指标，其定义为在给定的载荷条件下，材料对形成表面压痕（刻痕）的抵抗能力。材料的硬度试验方法与静拉伸试验一样，在工业生产及材料研究中的应用极为广泛。但硬度只是一种技术指标，并不是一个确定的力学性能指标，其物理意义随硬度试验方法的不同而不同。例如，压入法的硬度值是材料表面抵抗另一物体局部压入时所引起的塑性变形能力；划痕法的硬度值表征材料表面对局部切断破坏的抗力。因此一般可以认为，硬度是指材料表面上较小体积内抵抗变形或破裂的能力。

压力法硬度试验的应力状态最“软”（$\alpha>2$），最大切应力远大于最大正应力。所以，在此应力状态下几乎所有材料都会产生塑性变形。

硬度试验所用设备简单，操作方便快捷；硬度试验仅在材料表面局部区域内造成很小的压痕，基本上属于“无损”或微损检测，可对大多数机件成品直接进行检验，无须专门加工试样。而且材料的硬度与强度间存在一定的经验关系，因而硬度试验作为材料、半成品和零件的质量检验方法，在生产实际和材料工艺研究中得到广泛的应用。

2.7.1.2　硬度的分类

硬度的试验方法有十几种，按加载方式基本上可分为压入法和划痕法两大类。在压入法中，根据加载速率的不同可分为动载压入法和静载压入法。肖氏硬度和锤击式布氏硬度等属于动载试验法；布氏硬度、洛氏硬度、维氏硬度和显微硬度等属于静载压入法。划痕法包括莫氏硬度顺序法和锉刀法等，如图 2-20 所示。

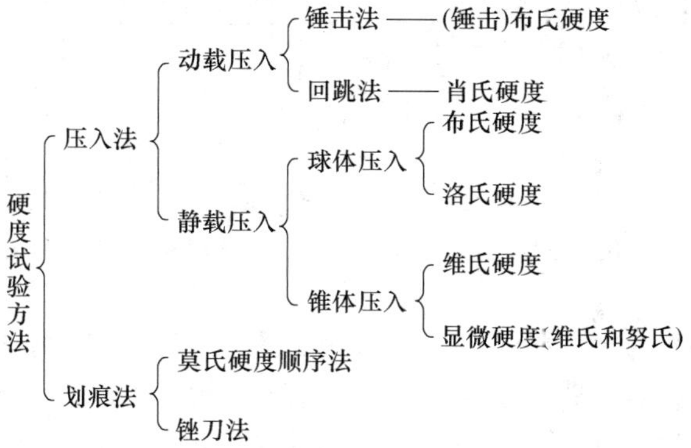

图 2-20　硬度试验的分类

生产中应用最多的是压入法型硬度，如布氏硬度、洛氏硬度、维氏硬度和显微硬度等。在本节中将重点介绍布氏硬度、洛氏硬度、维氏硬度测定的原理和方法，同时还介绍显微硬度、肖氏硬度、莫氏硬度的测定方法及常见材料的硬度，以便能根据材料的种类和生产实际的需要，采用合适的方法测定材料的硬度。

2.7.2　布氏硬度

2.7.2.1　布氏硬度试验的基本原理

布氏硬度（Brinell hardness）是 1900 年由瑞典工程师 Brinell 提出的，是应用最久、最广泛的压入法硬度试验之一。布氏硬度的测定原理是：用一定大小的载荷 F（N），将直径为 D（mm）的淬火钢球或硬质合金球压入试样表面（见图 2-21（a）），保持规定的时间 t（s）后卸除载荷，于是在试样表面留下压痕（见图 2-21（b））。测量试样压痕平均直径 d（mm），计算出压痕球形面积 A（mm^2），将单位压痕面积承受的平均压力定义为布氏硬度，用符号 HB 表示。F 以 N 为单位时，HB 的计算公式如下：

$$HB = \frac{0.102F}{A} = \frac{0.204F}{\pi D(D - \sqrt{D^2 - d^2})} \tag{2-14}$$

布氏硬度的量纲是压强单位——kgf/mm^2（1 kgf/mm^2 = 9.8 MPa）。由于多年的使用和数据积累，已经形成了习惯，为了防止混乱，不将其转化成国际单位制的兆帕（MPa）。通常，布氏硬度值不标出单位。

由于压头的材料不同，因此布氏硬度值用不同的符号表示，以示区别。当压头为淬火钢球时，其符号为 HBS（适用于布氏硬度值在 450 以下的材料）；当压头为硬质合金球时，其符号为 HBW（适用于布氏硬度值为 450~650 的材料）。

布氏硬度值的表示方法，一般记为“数字+硬度符号(HBW 或 HBS)+数字/数字/数字”的形式，符号前面的数字为硬度值，符号后面的数字依次表示钢球直径、载荷大小

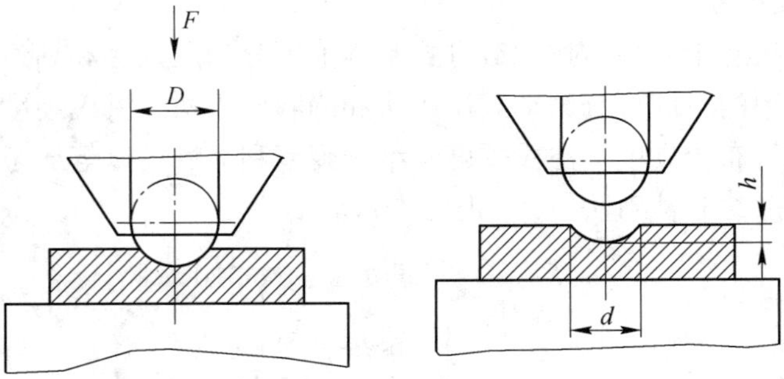

图 2-21 布氏硬度试验原理
（a）压头压入试样表面；（b）试样表面形成深度 h 直径 d 的压痕

及载荷保持时间等试验条件。例如，当用 10 mm 淬火钢球，在 3000 kgf 载荷作用下保持 30 s 时测得的硬度值为 280，则记为 280HBS10/3000/30。当保持时间为 10~15 s 时可不标注。又如 500HBW5/750 表示用直径为 5 mm 的硬质合金球，在 750 kgf 载荷作用下，保持 10~15 s 测得的布氏硬度为 500。

2.7.2.2 布氏硬度试验规程

布氏硬度试验的基本条件是载荷 F 和压头直径 D 必须事先确定，只有这样，所得的数据才能进行相互比较。但由于材料有硬有软，所测试样有厚有薄，如果只采用一个标准的载荷 F（如 3000 kgf）和压头直径 D（如 10 mm）时，则对于硬的合金（如钢）虽然适合，但对于软的合金（如铅、锡）就不适合了，此时整个钢球都会陷入材料中。同样，这个载荷和压头直径对厚的工件虽然适合，但对于薄的工件（如厚度小于 2 mm）就不适合了，这时工件就有可能被压透。

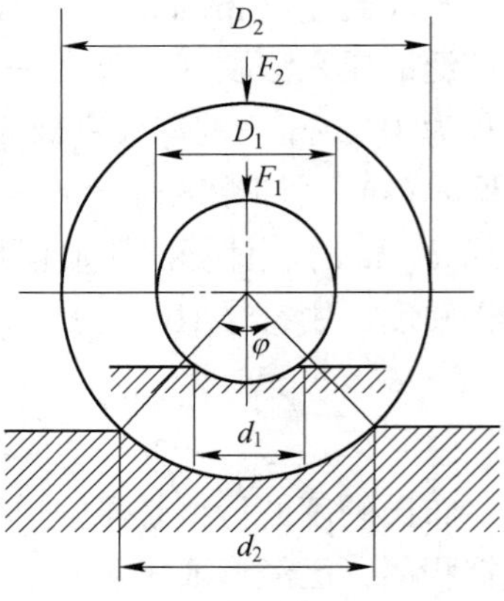

图 2-22 布氏硬度的相似原理

此外，压痕直径 d 和压头直径 D 的比值也不能太大或太小，否则所测得的 HB 值就会失真。只有二者的比值在一定范围（$0.24D<d<0.60D$）内时，才能得到可靠的数据。因此，在进行布氏硬度试验时，就要求采用不同的载荷 F 和压头直径 D 的搭配。可问题是：如果采用不同的 F 和 D 的搭配进行试验时，对 F 和 D 应该采取什么样的规定条件才能保证同一材料得到同样的布氏硬度值？为了解决这个问题，需要运用压痕形状的相似原理。图 2-22 表示用两个不同直径的压头 D_1 和 D_2 在不同载荷 P_1 和 P_2 的作用下，压入试样表面的情况。由图可知，要得到相等的布氏硬度值，就必须使二者的压入角 φ 相等，这就是确定 F 和 D 的规定条件的依据。从图 2-22 中可看出，φ 和 d 的关系是 $d = D\sin\frac{1}{2}$，代入式（2-14）后得

$$\mathrm{HB} = \frac{F}{D^2} \cdot \frac{0.204}{\pi\left(1 - \sqrt{1 - \sin^2\varphi/2}\right)} \tag{2-15}$$

由式（2-15）可知，要保证所得压入角 φ 相等，必须使 F/D^2 为一常数，只有这样，才能保证对同一材料得到相同的 HB 值。这就是对 F 和 D 必须规定的条件。生产上常用的 $0.102F/D^2$（F 单位为 N）或者 F/D^2（F 单位为 kgf）的比值规定有 30、15、10、5、2.5、1.25 和 1 7 种，根据材料种类不同和布氏硬度的范围而分别采用，其中 30、10、2.5 3 种最常用，见表 2-2 和表 2-3。

表 2-2　布氏硬度试验时的 F/D^2 值选择表

材料	布氏硬度（HB）	F/D^2（kgf）
钢及铸铁	<140 >140	10 30
铜及其合金	<35 35~130 >130	4 10 30
轻金属及其合金	<35 35~80 >80	2.5（1.25） 10（5 或者 15） 10（15）
铅和锡		1.25

表 2-3　布氏硬度试验条件选择表

金属类型	布氏硬度（HB）范围	试样厚度/mm	载荷 F 与钢球直径 D 的关系	钢球直径 D/mm	载荷 F/kgf	载荷保持时间/s
黑色金属	140~450	6~3 4~2 <2	$F=30D^2$	10 5 2.5	3000 750 187.5	10
	<140	>6 6~3 <3	$F=10D^2$	10 5 2.5	1000 250 62.5	10
有色金属	>130	6~3 4~2 <2	$F=30D^2$	10 5 2.5	3000 750 187.5	30
	36~130	9~3 6~3 <3	$F=10D^2$	10 5 2.5	1000 250 62.5	30
	8~35	>6 6~3 <3	$F=2.5D^2$	10 5 2.5	250 62.5 15.6	60

布氏硬度试验用的压头直径 D 有 10 mm、5 mm、2.5 mm、2 mm 和 1 mm 5 种。主要根据试样厚度选择，应使压痕深度 h 小于试样厚度的 1/10（见表 2-3）。当试样厚度足够时，应尽可能选用直径为 10 mm 的压头。根据材料及其硬度范围，参照表 2-2 选择 F/D^2 的值，再根据试样厚度选择 D 值，然后就可以计算出试验需用的压力 F。

应当指出，压痕直径 d 应在（$0.24D<d<0.60D$）的范围内，所测硬度方为有效；若

D 值超出上述范围，则应另选 F/D^2 值，再次试验。

在布氏硬度测试过程中，在压力作用下的保持时间也有规定，对黑色金属应为 10 s，有色金属为 30 s，对布氏硬度<35HB 的材料为 60 s。这是因为测定较软材料的硬度时，会产生较大的塑性变形，因而需要较长的保持时间。但也不能保持得太长，如铅、锡等在室温下即有显著冷蠕变现象，变形会随着时间的延长而一直增大。所以要得到可比较的数据，必须对载荷的保持时间做出恰当规定。布氏硬度试验方法和技术条件在国标《金属材料　布氏硬度试验　第 1 部分：试验方法》（GB/T 231.1—2018）中有明确的规定。

2.7.2.3　布氏硬度试验的优缺点和适用范围

布氏硬度试验时一般采用直径较大的压头，因而所得压痕面积较大。压痕面积大的一个优点是其硬度值能反映金属在较大范围内各组成相的平均性能，而不受个别组成相及微小不均匀性的影响。因此，布氏硬度试验特别适用于测定灰铸铁、轴承合金等具有粗大晶粒或组成相的金属材料的硬度。压痕较大的另一个优点是试验数据稳定，重现性强。

另外，试验证明，在一定的条件下，布氏硬度与抗拉强度存在如下的经验关系：

$$\sigma_b = k\text{HB} \tag{2-16}$$

式中，k 为经验常数，随材料不同而异。表 2-4 列出了常见金属材料的抗拉强度 σ_b（MPa）与 HB 的比例常数。因此，只要测定了布氏硬度，便可估算出材料的抗拉强度。

表 2-4　金属材料不同状态下 HB 与 σ_b 的关系表

材料	布氏硬度（HB）范围	$\frac{\sigma_b}{HB}$	材料	布氏硬度（HB）范围	$\frac{\sigma_b}{HB}$
退火、正火碳钢	125~175	3.4	退火黄铜及黄铜	—	5.5
	> 175	3.6	加工青铜及黄铜		4.0
淬火碳钢	<250	3.4	冷加工青铜	—	3.6
淬火合金钢	240~250	3.3	软铝		4.1
常用镍铬钢	—	3.5	硬铝	—	3.7
锻轧钢材		3.6	其他铝合金		3.3
锌合金	—	0.9			

当压痕直径较大时不宜在成品上进行试验，以免影响产品质量。同时也不能测定薄壁件或表面硬化层的布氏硬度。其次，布氏硬度因需测量压痕直径的 d 值，操作和测量都需较长时间，故在要求迅速检定大量成品时需要耗费大量的人力。当前正在研究布氏硬度测定的自动化，以提高测量精度和效率。此外，在试验前需要根据材料的厚度和软硬程度，反复试验更换压头的直径和所需的载荷。

当使用淬火钢球作压头时，只能用于测定布氏硬度<450HB 的材料的硬度；使用硬质合金球作压头时，测定的硬度可达 650HB。但当布氏硬度>450HB 时，以测定材料的洛氏硬度为宜。因为测定硬材料的布氏硬度时，可能会因所加载荷过大而损坏压头。

2.7.3　洛氏硬度

鉴于布氏硬度存在以上缺点，1919 年美国的 SPRockwell 和 MRockwell 提出了直接用压痕深度大小作为标志硬度值高低的洛氏硬度试验。洛氏硬度也是目前最常用的硬度试验方法之一。

2.7.3.1　洛氏硬度的试验原理和方法

洛氏硬度是以一定的压力将压头压入试样表面，以残留于表面的压痕深度来表示材料的硬度，以无量纲的深度表示材料的硬度值。测定洛氏硬度的原理和过程，如图 2-23 所示。

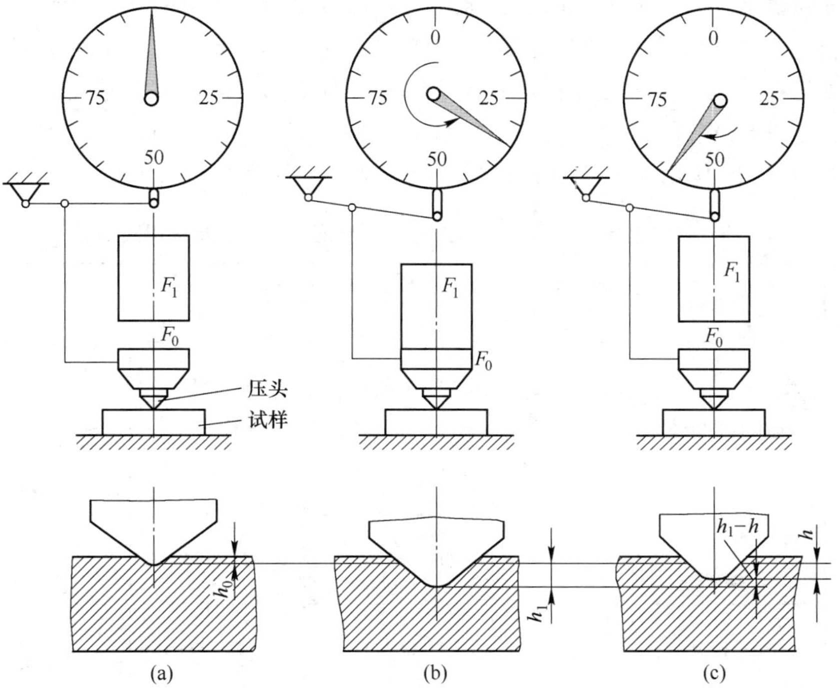

图 2-23　洛氏硬度试验过程示意图

（a）施加初载荷 F_1；（b）施加主载荷 F_2；（c）卸去主载荷 F_2

洛氏硬度的压头有两种，一种是顶角为 120°的金刚石圆锥体，适于测定淬火钢材等较硬的材料；另一种是直径为 1/16 in(1.5875 mm)～1/2 in(12.70 mm) 的小淬火钢球，适于测定退火钢、有色金属等较软材料的硬度。

图 2-23 为用金刚石圆锥体测定硬度过程示意图。为保证压头与试样表面接触良好，试验时先加初始试验力 F_0，在试样表面得一压痕，深度为 h_0。此时，测量压痕深度的指针在表盘上指零（见图 2-23（a））。然后加上主试验力 F_1，压头压入深度为 h_1。表盘上指针以逆时针方向转动到相应刻度位置（见图 2-23（b））。试样在 F_1 作用下产生的总变形 h_1 中包括弹性变形与塑性变形，当将 F_1 卸除后，总变形中的弹性变形恢复，压头回升一段距离（h_1-h）（见图 2-23（c））。这时试样表面残留的塑性变形深度 h 即为压痕深度，而指针顺时针方向转动停止时所指的数值就是洛氏硬度值 HR。

洛氏硬度值就是以施加初载荷状态下的压痕深度 h 来计算的。h 越大，硬度值越低；反之，则越高。为了照顾习惯上数值越大硬度越高的概念，一般用常数 K 减去 h 来计算硬度值，并规定每 0.002 mm 的 h 为一个洛氏硬度单位。于是洛氏硬度值的计算式为：

$$HR = \frac{K - h}{k} \tag{2-17}$$

式中，K 为转向系数，当使用金刚石圆锥压头时，K 取 0.2 mm，当使用小淬火钢球压头时，K 取 0.26 mm；h 为计量压入深度；k 为单位硬度值长度，一般为 0.002 mm 和 0.001 mm。K 的作用是使硬度值随材料实际硬度值增加而增加，人为所设。这样的定义与人们的思维习惯相符合，即材料越硬，压痕的深度越小；反之，压痕深度大。按式（2-17），可以方便地表示 HR 与压痕深度 h 之间的线性关系，并制成洛氏硬度读数表，装在洛氏硬度试验机上，在主载荷卸除后，即可由读数表直接读出 HR 值。

为了能在一台硬度计上测定不同软、硬或厚、薄试样的硬度，可采用不同的压头和试验力组合成几种不同的洛氏硬度标尺。用不同标尺测定的洛氏硬度符号在 HR 后面加标尺字形表示。字母有 A、C、B、D、E、F、G、H、K 9 个，故洛氏硬度标尺有 9 种，常用的为 HRA、HRB 和 HBC 3 种，其试验规范见表 2-5。

表 2-5　洛氏硬度标尺试验条件、硬度值计算公式及应用实例

标尺	压头类型	初试验力 /kgf（N）	主试验力 /kgf（N）	硬度值测量范围	应用实例
HRA	金刚石圆锥体	10（98.1）	50（490.3）	65~85	高硬度的薄件、表面处理钢件、硬质合金等
HRC			140（1373）	20~67	硬度大于 100HRB 的淬火及回火钢、钛合金等
HRB	ϕ1.588 mm 淬火钢球		90（882.6）	25~100	铜合金、铝合金、退火钢材、可锻铸铁等
HRD	金刚石圆锥体		90（882.6）	40~47	薄钢板、中等表面硬化钢、珠光体可锻铸铁
HRE	ϕ3.175 mm 钢球		90（882.6）	70~100	灰铸铁、铝合金、镁合金、轴承合金
HRF	ϕ1.588 mm 钢球		50（490.3）	60~100	退火铜合金、软质薄合金板
HRG	ϕ1.588 mm 钢球		140（1373）	30~94	可锻铸铁、铜镍合金、铜镍锌合金
HRH	ϕ3.175 mm 钢球		50（490.3）	80~100	铝、铅、锌
HRK	ϕ3.175 mm 钢球		140（1373）	40~100	轴承合金、较软金属、薄材

例如，测定 HRB 时，采用 1/16 in 的淬火钢球作压头，K 取 0.26 mm，k 取 0.002 mm，即

$$HRB = (0.26 - h)/0.002 = 130 - h/0.002$$

由于洛氏硬度试验所用试验力较大，不能用来测定较薄试样、渗氮层及金属镀层等表面层的硬度。为此，人们应用洛氏硬度试验的原理，提出了表面洛氏硬度试验方法，共有 6 种标尺，表 2-6 为各标尺的表面洛氏硬度试验规范。洛氏硬度试验的技术规定可参阅《金属材料　洛氏硬度试验　第 1 部分：试验方法》（GB/T 230.1—2018）。

表 2-6　表面洛氏硬度规范

标尺	测量范围	初载荷/N（kg）	主载荷/N（kg）	压头类型	常数 K/mm	单位硬度长度 k/mm
HR15N HR30N HR45N	68~92 39~83 17~72	29.42（3）	117.68（12） 264.78（27） 411.88（42）	金刚石圆锥体	0.1	0.001
HR15T HR30T HR45T	70~92 35~82 7~72	29.42（3）	117.68（12） 264.78（27） 411.88（42）	钢球	0.1	0.001

洛氏硬度测试时，试件表面应为平面。对于测定硬度的表面不是平面的情况，如钢管、圆钢、圆柱等工件，可以直接在其表面上测定洛氏硬度，但测得的硬度值比材料的真实硬度要低，故应加以修正。测得的硬度数据须根据国标 GB/T 230.1—2018 进行修正(见表 2-7 和表 2-8)。

表 2-7　在凸圆柱面上试验的洛氏硬度修正值

洛氏硬度读数	曲率半径/mm								
	3	5	6.5	8	9.5	11	12.5	16	19
20				2.5	2.0	1.5	1.5	1.0	1.0
25			3.0	2.5	2.0	1.5	1.0	1.0	1.0
30			2.5	2.0	1.5	1.5	1.0	1.0	0.5
35		3.0	2.0	1.5	1.5	1.0	1.0	0.5	0.5
40		2.5	2.0	1.5	1.0	1.0	1.0	0.5	0.5
45	3.0	2.0	1.5	1.0	1.0	1.0	0.5	0.5	0.5
50	2.5	2.0	1.5	1.0	1.0	0.5	0.5	0.5	0.5
55	2.0	1.5	1.0	1.0	0.5	0.5	0.5	0.5	0
60	1.5	1.0	1.0	0.5	0.5	0.5	0.5	0	0
65	1.5	1.0	1.0	0.5	0.5	0.5	0.5	0	0
70	1.0	1.0	0.5	0.5	0.5	0.5	0.5	0	0
75	1.0	0.5	0.5	0.5	0.5	0.5	0	0	0
80	0.5	0.5	0.5	0.5	0.5	0	0	0	0
85	0.5	0.5	0.5	0	0	0	0	0	0
90	0.5	0	0	0	0	0	0	0	0

表 2-8　在凸球面上试验 C 标尺洛氏硬度修正值

洛氏硬度（HRC）读数	凸球面直径/mm								
	4	6.5	8	9.5	11	12.5	15	20	25
55	6.4	3.9	3.2	2.7	2.3	2.0	1.7	1.3	1.0
60	5.8	3.6	2.9	2.4	2.1	1.8	1.5	1.2	0.9
65	5.2	3.2	2.6	2.2	1.9	1.7	1.4	1.0	0.8

注：基于 C 标尺洛氏硬度的修正值 ΔH 的计算公式为：$\Delta H = 59 \times \frac{\left(1 - \frac{H}{160}\right)^2}{d}$，其中 H 为洛氏硬度值，d 为球直径，mm。

2.7.3.2 洛氏硬度试验的优缺点

洛氏硬度试验避免了布氏硬度试验所存在的缺点。它的优点如下：

（1）因有硬质、软质两种压头，故适于各种不同硬质材料的检验，不存在压头变形问题；

（2）因为硬度值可从硬度计的表盘上直接读出，故测定洛氏硬度更为简便迅速，工效高；

（3）对试件表面造成的损伤较小，可用于成品零件的质量检验；

（4）因加有预载荷，可以消除表面轻微的不平度对试验结果的影响。

但洛氏硬度也有一些缺点，如下：

（1）洛氏硬度存在人为的定义，使得不同标尺的洛氏硬度值无法相互比较，不像布氏硬度可以从小到大统一起来；

（2）由于压痕小，所以洛氏硬度对材料组织的不均匀性很敏感，测试结果比较分散，重复性差，因而不适用具有粗大组成相（如灰铸铁中的石墨片）或不均匀组织材料的硬度测定。

各种洛氏硬度之间、洛氏硬度与布氏硬度间存在一定的换算关系。对于钢铁材料，大致有下列的关系式：

$$HRC = 2HRA - 104$$

$$HB = 10\ HRC\ （HRC = 40 \sim 60）$$

$$HB = 2\ HRB$$

2.7.4 维氏硬度和显微硬度

2.7.4.1 维氏硬度的试验原理和方法

维氏硬度试验法是1925年由英国人 R. L. Smith 和 G. E. Sandland 提出的。第一台按照此方法制作的硬度计是由英国的 Vickers 公司研制成功的，于是称之为维氏硬度试验法。

维氏硬度的试验原理与布氏硬度相同，也是根据压痕单位面积所承受的试验力计算硬度值。所不同的是维氏硬度试验的压头不是球体，而是两相对面间夹角 α 为136°的金刚石四棱锥体。如图2-24所示。压头在试验力 F（N）作用下将试样表面压出一个四方锥形的压痕，经一定保持时间后卸除试验力，测量压痕对角线平均长度 d [$d = (d_1 + d_2)/2$]，用以计算压痕表面积 A（mm^2）。维氏硬度值（HV）为试验力 F 除以压痕表面积 A 所得的商，即

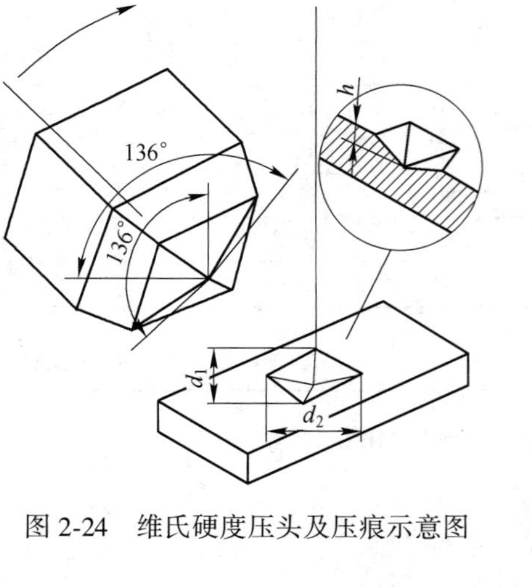

图 2-24 维氏硬度压头及压痕示意图

$$HV = \frac{0.102F}{A} = \frac{0.204F\sin(136°/2)}{d^2} = 0.1891\frac{F}{d^2} \tag{2-18}$$

维氏硬度值也不标注单位。

维氏硬度试验之所以采用正四棱锥体压头，是为了当改变试验力时，压痕的几何形状总保持相似，而不致影响硬度值。

维氏硬度的表示方法是：硬度值、符号 HV、试验力、试验力保持时间（10～15 s 不标注）。如 640HV30 表示在试验力为 294.2 N 下保持 10～15 s 测得的维氏硬度值为 640，又如 300HV0.1 表示在试验力为 0.9807 N 下保持 10～15 s 测得的显微维氏硬度值为 300。注意硬度符号后试验力单位为千克力（kgf）。

维氏硬度试验常用试验力范围为 19.03～980.7 N。使用时应视零件厚度及材料的预期硬度，尽可能选取较大试验力，以减小压痕尺寸的测量误差。试验力选择见表 2-9。

表 2-9　维氏硬度试验力选择

硬度代号	试验力/kgf（N）	硬度代号	试验力/kgf（N）
HV5	5（49.03）	HV30	30（294.2）
HV10	10（98.07）	HV50	50（490.3）
HV20	20（196.1）	HV100	100（980.7）

维氏硬度特别适用于表面硬化层和薄片材料的硬度测定，选择载荷时，应使硬化层或试样的厚度大于 1.5*d*。若不知待测试样硬化层的厚度，则可在不同的载荷下按从小到大的顺序进行试验，若载荷增加，硬度明显降低，则必须采用较小的载荷，直至两相邻载荷得出相同结果时为止。当待测试样厚度较大时，应尽可能选用较大的载荷，以减小对角线测量的相对误差和试样表面层的影响，提高维氏硬度测定的精度。但对于 HV>500 的材料，试验时不宜采用 500 N 以上的载荷，以免损坏金刚石压头。在维氏硬度测定时，试样硬度、试验载荷和试样最小厚度的关系如图 2-25 所示。有关维氏硬度试验的规定，可参考《金属材料　维氏硬度试验　第 1 部分：试验方法》（GB/T 4340.1—2009）。

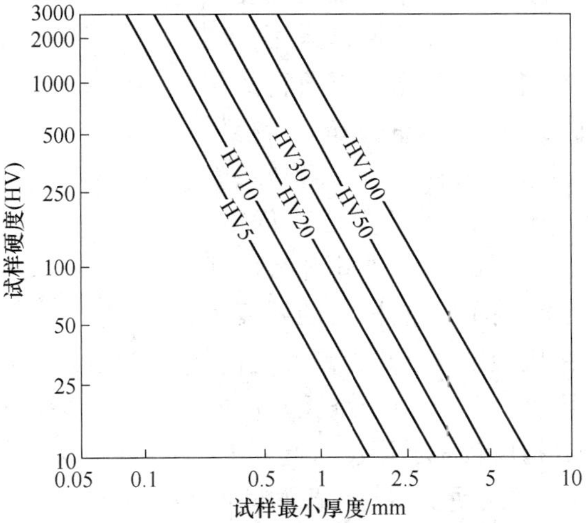

图 2-25　维氏硬度试样硬度、载荷和试样最小厚度之间关系

2.7.4.2　显微维氏硬度的试验原理和方法

如果维氏硬度试验时选用的试验力较小，达到 0.098～1.961 N（见表 2-10），则可测定金属箔、极薄的表面层的硬度及合金中各种组成相的硬度。因为压痕尺寸较小，为了提高测量精度，需要配用显微放大装置。这就是显微维氏硬度（显微硬度）。表 2-11 给出了一些钢中组成相的显微硬度。

表 2-10 显微维氏硬度试验力选择

硬度符号	试验力/N	硬度符号	试验力/N
HV0. 2	1. 961	HV0. 01	0. 09807
HV0. 3	4942	HV0. 015	0. 1471
HV0. 5	4. 903	HV0. 02	0. 1961
HV1	9. 807	HV0. 025	0. 2452
HV2	19. 61	HV0. 05	0. 4903
HV3	29. 42	HV0. 1	0. 9807

表 2-11 钢中一些合金相的显微硬度

组成相	显微硬度（HV）	组成相	显微硬度（HV）
奥氏体	340~450	Al2Cu	560
铁素体	150~250	Al3Ni	610
渗碳体	750~980	SiC	1800~3500
马氏体	670~1200	TiC	2850~3200
珠光体	350~500	WC	1430~2470

显微硬度可以测定尺度约 10 μm 以上的显微颗粒和晶粒的硬度值。例如显微硬度测定的铁素体晶粒大小和显微硬度之间的关系如图 2-26 所示。

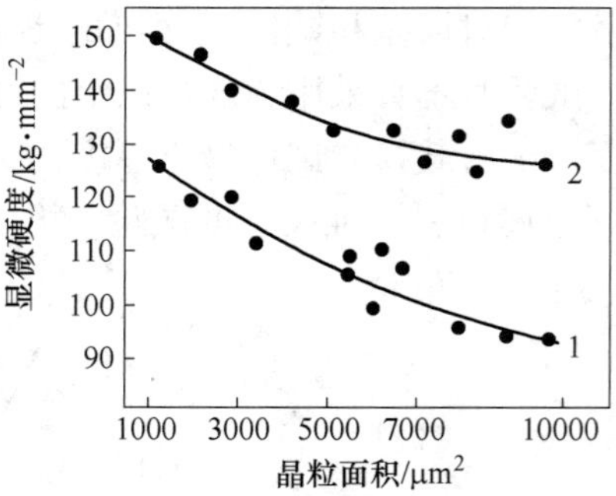

图 2-26 铁素体晶粒内部和边缘硬度随晶粒大小变化

1—铁素体晶粒中心硬度值；

2—铁素体晶粒中心到边界的一半处的硬度值

2.7.4.3 维氏硬度试验的优缺点

与布氏、洛氏硬度试验比较起来，维氏硬度试验具有许多优点：（1）由于维氏硬度测试采用了四方金刚石角锥体压头，在各种载荷作用下所得的压痕几何相似，因此载荷大小可以任意选择，所得硬度值均相同，不受布氏硬度法那种载荷 F 和压头直径 D 规定条件的约束，也不存在压头变形问题；（2）维氏硬度法测量范围较宽，软硬材料都可测试，而又不存在洛氏硬度法那种不同标尺的硬度无法统一的问题，并且比洛氏硬度法能更好地测定薄件或薄层的硬度，因而常用来测定表面硬化层及仪表零件等的硬度；（3）由于维氏硬度的压痕为一轮廓清晰的正方形，其对角线长度易于精确测量，故精度较布氏硬度法高；（4）维氏硬度试验的另一特点是，当材料的硬度小于 450HV 时，维氏硬度值与布氏硬度值大致相同。

维氏硬度试验的缺点是需通过测量对角线后才能计算（或查表）出来，因此生产效率没有洛氏硬度高。但随着自动维氏硬度机的发展，这一缺点也已不复存在。

2.7.5 其他硬度试验方法

2.7.5.1 努氏硬度试验

努氏硬度（Knoop hardenss）试验也是一种显微硬度试验方法。与显微维氏硬度相比有两点不同：一是压头形状不同，压痕形状如图 2-27 所示。努氏硬度试验所使用的是两

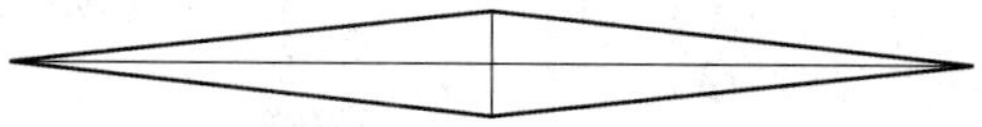

图 2-27　努氏硬度压痕形状

个对面角不等的四角棱锥金刚石压头（其对面角分别为 172°30′和 130°），因此，在试样上得到的是长、短对角线长度比（l/w）为 7.11 的菱形压痕；二是硬度值不是试验力除以压痕表面积的商值，而是除以压痕投影面积的商值。因此，测量出压痕长对角线的长度 l（μm），就可按式（2-19）计算努氏硬度值（HK）。

$$HK = 0.102 \times 14.23 \frac{F}{l^2} = 1.451 \frac{F}{l^2} \qquad (2\text{-}19)$$

式中，F 为试验力，其值可在 0.4903～19.61 N 范围内选取。

努氏硬度试验由于压痕细长，而且只测量长对角线的长度，因而精确度较高。对于表面淬硬层或渗层、镀层等薄层区域的硬度测定及渗层截面上硬度分布的测定较为方便。

2.7.5.2　肖氏硬度试验和里氏硬度试验

肖氏硬度（Shore hardness，1806 年由 A. F. Shore 提出）试验是一种动载荷试验法，其原理是将一定质量的带有金刚石圆头或钢球的重锤，从一定高度落于金属试样表面，根据重锤回跳的高度来表征金属硬度值大小，因而也称为回跳硬度。肖氏硬度的符号用 HS 表示。现在使用肖氏硬度检验的已经很少了。但是冶金轧辊行业目前还在广泛使用。肖氏硬度的特点是不同材料的肖氏硬度之间不能进行比较，否则会得到橡胶的硬度比钢铁高这样的结论。

里氏硬度试验也是动载荷试验法，它是用规定质量的冲击体在弹力作用下以一定速度冲击试样表面，用冲头（碳化钨球）的回弹速度表征金属的硬度值。其符号为 HL。

肖氏硬度计和里氏硬度计均为手提式，使用方便，可在现场测量大型工件的硬度。正是因为这样的试验方法，试验数据对于试验手法的依赖程度非常大，要求冲击加载方向与试样表面垂直，否则数据不准。

2.7.5.3　刻划硬度

刻划硬度顾名思义是在试样表面划出刻痕，测定材料硬度的方法。与目前工厂使用的锉刀硬度相当。但是测定的是划痕的宽度，用划痕宽度的微米值表示硬度。具体做法是用圆锥角 90°的金刚石锥施加一定载荷压入试样表面，然后水平方向拖动，在试样表面划出划痕，显微镜测量划痕宽度。这种硬度试验方法有两点突出的特点：一是划痕比较长，所以尽可能找非常清晰的地方测量，或者多处测量，数据准确；二是能比较准确地反映材料抵抗剪切抗力的能力，测量数据与试样加工硬化等没有关系。表 2-12 是 7-3 黄铜（70%Cu+30%Zn）不同轧制变形量条件下的刻划硬度、布氏硬度和肖氏硬度之间关系。

表 2-12　黄铜的刻划硬度和其他硬度对比

轧制变形程度/%	布氏硬度（HB）	肖氏硬度（HS）	刻划硬度/μm
0	52	26	11
15	95	36	11
30	120	42	10.8
50	130	52	10.6
70	150	62	10.8

工程实践中有时候需要将不同的硬度进行对照，便于查找，下面给出一部分硬度换算表（见表 2-13）。

表 2-13 硬度换算表

布氏硬度 HB10/3000	洛氏硬度		维氏硬度（HV）	布氏硬度 HB10/3000	洛氏硬度		维氏硬度（HV）
	HRA	HRC			HRA	HRC	
—	83.9	65	856	341	69.0	37	347
—	83.3	64	825	332	68.5	36	338
—	82.8	63	795	323	68.0	35	320
—	82.2	62	766	314	67.5	34	320
—	81.7	61	739	306	67.0	33	312
—	81.2	60	713	298	66.4	32	304
—	80.6	59	688	291	65.9	31	296
—	80.1	58	664	283	65.4	30	289
—	79.5	57	642	275	64.9	29	281
—	79.0	56	620	269	64.4	28	274
—	78.5	55	599	263	—	27	268
—	77.9	54	579	257	—	26	261
—	77.4	53	561	251	—	25	255
—	76.9	52	543	245	—	24	246
501	76.3	51	525	240	—	23	243
466	75.8	50	509	234	—	22	237
474	75.3	49	493	229	—	21	231
461	74.7	48	478	225	—	20	226
449	74.2	47	463	220	—	—	221
436	73.3	46	449	216	—	—	216
424	73.2	45	436	211	—	—	211
413	72.6	44	423	208	—	—	—
401	72.1	43	411	204	—	—	—
391	71.6	42	399	200	—	—	—
380	71.1	41	388	196	—	—	—
370	70.5	40	377	192	—	—	—
360	70.0	39	367	188	—	—	—
350	—	38	357	185	—	—	—

硬度试验的方法和设备很多，应该根据试样情况、试样处理工艺、试验目的分别采用对应的检测方法。各种硬度试验方法都要求施加载荷的轴线一定要与试样表面相垂直。

各种不同的硬度值可以进行比较和换算，并且有专门的国家标准。但是这样的换算可能带来麻烦或者错误。例如有一批灰口铸铁零件，测定硬度时采用了洛氏硬度计的 HRB 测定了零件的硬度，再查表换算成布氏硬度 HB，结果比规定要求的硬度低很多。这样这批零件就要报废，但是金相检验完全合格，而且使用之后性能也完全能够满足要求。问题出在硬度压头太小（ϕ1.588 mm 淬火钢球），使硬度值过于分散，导致平均值偏低。

2.7.6　硬度与其他力学性能指标的关系

在第 1 章和本章的前 5 节中，介绍了材料的弹性极限、屈服强度、抗拉强度及材料的抗扭强度、抗剪强度、抗压强度等力学性能指标。测定这些力学性能指标不仅需要制备特定形状的试样，而且是破坏性的。但材料的硬度试验方法简便迅速，无须专门加工试样，且对试样的损伤较小。因此，人们一直都在探讨如何通过所测定的硬度值来评定材料的其他力学性能指标。可遗憾的是，至今没有从理论上确定材料的硬度与其他力学性能指标的内在联系，只是根据大量试验确定了硬度与某些力学性能指标之间的对应关系。

试验证明，金属的布氏硬度与抗拉强度之间成正比关系，即式（2-16）所示的经验关系 $\sigma_b = k\text{HB}$。不同的金属材料 k 值不同；同一类金属材料经不同热处理后，尽管强度和硬度都发生了变化，其 k 值仍基本保持不变。但若通过冷变形提高硬度时，k 值不再是常数。

此外，有人设想找出硬度与疲劳极限之间的近似定量关系，试图通过测定材料的硬度 HB 来估算材料的疲劳极限 σ_{-1}。对于钢铁材料，因 $\sigma_{-1} = 0.4 \sim 0.6\sigma_b$，而 σ_b 约为 HB 的 3.3 倍，于是 $\sigma_{-1} \approx 1.6\text{HB}$。表 2-14 列出了某些退火金属的布氏硬度（HB）、σ_b、σ_{-1} 的试验数据。由表可见，黑色金属基本上满足上述的经验关系。

表 2-14　退火金属的布氏硬度（HB）与 σ_b、σ_{-1} 的关系

金属及合金名称		HB	σ_b/ MPa	k（σ_b/HB）	σ_{-1}/ MPa	α（σ_{-1}/HB）
有色金属	铜	47	220.30	4.68	68.40	1.45
	铝合金	138	455.70	3.30	162.68	1.18
	硬铝	116	454.23	3.91	144.45	1.24
黑色金属	工业纯铁	87	300.76	3.45	159.54	1.83
	20 钢	141	478.53	3.39	212.66	1.50
	45 钢	182	637.98	3.50	278.02	1.52
	T8 钢	211	753.42	3.57	264.30	1.25
	T12 钢	224	792.91	3.53	338.78	1.51
	1Cr18Ni9	175	902.28	5.15	364.56	2.08
	2Cr13	194	660.81	3.40	318.99	1.64

除此之外，还有人利用硬度试验间接地测定材料的屈服强度、评价钢的冷脆倾向及借助特殊硬度试样近似地建立真应力-应变曲线等。

本章主要介绍了金属在其他静载荷下的力学性能。具体内容如下：介绍了金属材料在各种静载荷下的力学性能及测试方法，涵盖了压缩、弯曲、扭转、剪切和缺口试样静载荷试验及硬度测试等内容。通过理解金属材料在不同加载条件下的行为，可以更全面地评估材料的力学能力，为工程设计和材料选择提供依据。

思考题

2-1 试综合比较单向拉伸、压缩、弯曲及扭转试验的特点和应用范围。

2-2 试述脆性材料弯曲试验的特点及其应用。

2-3 缺口试样拉伸时应力分布有何特点？

2-4 试综合比较光滑试样轴向拉伸、缺口试样轴向拉伸和偏斜拉伸试验的特点。

2-5 试说明布氏硬度、洛氏硬度与维氏硬度的试验原理，并比较布氏、洛氏与维氏硬度试验方法的优缺点。

2-6 有如下零件和材料需测定硬度，试说明选用何种硬度试验方法为宜。

(1) 渗碳层的硬度分布；(2) 淬火钢；(3) 灰铸铁；(4) 鉴别钢中的隐晶马氏体与残留奥氏体；(5) 仪表小黄铜齿轮；(6) 龙门刨床导轨；(7) 渗氮层；(8) 高速工具钢刀具；(9) 退火态低碳钢；(10) 硬质合金。

3 金属的变形

金属作为一种重要的结构材料，在现代工业生产中扮演着不可替代的角色。然而，金属在使用过程中难免会受到各种外界力的作用，从而引起各种形式的变形。正如在绪论中已经讨论过的，材料力学性能是研究材料在特定环境中在不同形式外力作用下的力学行为。而变形作为一种重要的力学行为，对于深入了解金属的特性和机制至关重要。本章的主要目的就是探究金属变形的机制和特性。我们将重点关注金属在受力下发生的两种主要形式的变形：弹性变形和塑性变形。其中弹性变形是临时性的变形，当施加的力移除后，金属形状和尺寸可以完全恢复。塑性变形则是无法完全恢复的永久变形。金属在外力作用下先发生弹性变形，当应力超过屈服强度后发生塑性变形。塑性变形中伴有弹性变形和形变强化。通过本章的学习，我们可以更好地理解金属材料的变形行为，对在工程实践中的材料设计、材料选择、材料加工和使用都具有重要的意义。本章主要介绍金属的弹性变形特点、弹性的不完整性、弹性模量、弹性比功及塑性变形方式、屈服现象、屈服强度影响因素、形变强化及颈缩现象等内容。

3.1 弹性变形

材料受外力作用发生尺寸和形状的变化，称为变形。外力去除后，随之消失的变形为弹性变形，剩余的（即永久性的）变形为塑性变形。本节讨论弹性变形及其本质。弹性变形的重要特征是可逆性，即受力作用后产生变形，卸除载荷后，变形消失。这反映了弹性变形取决于原子间结合力这一本质属性。

3.1.1 弹性变形及其物理本质

材料受外力作用发生尺寸和形状的变化，当外力去除后，材料的形状和尺寸能够完全恢复的变形称为弹性变形。

弹性变形是原子系统在外力作用下离开其平衡位置达到新的平衡状态的过程，因此，对弹性变形的讨论，必须从原子结合力模型开始。

在平衡状态下，晶体中的原子处于平衡位置，在平衡位置上的原子之间的作用力——吸引力和排斥力是平衡的，各原子之间保持着一定的距离。对于以金属键结合为主的晶体而言，可以认为吸引力是金属正离子与公有电子间库仑力作用的结果，显然这是一个长程力，其作用范围比原子尺寸大得多。而排斥力来源于金属离子之间及同性电子之间的排斥作用，属于短程力，在原子间距离扩大时，其作用很小，但当原子彼此靠近时，即显示出其主导作用。原子间作用力的双原子模型如图 3-1 所示。

当吸引力与排斥力平衡时，原子即处于平衡位置。受外力作用，原子间距拉大时，原子间作用力的合力表现为引力；而当原子间距减小时，表现为斥力。作为原子间作用力的吸引力或排斥力的作用是恢复原子的平衡位置。外力引起的原子间距的变化，即位移，在宏观上就是所谓弹性变形。外力去除后，原子复位，位移消失，弹性变形消失，从而表现了弹性变形的可逆性。原子间作用力 P 随原子间距 r 的变化而变化，其关系为：

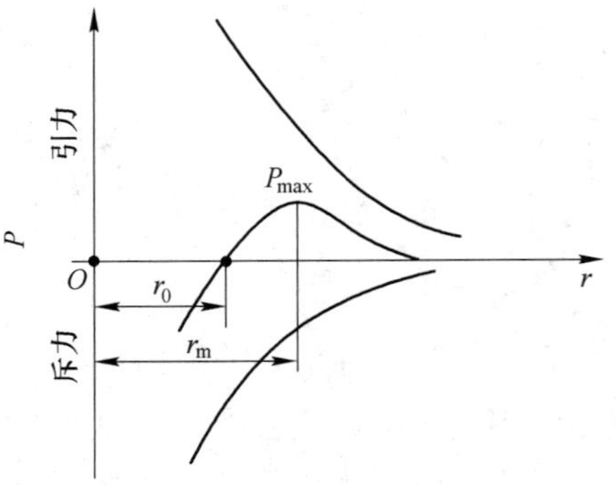

图 3-1 表示原子间作用力的双原子模型

$$P = \frac{A}{r^2} - \frac{B}{r^4}$$

式中，A 和 B 分别为与原子本性和晶格类型有关的常数。式中第一项为引力，第二项为斥力。该式表明原子间作用力与原子间距并不呈线性关系，而是抛物线关系。这在本质上反映了胡克定律的近似性。在外力不是很大时，原子偏离平衡位置不远，原子间作用力曲线的起始段，可近似视为直线。因此，胡克定律表述的外力与位移的关系近似为直线关系。

弹性模量 E 本质上是原子间结合力曲线的斜率，因此，弹性模量随变形量的变化也不是一个常数。但通常金属晶体弹性变形量很小（通常为 0.5%~1%），这时弹性模量只是原子间作用力在平衡位置处的斜率，可以认为是一个常数。

可见，弹性变形的物理本质是原子间作用力随原子间距变化规律的宏观体现。弹性变形过程中，应力与应变的关系遵循胡克定律。其本质上取决于晶体中原子的电子结构，而不依赖于显微组织。因此，弹性模量是一个对组织不敏感的力学性能指标。

由图 3-1 可以看出，当 $r = r_m$ 时，原子间作用力合力表现为引力，而且出现极大值 P_{max}。如果外力达到 P_{max}，就可以克服原子间的引力而将它们拉开。这就是晶体在弹性状态下的断裂强度，即理论正断强度，相应的弹性变形量也是理论值。实际上，由于晶体中含有缺陷如位错，在弹性变形量尚小时的应力足以激活位错运动，而代之以塑性变形，所以实际上可实现的弹性变形量不会很大。对于脆性材料，由于对应力集中敏感，应力稍大时，缺陷处的集中应力即可导致裂纹的产生与扩展，使晶体在弹性状态下断裂。

3.1.2 胡克定律

3.1.2.1 简单应力状态的胡克定律

很早人们就发现物体受力的一定范围内，变形和外力之间具有线性关系。这种变形就是弹性变形。弹性变形与外力之间既然有线性关系，就可以用简单的一次方程表示它们之间的关系。那就是：

$$应力 = 常数 \times 应变$$

有下面两种情况：

（1）单向应力作用，例如单向拉伸。将作用力方向看作 x 方向，则

$$\varepsilon_{xx} = \frac{\sigma_{xx}}{E} \tag{3-1}$$

或

$$\sigma_{xx} = E\varepsilon_{xx}$$

$$\varepsilon_{yy} = \varepsilon_{xx} = -\nu\varepsilon_{zz} \tag{3-2}$$

所以

$$\nu = \frac{-\varepsilon_{yy}}{\varepsilon_{xx}}$$

式中，E 为杨氏弹性模量（也称为正弹性模量）；ν 为泊松比，即单向拉伸作用力下横向收缩应变与纵向伸长应变的比值。这个比值在给定材料中是常数。

（2）剪切和扭转。在弹性变形范围的剪切和扭转时也具有相应的关系：

$$\tau = G\gamma \tag{3-3}$$

式中，G 为剪切弹性模量；τ 为切应力；γ 为切应变。

E、G、ν 称为材料的弹性常数，分别称为正弹性模量（或者称为杨氏弹性模量）、剪切弹性模量和泊松比。给定材料在给定条件下这些物理量是不变的。

在弹性变形阶段联系变形量和应力之间关系的常数称为弹性常数。在立方晶系材料中，弹性常数简化为非常简单的形式。

$$G = \frac{E}{2(1+\nu)} \tag{3-4}$$

一般定义张应力为正应力，压应力为负应力。

3.1.2.2 广义胡克定律

所谓广义胡克定律指的是在多向应力状态下弹性变形范围内材料的应力应变关系。

在所采用的弹性力学分析中，在受力弹性体上取一个小单元体——通常取平行六面体，这个六面体足够小，以致其中相邻的两个面上受力差别很小。所以应力表示为 σ_{ij}，应力分量的表达式就有如下形式：

$$\sigma_{ij} = \left| \sigma_{xx}\sigma_{xy}\sigma_{xz}\sigma_{yx}\sigma_{yy}\sigma_{yz}\sigma_{zx}\sigma_{zy}\sigma_{zz} \right| \tag{3-5a}$$

下角标相同的为正应力，下角标不同的为剪应力。实验证明，剪应力互等。所以 9 个应力分量就剩下 6 个。这些应力分量的形式如图 3-2 所示。

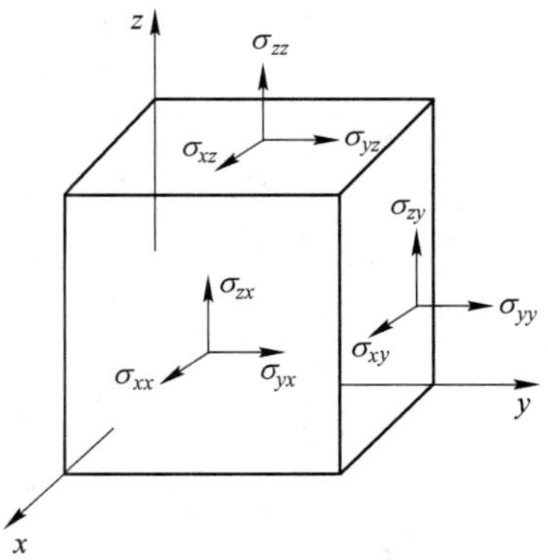

图 3-2 平行六面体上各应力分量

同理，若干应变表示为 ε_{ij}，应变分量就有如下形式：

$$\varepsilon_{ij} = \left| \varepsilon_{xx}\varepsilon_{xy}\varepsilon_{xz}\varepsilon_{yx}\varepsilon_{yy}\varepsilon_{yz}\varepsilon_{zx}\varepsilon_{zy}\varepsilon_{zz} \right| \tag{3-5b}$$

实验也同样证明剪应变互等，所以应变分量也只剩下 6 个。

胡克定律的理论推导，假设每一项应力分量均与所有的应变分量之间有关系，每一项应变也与任何一个应力分量之间有关系。这样我们可以在 6 个应力分量和 6 个应变分量之间建立起 6 个方程。如果用应力表示应变的话，一个应变分量的方程有 6 个系数，6 个方程 36 个系数。然后根据力学平衡原理、晶体对称性原理和试验结果逐步消去一系列系数。如下：

$$\varepsilon_{xx} = S_{11}\sigma_{xx} + S_{12}\sigma_{yy} + S_{13}\sigma_{zz} + S_{14}\sigma_{xy} + S_{15}\sigma_{yz} + S_{16}\sigma_{xz}$$
$$\varepsilon_{yy} = S_{21}\sigma_{xx} + S_{22}\sigma_{yy} + S_{23}\sigma_{zz} + S_{24}\sigma_{xy} + S_{25}\sigma_{yz} + S_{26}\sigma_{xz}$$
$$\varepsilon_{zz} = S_{31}\sigma_{xx} + S_{32}\sigma_{yy} + S_{33}\sigma_{zz} + S_{34}\sigma_{xy} + S_{35}\sigma_{yz} + S_{36}\sigma_{xz}$$
$$\varepsilon_{xy} = S_{41}\sigma_{xx} + S_{42}\sigma_{yy} + S_{43}\sigma_{zz} + S_{44}\sigma_{xy} + S_{45}\sigma_{yz} + S_{46}\sigma_{xz}$$
$$\varepsilon_{yz} = S_{51}\sigma_{xx} + S_{52}\sigma_{yy} + S_{53}\sigma_{zz} + S_{54}\sigma_{xy} + S_{55}\sigma_{yz} + S_{56}\sigma_{xz}$$
$$\varepsilon_{xz} = S_{61}\sigma_{xx} + S_{62}\sigma_{yy} + S_{63}\sigma_{zz} + S_{64}\sigma_{xy} + S_{65}\sigma_{yz} + S_{66}\sigma_{xz}$$

下面用简单的方法证明广义胡克定律。

设：已知材料的弹性模量 E，知道材料的泊松比 ν，如果试样承受三向正应力 σ_{xx}、σ_{yy} 和 σ_{zz} 的同时作用。问 x 方向的总变形量如何？

解：根据式（3-1），σ_{xx} 引起沿 x 方向的变形有：

$$\varepsilon'_x = \frac{\sigma_x}{E}$$

同时，由于材料在纵向伸长的同时要横向收缩，σ_{yy} 和 σ_{zz} 在沿 y 方向和 z 方向引起伸长，并会引起 x 方向收缩（见式（3-2）），所以它们的值分别是：

$$\varepsilon''_x = -\nu\varepsilon_y = -\frac{\nu}{E}\sigma_y$$

$$\varepsilon'''_x = -\nu\varepsilon_z = -\frac{\nu}{E}\sigma_z$$

显然，x 方向的总变形量应该是这三个变形量之和：

$$\varepsilon_{xx} = \varepsilon'_x + \varepsilon''_x + \varepsilon'''_x = \frac{1}{E}[\sigma_{xx} - \nu(\sigma_{yy} + \sigma_{zz})] \tag{3-5c}$$

同理我们可以得到沿 y 方向和 z 方向的总应变，写出与式（3-5c）相似的另外两个表达式。另外试验证明，剪应力作用下的应力和应变彼此一一对应，并且也呈线性关系。这样加上剪应力作用下的三个方程，广义胡克定律就有如下形式：

$$\begin{aligned}
\varepsilon_{xx} &= \frac{1}{E}[\sigma_{xx} - \nu(\sigma_{yy} + \sigma_{zz})] \\
\varepsilon_{yy} &= \frac{1}{E}[\sigma_{yy} - \nu(\sigma_{xx} + \sigma_{zz})] \\
\varepsilon_{zz} &= \frac{1}{E}[\sigma_{zz} - \nu(\sigma_{yy} + \sigma_{xx})] \\
\varepsilon_{xy} &= \sigma_{xy}/G \\
\varepsilon_{yz} &= \sigma_{yz}/G \\
\varepsilon_{xz} &= \sigma_{xz}/G
\end{aligned} \tag{3-6a}$$

注意：某一项正应变分量与三项正应力分量之间有关系；当然某一项正应力分量也与三项正应变分量之间有关系。而剪应力和剪应变之间一一对应。不同方向的剪应力和剪应变之间没有任何关系。试验证明，剪应力互等：

$$\sigma_{xy} = \sigma_{yx}$$
$$\sigma_{xz} = \sigma_{zx}$$
$$\sigma_{zy} = \sigma_{yz}$$

当然，另外一个表达式就是，以应变为自变量、应力为因变量的形式。其中一个形式是：

$$
\begin{aligned}
&\sigma_{xx} - \sigma_0 = 2G(\varepsilon_{xx} - \varepsilon_0)\\
&\sigma_{yy} - \sigma_0 = 2G(\varepsilon_{yy} - \varepsilon_0)\\
&\sigma_{zz} - \sigma_0 = 2G(\varepsilon_{zz} - \varepsilon_0)\\
&\sigma_{xy} = G\varepsilon_{xy}\\
&\sigma_{yz} = G\varepsilon_{yz}\\
&\sigma_{xz} = G\varepsilon_{xz}
\end{aligned}
\tag{3-6b}
$$

3.1.3 弹性变形的特点

弹性变形的物理本质是原子间作用力随原子间距变化规律的宏观体现。金属弹性变形是一种可逆的变形，外力增加变形增加，外力减小变形随之减小。弹性变形是金属内原子之间引力、斥力及外力三者之间平衡的结果，具有以下几个主要特点。

（1）可逆性：弹性变形的最显著特点就是可逆性。当作用于材料上的外力被移除后，材料能够恢复到其原始的形状和尺寸，不留下任何永久的形变。这意味着金属在受到小应力作用时，其原子或晶格结构会发生弹性畸变，但并不会改变内部结构的排列顺序。当应力消失时，金属会通过内部应力的重新分布，将其形变恢复到原来的状态。这种可逆性使得弹性材料在受到短暂载荷时非常有用，因为它们可以在载荷消失后迅速恢复到原始状态。可逆性在实际应用中具有重要意义，例如，在弹性元件、弹簧和减振装置中，材料需要反复受到载荷并恢复到原始状态，这就要求材料具有良好的弹性。

（2）单值性：弹性变形有单值性。一个外力对应一个变形量。所以变形量与外力之间呈线性关系，用胡克定律表示。但是在个别情况下也可能偏离完全线性规律，例如处理状态有显著差异，或者材料种类完全不同、变形量比较大等情况。一般认为，金属变形量在0.1%以下的范围是线性的。

这种线性关系使得材料的力学性能可以通过简单的数学公式进行描述和预测，从而为计量仪器的设计和制造提供了便利。在计量仪器中，线性弹性理论可以用于设计和制造测量力、压力、应变等物理量的传感器和变换器。例如，在弹簧测力计中，可以使用线性弹性理论来计算弹簧的弹性模量和变形量，从而实现对力的测量。在压力传感器中，可以使用线性弹性理论来计算膜片的应变和压力之间的关系，从而实现对压力的测量。

（3）全程性：弹性变形在外力作用下始终存在，无论外力大小如何，无论材料发生弹性变形还是塑性变形，弹性变形始终存在。只有当材料发生断裂，分离开来，外应力释放掉时，弹性变形才会随之消失。

在工程应用中，弹性变形的全程性具有重要的意义。在材料的加工和制造过程中，需要考虑材料的弹性变形，以确保加工精度和产品质量。例如，在金属机械加工过程中，材料会受到刀具的切削力和摩擦力等外力的作用，从而产生弹性变形。如果不考虑弹性变形，会导致加工精度降低，甚至产生废品。

（4）变形量比较小：弹性变形的程度（量）比较小，尤其在工程结构材料中是这样的。虽然理论计算的金属弹性变形程度可以达到比较大的值（约20%），但是由于各种原因，材料的弹性变形量都很小，尤其在金属材料中弹性变形量一般不超过 1%。这是因为在弹性变形没有达到一定程度时塑性变形已经开始。

(5) 均匀性和瞬时性：弹性变形在金属中的分布总是均匀的。这点与塑性变形又完全不同。只要零部件的截面积相同、材料相同、处理状态相同、外力作用下弹性变形量相同。所以构件中提高刚度的方法应该是改变构件的受载截面积。弹性变形在金属中以弹性波的形式传播，所以传播速度非常快，应力达到的瞬间弹性变形同时达到（下面讨论的弹性不完善性除外）。

3.1.4 弹性常数

3.1.4.1 正弹性模量 E 和剪切弹性模量 G

材料在弹性状态时的三个常数中弹性模量 E（正弹性模量）和 G 是最重要的，许多工程零部件的运行依据都是弹性模量，很多工程运算也都会涉及到。从胡克定律可以看出，弹性模量越大，变形量越小，弹性模量反映出金属材料抵抗弹性变形的能力，从数量上来讲，正弹性模量是变形量为 1 时需要的应力。所以也将弹性模量称为材料的刚度，弹性模量是金属材料重要的力学性能指标之一。

相比较而言，构件的刚度不仅与材料弹性模量 E 有关，还与其截面形状和尺寸及载荷作用方式有关。构件的刚度我们定义为构件发生单位应变所需要的载荷：

$$\sigma = E\varepsilon$$

而

$$\frac{P}{A_0} = E\varepsilon$$

可以写成

$$\frac{P}{\varepsilon} = A_0 E$$

这是构件的刚度。

弹性模量具有明显的方向性。在许多金属中弹性模量在不同晶体学方向上不一致，即为各向异性。例如体心立方金属在<111>晶向弹性模量最大，沿<100>晶向最小。只有金属钨（W）是各向同性的金属。

多晶体中由于弹性模量为各晶粒弹性模量的统计平均值，所以呈现弹性模量各向同性。

常见材料的弹性常数见表 3-1。

表 3-1 常见材料的弹性常数

材料	弹性模量 E/GPa	剪切弹性模量 G/GPa	泊松比 ν
铸铁	110	51	0.17
α-Fe，钢	207~215	82	0.26~0.33
Cu	110~125	44~46	0.35~0.36
Al	70~72	25~26	0.33~0.34
Ni	200~215	80	0.30~0.31
7-3 黄铜	100	37	—

续表 3-1

材料	弹性模量 E/GPa	剪切弹性模量 G/GPa	泊松比 ν
Ti	107	—	—
W	360	130	0.35
Pb	16~18	5.5~6.2	0.4~0.44
金刚石	1140	—	0.07
陶瓷	58	24	0.23
石英玻璃	76	23	0.17
燧石玻璃	60	25	0.22
有机玻璃	4	1.5	0.35
硬橡胶	5	2.4	0.20
橡胶	0.1	0.03	0.42
烧结 Al_2O_3	325	—	0.16
尼龙	2.8	—	0.40
蚕丝	6.4	—	—
聚氯乙烯	2.5	—	0.33
聚乙烯	0.2	—	0.38

弹性模量是材料中原子结合能力的体现，所以具有明显的方向性——弹性模量各向异性。常见材料弹性模量的各向异性情况见表 3-2。

表 3-2 弹性模量的各向异性数据

材料	单晶 E/MPa		多晶 E/MPa	单晶 G/MPa		多晶 G/MPa
	max	min		max	min	
Al	77000	64000	72000	29000	25000	27000
Cu	194000	68000	121000	77000	31000	44000
Ag	117000	44000	80000	44500	19700	27000
Au	114000	42000	81000	41000	18000	28000
α-Fe	290000	135000	214000	118000	61000	84000
W	400000	400000	—	155000	155000	—
Mg	51540	43700	45000	18400	17100	18000
Zn	126300	35600	100000	49700	27800	37000
Cd	83000	28800	51000	25100	18400	22000

3.1.4.2 泊松比

在更多的时候，我们假设，材料变形时其体积不变。如果这样的假设成立，必然有材料长度方向的变形与横向的变形相协调，即纵向发生伸长，横向就会收缩。试验发现，对于给定材料，在一定的温度下，横向收缩和纵向伸长的比值是常数。这个常数称为泊松

比。用符号 ν 表示。例如 x 方向是拉伸主作用力的方向，则有

$$\nu = \frac{-\varepsilon_{yy}}{\varepsilon_{xx}} = \frac{-\varepsilon_{zz}}{\varepsilon_{xx}}$$

弹性模量 E 和 G 之间遵循如下关系式：

$$G = \frac{E}{2(1-\nu)}$$

弹性体在承受三个方向压缩的时候，由于变形的特殊性，需要用体积压缩系数这样的弹性常数 K 表示。但是这个物理量在各向同性材料中不是独立的参数。这些弹性常数之间可以互换：

$$K = \frac{E}{3(1-2\nu)}$$

由于晶体是各向异性的，所以弹性常数也具有各向异性。常见金属的弹性模量各向异性见表 3-2。

而泊松比 ν 则是完全弹性材料在弹性变形阶段，单向应力作用下，横向收缩与纵向伸长之间的比值，这个值在给定材料中是常数。试验证明非完全弹性材料的泊松比 ν 也是常数。

3.1.4.3 弹性模量的本质和影响因素

A 弹性模量的本质

弹性模量的本质可以认为是金属弹性变形的本质。原子间作用力是决定弹性模量的关键因素。在固体材料中，原子通过各种相互作用力（如金属键、共价键、离子键等）结合在一起。这些作用力的大小和性质直接影响着材料在受到外力时的响应。当外力作用于材料时，原子间的相对位置会发生变化，但这些作用力会阻碍这种变化，从而使材料表现出弹性。因此，弹性实际上是外力作用下金属内部原子间距发生变化而保持金属的连续性，并能够自行恢复的本领。弹性模量可以认为是原子间作用力与原子间距的函数。并取决于金属原子本性和晶格类型。单质物质（固体）的弹性模量与元素在周期表中的位置那样具有周期性变化规律。根据原子结合特性，我们可以估计弹性模量的大小和金属弹性变形量的大小。从理论上计算，金属的弹性变形可以达到 20%左右。但是实际金属中的弹性变形往往达不到 1%。这主要是由于金属中塑性变形容易发生，金属容易发生塑性变形而终止了弹性变形的发展。原子间结合力（能）越大，金属的弹性模量越大。

B 影响弹性模量的因素

由于弹性变形是原子间距在外力作用下可逆变化的结果，应力与应变的关系实际上是原子间作用力与原子间距的关系，所以弹性模量与原子间作用力有关，与原子间距也有一定关系。原子间作用力取决于金属原子本性和晶格类型，故弹性模量也主要取决于金属原子本性和晶格类型。

合金化、热处理（显微组织）、冷塑性变形对弹性模量的影响较小，所以，金属材料的弹性模量是一个对组织不敏感的力学性能指标。温度、加载速率等外在因素对其影响也不大。

弹性模量只与金属原子本性和晶格类型有关。如石墨和金刚石虽然都是碳原子构成，但是由于晶体结构不同其弹性模量差别比较大，而机械加工和热处理对弹性模量影响很小，所以提高弹性模量不能依靠热处理。它是一个对材料组织结构不敏感的力学性能指

标。少量合金化、加载速率等对其影响都不大。但是如果合金化的量足够多或者加入的合金元素形成特殊的化合物（第二相），则可能影响材料整体的弹性模量。应力状态的变化和加载速度的变化对弹性模量也没有明显的影响。

冷塑性变形虽然引起金属材料的加工硬化，但是会使弹性模量略有下降。而温度提高会使弹性模量下降。

精密仪器工作台一般选择刚度大的金属材料，而且比较重（有的重达数吨），目的是尽可能减少外界振动对仪器结构的影响（尤其是光学仪器），选择重量大的工作台还有一个原因，就是在同样变形量的情况下，吸收更大的变形功（能量）。

当温度提高的时候，弹性模量会降低，这在不同材料中的变化情况差别比较大，往往与金属的熔点有关系。熔点高的金属弹性模量温度敏感性低。

3.1.5 弹性比功

3.1.5.1 概念

弹性比功是金属塑性变形前（弹性变形阶段）单位体积所能吸收弹性变形功的能力。其数值可以用应力-应变曲线下弹性变形阶段下面的面积来表示（见图 3-3）。

由于弹性变形与应变呈线性关系，即阴影部分的形状是个三角形，所以：

$$W = \frac{1}{2}\varepsilon\sigma = \frac{\sigma_e^2}{2E} \tag{3-7}$$

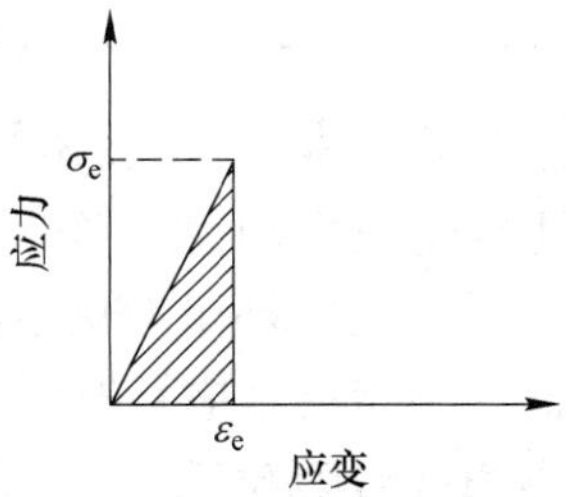

图 3-3 弹性比功的物理意义

式中，σ 为弹性应力；ε 为弹性应变。

因此，材料的弹性极限越大、弹性比功越大。弹性比功在数值上等于外力对体系的做功。

证明如下：

设长度为 l，截面积为 A_0，体积为 V 的金属在外力 F 作用下伸长了 dl，又设单位应变能密度为 dw。则外力做功

$$\mathrm{d}w = F\mathrm{d}l = \frac{F}{A_0}A_0\mathrm{d}l = \sigma\frac{\mathrm{d}l}{l}lA_0 = \sigma\mathrm{d}\varepsilon \cdot V$$

外力所做的功，储存于弹性体中，变为弹性体的内能。则，每单位体积的弹性应变能

$$\mathrm{d}W = \frac{\mathrm{d}w}{V} = \sigma\mathrm{d}\varepsilon$$

弹性变形过程中材料吸收的能量是变形从零增加到 ε 过程中逐步形成的，将此弹性应变能对变形量 ε 进行积分就成为弹性应变能——弹性比功：

$$W = \int \mathrm{d}W = \int_0^{\varepsilon}\sigma\mathrm{d}\varepsilon = \int_0^{\varepsilon}E\varepsilon\mathrm{d}\varepsilon = \frac{1}{2}E\varepsilon^2 = \frac{1}{2}\sigma\varepsilon$$

3.1.5.2 提高弹性比功的途径

弹性极限对应的弹性比功是材料最大弹性比功。弹性比功的物理意义在于，材料在弹性变形过程中吸收能量的本领，同样表示材料在外力消除后变形恢复过程中释放能量并做功的本领。弹性极限 σ_e 是由弹性变形过渡到弹-塑性变形时候的应力，工程上难以测得，

故国家标准已将其删除。应用残余伸长率为0.01%的应力为弹性极限，与屈服强度的概念是一致的，都表示对微量塑变的抗力，且都是对组织敏感的指标。

由于弹性模量E对组织不敏感，因此，对于一般金属材料，只有用提高弹性极限的方法才能提高弹性比功。常见材料的最大弹性比功见表3-3。

表3-3 常见材料的最大弹性比功

材料	弹性模量 E/MPa	弹性极限 σ_e/MPa	最大弹性比功 W/MJ·m^{-3}
高碳弹簧钢	210000	965	0.226
65Mn	200000	1380	4.761
55Si2Mn	200000	1480	5.476
50CrV	200000	1420	3.041
不锈钢（冷轧）	200000	1000	2.5
铍青铜	120000	388	1.44
磷青铜	101000	450	1.0

从式（3-7）和表3-3可以看出，弹性极限越高，弹性比功越大，材料的弹性也越好，越不容易发生塑性变形。

弹簧主要是作为减振元件使用的，它既要吸收大量变形功，又不允许发生塑性变形。因此，弹簧材料应具有尽可能大的弹性比功。从这个意义上说，理想的弹性材料应该是具有高弹性极限和低弹性模量的材料。

这里应强调指出的是弹性极限与弹性模量的区别。前者是材料的强度指标，它取决于材料的成分、组织及其他结构因素，而后者是刚度指标，只取决于原子间的结合力，属于对组织结构不敏感的指标，如前文所述。因此，在弹簧或弹簧钢的生产中，普遍采用的合金化、热处理及冷加工等措施，其目的都是为了最大限度地提高弹性极限，从而提高材料的弹性比功。制造某些仪表时，生产上常采用磷青铜或铍青铜，除因为它们是顺磁性的，适于制造仪表弹簧外，更重要的是因为它们既具有较高的弹性极限σ_e，又具有较小的弹性模量E。这样，能保证在较大的变形量下仍处于弹性变形状态，即从E的角度来获取较大弹性比功，这样的弹簧材料称为软弹簧材料。

3.1.6 弹性不完整性

事实上，弹性变形和塑性变形之间并没有明确的分界线。理想的弹性变形应该是加载时立即变形，卸载时立即恢复原状，应力-应变曲线上加载线与卸载线完全重合，即应力与应变同步，变形值大小与时间无关。

然而，在实际情况中，弹性变形时会出现加载线与卸载线不重合，应变落后于应力等现象。这意味着金属在弹性变形阶段，其弹性变形的单值性、可逆性出现了问题，这就是弹性的不完整性。这种弹性变形阶段会出现包申格效应、滞弹性等现象。

出现弹性不完整性的本质原因是金属在弹性变形阶段就存在着微量的塑性变形。因此，弹性变形和塑性变形之间的界限是模糊的，它们之间存在着一个过渡阶段，这个阶段中既有弹性变形又有塑性变形。在工程应用中，需要考虑到这种弹性不完整性的影响，以确保材料的可靠性和安全性。

3.1.6.1 滞弹性（弹性后效）

A 滞弹性的概念

如果材料内部发生的弹性变形，外力消除之后能够随即消除，即与外力之间保持同步性，则称为完全弹性、理想弹性。在很多情况下，材料的弹性变形不仅与应力有关，而且还与时间有关。在快速加载时，应力达到的瞬间（由于弹性应力波以固体中声波的速度传播，所以瞬间能够达到）应变不能达到，而应变滞后于应力，如果保持这个应力一定时间则随时间延长而逐步发展弹性变形，经过一定时间达到这个应力对应的弹性变形。卸载时的情况刚好与之相反：外力消除后弹性变形也不能立即消除而是经过一定的时间逐步消除。这种现象称为滞弹性（见图3-4），也称为弹性后效。

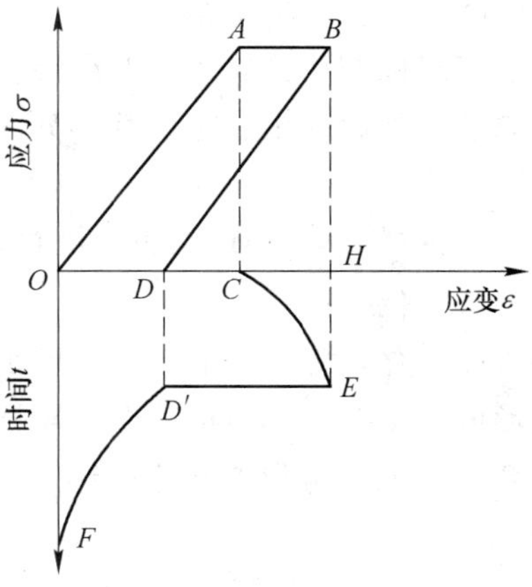

图3-4 材料的滞弹性

如图3-4所示，当试件沿 *OA* 加载时，呈线性。在 *A* 点保持负荷不变，随时间延长变形慢慢增加，产生变形 *AB*。到 *B* 时卸载曲线落到 *D* 点。这时可以看到产生变形 *OD*。*OD* 称为正弹性后效。随着时间的延长，又从 *D* 点慢慢回复到 *O* 点，*DO* 称为反弹性后效。上述过程中应变与时间关系如图3-4所示。瞬间加力到 *A* 点，产生瞬间弹性变形 *OC*。随时间增加产生缓慢变形过程 *CE*。在 *B* 点卸载，瞬间弹性变形 *OC*（即 *D′E*）消失，曲线变到 *D′* 点。随时间增加缓慢产生的变形 *AB* 也消失，曲线变成 *D′F*。*OCED′F* 即为上述过程中变形-时间曲线。

实际工程中多晶体材料的弹性后效与起始塑性变形的非同时性有关，所以它随材料组织不均匀性的增大而加剧。金属镁有强烈的弹性后效，可能和它的六方晶格结构有关。因为和立方晶格金属相比，六方晶格的对称性较低，故具有较大的“结晶学上的不均匀性”。

除材料本身外，外在服役条件也影响弹性后效的大小及其进行速率。温度升高，弹性后效速率加快，如锌，温度提高15 ℃，弹性后效的速率增加50%。反之，若温度下降，则弹性后效变形量急剧下降，以致有时在低温（−185 ℃）时无法确定弹性后效现象是否存在。

应力状态也强烈影响弹性后效。应力状态软性系数越大，即切应力分量越大时，弹性后效现象越显著。所以扭转时的弹性后效现象比弯曲或拉伸时更明显。

B 滞弹性的机制

一般认为钢铁材料中的弹性后效与其中的间隙原子扩散有关。如图3-5所示，*z* 向受拉力作用，使 *z* 向原子间距拉大，而 *x*、*y* 向原子间距变小，这样 *x*、*y* 向分布的C原子就向 *z* 方向扩散。C原子扩散使 *x*、*y* 方向的原子间距紧缩，*z* 向胀长，引起 *z* 向的变形。若去除外力，扩散到 *z* 向的原子受挤压又回到 *x*、*y* 向，使其扩散到 *z* 向引起的弹性变形消失。

C 滞弹性的危害

滞弹性破坏弹性变形和应力之间的一一对应关系。很多仪器仪表应用了弹性变形阶段应力和应变的一一对应的单值关系，由于弹性后效仪器仪表也就失灵。另外要求严格的乐器的琴弦不允许有弹性滞后，否则琴音发生变化，降低音乐质量。

D 滞弹性的消除

试验证明，金属经过回火可以有效地去除弹性滞后。作用是通过适当温度加热，使间隙原子移动到位错、空位和晶界。既可以松弛这些缺陷的应力，又可以使其自身变得比较稳定。

对钢材一般 300~400 ℃长时间回火；铜合金一般 150~200 ℃长时间回火。

E 弹性滞后环

如果存在弹性滞后，在单向加载、卸载时，由于应变落后于应力，加载线与卸载线不能形成一条线，而组成一个封闭回路，称为弹性滞后环，如图 3-6 所示。如外加载荷为交变载荷，也可得到弹性滞后环。

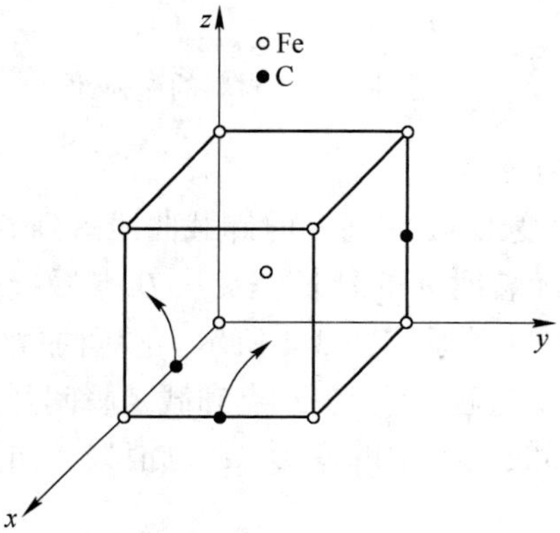

图 3-5 铁中碳原子在应力作用下的定向扩散
（拉力：x、y 向分布的 C 原子→向 z 方向扩散；
卸载：z 向的 C 原子受挤压→回到 x、y 方向的位置）

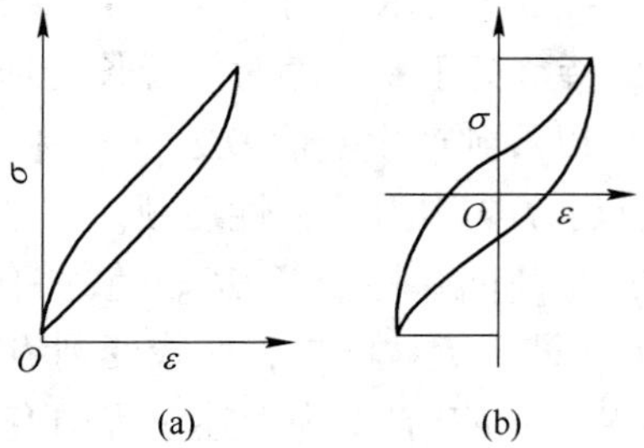

图 3-6 弹性滞后环
（a）单向加载卸载；（b）双向加载卸载

滞后环所包围的面积表示金属加载时消耗在金属上的变形功大于卸载时金属释放的变形功，反映出材料吸收不可逆变形功的能力，称为“循环韧性”或“消振性”，是一个重要的力学性能指标。显然，变形吸收功大于释放功，说明在弹性变形过程中吸收了能量，所以循环韧性大的金属对交变载荷的吸收能力大，如果这个交变载荷是振动能量那么循环韧性大的金属对振动能量的吸收本领大。循环韧性越高，吸收不可逆变形功越大，可以起到消除机械噪声的效果。

循环韧性在生产上有很重要的意义。例如飞机的螺旋桨、汽轮机叶片和发动机缸体等零件由于受结构条件限制，很难采取结构因素（外界能量吸收器）来达到消振的目的，此时材料本身的消振能力就显得特别重要。Cr13 系列钢之所以常用作制造汽轮机叶片材料，除其耐热强度高外，还有个重要的原因就是它的循环韧性大，即消振性好。灰铸铁循环韧性大，是很好的消振材料，所以常用作机床和动力机器的底座、支架，以达到机器稳定运转的目的。但对仪表和精密机械，在选用重要传感元件的材料时，要求材料的循环韧性（滞弹性）低，以保证仪表具有足够的精度和灵敏度。乐器所用金属材料的循环韧性越小，其音质越佳。

3.1.6.2 包申格效应

A 概念

金属材料在预先加载之后达到弹性极限程度的变形，卸载后再同向加载，弹性极限 σ_e 和屈服强度 σ_s 就会升高；如果达到弹性极限之后反向加载，σ_e 和 σ_s 则下降，这种现象称为包申格效应（见图 3-7）。

B 包申格效应的机制

包申格效应可以用位错理论解释。包申格效应与金属材料中位错运动所受的阻力变化有关。当金属加载产生微量塑性变形后，会在与加力方向成 45°方向的许多晶粒内形成位错塞积群（见图 3-8），这个位错塞积群对位错源产生一个反向作用力 τ'。

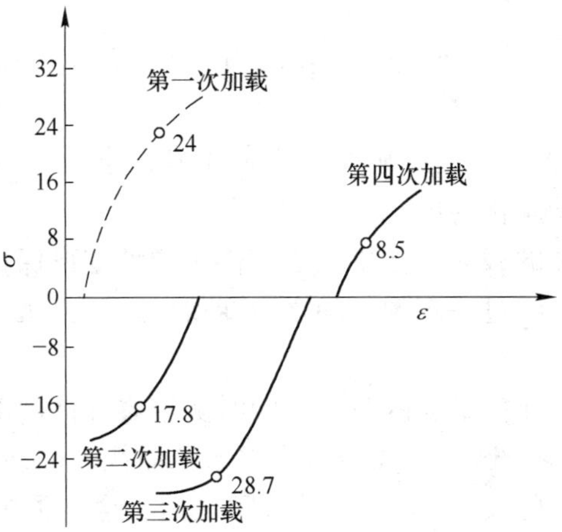

图 3-7 试验验证的包申格效应

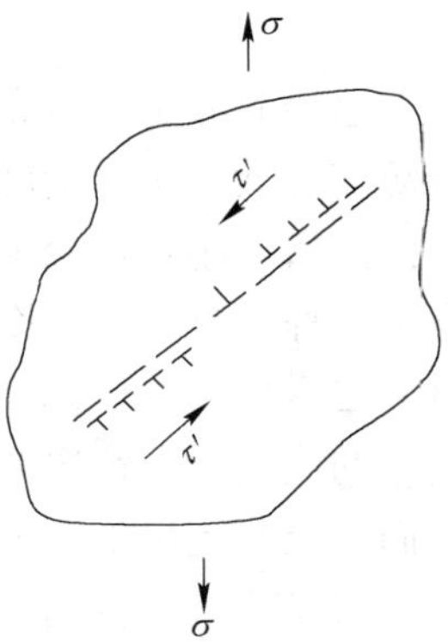

图 3-8 包申格效应的机制

反向加载时：τ' 起着一个附加的助力作用，使反向载荷在较低情况下就可使位错源开动。反向弹性极限载荷就低于正向弹性极限载荷。

同向加载时：τ'起着阻力作用，外加载只有大于原先载荷时，位错源才能开动。使得这次弹性极限载荷高于前一次。

C 包申格效应危害

包申格效应普遍存在于各种金属材料中，在退火或高温回火状态下的低碳低合金钢中表现得更明显。

（1）包申格效应对于研究金属疲劳问题很重要，因为疲劳就是在反复交变加载的情况下出现的。由于包申格效应，材料的疲劳强度降低。对金属材料的疲劳强度有明显的影响。

（2）工程中通过成型工艺制造的构件，如管线钢，希望无包申格效应，因为当其加载与原来加工过程方向相反的载荷时，就应考虑其弹性极限（屈服强度）将会降低的问题。

D 包申格效应去除办法

只要消除位错塞积状态就可以消除包申格效应。

退火热处理：钢：400~500 ℃；铜：250~270 ℃。

前面两种弹性的不完善性在交变载荷作用下表现为应变连续地落后于应力，在应力、应变-时间轴上形成如图 3-9 所示的形式。

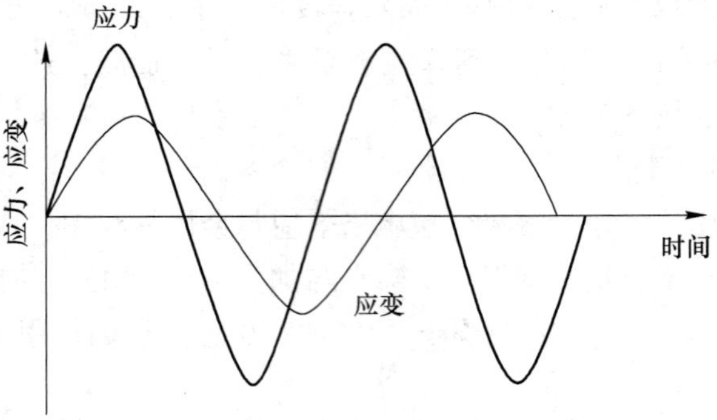

图 3-9　在交变载荷作用下应变落后于应力的情况

实际上这个时候金属内部吸收一部分能量，使无源交变载荷不断减弱，出现衰减现象，使有源交变载荷不断消耗能量。这种现象称为内耗。

前面已经讨论了弹性变形落后于所施加的载荷。如果在零部件中弹性变形保持比较长的时间会怎么样？例如，一个拧紧的螺栓，经过一定的时间之后变得松动了；机器设备运行一段时间之后也需要检修，为什么呢？

在恒定的应变量、恒定的温度条件下，保持足够的时间，同时测定零部件内部应力的时候，我们可以测定出如图 3-10 所示的曲线。这个曲线称为应力松弛曲线。曲线的 *ab* 段是曲线，*bc* 段转为直线。材料在一定的应力状态下工作一段时间之后，会使原来的应力不断的自动减低。这个现象称为应力松弛。如图 3-10 所示，*ab* 段就是由于载荷加上之后，随时间延长弹性变形不断增加，导致零部件应力不断减少的结果。

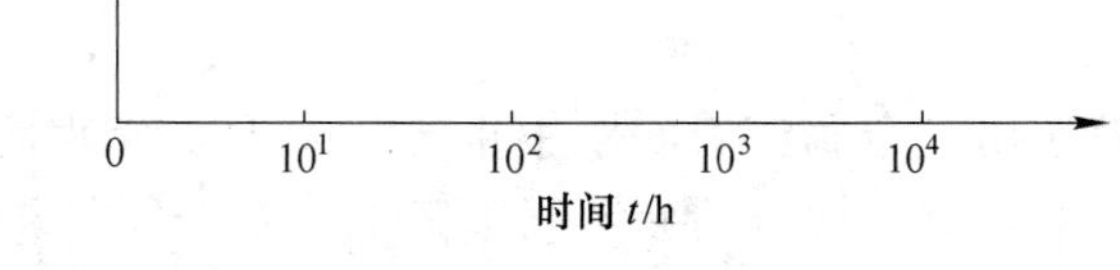

图 3-10　应变、温度确定时工件内部应力随时间的变化

而 *bc* 段变化的实质是弹性变形在基体中保持的时间过长将会逐步转化为塑性变形，因而相应的内部弹性功不断释放，应力逐步降低。这个问题在常温时不明显，而在高温时显著，所以放在金属的高温性能部分讨论。

3.1.6.3　超弹性

1940 年苏联 Г. В. КУРДЮМОВ 在 Ag-Cd 合金中发现马氏体相变伴随大量弹性变形而

进行。这种马氏体相变时发生的可逆转变是借助弹性变形实现的，比如温度降低马氏体长大，化学能增大，弹性变形增大；达到化学能和弹性变形能相平衡的时候马氏体长大停止，再进一步降低温度马氏体还可以长大。相变在物体内部积累了大量弹性变形。在一定的温度范围内这种相变能够可逆地进行，被称作热弹性马氏体。在有热弹性马氏体的材料中还发现，即使温度不变化，而施加弹性应力，也能够形成马氏体和它的逆转变。这种现象在宏观上表现出大的弹性变形。这种大量的弹性变形称为超弹性。Ag-Cd 合金中的弹性变形可以达到 5%~6%；已经发现有些合金中的弹性变形达到 10%。这种弹性变形能力特别大的现象称为超弹性。

研究证明，形成这样大变形量的弹性应变需要两个基本条件：

（1）从热力学上讲，这种相变的热滞量要小。即转变和逆转变的临界温度相近。通常不超过 30 ℃。这样相变的势垒低，两相的比容差小。相变过程的切变量不大。

（2）研究证明，这种热弹性马氏体必须和母相之间保持共格界面。马氏体形成和逆转变是靠这个共格界面往复移动实现的。这样的转变过程不是依靠扩散，而是结构转变的弹性作用。

3.2 塑性变形

3.2.1 塑性变形的方式和特点

3.2.1.1 塑性变形的基本方式

在一般情况下金属材料塑性变形的方式主要有两种：滑移和孪生，在特殊情况下还有其他变形方式——晶界滑动和扩散蠕变。

（1）滑移是金属在切应力作用下晶体的一部分沿着一定的晶面和晶向相对于另一部分进行的切变过程。这里提到的切应力是指剪应力，而正应力只能造成材料的正断，不能造成变形。这些引起滑移的晶面和晶向称为滑移面和滑移方向，在给定金属中都是确定的，如体心立方金属中是（110）和［111］，而在面心立方晶体中是（111）和［110］。每个滑移面和该面上的一个滑移方向组成一个滑移系，表示金属在滑移时可能采取的空间取向。一般来说，滑移面是原子排列密度最大的晶面，滑移方向是滑移面上原子排列密度最大的方向。金属的滑移系越多，其塑性可能越好（体心立方结构的潜在滑移系比较多，但是这些滑移系不是同时启动的，而是在不同的温度范围以不同的滑移系启动为主，所以体心立方金属的变形能力没有面心立方金属好）。滑移变形的位错运动机理说明，滑移不改变晶体位向。

（2）孪生是发生在金属内局部区域的一个均匀切变过程，孪生在晶体中往往在部分区域内进行。孪生区域内发生的切变在相邻晶面之间引起等距离的位移。切变后，已变形区的晶体取向与未变形区的晶体取向之间以孪生面呈镜面对称关系。它也是沿着晶体中特定的晶面和晶向进行的。除了特殊金属之外，孪生产生的变形量比较小，但它可以通过改变晶体的取向，使晶体的滑移系由原来难于滑动的取向转到容易滑动的取向，从而促进塑性变形。在同一种金属中，滑移变形与孪生变形相比较，滑移比较容易进行而孪生比较难以发生。

一般在滑移很难启动、应力变化速度过快（例如冲击），或者温度比较低等情况下金属才以孪生方式变形。

金属的塑性变形的辅助方式还有晶界移动（滑动）和扩散蠕变两种，这两种方式都是在特殊情况下发生的。在多晶体金属发生变形时，优先达到临界分切应力的晶粒开始滑移，随着变形量的不断增加，晶粒不断转动，晶界上的滑动使相邻的晶粒保持连接，这是晶界进行调整的结果；在高温恒定应力作用下经过长时间运行时，发生应力作用下的扩散，也使晶粒不断变形。

3.2.1.2　塑性变形的特点

A　单晶体金属塑性变形的特点

塑性变形是位错运动的结果，在克服了远低于整体滑移切应力的位错滑移阻力（派-纳力）后，位错逐步滑移，实现塑性变形。

B　多晶体金属塑性变形的特点

塑性变形的机理与单晶体相同，塑性变形是由无数的单晶体集体变形或者相继变形而产生的，具有以下特点：

（1）塑性变形的不同时性。各个不同的晶粒中晶体取向有利于滑移的晶粒将首先达到临界分切应力值而发生塑性变形。继续增大应力，其他晶粒以晶体位向有利顺序先后投入变形。

多晶体塑性变形是由各个晶粒的变形共同实现的，虽然各个晶粒提供的变形量不同，随着变形量的增大，各晶粒的变形量差异逐步变小。每一个晶粒内部变形过程也主要是滑移过程。图3-11示意两个相邻晶粒位错塞积数量不同、变形不同。

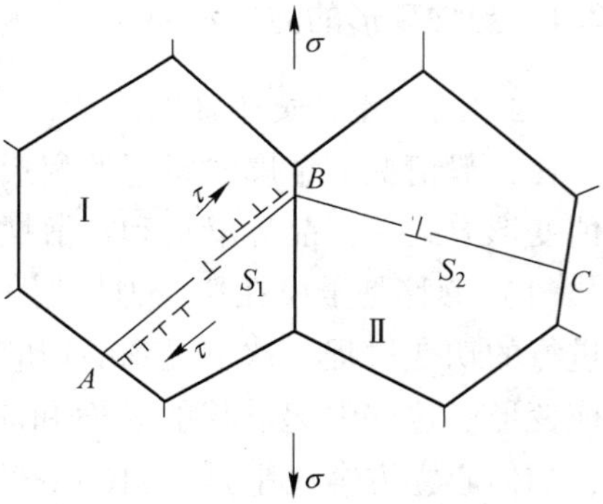

图3-11　多晶体相邻晶粒滑移变形模型

1）各个晶粒上可以观察到滑移线，但都终止于晶界。晶界两侧的滑移线并不连续，这说明每个晶粒内都有自己的位错，并沿自己的滑移面运动，从而产生自己的变形，而不是一个位错可以连续穿过几个晶粒运动，以实现塑性变形。其过程可由图3-11示意说明。

2）晶粒Ⅰ的位错源首先开动，由于晶界的阻碍，这些位错环被塞积成一个位错塞积群。必定在晶界处产生一个很大的应力集中。

3）位错塞积群不仅对晶界有应力集中，且对前端的应力场也很大，作用到晶粒Ⅱ的位错源 S_2 处，与已施加在晶体上的切应力叠加在此处共同作用，使 S_2 位错源开动。

4）变形过程以这样的方式不断传递下去。

（2）变形的不均匀性。由于各个晶粒处于不同的应力状态和不同的晶体位向，滑移程度不同，变形彼此相互制约，所以即使是同一晶粒的不同部位，变形也是不相同的。不同的晶粒更是由于分切应力不同，变形程度不同。

（3）晶界的作用。晶界在晶体中是提供强度的部分，尤其是在单相合金中。晶界的强度比晶粒内部高，所以通过细化晶粒提高强度是常用的强化方法。另一方面，在变形过程中作为一个整体，金属内的各个晶粒必须保持相互连接或不发生重叠，变形时必须相互协调，否则晶体开裂或者重叠。这样的协调是通过晶界来实现的。至今还没有令人满意的晶界协调作用的物理模型。我们可以认为，在大角度晶界上随着变形，晶界的厚度在一定范围内发生变化以适应变形的晶体结构。

3.2.2 屈服现象和屈服点

3.2.2.1 屈服现象

金属材料受到的拉伸应力超过弹性极限时，从弹性变形过渡到塑性变形，这时不增加应力，试样仍然伸长；或者应力突然下降，然后在应力不增加或上下波动的情况下，试样继续伸长，这种现象称为屈服现象。应力上下波动的屈服现象称为物理屈服，如图 3-12 所示。很多材料的拉伸曲线不会出现明显的屈服平台，如黄铜的拉伸曲线。对于这样的材料，屈服的定义是产生一定百分比的应变所对应的载荷便是屈服强度 $R_{0.2}$，测定方法参见第 2 章。

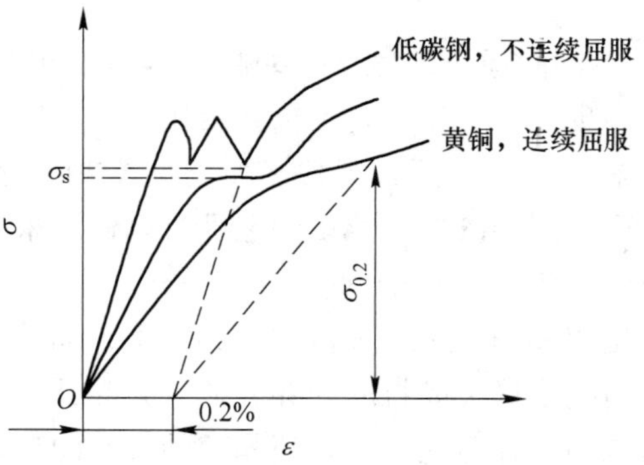

图 3-12 低碳钢和黄铜的不同屈服现象

锯齿状曲线波动部分的第一个拐点对应的应力是上屈服点 R_{HL}，而将下屈服点对应的应力 σ_s 称为屈服点用符号 R_{eL} 表示，材料在屈服过程中的伸长变形是不均匀的，从上屈服点下降到下屈服点，材料的局部出现与拉伸轴成 45°的变形痕迹，并沿试样长度方向逐渐扩展，当这样的变形痕迹布满试样长度时，试样进入均匀塑性变形阶段。拉伸曲线进入连续上升阶段。

物理屈服发生后，卸载随即马上加载，屈服现象不再出现；如果屈服现象出现后停留足够的时间再进行拉伸，屈服现象还会出现，这种现象称为屈服时效。时效后加载屈服强度则增大。

在均匀塑性变形阶段卸载后把试件在 100~200 ℃温度下回火 2 h，再加载，则屈服强度升高，且又出现物理屈服现象。我们称之为应变时效。

如果物理屈服现象的锯齿形应力-应变曲线在一些其他条件下伴随塑性变形间断或不间断地出现，属于一种特殊现象：如一般低碳钢在 200~300 ℃拉伸会出现这个现象，它是金属的蓝脆。

A 物理屈服的机制

物理屈服有两种理论：

（1）柯氏气团。低碳钢的屈服现象可用位错理论说明：退火低碳钢是以铁素体为基的合金，铁素体中固溶的碳（氮）原子形成的膨胀应变与刃位错交互作用形成柯氏气团（见图3-13），从而钉锚了刃型位错，使整个系统处于低能量状态，外力使位错开始运动，系统的能量升高，位错运动遇到阻力。因此在开始塑性变形时，必须提高外力克服柯氏气团的锚力，才能使位错运动。但是位错一旦脱离了溶质原子的锚固，继续运动阻力就小了。这就是上屈服点。脱离了溶质原子的钉锚作用位错的运动阻力减小，金属就可以在比较小的外力作用下继续滑移，一直到位错数目大幅度增加，形成新的滑移阻力，这个时候便出现了下屈服点。所以屈服点的出现应该有这样一些条件：铁素体晶体中有少量间隙杂质元素；晶体中开始滑移时位错数目比较少而随变形增加位错数目迅速增加；晶体的原始状态是非加工硬化的。

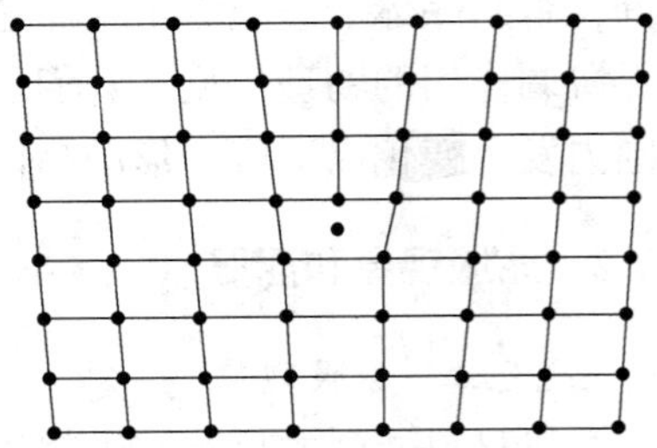

图3-13 刃型位错下端的熔质原子松弛位错的应力场

（2）在没有碳（氮）等间隙原子的另外一些晶体内也发现有屈服点现象。这种现象应该在下列条件下出现屈服现象：开始运动位错数量比较少，所以产生一定的变形要求位错必须高速度运动，位错运动起来以后，很快相互之间交割、繁殖，使位错数量迅速增加。这样大量的位错运动产生同样的变形位错的速度可以慢下来了；或者需要的外力可以比较小了。这样屈服现象就形成了。

由于多晶体塑性变形是相邻晶粒逐个进行的，其中某个晶粒中位错源开动是通过外力在这个晶粒中的分切应力达到了这个晶粒的临界分切应力而开始滑移变形。而这个变形在相邻晶粒中造成应力作用叠加在外力上，使相邻晶粒的位错源启动。以此类推，不同位向的晶粒按照分切应力的大小依次投入滑移，积累的位错形成位错塞积，塞积群产生新的作用应力。塞积群的应力集中作用是多晶体变形的主要机理。每个晶粒位错源的开动都需要克服柯氏气团的锚力，但开动后，因变形应力又很快降下来，于是就形成了锯齿形的屈服曲线。

根据这种解释，可以说明应变时效现象为什么在预先塑性变形（使位错脱离了间隙原子的钉锚）后不再出现和加热时效或者放置一段时间（间隙原子又重新扩散到位错受膨胀部位而再次形成柯氏气团）后又再次出现的原因。

少量的预先塑性变形是避免屈服点现象的最有效的方法。

如果在卸载后再加热时效，由于位错的应力场和碳（氮）原子造成的应变场相互作用，这些间隙原子又会扩散移至刃型位错周围形成柯氏气团。第二次加载开始屈服变形时，就需要重新克服柯氏气团作用，再次出现屈服现象。由于第二次加载前，材料因前次变形位错密度升高其弹性极限升高，所以在第二次加载时，在弹性极限提高的基础上又须进一步克服柯氏气团的作用，因而屈服平台较第一次的应力水平高。这种现象称为时效。

在200~300 ℃时出现金属的硬度提高而塑性降低的现象，由于断口是氧化蓝色所以称为蓝脆，应力-应变曲线变成锯齿形，这是由于塑变使柯氏气团消失，而200~300 ℃的温度又使柯氏气团形成。这样周而复始，应力-应变曲线就成锯齿形。这个过程由于热运动及扩散，C、N原子运动因温度而加快，能够追上位错的运动。蓝脆是危害材料力学性能的一个重要现象。在热处理中很多操作工艺都是为避开这一危害而设定的。

在一些没有溶质原子的金属中也观察到屈服现象，这时柯氏气团就不能解释这个现象了。位错理论告诉我们，屈服现象必须出现在下列条件之下：

（1）材料中开始时可移动位错数量比较少；这样产生一定塑性变形必须加大外力使少量位错快速运动；

（2）开始后，通过位错运动能够很快形成比较多的位错，因大量的位错运动而变形抗力短时下降；

（3）随即产生加工硬化进入均匀变形阶段。

B　危害

物理屈服现象有两个明显的作用：变形过程没有产生加工硬化作用——应力不增加情况下变形量增加；金属不能发生均匀变形——屈服塑性变形是不均匀的。不产生加工硬化对于变形加工来讲降低能量消耗是一件好事，但是对于构件安全使用构成巨大的危害。不能发生均匀变形对于冲压件的生产带来很大的麻烦——很易产生皱褶、制耳造成废品。

应变时效使性能随时间而改变，一般为屈服强度 σ_s（$R_{0.2}$）增加而塑性 φ（δ 或者 Ψ）降低，冲击韧性降低，K_{IC}降低，韧脆转变温度 T_c 升高，易于出现冷脆断裂。

蓝脆也严重地损害材料的力学性能，其危害类似于应变时效，危害面广、危害大，必须予以足够的重视。

C　去除办法

制耳与皱褶是物理屈服造成的，在冲压以前先实施微量轧制，使之产生少量塑性变形越过物理屈服再冲压。就可以避免这些缺陷的形成。

3.2.2.2　屈服强度 σ_s（$R_{0.2}$）

屈服强度是表征材料对微量塑性变形的抵抗力。对于拉伸试验中出现屈服平台或屈服齿的材料应力-应变曲线，直接以平台或下屈服齿对应的应力表示材料的屈服强度 σ_s；对于没有明显物理屈服现象的材料，则规定残余应变为 0.2% 对应的应力为屈服强度，用 $\sigma_{0.2}$表示。

3.2.2.3　金属材料的屈服判据

屈服强度是金属材料重要的力学性能指标，它是工程上从静强度角度选择韧性材料的基本判据，因为实际零件不可能在抗拉强度对应的那样大的均匀塑性变形条件下服役。

机件选材步骤如下：

根据服役条件（采用屈服判据）确定构件受力水平→根据使用经验（选择所谓的安全系数）确定材料屈服应力→试验分析材料性能并选择合适的材料。

因此，传统的强度设计方法规定，许用应力 $[\sigma]=\dfrac{\sigma_s}{n}$，$n$ 为安全系数，$n\geqslant1$。

即使是对于复杂的受载状况，单向拉伸试验测得的 σ_s（$R_{0.2}$）仍然是建立屈服判据的重要指标。传统的屈服判据有两种：

（1）最大切应力屈服判据（屈雷斯加判据，第三强度理论）：最大切应力或者当量最大切应力达到金属的拉伸屈服强度时将出现屈服现象。利用材料力学可以推导出最大切应力屈服判据为：

$$\sigma_1-\sigma_3\geqslant\sigma_s$$

（2）畸变能屈服判据（米赛斯判据，第四强度理论，较接近实际）：当畸变能达到单向拉伸屈服的畸变能时将出现屈服现象，利用材料力学可以推导出畸变能屈服判据为：

$$(\sigma_1 - \sigma_2)^2 + (\sigma_2 - \sigma_3)^2 + (\sigma_3 - \sigma_1)^2 \geqslant 2\sigma_s^2$$

式中，σ_1、σ_2、σ_3为主应力，$\sigma_1>\sigma_2>\sigma_3$。

屈服判据的理论基础：对单晶体来说，它表示位错开始滑移，位错源开始启动，并在晶体表面出现第一条滑移线对应的抗力；对多晶体来说，第一条滑移线无法观察，而是用产生微量塑变（三个以上的晶粒参加滑移）时的应力定义屈服强度。

屈服判据实际上就是机件开始塑性变形的强度设计准则。按这些准则设计机件，人们自然希望选择屈服强度高的材料，以减轻机件的重量，减小机件的体积、尺寸，节约材料。但追求过高的屈服强度，会增大屈服强度与抗拉强度的比值（屈强比），不利于某些应力集中部位的应力重新分布，极易引起脆性断裂。

对于具体机件，应选择多大数值的屈服强度的材料为最佳，原则上应视机件的形状及其所受的应力状态、应变速率等决定。实践说明，若机件截面形状变化较大、所受应力状态较硬、应变速率较高，则应选择屈服强度数值较低的材料，以防机件发生脆性断裂。

3.2.3 影响屈服强度的因素及提高屈服强度的途径

金属材料一般是多晶体合金，不仅具有多晶粒，往往具有多相组织，因此，讨论影响屈服强度的因素，必须注意以下三点：

（1）屈服变形是位错增殖和运动的结果，凡影响位错增殖和运动的各种因素必然要影响屈服强度；

（2）实际金属材料的力学行为是由许多晶粒综合作用的结果，因此，要考虑晶界、相邻晶粒的约束、材料的化学成分及第二相的影响；

（3）各种外界因素通过影响位错运动而影响屈服强度。

以下我们将从内、外两方面因素来进行分析。

3.2.3.1 内在因素

A 金属本性及晶格类型

金属的塑性变形是外力作用于晶体，通过克服晶体内部各种微观结构造成的位错运动阻力使位错滑移而产生的切变。位错密度增大，位错运动所受的阻力也增大，屈服强度也随之提高。滑移阻力由下列因素构成。

（1）晶格阻力（派-纳力 $\tau_{p\text{-}n}$）。纯金属单晶体的屈服强度从理论上来说是使位错开始运动的临界切应力，其值由位错在滑移面上启动的晶格摩擦力决定。这样的内摩擦力是在20世纪40年代后期由 Pereils 和 Nabarro 分别证明得到的，称为派-纳力 $\tau_{p\text{-}n}$。

$\tau_{p\text{-}n}$ 与位错宽度及柏氏矢量有关，两者又都与晶体结构有关。

$$\tau_p = \frac{2G}{1-\nu}\exp\left[-\frac{2\pi a}{b(1-\nu)}\right] = \frac{2G}{1-\nu}\exp\left(-\frac{2\pi w}{b}\right) \tag{3-8}$$

式中，G 为切变模量；ν 为泊松比；a 为滑移面的晶面间距，即垂直于滑移方向的原子间距；b 为柏氏矢量的模，即沿滑移方向的原子间距；w 为位错半宽度，$w = \dfrac{a}{1-\nu}$。

派-纳力指出了位错滑移的选择性（滑移面是原子间距最大的那些晶面；滑移方向是原子间距最小的晶向）和滑移要素的确定性（各种晶体中滑移面和滑移方向都是确定不

变的，变形沿阻力最小的原子面和阻力最小的晶体方向进行）。

（2）位错源开动的阻力。两端被固定的一段位错如果滑移，它就有可能成为位错源。两头被钉扎的一段位错弯曲需要的外力，与位错弯曲的曲率半径成反比。这是由于位错弯曲时畸变能增加额外需要的作用力。可以证明：

$$\boldsymbol{\tau} = \frac{T}{\boldsymbol{b}r} = \frac{G\boldsymbol{b}}{2r} = \frac{G\boldsymbol{b}}{L} \tag{3-9}$$

式中，G 为切变模量；$\boldsymbol{b}$ 为滑移矢量；L 为两端固定的位错线长度。

L 越短，滑移阻力越大。这样的钉扎作用显然与晶粒大小有关。晶粒细化时 L 就减小，变形阻力增加。

如果 L 长度位错两端被固定而能够滑移弯曲成半圆，那么这段位错就可以作为 F-R 源启动并使晶体屈服了。

（3）位错间交互作用阻力。这种作用力可以认为有两种：

1）平行位错间交互作用产生的阻力。平行的同号、同类型位错之间相互排斥，同类型异号位错之间相互吸引，而平行的螺位错和刃位错之间没有相互作用；

2）运动位错与林位错（与运动位错不在同一个滑移面上的其他位错）间交互作用产生的阻力。当运动位错切割这些林位错时二者之间相互交割形成割节或者扭折。两者都正比于 $G\boldsymbol{b}$，而反比于位错间距离 d，即都可表示如下：

$$\boldsymbol{\tau} = \frac{\alpha G\boldsymbol{b}}{d} \tag{3-10}$$

式中，α 为比例系数；其他符号意义同前。

位错理论中，四种位错运动阻力，都与 G 成正比。金属自身所有的 G、$\boldsymbol{b}$、a 都对屈服强度有影响。位错密度增加，$\boldsymbol{\tau}$ 也增加，所以屈服强度也随之提高。

B　晶粒大小和亚结构

晶粒大小决定了晶界的数量，而晶界是位错运动的障碍，所以晶粒越小，屈服强度越大（细晶强化，纳米金属材料中有专门的研究）。金属的晶粒大小对屈服强度的影响符合 Hall-Petch 关系式：

$$\sigma_s = \sigma_i + K_y d^{-\frac{1}{2}} \tag{3-11}$$

式中，σ_i 为位错在金属中运动受到的总阻力（摩擦阻力），取决于位错密度和晶体结构，称为晶内滑移阻力；K_y 为晶界对强化贡献大小的钉扎常数；d 为晶粒平均粒径，mm。普碳钢和微合金钢的晶粒大小与屈服强度的关系如图 3-14 所示。

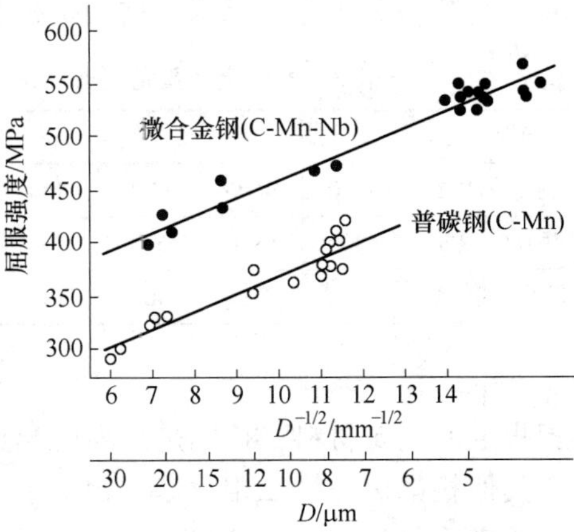

图 3-14　普碳钢和微合金钢屈服强度与晶粒大小的关系

细晶强化不仅可以提高金属的屈服强度，而且还可以提高塑性和韧性，是金属强韧化的一种好方法，是其他强化方法难以达到的。

对于铁素体为基的钢而言，晶粒大小在 0.3~400 μm 之间都符合这一关系。奥氏体钢也适用这一关系，但其 K_y 值较铁素体的小

1/2，这是因为奥氏体晶体结构具有更高的对称性和更密排的原子面，以及位错的钉扎作用较小所致。Hall-Petch 关系中的 d 不仅可以表示晶粒大小对强度的贡献，还可以表示诸如珠光体中片层间距、亚晶尺寸大小、珠光体集团大小，甚至可以表示铸造组织中共晶团的大小等组织因素与强度之间的关系。

因为 bcc 金属比 fcc 金属和 hcp 金属的 K_y 值都高，所以 bcc 金属细晶强化效果最好，而 fcc 金属和 hcp 金属则较差。

亚晶界也阻碍位错的运动，提高屈服强度，其影响规律也符合 Hall-Petch 关系式，只是 K_y 值不同。

C　溶质元素

固溶体合金中溶质原子引起原子周围的晶格发生畸变，产生应力场，与位错应力场相互作用，使位错运动受阻，从而使屈服强度提高，称为固溶强化。无论是置换溶质原子还是间隙溶质原子，都能够不同程度地造成强化。除了由于原子尺寸不同使晶格平直原子排列致密情况发生变化外，还通过一系列其他途径造成位错运动阻力。一般间隙原子造成的强化比代位原子造成的强化程度大得多。

固溶强化包括溶质原子造成的尺寸不同、结合方式不同、弹性模量不同、化合倾向不同等原因造成的强度提高，主要原因是位错和溶质的交互作用结果。有的是对位错的钉扎作用，影响位错启动造成强化，间隙溶质原子 C、N 与刃位错交互作用造成强化称为“柯氏气团”、与螺位错交互作用形成的强化称为“史氏气团”，而与层错相互作用形成的强化称为“铃木气团”。铁素体钢中不同合金元素对于屈服强度的影响如图 3-15 所示；有的是对位错运动起阻碍作用，影响位错运动。所以固溶强化不仅提高屈服强度，同时也提高整个应力-应变曲线水平。

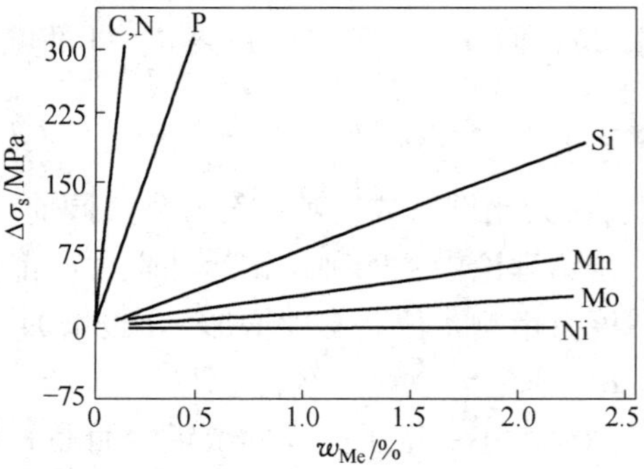

图 3-15　低碳铁素体钢中各元素的固溶强化作用

有一组数据表明合金元素每增加 1%对铁素体造成的强化，见表 3-4。

表 3-4　合金元素每增加 1%对铁素体强度和冲击转变温度的影响

性能指标	C	N	P	Sn	Si	Cu	Mn	Mo	Ni	Cr	Al
屈服强度/MPa	4600	4600	670	140	85	39	32	11	0	−30	0
抗拉强度/MPa	6800	6800	670	—	85	9	28	45	9	−28	0
韧脆转化温度/℃	—	700	400	150	44	—	0	—	—	—	75

D　第二相

工程上的金属材料，特别是高强度合金，其显微组织一般是多相的。除了基体相以外的所有其他相都称为第二相。基体相由于部分溶质元素的溶入产生固溶强化，第二相对屈服强度的影响更为显著。

金属材料中的第二相有外来的弥散颗粒（如陶瓷）和内生的第二相两大类。内生的第二相也分为凝固过程及凝固之前形成的与固溶处理和随后的冷却过程中形成的两种。它们都能不同程度地提高金属屈服强度。

还可将第二相质点分为不可变形的（如钢中的碳化物与氮化物等）和可变形的（如时效铝合金中 GP 区的共格析出物 θ″相及粗大的碳化物等）两类。

（1）不可变形的（绕过机制）。位错线只能绕过不能切过（见图 3-16），为此，必须克服弯曲位错的线张力。其强度 $\boldsymbol{\tau} = \boldsymbol{Gb}/\lambda$，$\lambda$ 为相邻质点的间距。运动的位错线会留下位错环。

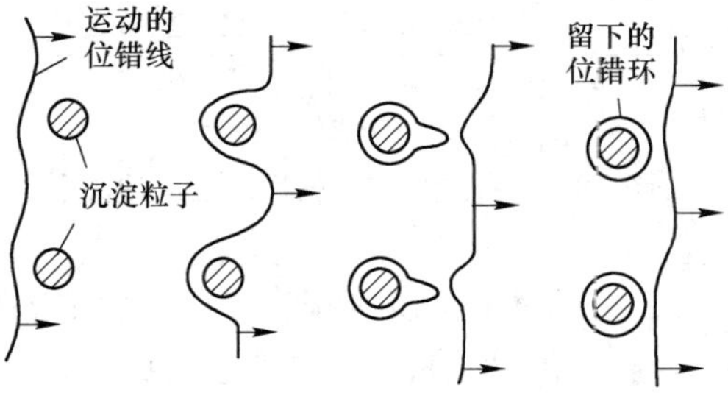

图 3-16 位错绕过机制

随 λ 降低，$\boldsymbol{\tau}$ 增加，因此质点数量越多，越分散，屈服强度越高。

随着绕过位错数量的增加，质点周围留下的位错环越来越多，故而其质点间距越来越小，弯曲位错所需切应力就越来越高，表现为形变强化现象，这是两相合金形变强化的原因之一。

（2）可变形的（切过机制）。位错可以切过质点，使之同基体一起产生变形，由此也能提高屈服强度。这是由于质点的 G 值高，位错切过第二相质点产生的割台，增加第二相的表面积，导致界面总能增加造成的（见图 3-17）。这类质点的强化效果与粒子本身的性质及其与基体的结合情况有关。质点越多，强化效果越大。

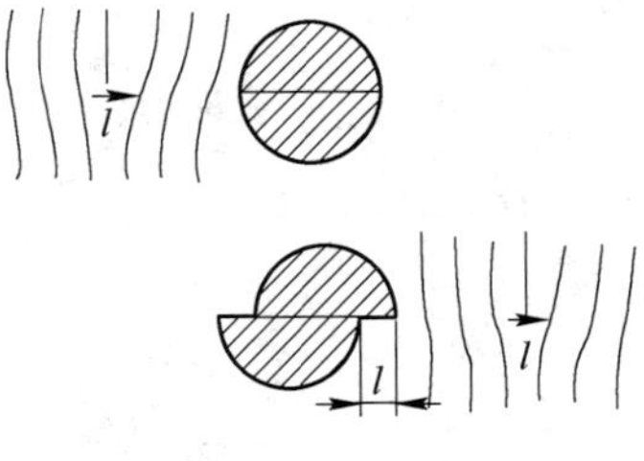

图 3-17 位错切过机制

实际金属材料的强化往往是多种强化机理共同发挥作用。如经热处理的 40CrNiMo 钢，其屈服强度可达 1380 MPa，就是固溶强化、相变强化、晶界与亚晶共同作用的结果；而经热处理的 18Ni 马氏体时效钢的屈服强度可达 2000 MPa，则是沉淀强化、晶界与亚晶强化的共同贡献。

3.2.3.2 外在因素

A 温度

一般来说，温度升高，屈服强度下降；反之，屈服强度增大（低温脆性）。不同晶体结构屈服强度的变化趋势不一样，如图 3-18 所示。

bcc 金属的屈服强度对温度敏感：温度下降，屈服强度急剧升高，如 Fe 由室温降到 −196 ℃，屈服强度提高 4 倍。

fcc 金属的屈服强度温度效应则较小：如 Ni 由室温下降到 −196 ℃，屈服强度只升高 0.4 倍。hcp 金属屈服强度的温度效应与 fcc 金属类似。

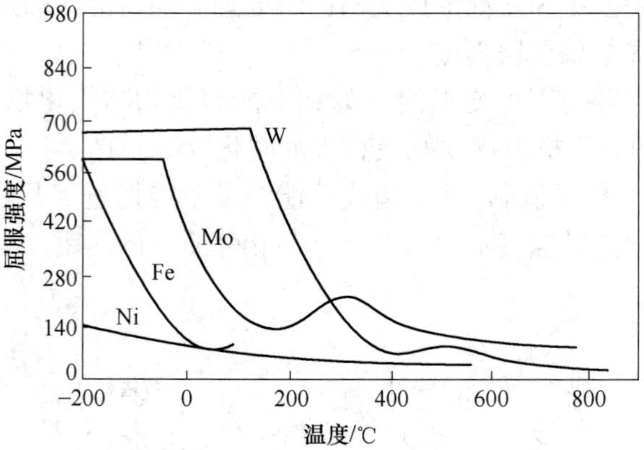

图 3-18 几种金属屈服强度与温度的关系

原因：在 bcc 金属中，$\tau_{p\text{-}n}$值比 fcc 金属高很多，$\tau_{p\text{-}n}$在屈服强度中占有较大比例，而$\tau_{p\text{-}n}$属短程力，对温度十分敏感。因此，bcc 金属的屈服强度具有强烈的温度效应，可能是$\tau_{p\text{-}n}$起主要作用所致。

温度降低时金属屈服强度变化不同于抗拉强度的变化。二者的变化区别如图 3-19 和图 3-20 所示。

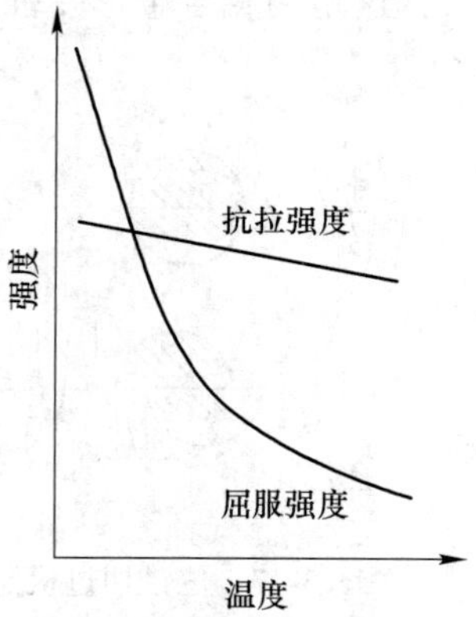

图 3-19 一般金属屈服强度与抗拉强度随温度变化趋势

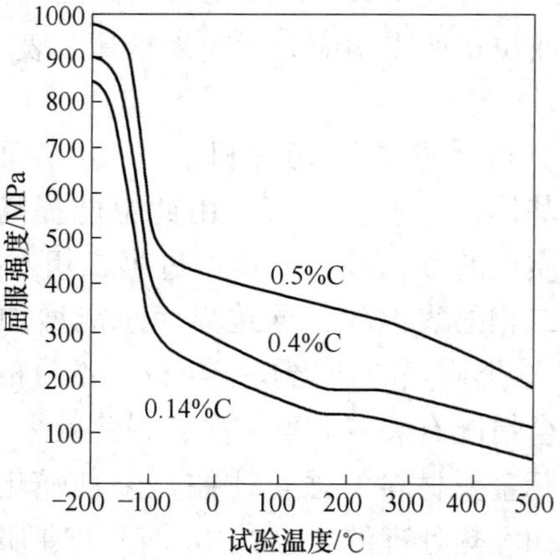

图 3-20 不同含碳量钢的屈服强度与温度的关系

多数常用结构钢是 bcc 结构的 Fe-C 合金，因此，其屈服强度也有强烈的温度效应，这便是这类钢低温变脆的原因即低温脆性。如图 3-20 中 0. 4%C 和 0. 14%C 试样的曲线所示，200~300 ℃时屈服强度没有随温度的上升而下降，这种反常现象称为蓝脆现象（见 6. 3. 2 节）。

B 应变速率（加载速率）

应变速率增大，金属的强度增大。屈服强度随应变速率的变化比抗拉强度的变化要剧烈得多，如图 3-21 所示。在一定变形温度、应变和应变速率下材料的屈服极限称为流变应力。

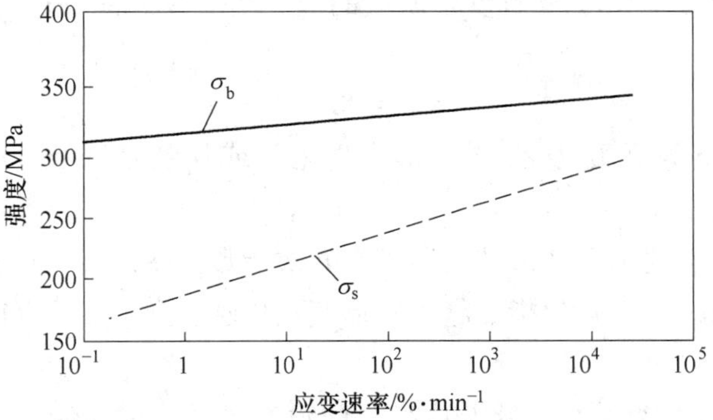

图 3-21 应变速率对屈服强度的影响

变形速度增大，钢强度增加。对于原子扩散有关的位错运动的阻力而言，变形速度与温度的影响是等效的。增大变形速度相当于降低温度。

C 应力状态

应力状态也影响屈服强度，切应力分量越大，越有利于塑性变形，屈服强度则越低，所以扭转比拉伸的屈服强度低，拉伸要比弯曲的屈服强度低。必须指出，不同应力状态下材料屈服强度不同，并非材料性质变化，而是材料在不同条件下表现的力学行为不同而已。

总之，屈服强度是一个组织结构敏感的力学性能指标，强化途径有合金化、热处理或冷变形等方法，改变材料的组织结构，阻碍位错的运动，达到提高屈服强度的目的。

3.2.4 形变强化

3.2.4.1 定义

金属材料在室温下屈服后，必须不断增大外部应力，塑性变形才能继续进行，说明屈服塑性变形后，金属内部出现一种阻止继续塑性变形的能力，这种现象称为材料的形变强化（应变硬化、加工硬化）。

另一种情况是，金属预先变形量越大，屈服强度提高的幅度越大，这种现象也是形变强化。形变强化的本质是位错增殖、运动受阻的结果。

3.2.4.2 均匀塑性变形的数学表达式——Hollomon 方程

准确全面描述材料的应变硬化行为，要使用真实应力-应变曲线。因为工程应力-应变曲线上的应力和应变是用试样标距部分原始截面积和原始标距长度来度量的，并不代表实际瞬时的应力和应变。当载荷超过曲线上最大值后，继续变形，应力下降，与材料的实际硬化行为不符（见图 3-22）。

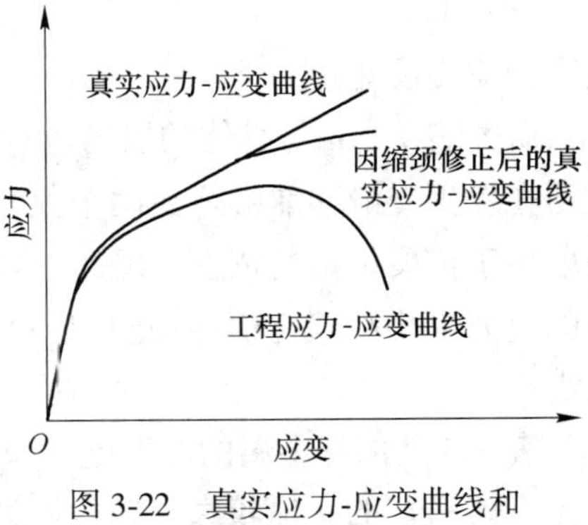

图 3-22 真实应力-应变曲线和工程应力-应变曲线比较

对于金属塑性变形状态下的应力应变关系，有过许多种描述。由于塑性变形的影响因素比较多，所以二者的定量关系的影响参数也比较多，关系式也比较复杂。不同于弹性变形状态。在常温拉伸的真实应力-应变曲线上，均匀为塑性变形阶段的应力与应变之间一般认为符合 Hollomon 关系式：

$$S = K\varepsilon^n \tag{3-12}$$

式中，S 为真应力；ε 为真实应变；K 为形变强化（或强度）系数；n 为形变强化（或应变硬化）指数。

式（3-12）可以叙述为：变形抗力与带有 n 次指数的变形量 ε 成正比。变形量与变形抗力之间成指数关系。形变强化指数越大，形变强化越明显。n 是表征金属材料形变强化行为的力学性能指标。

（1）$n=0$，$S=K=$常数，应力将与应变之间没有关系，材料为理想塑性体，没有应变硬化能力；

（2）$n=1$，$S=K\varepsilon$，与胡克定律描述的线性关系相同，材料为理想弹性体，真应力与真应变成正比关系。

显然，n 的取值范围在 0~1 之间。大多数金属材料的 n 在 0.1~0.5 之间。

应变硬化指数可用试验方法测定，也可用直线作图法求得。

对式（3-12）两边取对数，得

$$\lg S = \lg K + n\lg\varepsilon$$

根据 $\lg S$-$\lg\varepsilon$ 直线关系，只要在拉伸力-伸长曲线上确定几个点的 σ、δ 值，分别按 $S=(1+\delta)\sigma$、$\varepsilon=\ln(1+\delta)$ 换算成 S、ε。然后作 $\lg S$-$\lg\varepsilon$ 曲线（见图 3-23），直线的斜率即为所求的 n 值。

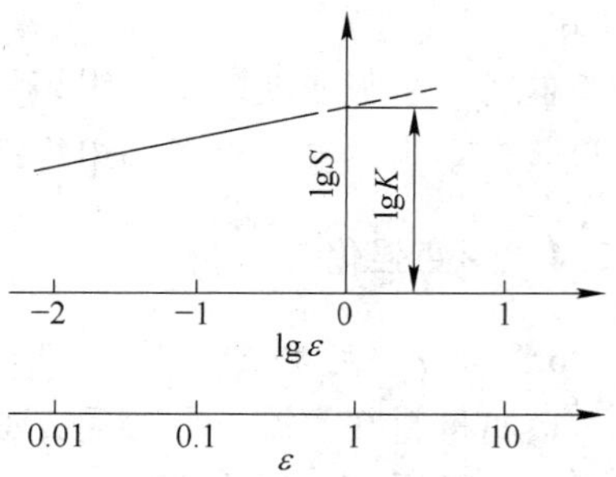

图 3-23　$\lg S$-$\lg\varepsilon$ 曲线

将公式 $\lg S=\lg K+n\lg\varepsilon$ 进行微分，则

$$n = \frac{\mathrm{d}\lg S}{\mathrm{d}\lg\varepsilon} = \frac{\mathrm{d}\ln S}{\mathrm{d}\ln\varepsilon} = \frac{\varepsilon}{S}\frac{\mathrm{d}S}{\mathrm{d}\varepsilon}$$

所以

$$\frac{\mathrm{d}S}{\mathrm{d}\varepsilon} = n\frac{S}{\varepsilon} \tag{3-13}$$

式（3-13）表明，应变硬化指数 n 与应变硬化速率并不相等。在比值相近的条件下，n 值大的 $\frac{\mathrm{d}S}{\mathrm{d}\varepsilon}$ 越大，应力-应变曲线也越陡。但是 n 值小的材料，若 $\frac{S}{\varepsilon}$ 比值大，同样可以有较高的应变硬化速率。

研究表明，n 与晶体的层错能有关。层错能低的材料由于位错扩展得比较宽，而扩展位错在发生交滑移前必须使两个偏位错合并（束集）成一个全位错才能滑移，合并的难易取决于扩展位错的宽度，因此，当扩展位错较宽时不易产生交滑移。位错在障碍附近产生的应力集中要高于层错能高的材料，所以层错能低的材料形变强化程度大、n 值也较高。

表 3-5 是部分金属的层错能和应变硬化指数。由表 3-5 可知，面心立方金属（铜、奥氏体不锈钢）的 n 值较大。铁素体钢中，低碳钢的 n 值较大。

表 3-5 部分金属的层错能和应变硬化指数 n

金属	晶体结构	层错能/$J\cdot m^{-2}$	应变硬化指数 n
奥氏体不锈钢	面心立方	<0.010	≈0.45
铜	面心立方	≈0.090	≈0.40
铝	面心立方	≈0.250	≈0.25
室温铁 α-Fe	体心立方	≈0.259	≈0.2

3.2.4.3 形变强化的工程意义

形变强化指数 n（应变硬化）的工程意义是十分明显的。

（1）若金属的 n 值较大，机件在服役时承受偶然过载的能力也就比较大，从而有利于在局部超载情况下机件安全服役。

（2）n 对材料冷变形工艺有重要影响。使金属塑性变形均匀进行，保证冷变形工艺的顺利进行。若没有形变强化，会造成严重不均匀塑变。n 大的材料，冲压性能好，变形均匀，增大极限变形程度，机件不易产生裂纹。

（3）与合金化、热处理一样，形变强化是一种金属强化方法。尤其对不能热处理强化的金属材料都可以用形变强化方法强化，具体方法如冷拉拔、冷冲压、冷轧、喷丸、表面滚压等，处理后可有效地提高强度和疲劳强度。如 18-8 奥氏体不锈钢 n 值高，变形前强度值为 $R_{0.2}(\sigma_{0.2}) = 196$ MPa，$R_m = 588$ MPa；经 40%轧制后，$R_{0.2}(\sigma_{0.2}) = 784-980$ MPa，提高 3~4 倍，$R_m(\sigma_b) = 1174$ MPa，提高一倍。几种常见金属的应变硬化指数 n 和强度系数 K 见表 3-6。

表 3-6 常见金属的应变硬化指数 n 和强度系数 K

项目	纯铜退火	黄铜退火	纯铝退火	纯铁退火	40 钢调质	40 钢正火	T8 钢调质	T12 钢退火	60 钢淬火+600 ℃回火
n	0.443	0.423	0.25	0.237	0.228	0.221	0.209	0.17	0.1
K/MPa	448.3	745.8	157.5	575.3	920.7	1043.5	1018.0	1103.3	157.0

3.2.4.4 形变强化的影响因素

形变强化的影响因素如下：

（1）金属的本性和晶格类型。层错能低的金属材料容易产生比较高的应力集中，所以应变硬化程度高。面心立方金属中，层错能低的扩展位错宽度宽，难以合并为全位错，很难交滑移，所以形变强化趋势大（如 Cu 和奥氏体不锈钢）；层错能高的，形变强化趋势较低，如 Al 等。体心立方金属中位错很难扩展，所以强化趋势低。

（2）晶粒大小。晶粒细化除了提高屈服强度之外，也能提高应变强化的程度。形变强化的本质是位错增殖、位错塞积、位错运动受阻的结果。晶粒细化了，位错塞积群的长度变小了、塞积位错的数目少了，应力集中程度比较小、变形分配更多的晶粒中，更容易发生均匀变形。

（3）合金化。合金固溶体不仅屈服强度高于纯金属，而且应变硬化也高于纯金属。1）溶质元素的畸变场影响位错运动状态；2）合金元素通过降低层错能，阻止交滑移。如 Si、P、Mo、V 等；奥氏体不锈钢中加入铁素体形成元素可以降低层错能。

（4）温度。形变强化随温度升高总是降低的。

应变硬化是提高金属材料强度，特别是弹性极限、屈服强度的一种重要技术手段。

3.2.5 颈缩现象和抗拉强度

3.2.5.1 定义

颈缩是在拉伸过程中，金属从均匀塑性变形阶段过渡到不均匀集中（局部）塑性变形阶段时变形集中于局部区域的特殊现象。颈缩的起点就是外载荷的最高点（图 3-24 中 b 点）。颈缩是韧性金属材料在拉伸试验时变形集中于局部区域的特殊现象，它是应变硬化（物理因素）与截面减小（几何因素）共同作用的结果。前文已述及，在金属试样拉伸力-伸长（延伸）曲线极大值 b 点之前，塑性变形是均匀的，因为材料应变硬化使试样承载能力增加，可以补偿因试样截面减小使其下降的承载力。在 b 点之后，由于应变硬化跟不上塑性变形的发展，使变形集中于试样局部区域产生颈缩。在 b 点之前，$dF>0$；在 b 点后，$dF<0$。b 点是最大力点，也是局部塑性变形开始的点，也称拉伸失稳点或塑性失稳点。由于 b 点后试样的断裂是由此开始发生的，所以找出拉伸失稳的临界条件，即颈缩判据，对于机件设计无疑是有益的。

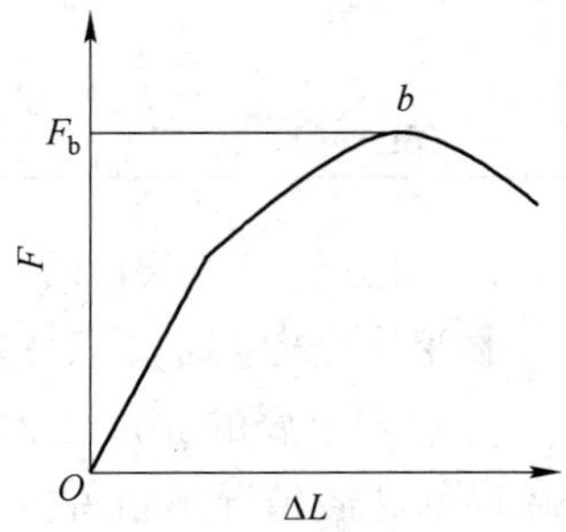

图 3-24 颈缩判据图解

3.2.5.2 颈缩判据

根据拉伸曲线，颈缩其实是在拉伸曲线的 b 点开始发生的，这点 $dF=0$，可以进行下列推导：

由 $S = K\varepsilon^n$ 转换得到

$$F = KA\varepsilon^n$$

对该式进行全微分，并利用 $dF=0$：

$$dF = K\varepsilon^n dA + KAn\varepsilon^{n-1}d\varepsilon = \frac{F}{A}dA + \frac{nF}{\varepsilon}d\varepsilon = 0$$

利用 $d\varepsilon = \frac{dl}{l} = -\frac{dA}{A}$ 得到

$$\frac{F}{A}dA - \frac{nF}{\varepsilon}\frac{dA}{A} = 0$$

若要等式成立，必有

$$\varepsilon = n \tag{3-14}$$

当然这个与 n 对应的 ε 是 b 点对应的最大真实均匀塑性应变量 ε_b。所以这个结论告诉我们，材料的应变硬化指数在数值上等于这个材料能够发生的最大真实均匀塑性应变量。n 值实际上是应力-应变曲线的斜率。材料发生 n 值那样大的均匀塑性变形之后，如果再加大变形量必然出现颈缩。确切地说，材料在加工过程中一次变形的均匀塑性变形应变量不能大于 n 值。

3.2.5.3 抗拉强度 R_m（σ_b）

抗拉强度是金属试样在拉伸过程中所能承受的最大拉伸应力，对应工程应力-应变曲线的最大应力，反映金属最大均匀塑性变形的抵抗力。

对于不同性质的材料，抗拉强度有不同物理内涵：

（1）韧性金属材料，R_m 表示静拉伸条件下的最大承载应力；

（2）脆性金属材料，R_m（σ_b）表示金属的断裂强度；

（3）σ_b的大小取决于屈服强度和应变硬化指数。抗拉强度主要取决于材料内部原子结合能力，所以在工程上提高抗拉强度有时候不太容易。

有工程应力-应变曲线上颈缩产生的载荷：

$$F_b = S_b A_b = Kn^n A_b$$

颈缩产生的工程应力：

$$\sigma_b = Kn^n \frac{A_b}{A_0}$$

由于

$$\varepsilon_b = \ln \frac{A_0}{A_b}$$

所以

$$\frac{A_0}{A_b} = e^{\varepsilon_b} = e^n$$

当然有

$$\frac{A_b}{A_0} = e^{-n}$$

因此

$$\sigma_b = (Kn^n)e^{-n} = K\left(\frac{n}{e}\right)^m = K\left(\frac{\varepsilon}{e}\right)^n$$

式中，K 为强度系数；n 为应变硬化指数；ε 为最大真实均匀塑性应变量；e 为自然对数的底。

可以说，对于塑性比较好的金属材料，诸如低碳钢，强度极限仅仅取决于强度系数和应变硬化指数。

3.2.6 屈强比

金属材料屈服强度与抗拉强度的比值 R_{eL}/R_m 或 $R_{r0.2}/R_m$，称为屈强比。屈强比不是材料独立的拉伸力学性能指标，但由于它的重要实际意义，在某些工程领域，屈强比也是选材用材的一项性能指标。

屈强比值的大小，即屈服强度与抗拉强度的比值，反映材料均匀塑性变形的能力和应变硬化性能，对材料冷成形加工具有重要意义。

屈强比大，即屈服强度高、抗拉强度低，材料抗均匀塑性变形能力强，均匀塑性变形量小，塑性低。使用这样的材料加工的机件受载后易在应力集中部位产生低应力脆性断裂。在建筑工程领域，为了减轻地震地质灾害，我国规定热轧钢筋高强度建筑用钢的 $R_{eL}/R_m \leqslant 0.8$，使钢结构在地震时吸收较多地震能，避免建筑物严重损毁。大跨度结构用钢板也要求在保证抗拉强度和屈服强度足够的前提下，钢板应具有较低屈强比，以提高建筑结构的抗地震性能。石油天然气输送管道用宽厚钢板的强度要求不断提高，其 R_{eL}/R_m

为 0.90~0.95，塑性逐步降低，但韧性要求同步增加。弹簧在弹性极限强度以下工作，应具有尽可能高的弹性极限强度（屈服强度）和屈强比，其 R_{eL}/R_m 高达 0.80~0.92，但若遇偶然过载，极易发生脆性断裂失效，所以也要注意提高弹簧钢的韧性。

屈强比小，即屈服强度低、抗拉强度高，表明材料均匀塑性变形量大，塑性好，材料容易冷成形。

屈强比对材料应变硬化性能的影响，表现为应变硬化指数 n 值随屈强比而变化：屈强比大，则 n 值小；反之，屈强比小，则 n 值大。应变硬化指数 n 与屈强比的关系为

$$n = 1 - \sqrt{R_{eL}/R_m} \tag{3-15}$$

3.2.7 静力韧度

韧度是度量材料韧性的力学性能指标，其中又分静力韧度、冲击韧度和断裂韧度。习惯上，韧性和韧度这两个名词常常混用。但韧性是金属材料的力学性能，它是指金属材料断裂前吸收塑性变形功和断裂功的能力，或指材料抵抗裂纹扩展的能力。金属材料在静拉伸时单位体积材料断裂前所吸收的功定义为静力韧度（强塑积），它是强度和塑性的综合指标。测出材料真实应力-应变曲线下包围的面积，可以精确获得静力韧度值。

$$U_T = \int_0^{\varepsilon} S\mathrm{d}\varepsilon$$

但工程上用近似计算方法，如对韧性材料，静力韧度 U_T 为

$$U_T = \frac{1}{2}(R_{eL} + R_m)\varepsilon_k \tag{3-16}$$

式中，ε_k 为断裂时的真实应变。静力韧度又称强塑积，式（3-16）也为强塑积的表达式或计算式。静力韧度或强塑积都是表征材料的韧性指标，对于在服役中有可能遇到偶然过载的机件（如链条、起重吊钩等）而言，是必须考虑的重要指标。超轻钢汽车车身构件用钢板，要求材料强度高、塑性好、可成形、抗冲撞。石油天然气可膨胀管技术中的可膨胀管，也要求材料具有高强度、高塑性，即均应具有较大的强塑积值。低碳钢和传统高强度钢的强塑积值仅为 10000~12000 MPa·%；近年来已大量应用的相变诱发塑性钢（TRIP 钢）的强塑积值已达 20000~25000 MPa·%；而孪生诱发塑性钢（TWIP 钢）的强塑积值则高达 50000 MPa·%以上。高的强塑积值可以显著提高构件抗冲撞能力，也可以提高管件在井下的膨胀能力和抗挤毁能力。

本章主要介绍了金属的变形，包括弹性变形和塑性变形。在弹性变形方面，阐述了弹性变形的物理本质、胡克定律、特点、弹性常数和弹性模量等相关知识；而在塑性变形方面，重点阐述了塑性变形的方式和特点、屈服现象和屈服点、屈服强度的影响因素及提高屈服强度的途径、形变强化、颈缩现象和抗拉强度、屈强比和静力韧度等相关知识。

思考题

3-1 金属的弹性模量主要取决于什么因素？为什么说它是一个对组织不敏感的力学性能指标？

3-2 今有 45、40Cr、35CrMo 钢和灰铸铁几种材料，你会选择哪种材料用作机床床身？为什么？

3-3 试述多晶体金属产生明显屈服的条件，并解释 bcc 金属及其合金与 fcc 金属及其合金屈服行为不同

的原因。

3-4 试述退火低碳钢、中碳钢和高碳钢的屈服现象在拉伸力-伸长曲线图上的区别，并表述其产生原因。

3-5 决定金属屈服强度的因素有哪些?

3-6 试举出几种能显著强化金属而又不降低其塑性的方法。

4 金属的断裂

磨损、腐蚀和断裂是机件的三种主要失效形式，其中以断裂的危害最大。工程结构或机件的断裂会造成重大的经济损失，甚至人员伤亡。因此，如何提高材料的断裂抗力，防止断裂事故发生，一直是人们普遍关注的课题。在材料塑性变形过程中，也在产生微孔损伤。微孔的产生发展，即损伤的累积，导致材料中微裂纹的形成与加大，即连续性的不断丧失。这种损伤直到临界状态时，裂纹失稳扩展，实现最终的断裂。可以说，任何断裂过程都是由裂纹形成和扩展两个过程组成的，而裂纹形成则是塑性变形的结果。对断裂的研究，主要关注的是断裂过程的机理及其影响因素，其目的在于根据对断裂过程的认识制定合理的措施，实现有效的断裂控制。工程上，按断裂前有无宏观塑性变形，将断裂分为韧性断裂和脆性断裂两大类。断裂前表现有宏观塑性变形者称为韧性断裂。断裂前发生的宏观塑性变形，必然导致结构或零件的形状、尺寸及相对位置改变，工作出现异常，即表现有断裂的预兆，可能被及时发现，一般不会造成严重的后果。而脆性断裂前，没有宏观塑性变形，所以脆性断裂往往造成严重后果，这也是脆性断裂特别受到人们关注的原因。

研究金属材料断裂的宏观和微观特征、断裂机理（在无裂纹存在时，裂纹是如何形成与扩展的）、断裂的力学条件及影响金属断裂的内外因素，对于进行机件安全设计与选材，分析机件断裂失效事故都是十分必要的。

实践证明，大多数金属材料的断裂过程都包括裂纹形成与扩展两个阶段。对于不同的断裂类型，这两个阶段的机理与特征并不相同。从微观讲，金属的断裂可分为微孔聚集型断裂、解理断裂、准解理断裂、沿晶断裂等，这些断裂可以从光滑件开始，也可从缺口或裂纹件开始。本章主要讲解几种主要断裂的物理过程。为了便于讨论，本章先介绍断裂的类型。断裂类型根据断裂的分类方法不同而异，它们是依据一些各不相同的特征来分类的。

4.1 金属断裂的类型

断裂类型的划分有许多方法和角度。把断裂分为韧性和脆性主要是从断裂前的变形程度和断裂的危险性角度划分的。韧性断裂由于存在一定的塑性变形，构件或者零部件发生变形能够发现其已经不能正常工作，在未发生重大事故之前可以更换或者避免重大事故。而脆性断裂则因没有明显的塑性变形，往往造成灾难性的事故，所以需要特别警惕。断裂分类方法比较多，可以根据裂纹扩展路径、裂纹形成的机理、断裂面的取向等划分。无论属于哪种方法里边的一个断裂方式，都体现了断裂的主要特征因素：断裂的裂纹形成、裂纹扩展和断口形貌。

然而，值得注意的是，断裂的分类并不是绝对的，而是相对的，一个特定的断裂过程可以从多个角度进行分类。例如，一个断裂过程可能既是脆性断裂又是沿晶断裂，既是穿晶断裂又是解理断裂。这种分类的多样性源于对断裂过程认识的角度及断裂过程的复杂性。同样，解理断裂虽然是穿晶断裂的一种，但其裂纹扩展速度极快，使得塑性变形几乎来不及发生，因此也表现出脆性断裂的特点。

此外，断裂的分类还受到观察尺度的影响。在微观尺度上，断裂过程可能涉及原子级别的解理或滑移机制；而在宏观尺度上，断裂则可能受到材料组织结构、加载条件、环境温度等多种因素的影响。因此，在研究和理解金属断裂的过程中，我们需要从多个角度、多个尺度出发，全面考虑各种影响因素，以便更准确地描述和预测断裂行为。

4.1.1　韧性断裂和脆性断裂

根据断裂前后样品是否产生明显宏观塑性变形的特征，将断裂分为韧性断裂和脆性断裂。

4.1.1.1　韧性断裂

韧性断裂是金属材料断裂前产生明显宏观塑性变形的断裂，这种断裂有一个缓慢的撕裂过程，在裂纹扩展过程中不断地消耗能量。韧性断裂的断裂面一般平行于最大切应力并与主应力呈45°角。用肉眼或放大镜观察时，断口呈纤维状，灰暗色。纤维状是塑性变形过程中微裂纹不断扩展和相互连接造成的，而灰暗色则是纤维断口表面对光反射能力很弱所致。中、低强度钢的光滑圆柱试样在室温下的静拉伸断裂是典型的韧性断裂，其宏观断口呈杯锥形，由纤维区、放射区和剪切唇三个区域组成（见图4-1），即所谓的断口特征三要素。这种断口的形成过程如图4-2所示。

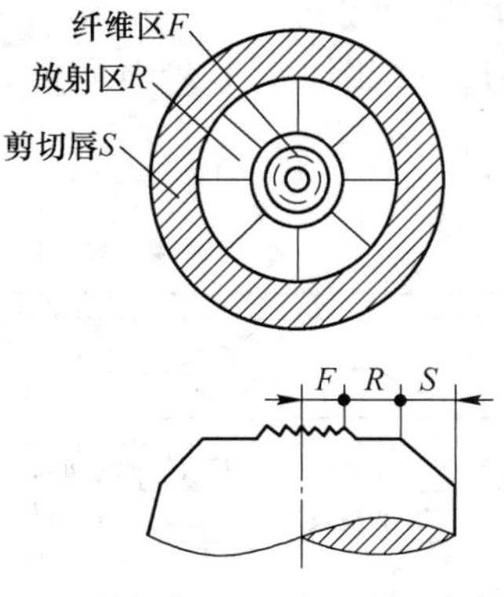

图4-1　拉伸断口三个区域的示意图

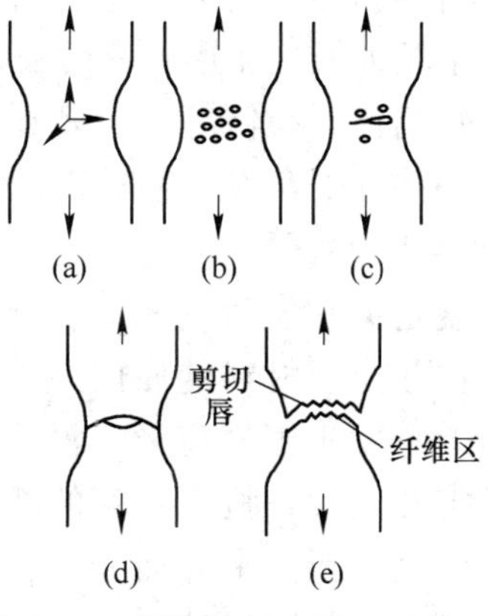

图4-2　杯锥状断口形成示意图

（a）颈缩导致三向应力；（b）微孔形成；（c）微孔长大；（d）微孔连接形成锯齿状；（e）边缘剪切断裂

如上文所述，当光滑圆柱拉伸试样受拉伸力作用，在试验力达到拉伸力-伸长曲线最高点时，便在试样局部区域产生颈缩，同时试样的应力状态也由单向变为三向，且中心轴向应力最大。在中心三向拉应力作用下，塑性变形难以进行，致使试样中心部分的夹杂物或第二相质点本身碎裂，或使夹杂物质点与基体界面脱离而形成微孔。微孔不断长大和聚合就形成显微裂纹。早期形成的显微裂纹，其端部产生较大塑性变形，且集中于极窄的高变形带内。这些剪切变形带从宏观上看大致与径向呈50°~60°角。新的微孔在变形带内部不断成核、生长和聚集。当它们与现有的裂纹相互连接时，裂纹就会沿着一定的路径向前扩展一段距离。这个过程反复进行，最终形成了具有锯齿状特征的纤维区。从断裂机理的角度来看，这种断裂方式属于微孔聚集型断裂，我们将在后续章节中对其进行更为详尽的分析。纤维区所在平面（即裂纹扩展的宏观平面）垂直于拉伸应力方向。

在纤维区中，裂纹的扩展速度相对较慢。然而，一旦裂纹达到临界尺寸，它将以极快的速度扩展，形成一个放射区。这个放射区是由裂纹快速进行低能量撕裂所形成的。放射区的特征之一是它呈现出明显的放射线花样。这些放射线平行于裂纹的扩展方向，并且垂直于裂纹前端（在每一个瞬间）的轮廓线。它们以逆向的方式指向裂纹的源头。值得注意的是，撕裂过程中塑性变形量的大小会影响放射线的粗细。当塑性变形量较大时，放射线会显得更为粗壮。相反，对于那些几乎不产生塑性变形的极脆材料，放射线则可能会消失。

随着温度的降低或材料强度的增加，塑性降低，导致放射线从粗变细，直至最终消失。断裂进入最后的阶段，形成了杯状或锥状的剪切唇。这种剪切唇的表面光滑，与拉伸轴呈45°角，从断裂机理的角度来看，它是典型的切断型断裂。

上述断口三区域（纤维区、放射区和剪切唇）的形态、大小和相对位置并非固定不变，而是受到多种因素的影响。这些因素包括试样的形状、尺寸，金属材料的性能，以及试验时的温度、加载速率和受力状态等。一般来说，当材料的强度提高而塑性降低时，放射区的比例会增大。随着试样尺寸的增大，放射区的面积也会明显增大，而纤维区的变化则不大。

金属材料的韧性断裂不及脆性断裂危险，在生产实践中也较少出现（因为许多机件在其材料产生较大塑性变形后就已经失效了）。但是研究韧性断裂对于正确制定金属压力加工工艺（如挤压、拉深等）规范还是重要的，因为在这些加工工艺中材料要产生较大的塑性变形，并且不允许产生断裂。

4.1.1.2 脆性断裂

脆性断裂是突然发生的断裂，断裂工作应力很低，往往低于材料的屈服强度。脆性断裂前基本上不发生塑性变形，没有明显征兆，因而危害性很大。脆性断裂的断裂面一般与正应力垂直，断口平齐而光亮，常呈放射状或结晶状。板状矩形拉伸试样断口中的人字纹花样如图4-3所示。人字纹花样的放射方向也与裂纹扩展方向平行，但其尖顶指向裂纹源。实际多晶体金属断裂时主裂纹向前扩展，其前沿可能形成一些次生裂纹，这些裂纹向后扩展借低能量撕裂与主裂纹连接便形成人字纹。人字纹是脆性断裂的明显特征，尤其在材料脆性高、板厚大、温度低时显著。在这些条件下，放射区扩大，而纤维区和剪切唇相对缩小。

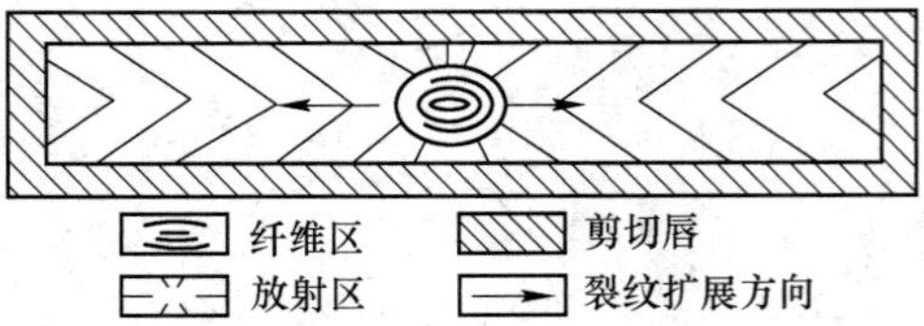

图4-3 人字纹花样

通常，脆性断裂前也产生微量塑性变形。一般规定光滑拉伸试样的断面收缩率小于5%（反映微量的均匀塑性变形，因为脆性断裂没有颈缩形成）者为脆性断裂；反之，大于5%者为韧性断裂。由此可见，金属材料的韧性与脆性是根据一定条件下的塑性变形量来规定的。以后我们会看到，条件改变，材料的韧性与脆性行为也将随之变化。

4.1.2 穿晶断裂和沿晶断裂

多晶体金属断裂时，可以根据裂纹扩展的路径不同，将断裂分为穿晶断裂和沿晶断裂。

4.1.2.1 穿晶断裂

穿晶断裂是裂纹穿过晶粒内部发生的断裂，可以是韧性断裂（如韧脆转变温度以上的穿晶断裂），也可以是脆性断裂（低温下的穿晶解理断裂）。穿晶脆性断裂在断裂前基本上不发生塑性变形或者没有明显的塑性变形。在工程上，当构件的断面收缩率小于5%时就认为是脆性断裂。断裂的主要特征是裂纹一旦形成便快速扩展，穿过晶粒内部，引起突然断裂，脆性断裂往往造成灾难性事故。在这个过程中材料无法通过塑性变形强化，所以不能延缓断裂的发生。脆性穿晶断裂过程可以简单描述为：作用应力尖端形成一次（次生）裂纹，在应力继续作用下低能量撕裂，主裂纹向前扩展，次生裂纹向后扩展，裂纹连接使构件分离。穿晶断裂和沿晶断裂有时可以混合发生，就整个零部件来讲不一定全部形成穿晶断口，在个别地方可能也会形成沿晶断口。

穿晶断裂的断口是较为平坦的、发亮的结晶状断面，相当于韧性断裂试样中局部放射区域的组织。穿晶断裂更多的是解理断裂（后面章节介绍）。在多数情况下，断裂面与正应力垂直因而也通常与试样受力轴线垂直。在电子显微镜下观察起来有很多的起伏不平，如图4-4所示。

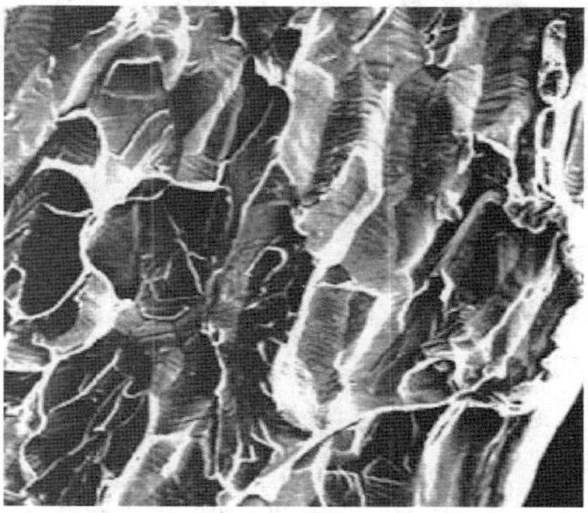

图4-4 穿晶脆性断裂（2500×）

在材料发生脆性穿晶断裂时，裂纹的形成主要起源于：

（1）性能差别比较大的异相结合部位（相界面）。

（2）应力集中部位（由于几何尺寸的原因或者应力状态的原因）。

（3）有分布和形态不利的硬而脆的第二相尖端部位。

（4）体心立方或密排六方金属在较低的温度或受到突然变化的载荷。

（5）由于各种原因形成的位错塞积造成的显微裂纹。

4.1.2.2 沿晶断裂

沿晶断裂则是裂纹沿着晶粒边界扩展发生的断裂，一般属于脆性断裂。沿晶断裂大多是由晶界上的一薄层连续或不连续脆性第二相、夹杂物，破坏了晶界的连续性所造成的，也可能是杂质元素向晶界偏聚引起的。应力腐蚀、氢脆、回火脆性、淬火裂纹、磨削裂纹等大都是沿晶断裂。

沿晶断裂的断口形貌呈冰糖状（见图4-5），但若晶粒很细小，则肉眼无法辨认出冰糖状形貌，此时断口一般呈晶粒状。颜色较纤维状断口明亮，但比纯脆性断口要灰暗些。

在金属中，沿晶断裂比较常见，因为金属材料多数使用状态下是多晶体。沿晶断裂的裂纹首先在晶界上形成，继续沿着晶界扩展，把金属分成两块。断口形貌完全描述了金属中晶粒的形状（见图 4-5）。由于晶粒的形状都没有发生变化，可以推断金属在沿晶断开时不发生任何塑性变形。

金属中的沿晶断裂主要出现在以下情况：组织中出现了沿晶界分布的脆性第二相，割裂基体相各晶粒之间的相互联结；晶界上聚集了比较多的有害杂质，降低了晶界强度，如P、S 杂质及碳化物在回火时向晶界析出或富集；热处理或者其他热加工过程中工艺不当，如过热/过烧等产生晶界氧化，弱化晶界；金属在高温下工作或工作温度超过等强温度，晶界强度低于晶内强度。这些情况都可能导致沿晶断裂的发生。图 4-6 是过热的工具钢沿晶断裂的形貌，由于过热，晶界变得异常薄弱，裂纹的形成和扩展均以低能量状态进行。

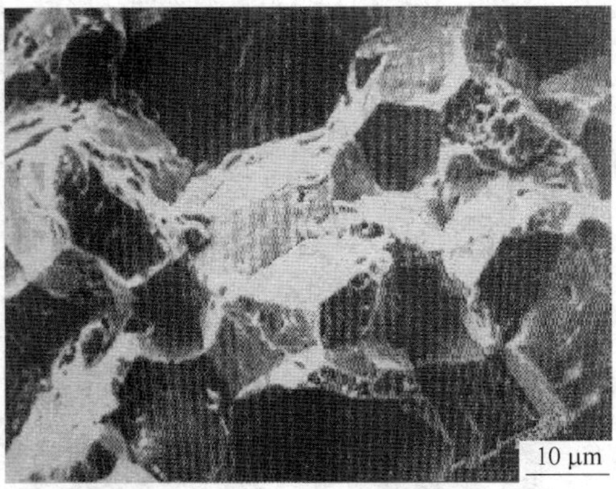

图 4-5 典型的沿晶断裂的形貌——冰糖状断口

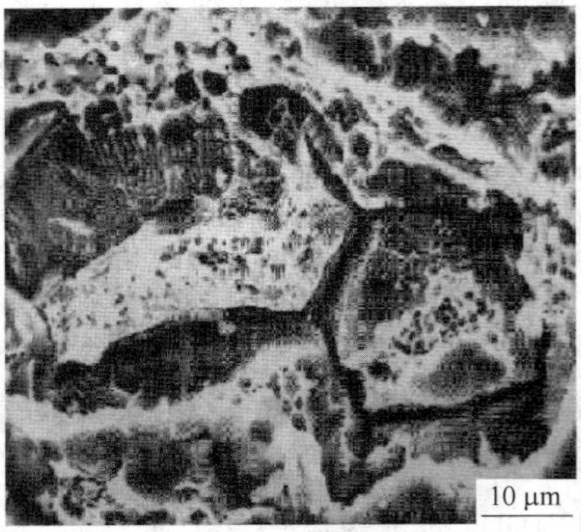

图 4-6 过热的工具钢沿晶断裂

4.1.3 剪切断裂和解理断裂

根据断裂机理可以将断裂分为剪切断裂和解理断裂。

（1）剪切断裂。剪切断裂是金属材料在切应力作用下沿滑移面分离而造成的滑移面分离断裂，其中又分为纯剪切断裂（滑断）和微孔聚集型断裂。纯金属尤其是单晶体金属常产生纯剪切断裂，其断口呈锋利的楔形（单晶体金属）或刀尖形（多晶体金属的完全韧性断裂）。这是纯粹由滑移流变所造成的断裂。微孔聚集型断裂是通过微孔形核、长大聚合而导致材料分离的。由于实际材料中常同时形成许多微孔，通过微孔长大互相连接而最终导致断裂，故常用金属材料一般均产生这类性质的断裂，如低碳钢室温下的拉伸断裂。

（2）解理断裂。解理断裂是金属材料在一定条件下（如低温），当外加正应力达到一定数值后，以极快速率沿一定的晶体学面产生的穿晶断裂，因与大理石断裂类似，故称此种晶体学面为解理面。解理面一般是低指数晶面或表面能最低的晶面。典型金属单晶体的解理面见表 4-1。常发生在体心立方、密排六方金属中，bcc 金属发生解理断裂主要沿着{100} 晶面。

表 4-1 典型金属单晶体的解理面

晶体结构	材料	主要解理面	次要解理面
bcc	Fe，W，Mo	$\{001\}$	$\{112\}$
hcp	Zn，Cd，Mg	$\{0001\}$，$\{\bar{1}100\}$	$\{11\bar{2}4\}$

通常，解理断裂总是脆性断裂，但有时在解理断裂前也显示一定的塑性变形，所以解理断裂与脆性断裂不是同义词，前者指断裂机理而言，后者则指断裂的宏观性态。

总体来说，韧性断裂多数表现为微孔聚集型断裂。在这种断裂方式中，裂纹的形成和扩展是通过微孔形核、长大和聚合的过程来实现的。微孔聚集型断裂通常发生在塑性较好的材料中，断裂前材料能够充分展现塑性变形的特征。

而解理断裂则是一种典型的脆性断裂方式。如前所述，解理断裂的特点是断裂面平整，裂纹沿一定的晶体学平面迅速扩展。需要注意的是，解理断裂与脆性断裂虽然有一定的联系，但并不完全等同。脆性断裂更侧重于宏观上的断裂特征，而解理断裂则更侧重于断裂的机理和微观结构。解理断裂是一种典型的脆性断裂方式，但脆性断裂不一定是解理断裂，因为脆性断裂可能有多种断裂机制，如解理断裂、沿晶断裂等。

由于解理断裂是典型的脆性断裂，而韧性断裂多数是微孔聚集型断裂，所以后面我们将主要介绍这两类断裂的机理和断裂的力学条件，以及两类断裂的相互转化。

4.1.4 正断型和切断型断裂

根据断裂后的断面取向特点，可以将断裂分为正断型和切断型断裂。

当断裂面取向垂直于最大正应力（σ_{max}）时，被称为正断型断裂。这种断裂方式通常发生在解理断裂和塑性变形受到较大约束的情况下。解理断裂是一种典型的脆性断裂，其特点是断裂面平整，裂纹沿一定的晶体学平面迅速扩展。而塑性变形受到较大约束时，材料在断裂前可能无法充分展现塑性变形的特征，因此断裂也呈现出脆性特征。

当断裂面取向与最大切应力（τ_{max}）方向一致，且与最大正应力方向约呈 45°时，被称为切断型断裂。这种断裂方式通常发生在塑性变形不受约束或约束较小的情况下。在这种情况下，材料在断裂前能够充分展现塑性变形的特征，如颈缩、剪切唇等。剪切唇是拉伸断口上常见的一种断裂形态，其特点是断口边缘呈现出一定的塑性变形和剪切断裂的特征。

本节根据宏观塑性变形特征、裂纹扩展路径划分、裂纹形成机理、断面的取向等，对断裂进行了分类，常用的断裂分类方法及其特征归纳见表 4-2。

表 4-2 断裂分类及特征

分类方法	名称	断裂示意图	特征
根据断裂前塑性变形大小分类	脆性断裂	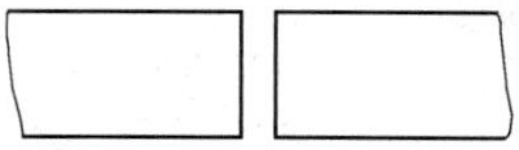	断裂前没有明显的塑性变形，断口形貌是光亮的结晶状
	韧性断裂	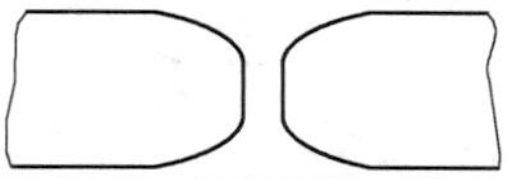	断裂前产生明显塑性变形，断口形貌是暗灰色纤维状

续表 4-2

分类方法	名称	断裂示意图	特征
根据断裂面的取向分类	正断	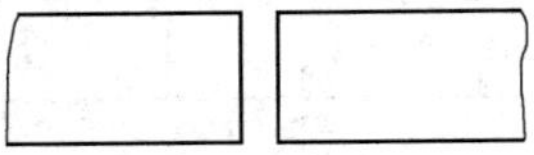	断裂的宏观表面垂直于 σ_{max} 方向
	切断	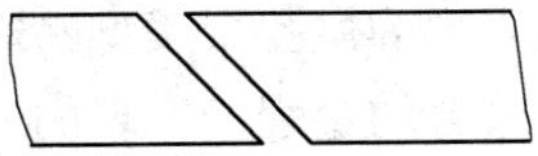	断裂的宏观表面平行于 τ_{max} 方向
根据裂纹扩展的途径分类	穿晶断裂	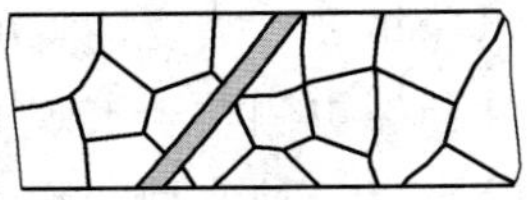	裂纹穿过晶粒内部
	沿晶断裂	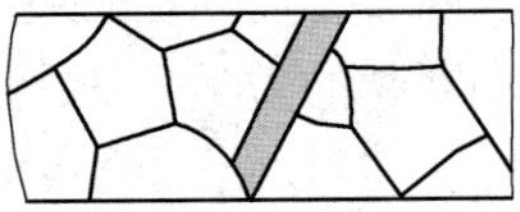	裂纹沿晶界扩展
根据断裂机理分类	解理断裂	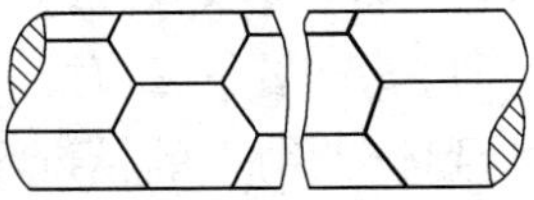	无明显塑性变形； 沿解理面分离，穿晶断裂
	微孔聚集型断裂	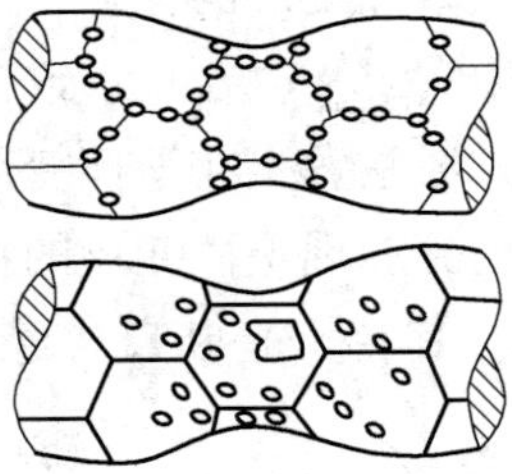	沿晶界微孔聚合，沿晶断裂； 在晶内微孔聚合，穿晶断裂
	纯剪切断裂	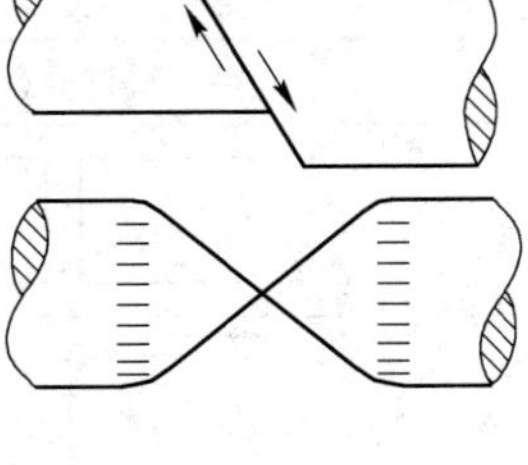	沿滑移面分离剪切断裂（单晶体）； 通过颈缩导致最终断裂（多晶体、高纯金属）

4.2 解理断裂

4.2.1 裂纹的形成

观察解理断口发现，断口附近仍然有少量塑性变形。事实上，绝对脆性断裂是不存在的。可以想象，裂纹形成必然与塑性变形有关（这对单晶体金属和多晶体金属都是正确的），而金属材料的塑性变形是位错运动的反映，因此裂纹形成可能与位错运动有关，这就是裂纹形成的位错理论考虑问题的出发点。

4.2.1.1 甄纳-斯特罗位错塞积理论

甄纳（Zener）和斯特罗（Stroh）认为，在切应力作用下，滑移面上的刃型位错运动遇到障碍（晶界或者第二相颗粒），产生位错塞积，当塞积群的应力集中不能通过塑性变形得到松弛时，塞积端点处的最大拉应力可以达到理论断裂强度而形成楔形裂纹，如图4-7所示，图中的水平面为滑移面，切应力作用下形成塞积并引发裂纹（图4-7中阴影区）。

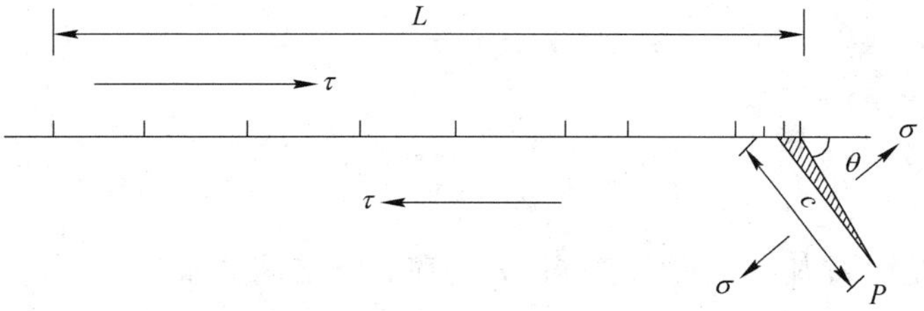

图4-7 位错塞积群的前端应力集中和裂纹形成

形成裂纹的有效切应力 $\tau-\tau_i$ 必须满足以下关系式：

$$\tau-\tau_i=\left(\frac{2Er\gamma_s}{da_0}\right)^{\frac{1}{2}} \tag{4-1}$$

式中，τ 为外加切应力；τ_i 为晶格摩擦阻力；E 为弹性模量；r 为塞积头到裂纹形成点的长度；a_0 为晶面间距；d 为晶粒直径；γ_s 为产生裂纹新表面的表面能。

裂纹扩展并导致解理断裂的条件是外加正应力 σ 达到临界应力 σ_c：

$$\sigma_c=\frac{2G\gamma_s}{K_y\sqrt{d}} \tag{4-2}$$

式中，G 为切变模量；K_y 为 Hall-Petch 关系式中的钉扎常数。

由式（4-2）可以看出，晶粒越小，断裂应力提高，材料脆性降低。

一般的分析很容易证明在塞积群前端的切应力集中，实际上塞积群前端还存在正应力集中。Stroh 根据这一思想重新计算了在此处的应力，并假设此正应力达到格里菲斯缺口理论强度时便会产生裂纹，弹性理论计算结果表明，距塞积群前端 r 处的正应力与 θ 角有如下关系：

$$\sigma=\frac{3}{2}\left(\frac{L}{r}\right)^{\frac{1}{2}}\tau\sin\theta\cos\frac{\theta}{2} \tag{4-3}$$

式中，r 远小于 L。

显然，应力值的大小与 θ 角有很大关系。采用对 θ 角求极值的方法，通过式（4-3）可求出 $\cos\theta = \frac{1}{3}$ 即 $\theta = 70.5°$ 时 σ 有一极大值。说明由于位错塞积产生的正应力在 θ 角的变化过程中出现极值。代入式（4-3）得到：

$$\sigma_{\max} = \frac{2}{\sqrt{3}}\left(\frac{L}{r}\right)^{\frac{1}{2}}\tau \tag{4-4}$$

若将此正应力视为产生长为 c 的裂纹所需应力，并将它沿裂纹长取平均值 $\bar{\sigma} = \frac{1}{c}\int_0^c \sigma_{\mathrm{m}} \mathrm{d}r$。

根据格里菲斯公式产生裂纹长度为 c 的裂纹的临界应力为：

$$\sigma_{\mathrm{c}} = \left[\frac{4\nu E}{\pi c(1-\nu^2)}\right]^{\frac{1}{2}} \tag{4-5}$$

这里令

$$\bar{\sigma} = \sigma_{\mathrm{c}}$$

并考虑 $E = 2G(1+\nu)$

$$\tau^2 = \frac{3}{2}\frac{\gamma G}{(1-\nu)\pi L} \tag{4-6}$$

已经知道在 L 长度距离内塞积的位错数目 n 与应力 τ 之间关系为：

$$n = \frac{(1-\nu)\pi\tau L}{G\boldsymbol{b}} \tag{4-7}$$

用式（4-7）中的 n 代替（4-6）中的 L，并考虑到 $\sigma = 2\tau$，有

$$n\sigma\boldsymbol{b} = 3\gamma$$

即

$$n = \frac{3\gamma}{\sigma\boldsymbol{b}} \tag{4-8}$$

利用这个关系式，若某材料的抗拉强度为 500 MPa，位错的柏氏矢量 $\boldsymbol{b} = 2\times10^{-10}$ m，表面能为 $\gamma = 2$ J/m^2，试问塞积多少条位错将形成裂纹？

根据式（4-8），即形成裂纹的位错塞积数与表面能成正比，与材料强度成反比。代入题设条件可求出 $n=60$ 条。

但应指出，该理论存在不少缺点：

（1）在单晶中很难存在构成位错塞积的障碍，不容易形成足以开裂的位错塞积。

（2）在密排六方金属中虽然能够形成位错塞积，但是滑移面与解理面均为（0001）面，不存在该理论中的 70.5°角度差。

（3）个别晶体中计算值和实际测量值差别较大，如锌单晶形成裂纹的应力比按该模型计算的应力小 10 倍。

（4）在该理论推导中假定，$\bar{\sigma}$ 等于格里菲斯缺口强度 σ_{c} 时裂纹形成，实际上 σ_{c} 是裂纹失稳扩展抗力，而且两种裂纹性质不同。

(5) 该裂纹生成机制只与外加切应力有关与事实不符。所以该理论是不够严格的，但位错塞积引起应力集中而导致开裂的思想是正确的。

4.2.1.2 柯垂耳位错反应理论

柯垂耳（Cottrell）位错反应理论是柯垂耳为了解释晶内解理与 bcc 晶体中的解理而提出的。

如图 4-8 所示，在 bcc 晶体中有两个相交滑移面（101）和（$10\bar{1}$）与解理面（001）相交，三面的交线为 [010]。现沿（101）面有一群柏氏矢量为 $\frac{a}{2}[\bar{1}\bar{1}1]$ 的刃型位错。

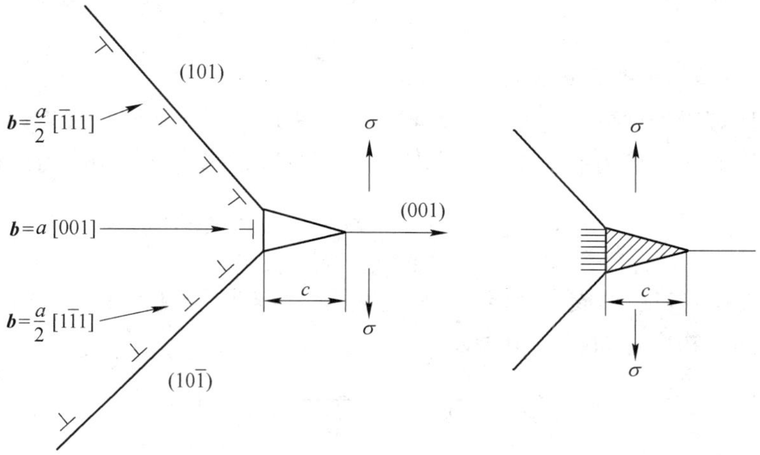

图 4-8 位错反应形成裂纹示意图

而沿（$10\bar{1}$）面有柏氏矢量为 $\frac{a}{2}[111]$ 的刃型位错，两个位错相互靠近，并产生下列反应：

$$\frac{a}{2}[\bar{1}\bar{1}1] + \frac{a}{2}[111] \rightarrow a[001]$$

新形成的位错线在（100）面上，其柏氏矢量为 $a[001]$。这个位错是纯刃位错，因为（100）面不是 bcc 晶体的固有滑移面，故 $a[001]$ 为不动位错。结果两相交的滑移面上的位错群就在该不动位错附近产生塞积。当塞积位错较多时，其多余半原子面如同楔子一样插入解理面中间，形成高度为 $n\boldsymbol{b}$ 的裂纹。

柯垂耳提出的位错反应理论是降低能量的过程，因而裂纹成核是自动进行的。在拉应力的作用下，裂纹扩展并导致出现解理断裂。这种机理只适用于 bcc 金属。

两种理论成立共同的条件都是材料能够塑性变形；位错运动受阻，在一定条件下便会形成裂纹。实验证实，裂纹往往在晶界、亚晶界、孪晶交叉处出现。

Cottrell 分析了位错反应形成裂纹的能量问题。在体心立方晶体的两个相互交叉的滑移面 ($10\bar{1}$) 和 (101) 上分别有一组矢量为 $\boldsymbol{b} = \frac{a}{2}[\bar{1}11]$ 和 $\boldsymbol{b} = \frac{a}{2}[1\bar{1}1]$ 的位错，相向滑移，到交叉线上相遇反应生成 $\boldsymbol{b} = a[001]$ 的位错，位于（100）面上，是个不能滑移的纯刃型位错。当有 n 个位错滑移相遇，反应生成具有 $n\boldsymbol{b}$ 矢量的大位错就相当于在晶体中形成了一个微裂纹，如图 4-8 中阴影部分所示。对应形成沿（001）面分布的长度为 c 厚度为一个单位的裂纹。其总能量可以表示为

$$W=\frac{Gn^2\boldsymbol{b}^2}{4\pi(1-\nu)}\ln\left(\frac{4R}{c}\right)+2\gamma c-\frac{\pi(1-\nu)\sigma^2c^2}{8G}-\frac{\sigma n\boldsymbol{b}c}{2}$$

式中，第一项为单位长度一个大位错的能量，计算距离 R 可以理解为晶体中嵌镶块尺寸，$R>>c$；第二项为形成长度为 c 的两个表面的裂纹表面能；第三项为裂纹形成后周围体积释放的弹性能；第四项为裂纹形成时外力所作的膨胀功。

实际上面心立方晶体中也有相似的位错反应，也可以写出位错锁。阻碍其他位错的继续滑移。但是因面心立方结构的滑移系、滑移方向多，形成裂纹没有体心立方和密排六方那么容易。

4.2.1.3 渗碳体开裂形成裂纹

通常渗碳体难以塑性变形，所以对铁素体中位错运动形成障碍。如果铁素体晶粒内部滑移面形成位错塞积，应力会集中到渗碳体片上。使渗碳体开裂的切应力条件是：

$$\tau_C\geqslant\left[\frac{4E\gamma_{cem}}{\pi(1-\nu)d}\right]^{\frac{1}{2}}\tag{4-9}$$

式中，γ_{cem} 为渗碳体裂纹形成表面能；d 为铁素体晶粒直径（见图 4-9）。与珠光体相邻的渗碳体上断裂的实物照片如图 4-10 所示。

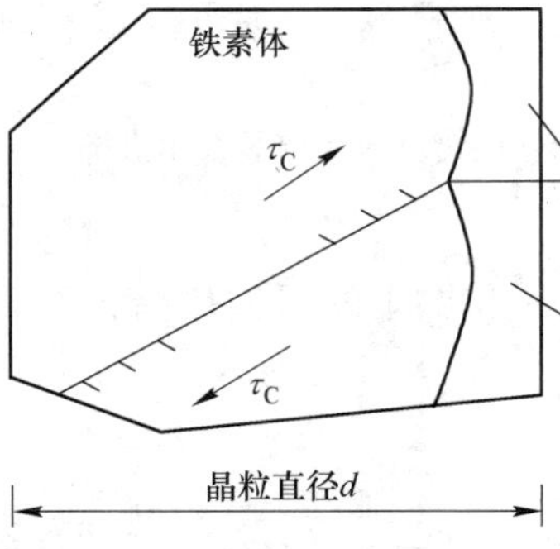

图 4-9 铁素体中位错塞积在渗碳体上形成裂纹示意图

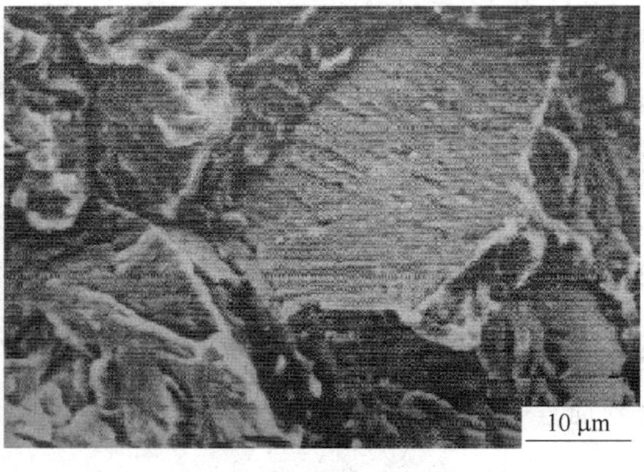

图 4-10 与珠光体相邻的渗碳体片上开裂

4.2.2 裂纹的扩展

解理裂纹形成后，不意味可以迅速扩展，解理断裂包括几个阶段：屈服塑变、形成终止于晶界的裂纹、裂纹在同一晶粒内初期长大、裂纹越过晶界向相邻晶粒扩展。与多晶体金属的塑变过程相似。裂纹形成、扩展过程如图 4-11 所示，解理裂纹越过解理平台如图 4-12 所示。

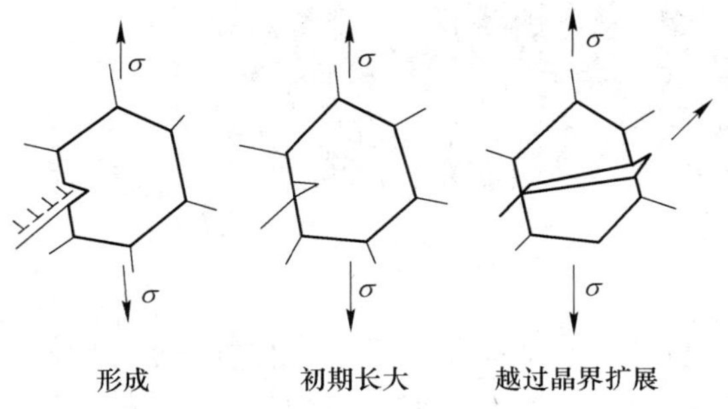

图 4-11 裂纹形成并扩展过程

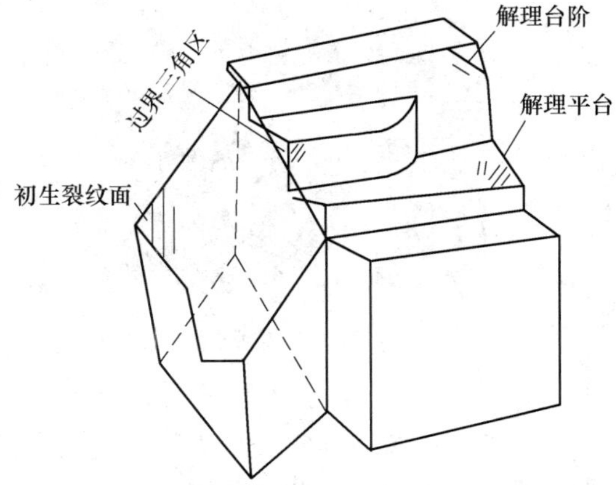

图 4-12 解理裂纹越过解理平台的示意图

在金属受到外力作用并发生屈服后，裂纹的形成通常遵循 Stroh 和 Cattrell 等机制。当初生裂纹在一个晶粒内部形成时，其解理面（即裂纹扩展的路径）通常是沿着该晶粒内特定的晶体学平面进行的，如 {100} 晶面。然而，由于金属是由多晶体组成的，这些晶粒的取向各异，因此，初生的裂纹其解理面与相邻晶粒的解理面在空间取向上往往存在差异。这种取向差异意味着，裂纹在试图穿越晶界时会遇到阻碍，从而导致裂纹在晶界处终止。但是裂纹尖端处产生的应力集中是极其严重的。这种应力集中会导致裂纹尖端附近的材料承受巨大的拉应力，这种拉应力会使相邻的晶粒开裂。这种开裂同样会沿着 {100} 晶面（即某些特定的晶体学平面）进行。但由于相邻晶粒的取向与初生裂纹所在的晶粒不同，因此开裂的方向也会发生改变。这种空间位相的改变意味着相邻晶粒内的新裂纹可能与初生裂纹不在同一方向上。类似的，裂纹会不断地扩展开去。这与多晶体金属的塑性变形过程十分相似。

4.2.3 微观断口特征

实际金属材料为多晶体，而且存在各种缺陷、第二相和杂质等，所以解理断裂一般不是沿单一的晶面断裂，而是沿一组相互平行的晶面发生解理，出现解理台阶、河流花样与舌状花样，它们一起被称为解理断裂的三个微观特征。

金属在外力作用下，可能会沿着特定的结晶学平面，即解理面发生断裂，这种断裂方式称为解理断裂。理想情况下，若一个完整晶体沿其解理面断裂，其断口应呈现为平坦的完整晶面。然而，实际上由于晶体中缺陷的存在，断裂并非仅沿单一晶面发生，而是沿着一组平行的晶面进行，形成了所谓的解理台阶（见图 4-13）。这种台阶可由解理裂纹在扩展过程中遇到垂直于解理面的螺位错等因素而产生。在多晶体金属中，不同晶粒的低指数晶面不能保持平行，导致裂纹跨越晶粒时，解理断裂在断口上进一步形成解理台阶。当这些裂纹像河流一样聚集扩大时，便形成了许多类似河流形状的图案，被称为河流花样(见图 4-14)。

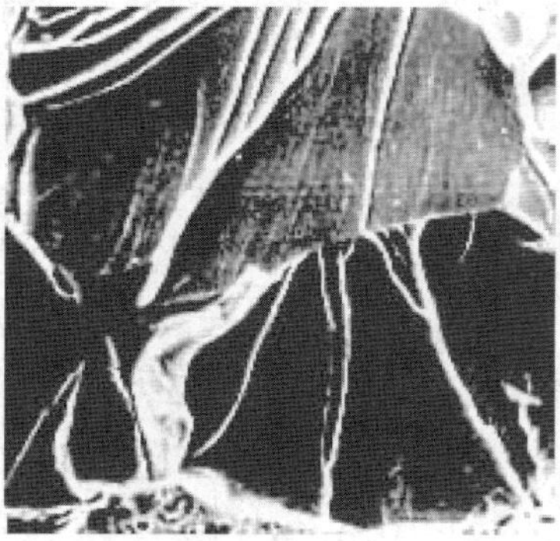

图 4-13 解理脆性断裂（1500×）

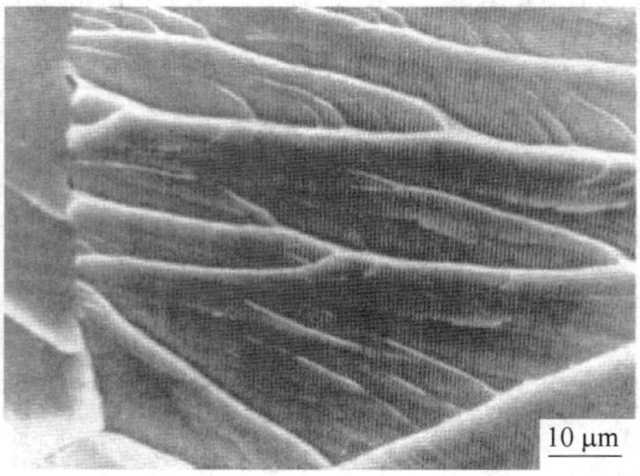

图 4-14 河流花样

尽管解理断裂通常表现为脆性断裂，但有时也可能在试样经历了相当的塑性变形后的剩余部分才出现。因此，重要的是要明确“解理”和“脆性断裂”并非同义词。前者描述的是裂纹扩展的途径和断裂的微观机制，而后者则与断裂前和断裂过程中吸收的能量大小或发生的塑性变形程度有关。在电子显微镜下观察，解理断口的主要特征正是由这些解理台阶组成的河流花样（见图 4-14）。

实际的解理断裂断口是由许多大致相当于晶粒大小的解理面集合而成的。这种大致以晶粒大小为单位的解理面称为解理刻面。在解理刻面内部只从一个解理面发生解理破坏实际上是很少的。在多数情况下，裂纹要跨越若干相互平行的而且位于不同高度的解理面，从而在同一刻面内部出现了解理台阶和河流花样。后者实际上是解理台阶的一种标志。

河流花样是判断是否为解理断裂的重要微观依据。河流的流向与裂纹扩展方向一致(见图 4-15)，所以可以根据河流流向确定在微观范围内解理裂纹的扩展方向，而按河流反方向去寻找断裂源。这种方法在分析裂纹源和断裂事故中经常被采用。值得注意的是，河流花样的汇聚现象实际上是在裂纹扩展过程中，为了降低表面能而自然形成的一种微观结构。

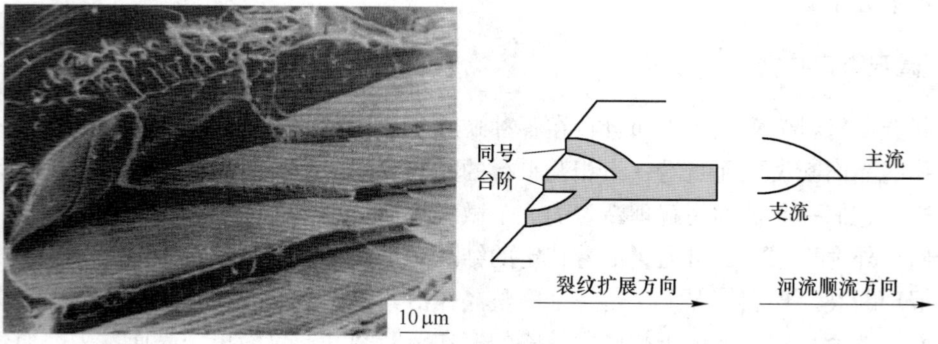

图 4-15 河流花样和裂纹走向关系

舌状花样也是解理断口上一种常见的微观特征，因其形态似舌头而得名（见图 4-16）。舌状花样是解理裂纹沿孪晶界扩展留下的凹坑和凸台。

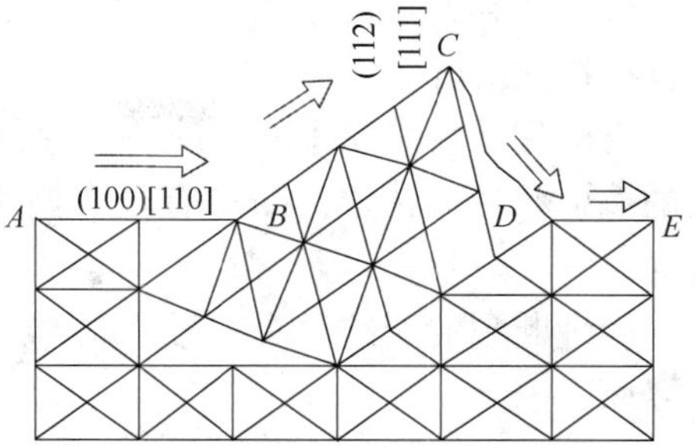

图 4-16　舌状花样形成过程示意图

在低温条件下对低碳钢进行拉伸或冲击时，断口上常常可以观察到一种独特的舌状花样。经过研究，这些“舌头”实际上是由孪晶在断口上显露出来的部分。裂纹在高速扩展过程中，当解理裂纹遇到孪晶与基体的交界面时，裂纹的走向会发生变化，形成这些独特的舌状结构。

为了更直观地理解这一过程，可以参考图 4-16。图中，平行于纸面的晶面为（110）。当解理主裂纹在（100）面上沿着［110］方向从 *A* 扩展到 *B* 时，它会遇到孪晶（体心立方孪晶通常在（112）面上形成，孪生方向为［111］）。由于孪晶的存在，主裂纹无法继续直线扩展，而是会形成一个二次裂纹。这个二次裂纹会沿着孪晶面和（110）面的交线［111］，即孪生方向进行扩展。与此同时，主裂纹会绕过孪晶（在纸面以外的方向）扩展到 *D*，并继续沿 *DE* 方向扩展。当二次裂纹沿着孪晶面（112）［111］方向从 *B* 扩展到 *C* 时，由于形变增大，主裂纹与二次裂纹之间会在 *CD* 处断开。这时，整个裂纹又回到（100）面上继续扩展，形成了一个解理舌。这一过程解释了为什么“舌”的倾角是一个特定的值（在这里是 35°16′），这一结论也通过实验得到了验证。

4.2.4　准解理断裂

准解理断裂在宏观上通常都表现为脆性断裂。有人认为准解理断裂属于解理断裂范畴，但也有人认为它是一种独立的断裂形式。实际上就断裂机制来说，准解理并不是独立的，它是解理断裂机制和已经讨论过的微孔聚合这两种机制的混合。这种断裂的形貌是由解理台阶逐渐过渡到撕裂棱，断裂面由平直的解理而逐步过渡到准解理这种断裂形式，常见于淬火回火钢中，金相断口分析表明，除了可看到大多呈辐射状的河流花样位于断裂小平面内之外，还可看到许多撕裂棱分布在小平面内和小平面之间，有人将分布于断裂小平面之间较粗的那些连接称为撕裂线。断裂小平面不像退火或正火态的低碳钢那样容易确定，因为它像解理又不完全像解理。准解理的名词即由此而来。现已查明准解理的断裂面仍为（100）。图 4-17 说明了准解理断裂的过程，两侧的解理裂纹扩展相遇，形成撕裂棱。

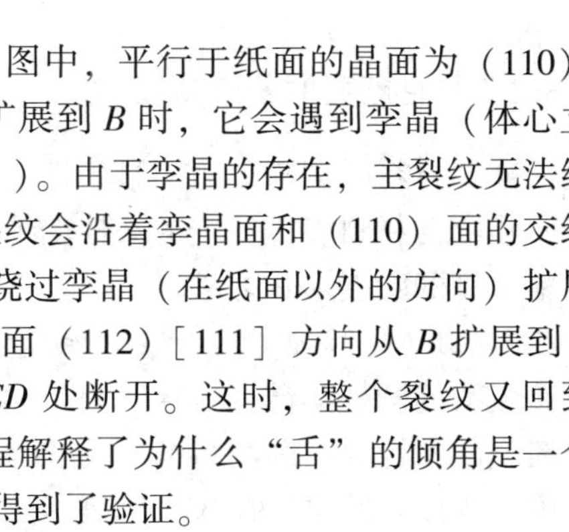
图 4-17　准解理断裂示意图

尽管如此，准解理与解理有两点主要的不同：

（1）准解理断裂是起始于断裂小平面的内部，这些小的裂纹逐渐长大，被撕裂棱连接起来。而解理裂纹则起始于断裂的一侧，向另一侧延伸扩展，直至断裂。

（2）准解理是通过解理台阶和撕裂棱把解理和微孔聚合这两种机制掺和在一起，二者没有截然的分界。

准解理断裂是解理断裂的一个变种，裂纹起点通常是晶粒内的硬质点，形成从质点出发的放射状河流花样，断口有很多撕裂棱。但与解理断裂一样，都是穿晶断裂，有小解理面。

解理断裂的裂纹源头一般是晶界，准解理断裂的裂纹源头一般是晶内的硬质质点或者相界面。

4.3 微孔聚集型断裂

4.3.1 韧性断裂的普遍特征

金属材料断裂前产生明显塑性变形，断口呈灰暗的纤维状形貌。由于载荷超过材料的屈服强度，材料发生一定的塑性变形之后发生的断裂，所以也称为延迟断裂。是多数金属材料常见的断裂形式之一。

4.3.1.1 拉伸作用力下韧性断裂

光滑的圆柱体试样拉伸时断口形貌基本上具有纤维区、放射区和剪切唇三个部分。这是典型的塑性材料断裂特征（见图 4-1）。各个区域的大小表征试样或材料的塑性程度或者脆性程度：纤维区比较大则表示试样塑性比较好；放射线变细而放射区比较大表示试样脆性比较大。剪切唇的大小则与试样形状、尺寸有关。这样的断口也称为锥杯状断口。这是由于断开的两侧一侧呈锥状、另一侧呈杯状。裂纹开始在金属内部形成。随着外加载荷不断增加，裂纹逐步向四周发展，这种裂纹缓慢扩大阶段属于裂纹的稳定扩展阶段。裂纹连接起来的截面积达到比较大的时候，裂纹会快速扩展，形成放射区，这样裂纹面积足够大，以致剩余连接截面积变得比较小的时候，实际应力特别大的同时应力状态发生变化(变为平面应力状态)，使剩余金属之间发生剪切分离而形成剪切唇。

4.3.1.2 断裂过程

当变形进行到一定程度时金属发生颈缩而出现不均匀变形，这样在颈缩区域的实际应力会远大于试样承受的名义应力，并且在颈缩区域会形成多向应力状态（见图 4-2（a）)，这样应力集中区域优先形成一些微裂纹（见图 4-2（b）)。裂纹的萌生可以起源于剧烈变形的滑移带内（有大量位错塞积)、晶界、亚晶界和取向不利于解理的晶簇内或其他范性流变不连续处，也可以起源于夹杂物或第二相粒子所在处。后者是因为在外力作用下，夹杂或第二相粒子与基体的界面处由于弹塑性性质的不同，或因结合力低而脱开，或因质点本身的解理而脱开，萌生成为微裂纹。在断裂表面上观察发现许多微小的孔洞，圆形或者扁圆形的一系列孔洞，底部光滑（有时候发现与微孔大小对应的第二相颗粒)。这些孔洞之间的连接过程被称作微孔聚集（所以这种断裂也称为微孔聚集型断裂)。断口上这些微孔被我们称作韧窝。这个过程就是裂纹形核。

应力继续增加，一部分微裂纹之间相互连接——形成韧窝并彼此之间相互连接（见图 4-2（c）)，形成纤维区。这样的微裂纹连接过程在圆柱体试样（表面光滑）拉伸时总是在试样的中心形成。这是断裂第二阶段——裂纹的扩展。在微裂纹形成并连接过程中，由于产生比较大的（局部）塑性变形，消耗大量的变形功，裂纹扩展速度通常比较慢，所以这样的断裂也称为延迟断裂。

纤维区扩展达到一定大小之后，试样剩余截面积上的实际载荷远远超过材料的抗拉强度，试样失稳而裂纹迅速扩展，形成放射区和剪切唇。放射线平行于裂纹扩展方向而垂直于裂纹前端的轮廓线，并逆向指向裂纹源头。这是断裂的第三阶段——断裂。放射区和剪切唇区虽然形貌不同，都是裂纹迅速扩展时形成的。它们的形貌之所以不同是由于裂纹扩展到一定程度时试样剩余截面积上沿与外力成45°角的方向滑移分切应力达到最大，形成滑移脱离（见图4-2（d））或剪切分离（见图4-2（e））。

4.3.2 微孔的成核和长大

剪切断裂有两类，一类为纯剪切断裂，另一类为微孔聚集型剪切断裂。如果说脆性断裂的断裂机制主要是解理断裂、准解理断裂，在断口上其微观特征主要表现为河流花样；那么韧性断裂的断裂机制就主要是微孔聚集型断裂，在断口上其微观特征就主要表现为韧窝。

在室温条件下对退火低碳钢试样进行拉伸时，形成的杯锥状断口是典型的韧性断口。断口的纤维区的形成过程与微孔聚集型断裂机制紧密相连。为了深入理解这一宏观现象的微观机制，需要深入探讨微孔聚集型断裂的过程。

微孔聚集型断裂过程包括微孔成核、长大、聚集，直至断裂。微孔是通过第二相（或夹杂物）质点本身破裂，或第二相（或夹杂物）与基体界面脱离而成核的，它们是金属材料在断裂前塑性变形进行到一定程度时产生的。在第二相质点处微孔成核的原因是：位错引起的应力集中；或在高应变条件下因第二相与基体塑性变形不协调而产生分离。

微孔成核长大位错模型如图4-18所示。位错线运动遇到第二相质点时，往往按绕过机制在其周围形成位错环（见图4-18（a）），这些位错环在外加应力作用下于第二相质点处堆积起来（见图4-18（b））。当位错环移向质点与基体界面时，界面立即沿滑移面分离而形成微孔（见图4-18（c））。由于微孔成核，后面的位错所受排斥力大大下降而被迅速推向微孔，并使位错源重新被激活起来，不断放出新位错。新的位错连续进入微孔，遂使微孔长大（见图4-18（d））。从前面分析可见，微孔的形成是由于第二相质点碎裂或第二相质点与基体之间发生界面剥离而成核的。

微孔长大的同时，几个相邻微孔之间的基体横截面积不断减小。因此，基体被微孔分割成无数个小单元，每一小单元可看成一个小拉伸试样。它们在外力作用下，可能借塑性流变方式产生颈缩（内颈缩）而断裂（见图4-19），使微孔连接（聚合）形成微裂纹。随后，因在裂纹尖端附近存在三向拉应力区和集中塑性变形区，在该区又形成新的微孔。新的微孔借内颈缩与裂纹连通，使裂纹向前推进一定长度，如此不断进行下去直至最终断裂。

总结来说，微孔的成核和长大过程涉及多个关键步骤。成核过程：位错在界面处塞集、界面分离、微孔成核。长大聚集过程：相邻的微孔通过它们之间局部材料的内颈缩、断裂，连接成微裂纹，微裂纹再与附近的微孔连接，裂纹就向前不断扩展，直到断裂。

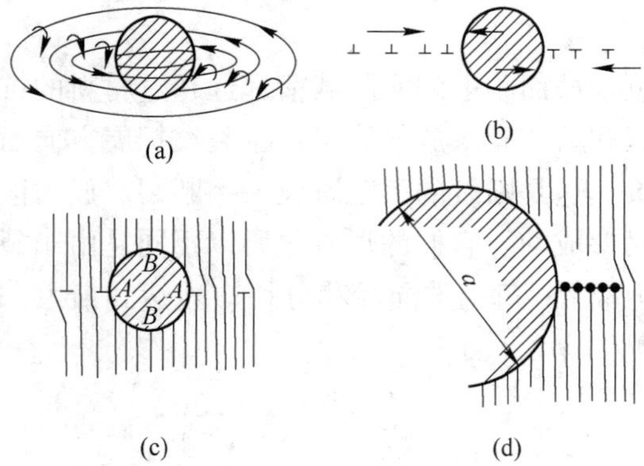

图 4-18 微孔形核长大模型
(a) 形成位错环；(b) 位错堆积；
(c) 形成微孔；(d) 微孔长大

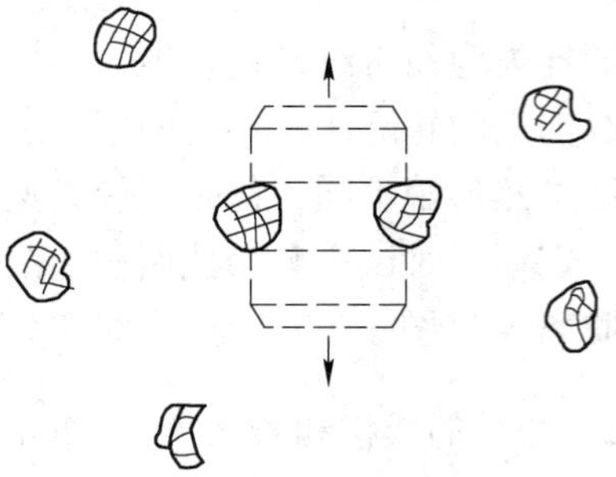

图 4-19 微孔扩大

古兰德（J. Gurland）和普拉特奥（J. Plateau）指出，微孔聚集韧性断裂裂纹形成所需的拉应力与第二相质点尺寸的平方根成反比关系。试验证明，对于某些高强度淬火回火钢和球化的碳钢，在碳化物形状一定时，其抗拉强度与碳化物大小之间也有类似关系。这说明，微孔形成是这类材料韧性断裂的控制阶段，并且赋予了抗拉强度新的物理概念，即抗拉强度相当于微孔开始形成时的应力。

最后必须指出的是，在韧性断裂的断口上，通常总可以看到韧窝。但是，断口上有韧窝并不一定代表韧性断裂。这是因为韧窝的存在，只说明材料在局部微小区域内曾发生过强烈的剪切变形。此变形只限于断裂路径穿过的一个很小的体积范围内，即断口两侧的微观区域范围内。至于在宏观范围内材料是否有很大的塑性，并不能由此来决定。例如，某些高强度材料在满足平面应变条件下裂纹做快速的不稳定低能量扩展，此时就整个构件而言，并未发生过普遍屈服，所以破坏是脆性的。但是在断口两侧的微观区域内却发生过很大的剪切变形，这种断裂是微孔聚合型的低能量撕裂，宏观上看是脆性断口，但在电子显微镜下看却是很浅的韧窝。

4.3.3 微观断口特征

微孔聚集型断裂的微观断口基本特征：存在大量大小不等的圆形或椭圆形韧窝。韧窝的密度与第二相质点的尺寸和密度有关（钢材的清洁程度）；韧窝的大小（深度和直径）与基体材料的塑性和应变硬化指数，以及外加应力大小和状态有关。

韧窝形状视应力状态不同而异，有下列三类：等轴韧窝、拉长韧窝和撕裂韧窝（见图 4-20）。

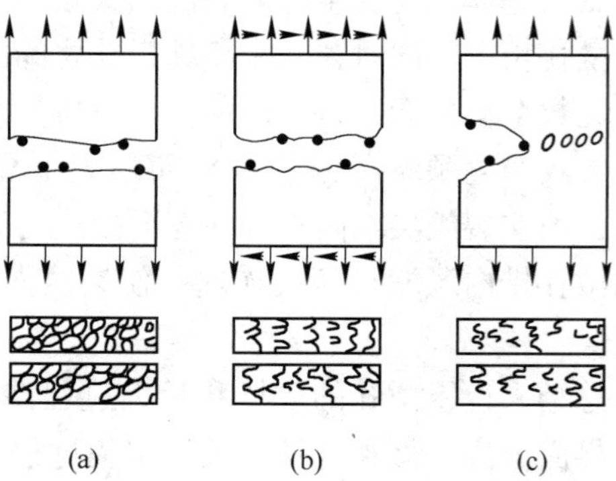

图 4-20 三种应力状态下的韧窝形态
(a) 等轴韧窝；(b) 拉长韧窝；(c) 撕裂韧窝

韧窝的大小（直径和深度）取决于第

二相质点的大小和密度、基体材料的塑性变形能力和应变硬化指数，以及外加应力的大小和状态等。第二相质点密度增大或其间距减小，则微孔尺寸减小。金属材料的塑性变形能力及其应变硬化指数大小直接影响着已长成一定尺寸的微孔的连接、聚合方式。应变硬化指数值越大的材料，越难以发生内颈缩，故微孔尺寸变小。应力大小和状态的改变，实际上是通过影响材料塑性变形能力而间接影响韧窝深度。在高静水压力之中，内颈缩易于产生，故韧窝深度增加；相反，在多向拉伸应力下或在缺口根部，韧窝则较浅。

必须指出，微孔聚集型断裂一定有韧窝存在，但在微观形态上出现韧窝，其宏观上不一定就是韧性断裂。因为如前所述，宏观上为脆性断裂，在局部区域内也可能有塑性变形，从而显示出韧窝形态。

4.4 断裂强度理论

4.4.1 理论断裂强度

决定材料强度的最基本因素是原子间结合力，结合力越大，强度和熔点越高。

理论断裂强度就是在拉伸应力的情况下，将两个原子面（晶面）拉断所需要的应力(原子间最大结合力)。如果是在切应力情况下，得到的应力为理论切变强度。

对于理想晶体的脆性断裂（即只有弹性变形阶段），可以通过理论推导得到理论断裂强度 σ_T（见图4-21)：设晶体为简单立方结构，晶体中的原子呈周期性排列，水平方向和垂直原子间距 a，晶体受到剪切应力作用。

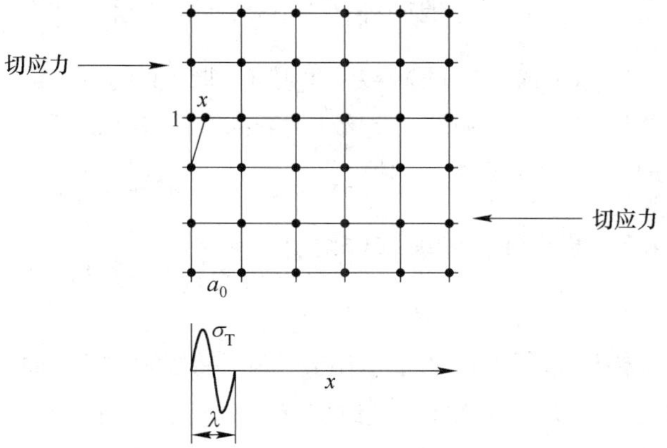

图 4-21 晶体点阵模型和应力周期场示意图

设材料中原子之间刚性结合，那么规则排列的原子就位于周期点阵之中。每一个原子都受到周期作用力。假设这个周期作用力是遵循正弦波动规律。图 4-21 中 1 号原子在切应力作用下沿 x 方向有一个小位移 x，则原子在不同位置时所受到的力可以表示为：

$$\sigma = \sigma_T \sin \frac{2\pi x}{\lambda} \tag{4-10}$$

对于很小的位移，式（4-10）变为

$$\sigma = \sigma_T \frac{2\pi x}{\lambda} \tag{4-11}$$

对于这种情况我们还可以分析为，x 方向的位移为 x 时产生的应变 $\varepsilon = \dfrac{x}{a_0}$，进而根据 Hook 定律马上可以写出应力分量

$$\sigma = E\varepsilon = E\frac{x}{a_0} \tag{4-12}$$

根据式（4-11）得到

$$\lambda = \frac{2\pi\sigma_T a_0}{E} \tag{4-13}$$

另外对于正弦曲线，我们分析得到，当 $x = \frac{\lambda}{4}$ 时应力达到峰值。所以根据弹性理论，将表面能表示为

$$2\gamma = \int_0^{\frac{\lambda}{2}} \sigma_T \sin\left(\frac{2\pi x}{\lambda}\right) dx = \frac{\lambda\sigma_T}{\pi} \tag{4-14}$$

代入式（4-13）得

$$\sigma_T = \left(\frac{E\gamma}{a_0}\right)^{\frac{1}{2}} \tag{4-15}$$

式中，E 为杨氏模量；γ 为裂纹面上单位面积的表面能；a_0为晶面间距。

解理面的表面能越小，则 σ_T越小，越容易出现解理断裂。

对于铁，$\gamma \approx 2\ \mathrm{J/m^2}$，$a_0 = 2.5\times10^{-10}\ \mathrm{m}$，$E = 2\times10^{11}\ \mathrm{N/m^2}$；估算得到 $\sigma_T \approx 4\times10^{10}\ \mathrm{N/m^2} \approx \frac{E}{5}$。对一般固体而言，$\sigma_T$ 理论断裂强度为弹性模量的十分之一到四分之一范围。

实际金属材料的断裂强度只有理论值的 0.1%～10%，其根本原因就是金属材料中存在各种缺陷，如位错和裂纹。格里菲斯 Griffith 假定金属中存在原始裂纹，提出了缺口强度理论，解释了这个问题。

4.4.2 断裂强度的裂纹理论

4.4.2.1 裂纹理论内容

格里菲斯理论的基本出发点就是认为材料中原来就存在裂纹，由于裂纹存在将引起应力集中（见图 4-22），裂纹尖端处的应力将比平均应力高得多，当此处正应力达到理论强度值时，裂纹将迅速扩张而断裂，因此断裂时的平均应力远小于理论强度值。

裂纹的扩展是受能量条件所支配的。从热力学观点来看，凡是使能量降低的过程都将自发进行，凡使能量升高的过程必将停止，除非外界提供能量。

Griffth 从能量平衡的角度计算了裂纹自动扩张时的应力值，即带裂纹体的强度。当裂纹扩展时由于析出新的表面，需要提供额外的能量形成新表面的能量，同时裂纹扩展，会使一部分原来连接的部分分开，释放一部分弹性能量，使体系的能量下降，这二者达到平衡的状态便是裂纹将要扩展的临界状态。

设：厚度为一个单位的无限大板受到纵向均匀拉伸作用力 σ，其中心形成长度为 $2c$ 的裂纹时形成的表面积数值是 $4c$，如果每单位表面积的表面能是 γ，则需要的表面能是 $U_1 = 4c\gamma$；同时由于 $2c$ 长度区域失去了连接，内部储存的弹性能将会释放，那么多大的区域释放弹性能呢？Griffth 假设短轴为 $2c$，长轴为 $4c$ 的一个椭圆区域释放了弹性能（见图 4-23）。

椭圆的面积 $\pi ab = \pi c \cdot 2c$ ，释放的弹性能 $U_2 = -\dfrac{\sigma^2}{2E}2\pi c^2$。

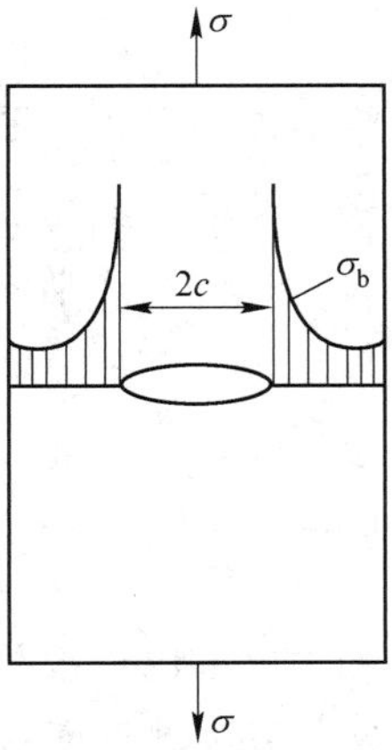

图 4-22　裂纹尖端应力集中情况

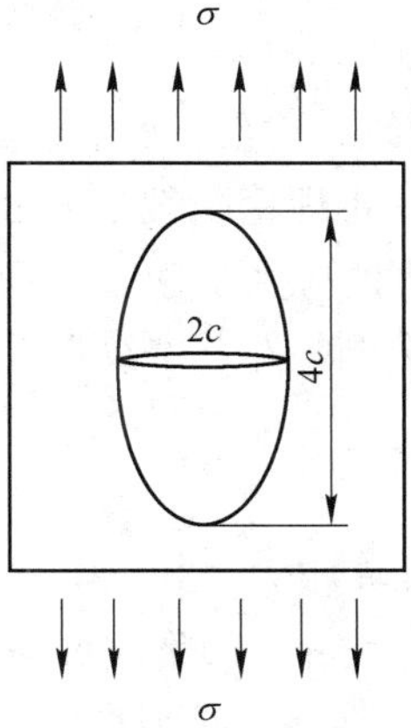

图 4-23　弹性能释放的椭圆区域

这个时候无限大板的能量变化就可以表示为：

$$W = U_1 + U_2 = 4c\gamma - \frac{\sigma^2}{2E}2\pi c^2 \tag{4-16}$$

把这个方程做成曲线，如图 4-24 所示。

如图 4-24 所示，曲线 2 表示释放的弹性应变能，是负值；曲线 1 表示增加的裂纹表面能是正值；曲线 3 表示总的能量变化，是弹性能与表面能的代数和。由图 4-24 可见，当裂纹尺寸小于 2c 时，裂纹扩展时表面能 w 随裂纹长度 c 的增加而快速增加，弹性能 U_2 的释放却变化较小。由于阻力大于动力，裂纹不能自动扩展；当裂纹尺寸大于 2c 时，释放的弹性应变能开始快速增加，致使裂纹增大时，总的能量变化开始降低，因而裂纹将会自动扩展。

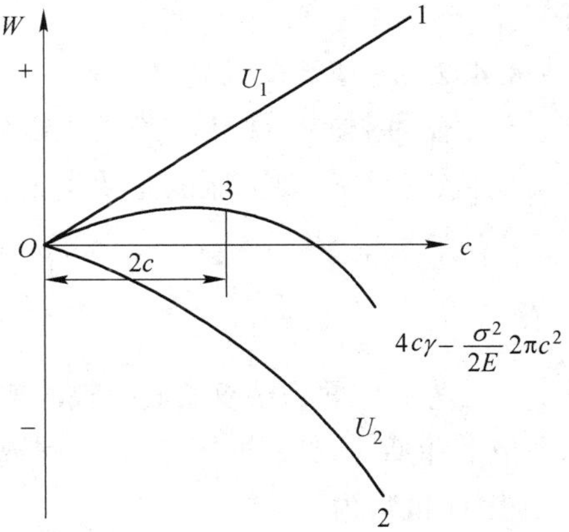

图 4-24　受力板中因裂纹能量变化情况

4.4.2.2　脆性断裂判据

根据前面假设，我们已经得到了形成长度为 c 的裂纹时体系能量变化。弹性应变能和表面能的变化之和（符号负，表示能量减少）为：

$$W = U_1 + U_2 = 4c\gamma - \frac{\sigma^2}{2E}2\pi c^2$$

由图 4-24 可知，当裂纹达到临界长度 2c 时，总能量的变化达到极大值，所以求极值，对 c 求偏导数：

$$\frac{\partial}{\partial c}(U_1 + U_2) = \frac{\partial}{\partial c}\left(4c\gamma - \frac{\sigma^2\pi c^2}{E}\right) = 0$$

从而求得

$$\sigma_{c}=\left(\frac{2E\gamma}{\pi c}\right)^{\frac{1}{2}} \tag{4-17}$$

式中，c 为裂纹长度的一半；σ_{c}为裂纹扩展的临界应力，即断裂强度。式（4-17）称为格雷菲斯公式（将理论断裂强度公式中 a_0以 $\pi c/2$ 代替即变成格雷菲斯公式!）。

如果外界的应力小于 σ_{c}，则裂纹在使用过程中逐渐长大，达到一个临界长度 a_{c}时，满足上式的临界条件，裂纹自动扩展并导致断裂发生。

$$c=\frac{2E\gamma}{\pi\sigma^{2}} \tag{4-18}$$

式中，σ 为外界应力。式（4-18）可计算临界裂纹尺寸。

具有临界尺寸 c 的裂纹称为格雷菲斯裂纹。式（4-17）和式（4-18）都是脆性断裂的断裂（力学）判据。必须指出，格雷菲斯对长为 $2c$ 的中心穿透裂纹计算所得的断裂应力公式，对长为 c 的表面半椭圆裂纹也是适用的，对于后一种裂纹，式中的 c 就是裂纹长度。

该断裂判据适用范围为脆性固体材料，如玻璃、陶瓷、金刚石、超高强度钢等，即裂纹尖端塑性变形可以忽略的材料。

对于工程金属材料，如钢等，裂纹尖端会产生一定的塑性变形，要消耗塑性变形功，其值远比表面能大（至少相差 1000 倍）。为了能应用格雷菲斯公式需要对其进行修正。

4.4.2.3 塑性断裂判据

对于塑性材料，由于在裂纹尖端处产生较大塑性变形，吸收大量的变形功，这部分变形功是裂纹扩展需要克服的主要阻力，所以格雷菲斯公式修正为：

$$\sigma_{c}=\left[\frac{E(2\gamma_{s}+\gamma_{p})}{\pi c}\right]^{\frac{1}{2}} \tag{4-19}$$

式中，γ_{p}为单位面积裂纹表面吸收的塑性变形功；$(2\gamma_{s}+\gamma_{p})$ 称为有效表面能。式（4-19）称为格雷菲斯-奥罗万-欧文公式，是塑性金属材料的断裂判据。一般 $(2\gamma_{s}+\gamma_{p})$ 远大于 $2\gamma_{s}$，因此也写为：

$$\sigma_{c}=\left(\frac{E\gamma_{p}}{\pi c}\right)^{\frac{1}{2}} \tag{4-20}$$

格雷菲斯理论的前提是承认实际金属材料中已经存在裂纹，不涉及裂纹的来源问题。裂纹可能是原材料在冶炼中，或工件在铸、锻、焊、热处理等加工过程中产生的；也可能是材料在受载过程中因塑性变形诱发而产生的（位错塞积和位错反应理论）。无论何种来源的裂纹，其扩展的力学条件是一致的，这可从表 4-3 中看出来。当裂纹扩展到 Griffith 裂纹长度时，就会发生断裂。为了比较起见，表 4-3 中还列出了理论断裂强度的表达式，表中格雷菲斯公式或格雷菲斯-奥罗万-欧文公式适用于两种来源的裂纹，位错理论公式则适用于塑性变形诱发的裂纹。

表 4-3 裂纹扩展力学条件比较

模型	裂纹扩展力学条件表达式	备注
理想晶体解理	$\sigma_T = \left(\frac{E\gamma}{a_0}\right)^{\frac{1}{2}}$	
格雷菲斯理论	$\sigma_c = \left(\frac{2E\gamma}{\pi c}\right)^{\frac{1}{2}}$ $\sigma_c = \left[\frac{E(2\gamma_s + \gamma_p)}{\pi c}\right]^{\frac{1}{2}}$	格雷菲斯公式 格雷菲斯-奥罗万-欧文公式
位错塞积或位错反应理论	$\sigma_c = \frac{2G\gamma_s}{K_y\sqrt{d}}$	

这里说的材料的断裂判据，是基于能量原理的表达式。基于材料是均匀的、各向同性的、受力均匀的假设。对于材料内部发生的塑性变形（尤其是裂纹尖端的塑性变形）、应力释放等问题，要经过断裂韧性（第5章）、冲击作用（第6章）和疲劳（第7章）内容之后才能真正加以综合评定。

4.4.3 断裂理论的意义

由上所述，$\sigma_c = \frac{2G\gamma_s}{K_y\sqrt{d}}$ 是金属材料屈服时产生解理断裂的判据。既然是在屈服时产生的解理断裂，则 $\sigma_c = \sigma_s$，而 σ_s 和晶粒大小之间又存在霍尔-派奇关系，$\sigma_s = \sigma_i + K_y d^{-\frac{1}{2}}$，因此可以得到

$$\sigma_i + K_y d^{-\frac{1}{2}} = \frac{2G\gamma_s}{K_y d^{\frac{1}{2}}} \tag{4-21}$$

或

$$(\sigma_i d^{\frac{1}{2}} + K_y) K_y = 2G\gamma_s \tag{4-22}$$

式（4-22）显然也是屈服时产生解理断裂的判据。若等式左边项小于右边项，则裂纹虽能形成但不能扩展，此即存在非发展裂纹的情况；反之，若等式左边项大于右边项，则裂纹形成后就能自动扩展。

如果考虑到应力状态对断裂的影响，式（4-22）可写成

$$(\sigma_i d^{\frac{1}{2}} + K_y) K_y = 2G\gamma_s q \tag{4-23}$$

式中，q 为应力状态系数。

由式（4-23）可知，为了降低金属材料脆断倾向，应采用下述措施：提高 G、γ_s 及 q；降低 σ_i、d 与 K_y。在这六个参量中，q 是外界条件（试验条件或服役条件），其他五个参量都与材料本质有关。如果考虑到位错在晶体中运动所受的摩擦阻力 σ_i 有一部分与温度有关，则式（4-23）实际上反映了内、外因素对金属材料韧脆性的影响，它们的变化必然会导致材料韧脆行为的转化。

G 为材料切变模量，不同的金属材料具有不同的 G 值。材料的 G 值越高，则脆断强度也越高。热处理、合金化或冷热变形对 G 值影响很小，故现在常用的强化方法很难通过改变 G 而使金属材料韧化。

金属材料的 γ_s 实际上由表面能和塑性变形功两部分构成，即为有效表面能，其中主要是塑性变形功。塑性变形功大小与材料的有效滑移系数目及裂纹尖端附近可动位错数目有关。这显然主要取决于材料本身，如 bcc 金属虽然有效滑移系数目多，但因位错受杂质原子钉扎，故可动位错数目少，易于脆性断裂；fcc 金属的有效滑移系和可动位错数目都比较多，易于塑性变形而不易于产生脆性断裂。某些环境因素如腐蚀介质侵入会降低表面能，使材料变脆。

q 为表示应力状态的系数，其值等于滑移面上切应力与正应力之比，故含义与本书第 2 章介绍的应力状态软性系数 α 相近，但彼此数值上不等。切应力是位错运动的推动力，同时它也决定了在障碍前位错塞积的数目，因此对塑性变形和裂纹的形成及扩展过程都有作用；正应力影响裂纹的扩展过程，拉应力促进裂纹的扩展。因而，任何减小切应力与正应力比值的应力状态都将增加金属材料的脆性。如单向拉伸时，$q\approx1$；扭转时，$q\approx2$；三向拉伸时，$q=1/3$。故同一材料在拉伸时比在扭转时易显示其脆性。

晶粒大小反映滑移距离的大小，因而影响在障碍前位错塞积的数目。细化晶粒，裂纹不易形成，并且裂纹形成后也不易扩展，因为裂纹扩展时要多次改变方向，将消耗更多能量。因此，具有细晶粒组织的金属材料，其抗脆断性能优于具有粗晶粒组织的金属材料。

σ_i 与 τ_{p-n} 及位错运动所遇到的障碍有关。高的 σ_i 值易导致脆性断裂，因为材料屈服前能达到的应力值必定较大。我们知道，位错运动速度随应力提高而增加，因此，在 σ_i 较高时，位错加速运动，解理裂纹形核的机会也就随之增加。若因 σ_i 较高而使应力达到 σ_c，则裂纹必将快速扩展。

bcc 金属具有低温脆性现象，其原因之一就是 σ_i 随温度降低急剧升高。但 bcc 金属低温脆性还和形变方式有关。在低温下，孪生是塑性变形的主要方式。孪晶彼此相交或孪晶与晶界相交处常常是解理裂纹形核的地方，因而在相同条件下，裂纹好像是在具有孪晶组织的金属中进行，加之因温度较低，裂纹前沿地区难以进行塑性变形。这些都有利于裂纹扩展而显示较大脆性。

K_y 为钉扎常数，位错被钉扎越强，K_y 越大，越易出现脆性断裂。

合金元素对钢的韧脆性的影响比较复杂。凡加入合金元素引起单系滑移或孪生的、产生位错钉扎而增加 K_y 及减小表面能的都增大脆性。若在合金中形成粗大的第二相，也使脆性增大。但若合金元素使晶粒细化，获得弥散状态的第二相，则必将提高材料的韧性。

以上我们根据裂纹扩展的临界力学条件定性地讨论了影响金属材料韧性、脆性的内因和外因，指明了韧化金属材料的方向，同时也表明，所谓金属材料的脆性和韧性是金属材料在不同条件下表现的力学行为或力学状态，两者是相对的并可以互相转化。在一定条件下，金属材料表现为脆性还是韧性取决于裂纹扩展过程。如果裂纹（已存裂纹或塑性变形诱发的裂纹）扩展时，其前沿地区能产生显著塑性变形或受某种障碍所阻，使断裂判据中表面能项增大，则裂纹扩展便会停止下来，材料遂显示为韧性的；反之，若在裂纹扩展中始终能满足脆性断裂判据的要求，则材料便显示为脆性的。

思 考 题

4-1 试述韧性断裂与脆性断裂的区别。为什么脆性断裂最危险？

4-2 剪切断裂与解理断裂都是穿晶断裂，为什么断裂性质完全不同？

4-3 在什么条件下易出现沿晶断裂？怎样才能减小沿晶断裂倾向？

4-4 何谓拉伸断口三要素？影响宏观拉伸断口性态的因素有哪些？

4-5 板材宏观脆性断口的主要特征是什么？如何寻找断裂源？

4-6 试证明，滑移面相交产生微裂纹的柯垂耳机理对 fcc 金属而言在能量上是不利的。

4-7 通常纯铁的 $\gamma_s = 2\ J/m^2$，$E = 2\times10^5$ MPa，$d_0 = 2.5\times10^{-10}$ m，试求其理论断裂强度 σ_T。（$\sigma_T = 4\times10^4$ MPa）

4-8 论述格雷菲斯裂纹理论分析问题的思路，推导格雷菲斯方程，并指出该理论的局限性。

4-9 若一薄板物体内部存在一条长 3 mm 的裂纹，且 $a_0 = 3\times10^{-8}$ cm，试求脆性断裂时的断裂应力。（设 $\sigma_T = 0.1E = 2\times10^5$ MPa）（ $\sigma_c = 504$ MPa）

4-10 裂纹扩展受哪些因素支配？

4-11 试分析能量断裂判据与应力断裂判据之间的联系。

4-12 由哪些因素决定韧性断口的宏观形貌？

5 金属的断裂韧度

断裂是机件（包括构件）的一种最危险失效形式，尤其是脆性断裂，极易造成安全事故和经济损失。为了防止断裂失效，传统的力学强度理论是根据材料的屈服强度，用强度储备方法确定机件工作应力，即：$\sigma \leqslant \frac{\sigma_{0.2}}{n}$，式中$\sigma$为工作应力，$n$为安全系数。然后再考虑到机件的一些结构特点（存在缺口等）及环境温度的影响，根据材料使用经验，对塑性（δ、ϕ）、韧度（A_{KU}、A_{KV}、t_k）及缺口敏感度（NSR）等安全性指标提出附加要求，据此设计的机件，按理不会发生塑性变形和断裂，是安全可靠的。但是，实际情况并非总是这样，对于高强度、超高强度钢制成的机件，以及中低强度钢制成的大型、重型机件（如火箭壳体、大型转子、船舶、桥梁、压力容器等）而言，它们却经常出现在屈服应力以下发生低应力脆性断裂的现象。

大量断裂事例分析表明，上述机件的低应力脆断是由宏观裂纹（工艺裂纹或使用裂纹）扩展引起的。例如，1950 年，美国北极星导弹固体燃料发动机壳体在试发射时就发生了爆炸。壳体材料是超高强度钢 D6AC，屈服强度为 1400 MPa，常规性能都符合设计要求，事后检查发现，壳体破坏是由一个深度为 0.1~1 mm 的裂纹引起的。由于裂纹破坏了材料的均匀连续性，改变了材料内部应力状态和应力分布，所以机件的结构性能就不再类似于无裂纹的试样性能，传统力学强度理论已不再适用。因此，需要研究新的强度理论和新的材料性能评定指标，以解决低应力脆断问题。

断裂力学正是在这种背景下发展起来的一门新型断裂强度科学。它是在承认机件存在宏观裂纹的前提下，建立了裂纹扩展的各种新的力学参量，并提出了含裂纹体的断裂判据和材料断裂韧度。可以说，断裂力学就是研究带裂纹体的力学，具有重大科学意义和工程价值。事故原因分析表明，金属的断裂是由宏观裂纹（工艺裂纹或使用裂纹）扩展引起的，如焊接接点和疲劳裂纹等。这些裂纹的生成是不可避免的。

由于存在裂纹和缺陷，破坏了材料的均匀连续性，改变了材料内部的应力状态和应力分布，所以传统的力学强度理论不再适用，需要发展出新的强度理论和新的材料性能评价指标，这就形成了专门研究裂纹体的力学——断裂力学。

断裂力学的研究内容包括以下方面：

（1）裂纹尖端的应力和应变；

（2）建立新的断裂判据；

（3）断裂力学参数的计算和测定；

（4）提高材料强度和韧性的途径（强韧化）。

本章将从材料角度出发，在简要介绍断裂力学基本原理的基础上，着重讨论线弹性条件下金属断裂韧度的意义、测试原理和影响因素。

5.1 线弹性条件下的金属断裂韧度

大量断口分析表明，金属机件（或构件）的低应力脆断断口没有宏观塑性变形痕迹。由此可以认为，裂纹在断裂扩展时，其尖端总是处于弹性状态，应力和应变应该呈线性关系。因此，在研究低应力脆断的裂纹扩展问题时，可以应用弹性力学理论，从而构成了线弹性断裂力学。线弹性断裂力学分析裂纹体断裂问题有两种方法：一种是应力应变分析方法，考虑裂纹尖端附近的应力场强度，得到相应的断裂 K 判据；另一种是能量分析方法，考虑裂纹扩展时系统能量的变化，建立能量转化平衡方程，得到相应的断裂 G 判据。从这两种分析方法中，分别得到断裂韧度 K_{IC} 和 G_{IC}，其中 K_{IC} 是最常用的断裂韧性指标，是本章重点讨论的内容。

5.1.1 裂纹扩展的基本形式

由于裂纹尖端附近的应力场强度与裂纹扩展类型有关，所以，首先讨论裂纹扩展的基本形式。

含裂纹的金属机件（或构件），根据外加应力与裂纹扩展面的取向关系，裂纹扩展有三种基本形式，如图 5-1 所示。

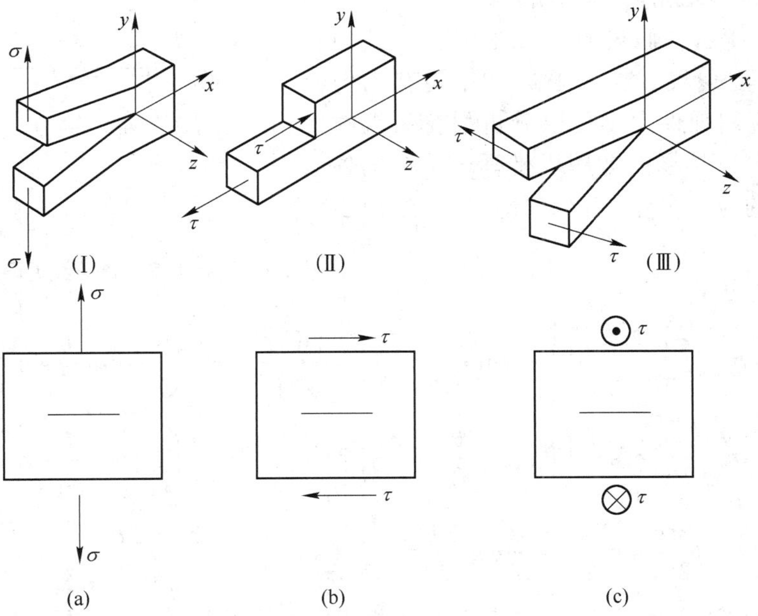

图 5-1 裂纹扩展的基本形式

（a）张开型；（b）滑开型；（c）撕开型

（1）张开型（Ⅰ型）裂纹扩展。如图 5-1（a）所示，拉应力垂直作用于裂纹扩展面，裂纹沿作用力方向张开，沿裂纹面扩展。如轴的横向裂纹在轴向拉力或弯曲力作用下的扩展，容器纵向裂纹在内压力下的扩展。

（2）滑开型（Ⅱ型）裂纹扩展。如图 5-1（b）所示，切应力平行作用于裂纹面，而且与裂纹线垂直，裂纹沿裂纹面平行滑开扩展。如花键根部裂纹沿切向力的扩展。

（3）撕开型（Ⅲ型）裂纹扩展。如图 5-1（c）所示，切应力平行作用于裂纹面，而且与裂纹线平行，裂纹沿裂纹面撕开扩展。如轴的纵、横裂纹在扭矩作用下的扩展。

实际裂纹的扩展并不局限于这三种形式，往往是它们的组合，如Ⅰ-Ⅱ、Ⅰ-Ⅲ、Ⅱ-Ⅲ型复合形式。在这些不同的裂纹扩展形式中，以Ⅰ型裂纹扩展最为危险，容易引起脆性断裂。因此，在研究裂纹体的脆性断裂问题时，总是以这种裂纹为对象。

5.1.2 应力场强度因子 K_{I} 及断裂韧度 K_{IC}

前面分析缺口试样的拉伸和弯曲时曾指出：缺口根部会出现两向或三向拉应力，使应力状态变硬，增加材料的脆性。可以想象，对于Ⅰ型裂纹试样，在拉伸或弯曲时，其裂纹尖端更是处于复杂的应力状态，最典型的是平面应力和平面应变两种应力状态。前者出现在薄板中，后者则在厚板中出现。

5.1.2.1 裂纹尖端应力场

由于裂纹扩展是从其尖端开始向前进行的，所以应该分析裂纹尖端的应力、应变状态，建立裂纹扩展的力学条件。欧文（G. R. Irwin）等人对Ⅰ型裂纹尖端附近的应力应变进行了分析，建立了应力场、位移场的数学解析式。

如图 5-2 所示，假设有一无限大板，其中有 $2a$ 长的Ⅰ型裂纹，在无限远处作用有均匀拉应力 σ，应用弹性力学可以分析裂纹尖端附近的应力场、位移场。如用极坐标表示，则各点（r，θ）的应力分量、位移分量可以近似表达如下：

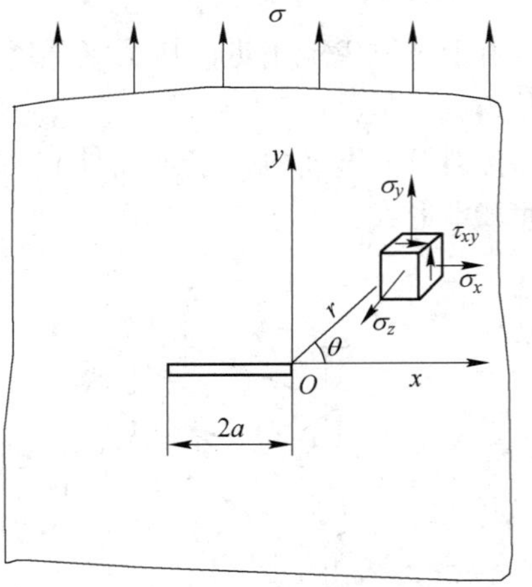

图 5-2 具有Ⅰ型穿透裂纹无限大板的应力分析

（1）应力分量。

$$\left.\begin{aligned}\sigma_x &= \sigma\sqrt{\frac{\pi a}{2\pi r}}\cos\frac{\theta}{2}\left(1-\sin\frac{\theta}{2}\sin\frac{3\theta}{2}\right)=\frac{K_{\mathrm{I}}}{\sqrt{2\pi r}}\cos\frac{\theta}{2}\left(1-\sin\frac{\theta}{2}\sin\frac{3\theta}{2}\right)\\ \sigma_y &= \sigma\sqrt{\frac{\pi a}{2\pi r}}\cos\frac{\theta}{2}\left(1+\sin\frac{\theta}{2}\sin\frac{3\theta}{2}\right)=\frac{K_{\mathrm{I}}}{\sqrt{2\pi r}}\cos\frac{\theta}{2}\left(1+\sin\frac{\theta}{2}\sin\frac{3\theta}{2}\right)\\ \tau_{xy} &= \sigma\sqrt{\frac{\pi a}{2\pi r}}\sin\frac{\theta}{2}\cos\frac{\theta}{2}\cos\frac{3\theta}{2}=\frac{K_{\mathrm{I}}}{\sqrt{2\pi r}}\sin\frac{\theta}{2}\cos\frac{\theta}{2}\cos\frac{3\theta}{2}\end{aligned}\right\}\qquad(5\text{-}1)$$

σ_z的大小取决于板材的厚度，对于薄板板内应力处于平面应力状态；对于厚板板内应力处于平面应变状态，即有：

$\sigma_z=0$　　平面应力

$\sigma_z=v(\sigma_x+\sigma_y)$　　平面应变

其中，各个应力分量中均有一个共同的因子 K_{I}（$K_{\mathrm{I}}=\sigma\sqrt{\pi a}$），称为应力场强度因子，后面将讨论它所表征的意义。

在裂纹延长线上有 $\theta=0$，利用方程组（5-1）可以计算出 $\tau_{xy}=0$，而$\sigma_x=\sigma_y=\frac{K_{\mathrm{I}}}{\sqrt{2\pi r}}$，达到最大值。即裂纹最容易沿 x 轴方向扩展。

（2）位移分量（平面应变状态）。

$$\left.\begin{aligned} u &= \frac{1+\nu}{E}K_{\mathrm{I}}\sqrt{\frac{2r}{\pi}}\cos\frac{\theta}{2}\left(1-2\nu+\sin^2\frac{\theta}{2}\right) \\ v &= \frac{1+\nu}{E}K_{\mathrm{I}}\sqrt{\frac{2r}{\pi}}\sin\frac{\theta}{2}\left[2(1-\nu)-\cos^2\frac{\theta}{2}\right] \end{aligned}\right\} \tag{5-2}$$

式中，ν 为泊松比；E 为弹性模量；u，v 分别为 x，y 方向上的位移分量。

式（5-1）和式（5-2）都是近似表达式，越接近裂纹尖端，其精度越高。所以，它们最适用于 $r<<a$ 的情况。

5.1.2.2 应力场强度因子 K_{I}

由式（5-1）可知，裂纹尖端区域各点的应力分量除了决定其位置（r，θ）外，还与强度因子 K_{I} 有关。对于某一确定的点，其应力分量就由 K_{I} 决定。因此，K_{I} 的大小直接影响应力场的大小：K_{I} 越大，则应力场各应力分量也越大。这样，K_{I} 就可以表示应力场的强弱程度，故称为应力场强度因子。其综合反映了外加应力和裂纹长度对裂纹尖端应力场的影响。下脚标注“Ⅰ”表示Ⅰ型裂纹，同理，K_{II}、K_{III}分别表示Ⅱ型和Ⅲ型裂纹的应力场强度因子。

当 $r\to0$ 时，全部应力分量均趋于无限大。这就是，在裂纹尖端（$r=0$ 的点），其应力场具有奇异性，因此 K_{I} 就是用来描述这种奇异性的力学参量。$r=0$ 应排除。

式（5-1）中的 $K_{\mathrm{I}}=\sigma\sqrt{\pi a}$，是在无限大宽板试样并带有中心穿透裂纹的特殊条件下推导出来的。当试样的几何形状、尺寸及裂纹扩展方式变化时，K_{I} 就改变了，对于Ⅰ型的裂纹，K_{I} 的一般表达式为：

$$K_{\mathrm{I}}=Y\sigma\sqrt{a} \tag{5-3}$$

式中，a 为裂纹长度的 $\frac{1}{2}$。Y 是与板材尺寸和裂纹所处位置有关的量，称为裂纹形状系数，它是一个无量纲的系数。有中心穿透裂纹的无限宽板 $Y=\sqrt{\pi}$。

由式（5-3）可见，K_{I} 大小取决于试件尺寸、外加应力和裂纹尺寸，它是一个复合力学量，单位为 $\mathrm{MPa\cdot m^{1/2}}$或 $\mathrm{MN\cdot m^{-3/2}}$，故 K_{I} 是一个能量指标，可以看作是推动裂纹扩展的动力。同理，对于Ⅱ、Ⅲ型裂纹，其应力场强度因子的表达式为：

$$\left.\begin{aligned} K_{\mathrm{II}} &= Y\tau\sqrt{a} \\ K_{\mathrm{III}} &= Y\tau\sqrt{a} \end{aligned}\right\} \tag{5-4}$$

常见的几种裂纹的 K_{I} 表达式见表 5-1。

表 5-1 几种裂纹的 K_I 表达式

<table>
<tr><th>裂纹类型</th><th colspan="3">K_I 表达式</th></tr>
<tr><td>无限大板穿透裂纹
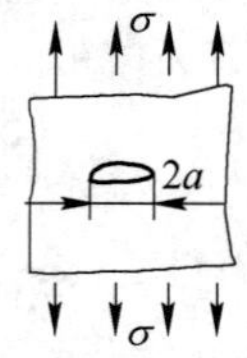</td><td colspan="3">$K_I = \sigma\sqrt{\pi a}$</td></tr>
<tr><td rowspan="9">有限大板穿透裂纹
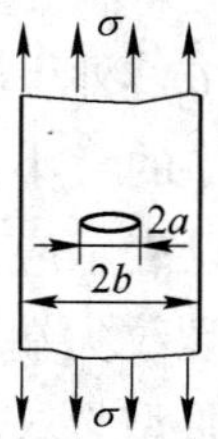</td><td rowspan="9">$K_I = \sigma\sqrt{\pi a}f\left(\frac{a}{b}\right)$</td><td>$\frac{a}{b}$</td><td>$f\left(\frac{a}{b}\right)$</td></tr>
<tr><td>0.074</td><td>1.00</td></tr>
<tr><td>0.207</td><td>1.03</td></tr>
<tr><td>0.275</td><td>1.05</td></tr>
<tr><td>0.337</td><td>1.09</td></tr>
<tr><td>0.410</td><td>1.13</td></tr>
<tr><td>0.466</td><td>1.18</td></tr>
<tr><td>0.535</td><td>1.25</td></tr>
<tr><td>0.592</td><td>1.33</td></tr>
<tr><td rowspan="11">有限宽板单边直裂纹
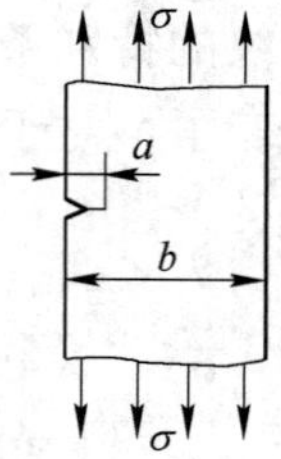</td><td rowspan="11">$K_I = \sigma\sqrt{\pi a}f\left(\frac{a}{b}\right)$
当 $b \gg a$ 时，
$K_I = 1.12\sigma\sqrt{\pi a}$</td><td>$\frac{a}{b}$</td><td>$f\left(\frac{a}{b}\right)$</td></tr>
<tr><td>0.1</td><td>1.15</td></tr>
<tr><td>0.2</td><td>1.20</td></tr>
<tr><td>0.3</td><td>1.29</td></tr>
<tr><td>0.4</td><td>1.37</td></tr>
<tr><td>0.5</td><td>1.51</td></tr>
<tr><td>0.6</td><td>1.68</td></tr>
<tr><td>0.7</td><td>1.89</td></tr>
<tr><td>0.8</td><td>2.14</td></tr>
<tr><td>0.9</td><td>2.46</td></tr>
<tr><td>1.0</td><td>2.89</td></tr>
<tr><td rowspan="9">受弯单边裂纹梁
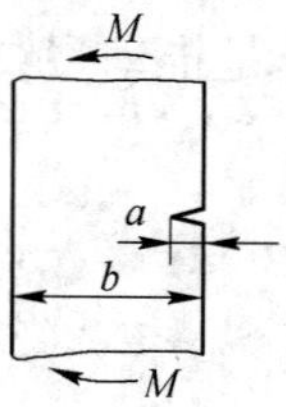</td><td rowspan="9">$K_I = \frac{6M}{(b-a)^{3/2}}f\left(\frac{a}{b}\right)$</td><td>$\frac{a}{b}$</td><td>$f\left(\frac{a}{b}\right)$</td></tr>
<tr><td>0.05</td><td>0.36</td></tr>
<tr><td>0.1</td><td>0.49</td></tr>
<tr><td>0.2</td><td>0.60</td></tr>
<tr><td>0.3</td><td>0.66</td></tr>
<tr><td>0.4</td><td>0.69</td></tr>
<tr><td>0.5</td><td>0.72</td></tr>
<tr><td>0.6</td><td>0.73</td></tr>
<tr><td>>0.6</td><td>0.73</td></tr>
</table>

续表 5-1

裂纹类型	K_{I} 表达式
无限大物体内部椭圆片裂纹，远处受均匀拉伸 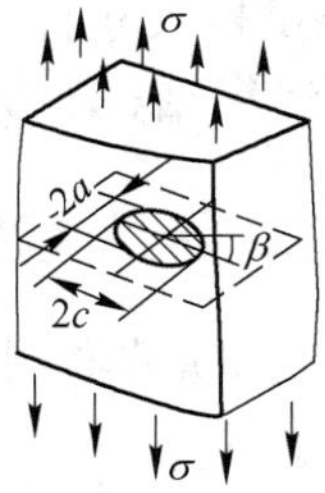	在裂纹边缘上任一点的 K_{I} 为 $K_{\mathrm{I}}=\dfrac{\sigma\sqrt{\pi a}}{\Phi}\left(\sin^2\beta+\dfrac{a^2}{c^2}\cos^2\beta\right)^{1/4}$ Φ 是第二类椭圆积分： $\Phi=\int_0^{\pi/2}\left(\cos^2\beta+\dfrac{a^2}{c^2}\cos^2\beta\right)^{1/2}\mathrm{d}\beta$
无限大物体表面有半椭圆裂纹，远处受均匀拉伸 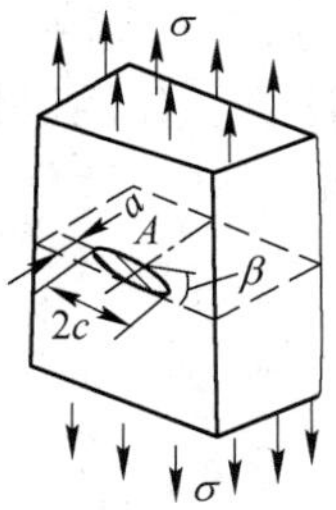	A 点的 K_{I} 为 $K_{\mathrm{I}}=\dfrac{1.1\sigma\sqrt{\pi a}}{\Phi}$ $\Phi=\int_0^{\pi/2}\left(\cos^2\beta+\dfrac{a^2}{c^2}\cos^2\beta\right)^{1/2}\mathrm{d}\beta$

5.1.2.3 断裂韧度 K_{IC} 和断裂 K 判据

既然 K_{I} 是决定应力场强弱的一个复合力学参量，就可将它看作是推动裂纹扩展的动力，以建立裂纹失稳扩展的力学判据和断裂韧度。

当 σ 和 a 单独或共同增大时，K_{I} 和裂纹尖端各应力分量也随之增大。当 K_{I} 增大达到临界值时，也就是在裂纹尖端足够大的范围内应力达到了材料的断裂强度，裂纹便失稳扩展而导致材料断裂。这个临界或失稳状态的 K_{I} 值记作 K_{IC} 或 K_{C}，称为断裂韧度。K_{IC} 为平面应变下的断裂韧度，表示在平面应变条件下材料抵抗裂纹失稳扩展的能力。K_{C} 为平面应力断裂韧度，表示在平面应力条件下材料抵抗裂纹失稳扩展的能力。

K_{C}（平面应力下断裂韧度）：裂纹尖端为平面应力状态下，$\tau_{\max}$ 较大，易于塑变，不利于裂纹扩展。

K_{IC}（平面应变下断裂韧度）：裂纹尖端为三向应力状态，$\tau_{\max}$ 较小，塑变困难，裂纹易扩展。

它们都是 I 型裂纹的材料断裂韧性指标。但 K_{C} 值与试样厚度有关。当试样厚度增加，使裂纹尖端达到平面应变状态时，断裂韧度趋于一稳定的最低值，即为 K_{IC}，它与试样厚度无关，而是真正的材料常数。在临界状态下所对应的平均应力，称为断裂应力或裂纹体断裂强度，记作 σ_{c}；对应的裂纹尺寸称为临界裂纹尺寸，记作 a_{c}。三者的关系为：

$$K_{\mathrm{IC}}=Y\sigma_{\mathrm{c}}\sqrt{a_{\mathrm{c}}} \tag{5-5}$$

可见，材料的K_{IC}越高，则裂纹体的断裂应力或临界裂纹尺寸就越大，表明难以断裂。因此，K_{IC}表示材料抵抗裂纹失稳扩展的能力。这里断裂韧度是根据强度理论进行定义的。

应该指出，K_{I}和K_{IC}是两个不同的概念。两者的区别和σ与σ_s的区别相似。我们知道金属在拉伸试验时，当应力σ增大到临界值σ_s时，材料发生屈服，这个临界应力值σ_s称为屈服点。同样，当应力场强度因子K_{I}增大到临界值K_{IC}时，材料发生断裂，这个临界值K_{IC}称为断裂韧度。因此，K_{I}和σ对应，都是力学参量，只和载荷及试样尺寸有关，而和材料无关；而K_{IC}和σ_s对应，都是力学性能指标，只和材料成分、组织结构有关，而和载荷及试样尺寸无关。

K_C或K_{IC}的量纲及单位和K_{I}相同，常用的单位为$\mathrm{MPa}\sqrt{\mathrm{m}}$或$\mathrm{MN} \cdot \mathrm{m}^{-3/2}$。

根据应力场强度因子和断裂韧度的相对大小，可以建立裂纹失稳扩展脆断的断裂K判据，由于平面应变断裂最危险，通常就以K_{IC}为标准建立，即

$$K_{\mathrm{I}} \geqslant K_{\mathrm{IC}} \tag{5-6}$$

裂纹体在受力时，只要满足上述条件，就会发生脆性断裂。反之，即使存在裂纹，若$K_{\mathrm{I}} < K_{\mathrm{IC}}$，也不会断裂，这种情况称为破损安全。

断裂判据式（5-6）是工程上很有用的关系式，它将材料断裂韧度同机件（或构件）的工作应力及裂纹尺寸的关系定量地联系起来了，因此可以直接用于设计计算，如用以估算裂纹体的最大承载能力σ、允许的裂纹尺寸a，以及用于正确选择机件材料、优化工艺等。

同理，Ⅱ、Ⅲ型裂纹的断裂韧度为K_{II}、K_{III}，断裂判据为：

$$K_{\mathrm{II}} \geqslant K_{\mathrm{IIC}}, \quad K_{\mathrm{III}} \geqslant K_{\mathrm{IIIC}}$$

5.1.2.4 裂纹尖端塑性区及K_{I}的修正

从理论上讲，按K_{I}建立的脆性断裂判据$K_{\mathrm{I}} \geqslant K_{\mathrm{IC}}$，只适用于线弹性体，即只适用于弹性状态下的断裂分析。其实，金属材料在裂纹扩展前，其尖端附近总要先出现一个或大或小的塑性变形区（塑性区或屈服区），这和缺口前方存在塑性区很相似。因此，在塑性区内的应力应变之间就不再是线性关系，上述K_{I}表达式则不适用。但是，试验表明，如果塑性区尺寸较裂纹尺寸a及净截面尺寸小时（小一个数量级以上），即在所谓小范围屈服下，只要对K_{I}进行适当的修正，裂纹尖端附近的应力应变场的强弱程度仍可用修正的K_{I}来描述。为了求得K_{I}的修正方法，需要了解塑性区的形状和尺寸及等效裂纹的概念。

A 塑性区的形状和尺寸

为确定裂纹尖端塑性区的形状和尺寸，就要建立符合塑性变形临界条件（屈服判据）的函数表达式$r = f(\theta)$。该式对应的图形即代表塑性区边界形状，而其边界值即为塑性区的尺寸。

由材料力学可知，通过一点的主应力σ_1、σ_2、σ_3和x、y、z方向的各应力分量的关系为：

$$\left.\begin{aligned}
\sigma_1 &= \frac{\sigma_x + \sigma_y}{2} + \sqrt{\left(\frac{\sigma_x - \sigma_y}{2}\right)^2 + \tau_{xy}^2} \\
\sigma_2 &= \frac{\sigma_x + \sigma_y}{2} - \sqrt{\left(\frac{\sigma_x - \sigma_y}{2}\right)^2 + \tau_{xy}^2} \\
\sigma_3 &= v\,(\sigma_1 + \sigma_2)
\end{aligned}\right\} \tag{5-7}$$

将式（5-1）的应力分量代入式（5-7），求得裂纹尖端附近任一点 $P(r,\ \theta)$ 的主应力：

$$\left.\begin{aligned}\sigma_1 &= \frac{K_{\mathrm{I}}}{\sqrt{2\pi r}}\cos\frac{\theta}{2}\left(1+\sin\frac{\theta}{2}\right)\\ \sigma_2 &= \frac{K_{\mathrm{I}}}{\sqrt{2\pi r}}\cos\frac{\theta}{2}\left(1-\sin\frac{\theta}{2}\right)\\ \sigma_3 &= 0 \quad (\text{平面应力})\\ \sigma_3 &= \frac{2vK_{\mathrm{I}}}{\sqrt{2\pi r}}\cos\frac{\theta}{2} \quad (\text{平面应变})\end{aligned}\right\} \tag{5-8}$$

将式（5-8）代入米赛斯屈服判据（参见第 3 章），整理合并得：

$$\left.\begin{aligned}r &= \frac{1}{2\pi}\left(\frac{K_{\mathrm{I}}}{\sigma_s}\right)^2\left[\cos^2\frac{\theta}{2}\left(1+3\sin^2\frac{\theta}{2}\right)\right] \quad (\text{平面应力})\\ r &= \frac{1}{2\pi}\left(\frac{K_{\mathrm{I}}}{\sigma_s}\right)^2\left[(1-2v)^2\cos^2\frac{\theta}{2}+\frac{3}{4}\sin^2\frac{\theta}{2}\right] \quad (\text{平面应变})\end{aligned}\right\} \tag{5-9}$$

式中，σ_s为材料的屈服点或屈服强度 $\sigma_{0.2}$。式（5-9）为塑性区边界曲线方程，其图形如图 5-3 所示。由图 5-3 可见，不管是平面应力或平面应变的塑性区，都是沿 x 方向的尺寸最小，消耗的塑性变形功也最小，所以裂纹就容易沿 x 方向扩展。这和式（5-3）的结论是一致的。为了说明塑性区对裂纹在 x 方向扩展的影响，就将沿 x 方向的塑性区尺寸定义为塑性区宽度。可令 $\theta=0$，其值由式（5-9）求得：

$$\left.\begin{aligned}r_0 &= \frac{1}{2\pi}\left(\frac{K_{\mathrm{I}}}{\sigma_s}\right)^2 \quad (\text{平面应力})\\ r_0 &= \frac{(1-2v)^2}{2\pi}\left(\frac{K_{\mathrm{I}}}{\sigma_s}\right)^2 \quad (\text{平面应变})\end{aligned}\right\} \tag{5-10}$$

若式（5-8）代入屈雷斯加屈服判据，所得 x 轴上塑性区宽度与式（5-10）相同，但描述塑性区形状的方程式不同。若取 $v=0.3$，则由式（5-10）可以看出，平面应变的塑性区宽度比平面应力的小得多，前者仅为后者的 1/6。因此，平面应变是一种最硬的应力状态，其塑性区最小。

如图 5-4 所示，上述估算仅指在 x 轴上裂纹尖端的应力分量 $\sigma_{ys}>\sigma_s$的一段距离，即图 5-4 中的 AB，而没有考虑图中影线部分面积内应力松弛的影响。这种应力松弛可以使塑性区进一步扩大，由 r_0扩大至 R_0。图中 σ_{ys}是在 y 方向发生屈服时的应力，称为 y 向有效屈服应力。在平面应力状态下，$\sigma_{ys}=\sigma_s$；在平面应变状态下，$\sigma_{ys}\approx 2.5\sigma_s$。

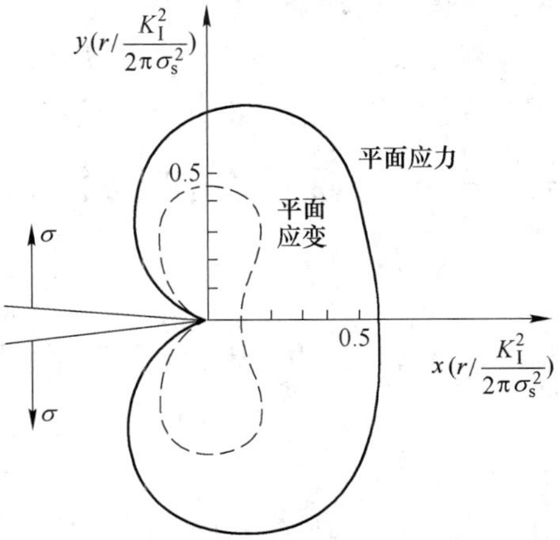

图 5-3　裂纹尖端附近塑性区的形状和尺寸

为求 R_0，现从能量角度考虑，图 5-4 中影线部分面积应该等于矩形面积 $BDEC$，或者是影

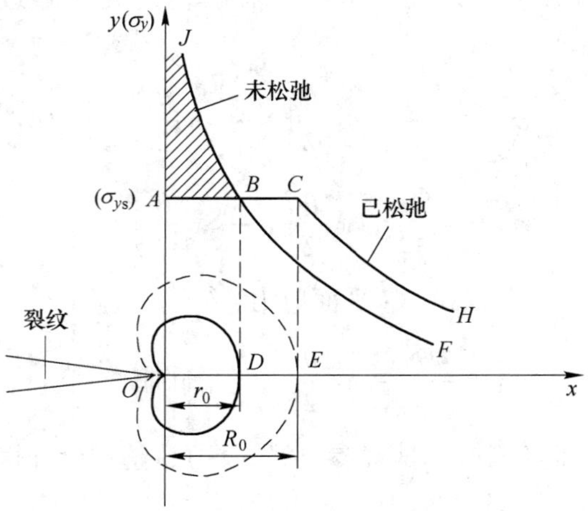

图 5-4 应力松弛对塑性区尺寸的影响

线面积+矩形面积 *ABDO*，等于面积 *ACEO*，即

$$\int_0^{r_0} \frac{K_{\mathrm{I}}}{\sqrt{2\pi r}} \mathrm{d}r = \sigma_{ys} R_0$$

积分得

$$K_{\mathrm{I}} \sqrt{\frac{2r_0}{\pi}} = \sigma_{ys} R_0$$

将式（5-10）中平面应力的 r_0 值代入，并注意 $\sigma_{ys}=\sigma_s$，得

$$K_{\mathrm{I}} \sqrt{\frac{2}{\pi}} \sqrt{\frac{K_{\mathrm{I}}^2}{2\pi\sigma_s^2}} = \sigma_s R_0$$

故

$$R_0 = \frac{1}{\pi}\left(\frac{K_{\mathrm{I}}}{\sigma_s}\right)^2 = 2r_0 \tag{5-11}$$

可见，考虑应力松弛之后，平面应力塑性区宽度正好是 r_0 的两倍。

厚板在平面应变条件下，其塑性区是一个哑铃形的立体形状（见图 5-5），中心是平面应变状态，两个表面都处于平面应力状态，所以 y 向有效屈服应力 σ_{ys} 小于 $2.5\sigma_s$。欧文建议 $\sigma_{ys} = \sqrt{2\sqrt{2}}\,\sigma_s$。这样，式（5-10）中平面应变实际塑性区的宽度应为：

$$r_0 = \frac{1}{4\sqrt{2}\pi}\left(\frac{K_{\mathrm{I}}}{\sigma_s}\right)^2 \tag{5-12}$$

同样可以计算在应力松弛影响下，平面应变塑性区宽度为：

$$R_0 = \frac{1}{2\sqrt{2}\pi}\left(\frac{K_{\mathrm{I}}}{\sigma_s}\right)^2 \tag{5-13}$$

可见，在平面应变条件下，考虑了应力松弛的影响，其塑性区宽度 R_0 也是原 r_0 的两倍。

表 5-2 为裂纹尖端塑性区宽度计算公式的总结。

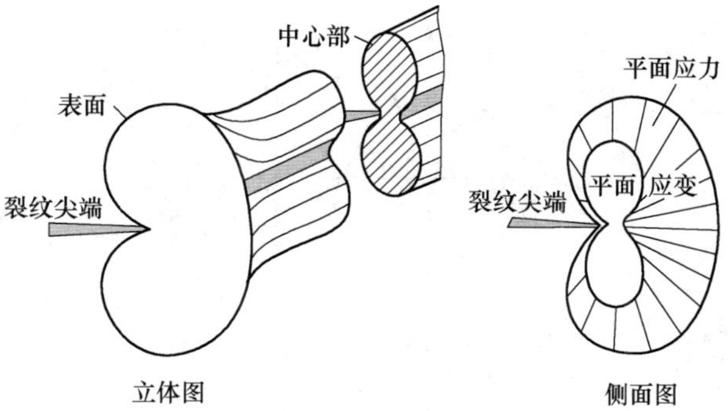

图 5-5 实际试样塑性区形状和大小

表 5-2 裂纹尖端塑性区宽度计算公式

应力状态	未考虑应力松弛影响		考虑应力松弛影响	
	一般条件	临界条件	一般条件	临界条件
平面应力	$r_0=\frac{1}{2\pi}\left(\frac{K_{\rm I}}{\sigma_{\rm s}}\right)^2$	$r_0=\frac{1}{2\pi}\left(\frac{K_{\rm IC}}{\sigma_{\rm s}}\right)^2$	$R_0=\frac{1}{\pi}\left(\frac{K_{\rm I}}{\sigma_{\rm s}}\right)^2$	$R_0=\frac{1}{\pi}\left(\frac{K_{\rm IC}}{\sigma_{\rm s}}\right)^2$
平面应变	$r_0=\frac{1}{4\sqrt{2}\pi}\left(\frac{K_{\rm I}}{\sigma_{\rm s}}\right)^2$	$r_0=\frac{1}{4\sqrt{2}\pi}\left(\frac{K_{\rm IC}}{\sigma_{\rm s}}\right)^2$	$R_0=\frac{1}{2\sqrt{2}\pi}\left(\frac{K_{\rm I}}{\sigma_{\rm s}}\right)^2$	$R_0=\frac{1}{2\sqrt{2}\pi}\left(\frac{K_{\rm IC}}{\sigma_{\rm s}}\right)^2$

由表 5-2 可见，不论是平面应力或平面应变，塑性区宽度总是与 $(K_{\rm IC}/\sigma_{\rm s})^2$ 成正比。材料的 $K_{\rm IC}$ 越高、$\sigma_{\rm s}$ 越低，其塑性区宽度就越大。因此，在测定材料的 $K_{\rm IC}$ 时，为了使裂纹尖端处于小范围屈服，需参照 $(K_{\rm IC}/\sigma_{\rm s})^2$ 值进行试样设计。

B 有效裂纹及 $K_{\rm I}$ 的修正

由于裂纹尖端塑性区的存在，将会降低裂纹体的刚度，相当于裂纹长度的增加，因而影响应力场及 $K_{\rm I}$ 的计算，所以要对 $K_{\rm I}$ 进行修正。最简单而实用的方法是在计算 $K_{\rm I}$ 时，采用虚拟有效裂纹代替实际裂纹。如图 5-6 所示，裂纹 a 前方区域在未屈服前，其 σ_y 的分布曲线为 ADB。屈服并应力松弛后的 σ_y 分布曲线为 $CDEF$，塑性区宽度为 R_0。如果将裂纹延长为 $a+r_y$，即裂纹顶点由 O 移至 O'，称 $a+r_y$ 为有效裂纹长度，则在它的尖端 O' 外的弹性应力 σ_y 分布曲线为 GEH，基本上和因塑性区存在的实际应力分布曲线 $CDEF$ 中的弹性应力部分 EF 相重合。

这就是用有效裂纹代替原有裂纹和塑性区松弛联合作用的原理。这样，线弹性理论仍然有效。计算应力场强度因子时应为

$$K_{\rm I}=Y\sigma\sqrt{a+r_y} \tag{5-14}$$

计算表明，有效裂纹的塑性区修正值 r_y，正好是应力松弛后塑性区的半宽，即

$$\left.\begin{aligned} r_y&=\frac{1}{2\pi}\left(\frac{K_{\rm I}}{\sigma_{\rm s}}\right)^2\approx 0.16\left(\frac{K_{\rm I}}{\sigma_{\rm s}}\right)^2 \quad (\text{平面应力})\\ r_y&=\frac{1}{4\sqrt{2}\pi}\left(\frac{K_{\rm I}}{\sigma_{\rm s}}\right)^2\approx 0.056\left(\frac{K_{\rm I}}{\sigma_{\rm s}}\right)^2 \quad (\text{平面应变})\end{aligned}\right\} \tag{5-15}$$

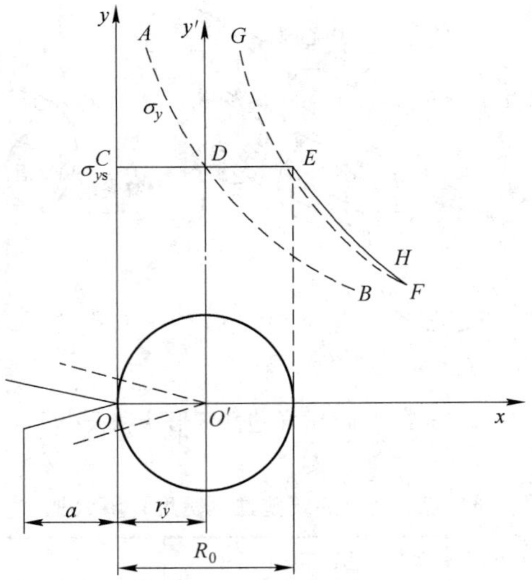

图 5-6 用有效裂纹修正 K_{I}

因此，根据不同的应力状态只要将式（5-15）代入式（5-14），即可求得修正后的 K_{I}值

$$\left.\begin{aligned} K_{\mathrm{I}} &= \frac{Y\sigma\sqrt{a}}{\sqrt{1-0.16Y^2\left(\dfrac{\sigma}{\sigma_s}\right)^2}} \quad (\text{平面应力}) \\ K_{\mathrm{I}} &= \frac{Y\sigma\sqrt{a}}{\sqrt{1-0.056Y^2\left(\dfrac{\sigma}{\sigma_s}\right)^2}} \quad (\text{平面应变}) \end{aligned}\right\} \tag{5-16}$$

例如，对于无限板的中心穿透裂纹，考虑塑性区影响时，将 $Y=\sqrt{\pi}$ 代入式（5-16），即

$$\left.\begin{aligned} K_{\mathrm{I}} &= \frac{\sigma\sqrt{\pi a}}{\sqrt{1-0.5\left(\dfrac{\sigma}{\sigma_s}\right)^2}} \quad (\text{平面应力}) \\ K_{\mathrm{I}} &= \frac{\sigma\sqrt{\pi a}}{\sqrt{1-0.177\left(\dfrac{\sigma}{\sigma_s}\right)^2}} \quad (\text{平面应变}) \end{aligned}\right\} \tag{5-17}$$

对于大件表面半椭圆裂纹 $Y=\dfrac{1.1\sqrt{\pi}}{\Phi}$，代入式（5-16），可得 K_{I} 的修正值公式

$$\left.\begin{aligned} K_{\mathrm{I}} &= \frac{1.1\sigma\sqrt{\pi a}}{\sqrt{\Phi^2-0.608\left(\dfrac{\sigma}{\sigma_s}\right)^2}} \quad (\text{平面应力}) \\ K_{\mathrm{I}} &= \frac{1.1\sigma\sqrt{\pi a}}{\sqrt{\Phi^2-0.212\left(\dfrac{\sigma}{\sigma_s}\right)^2}} \quad (\text{平面应变}) \end{aligned}\right\} \tag{5-18}$$

令 $Q=\Phi^2-0.212(\sigma/\sigma_s)^2$，则平面应变的 K_I 修正值又可写为：

$$K_I=1.1\sigma\sqrt{\frac{\pi a}{Q}} \tag{5-19}$$

式中，Q 值为裂纹形状参数，或称为塑性修正值。

式（5-19）又可改写为

$$\left.\begin{aligned} K_I &= \frac{\Phi}{\sqrt{Q}}1.1\sigma\frac{\sqrt{\pi a}}{\Phi}=M_p\times 1.1\sigma\frac{\sqrt{\pi a}}{\Phi} \\ M_p &= \frac{\Phi}{\sqrt{Q}}=\frac{\Phi}{\sqrt{\Phi^2-0.212\left(\frac{\sigma}{\sigma_s}\right)^2}}>1 \end{aligned}\right\} \tag{5-20}$$

因为式（5-20）中 $1.1\sigma\sqrt{\pi a}/\Phi$ 是不考虑塑性区影响的应力场强度因子，如果考虑塑性区的影响，则应力场强度因子 K_I 将增大 M_p 倍，故 M_p 称为塑性区修正因子。Φ 和 Q 值可由表 5-3 查得。

表 5-3　Φ^2 值表

Φ^2	a/c	Φ^2	a/c	Φ^2	a/c	Φ^2	a/c	Φ^2	a/c
1.00	0.00	1.30	0.39	1.60	0.59	1.90	0.76	2.20	0.89
1.02	0.06	1.32	0.41	1.62	0.60	1.92	0.77	2.22	0.90
1.04	0.12	1.34	0.42	1.64	0.61	1.94	0.78	2.24	0.91
1.06	0.15	1.36	0.44	1.66	0.62	1.96	0.79	2.26	0.92
1.08	0.18	1.38	0.45	1.68	0.64	1.98	0.80	2.28	0.93
1.10	0.20	1.40	0.46	1.70	0.65	2.00	0.81	2.30	0.93
1.12	0.23	1.42	0.48	1.72	0.66	2.02	0.81	2.32	0.94
1.14	0.25	1.44	0.49	1.74	0.67	2.04	0.82	2.34	0.95
1.16	0.27	1.46	0.50	1.76	0.68	2.06	0.83	2.36	0.96
1.18	0.29	1.48	0.52	1.78	0.69	2.08	0.84	2.38	0.97
1.20	0.31	1.50	0.53	1.80	0.70	2.10	0.85	2.40	0.98
1.22	0.32	1.52	0.54	1.82	0.71	2.12	0.86	2.42	0.98
1.24	0.34	1.54	0.55	1.84	0.72	2.14	0.86	2.44	0.99
1.26	0.36	1.56	0.56	1.86	0.73	2.16	0.87	2.46	1.00
1.28	0.38	1.58	0.57	1.88	0.74	2.18	0.88		

在计算应力场强度因子 K_I 时，应注意在什么情况下需要修正。由式（5-16）可知 K_I 的修正项是公式的分母项，若 σ/σ_s 越接近于零，则修正项越接近 1，不存在塑性区的影响；若 σ/σ_s 越大，并接近于 1，则塑性区的影响最大，其修正值也越大。一般 $\sigma/\sigma_s\geqslant 0.7$ 时，其 K_I 变化就比较明显，需要进行修正。

5.1.2.5　K 判据的应用

传统的力学强度理论是用强度储备方法确定机件工作应力，即：$\sigma\leqslant\frac{\sigma_s}{n}$，按理不会发生塑性变形和断裂，是安全可靠的。但实际却常在屈服应力以下发生低应力脆性断裂，原因为裂纹的生成是不可避免的。

由于存在裂纹和缺陷，破坏了材料的均匀连续性，改变了材料内部的应力状态和应力分布，所以传统的力学强度理论不再适用，新的性能指标——断裂韧性产生。在承认裂纹存在的前提下，提出断裂判据：$K_{\mathrm{I}} \geqslant K_{\mathrm{IC}}$。$K_{\mathrm{IC}}$表征了材料抵抗裂纹扩展的能力。

$$Y\sigma\sqrt{a} \geqslant K_{\mathrm{IC}}$$

通过上面的讨论，我们知道对于一个带裂纹的物体来说，其裂纹前端的应力场强弱，可用K_{I}来定量描述（Ⅰ型裂纹扩展）；而材料抵抗裂纹失稳扩展的能力（平面应变状态下）可用K_{IC}来评定。由这两个量的相对大小就可以评定带裂纹体是否会发生失稳断裂。K判据是一个重要的公式，它将K_{IC}、裂纹尺寸a、构件的平均应力σ三者联系了起来，可以用来分析和计算一些实际问题。

应用K判据进行计算时，平均应力一般指和裂纹面垂直的危险正应力，包括外加正应力和残余内应力。由于Ⅰ型裂纹较危险，所以重视研究Ⅰ型裂纹，需要根据裂纹形状确定形状系数Y；还要判断是否需要考虑塑性区对K的修正。

应用K判据进行计算的步骤如下：

（1）需要考虑裂纹尖端的应力状态，以便计算时合理选择计算公式。

（2）还需判断是否需要考虑塑性区对K的修正，判断方法一般如下。

1）外加应力与材料屈服强度的比值$\sigma/\sigma_s \to 0$时，修正项接近于1，不修正，应用简化的公式：

$$K_{\mathrm{I}} = Y\sigma\sqrt{a}$$

2）一般在$\sigma/\sigma_s \geqslant 0.7$时，须对$K_{\mathrm{I}}$进行修正。$\sigma/\sigma_s$越大，塑性区影响越大。如果计算$K$需要进行修正，那么应用式（5-16）。

在确定应力场强度因子K_{I}的公式后，就可以利用断裂K判据公式来分析和计算一些实际问题。如判断带裂纹的构件是否发生脆断，计算带裂纹的构件的承载能力，确定构件中临界裂纹尺寸，为选材和设计提供依据，现分述如下：

（1）确定带裂纹构件承载能力。若试验测定了材料的断裂韧性K_{IC}，根据探伤检验测定了构件中的最大裂纹尺寸，就能按断裂K判据估算使裂纹失稳扩展而导致脆断的临界载荷，即确定带裂纹构件的承载能力。

（2）确定构件安全性。根据探伤检验测定了构件中的缺陷尺寸，并计算出构件工作应力，即可计算出裂纹前端的应力场强度因子K_{I}。若$K_{\mathrm{I}} < K_{\mathrm{IC}}$，则带裂纹构件是安全的，否则有断裂危险，因而就知道了所选材料是否合理。

根据传统设计方法，为了提高构件的安全性，总是加大安全系数，这样势必会提高材料的强度等级，对于高强度钢来说，往往造成低应力脆断。目前断裂力学提出了新的设计思想，为了保证构件安全，采用较小的安全系数，适当降低材料强度等级，增大材料的断裂韧性。K_{I}的安全系数与σ的安全系数不是一个数量概念，数量上不可混淆。

（3）确定临界裂纹尺寸（a_c）。若已知材料的断裂韧性K_{IC}和构件工作应力，则可根据裂纹断裂判据确定允许的裂纹临界尺寸。如果探伤检测出的实际裂纹$a_0 < a_c$，则构件是安全的，由此可建立相应的质量验收标准。

(4) K_{IC}可作为材料工艺质量的新指标，追求高 σ_s 不一定是好事，而追求高的 K_{IC} 却一定是好事。

5.1.3 裂纹扩展能量释放率 G_I 及断裂韧度 G_{IC}

本书第 4 章曾从能量转化关系研究过裂纹扩展的力学条件，本节将从能量转化角度讨论断裂能量判据，并进一步理解断裂韧度的物理意义。

5.1.3.1 裂纹扩展时的能量转化关系

在绝热条件下，设有一裂纹体在外力作用下裂纹扩展，外力做功为∂W。这个功一方面用于系统弹性应变能的变化∂U_e。另一方面因裂纹扩展∂A 面积，用于消耗塑性功 $\gamma_p \partial A$ 和表面能 $2\gamma_s \partial A$。因此，裂纹扩展时能量转化关系为

$$\partial W = \partial U_e + (\gamma_p + 2\gamma_s)\partial A$$

即

$$\partial W - \partial U_e = (\gamma_p + 2\gamma_s)\partial A$$

$$-(\partial U_e - \partial W) = (\gamma_p + 2\gamma_s)\partial A \tag{5-21}$$

式（5-21）等号右端是裂纹扩展∂A 面积所需要的能量，是裂纹扩展的阻力；等号左端是裂纹扩展∂A 面积系统所提供的能量，是裂纹扩展的动力。

5.1.3.2 裂纹扩展能量释放率 G_I

根据工程力学，系统势能等于系统的应变能减外力功，或等于系统的应变能加外力势能，即 $U=U_e-W$，U 为系统的势能。因此，式（5-21）左端是系统势能变化的负值，表示裂纹扩展时，系统势能是下降的。

通常，我们把裂纹扩展单位面积时系统释放势能的数值称为裂纹扩展能量释放率，简称为能量释放率或能量率，并用 G 表示。对于 Ⅰ 型裂纹为 G_I，于是：

$$G_I = -\frac{\partial U}{\partial A} \tag{5-22}$$

可以用能量分析的方法来解释：裂纹扩展单位面积时，系统所提供的弹性能量 $\frac{\partial U}{\partial A}$ 是推动裂纹扩展的动力，其所需要提供的能量为裂纹扩展阻力。通常把裂纹扩展单位面积内由系统所提供的弹性能量称为裂纹扩展力，或称为裂纹扩展时的能量释放率，简称能量释放率，以 G_I 表示（Ⅰ表示Ⅰ型裂纹扩展）。G 与外加应力 σ、试样尺寸和裂纹尺寸 a 有关。G_I 的量纲为［能量］×［面积］$^{-2}$，常用单位为 $MJ \cdot m^{-2}$。

如果裂纹体的厚度为 B，裂纹长度为 a，则式（5-22）可写成

$$G_I = -\frac{1}{B}\frac{\partial U}{\partial a} \tag{5-23}$$

当 $B=1$ 时，式（5-23）变为

$$G_I = -\frac{\partial U}{\partial a} \tag{5-24}$$

此时，G_I为裂纹扩展单位长度时系统势能的释放率。因为从物理意义上讲，G_I是使裂纹扩展单位长度的原动力，所以又称 G_I为裂纹扩展力，表示裂纹扩展单位长度所需的力，这个力和位错运动所受的力一样，也是组态力。在这种情况下，G_I的单位为 $MN \cdot m^{-1}$。

既然裂纹扩展的动力为 G_I，而 G_I 为系统势能 U 的释放率，那么在确定 G_I 时就必须

知道 U 的表达式。

由于裂纹可以在恒载荷 F 或恒位移 δ 条件下扩展，在弹性条件下可以证明，在恒载荷条件下系统势能 U 等于弹性应变能 U_e 的负值；而在恒位移条件下，系统势能 U 就等于弹性应变能 U_e。因此，上述两种条件下的 G_I 表达式为

$$\left.\begin{aligned} G_I &= \frac{1}{B}\left(\frac{\partial U_e}{\partial a}\right)_F \quad （恒载荷） \\ G_I &= -\frac{1}{B}\left(\frac{\partial U_e}{\partial a}\right)_\delta \quad （恒位移） \end{aligned}\right\} \tag{5-25}$$

在第 4 章讨论格雷菲斯裂纹体强度时，其模型属于恒位移条件，裂纹长度为 $2a$，且 $B=1$，在平面应力条件下，弹性应变能 $U_e = \dfrac{-\pi\sigma^2 a^2}{E}$；在平面应变条件下，弹性应变能 $U_e = \dfrac{-(1-v^2)(\pi\sigma^2 a^2)}{E}$。由式（5-25）可得：

$$\left.\begin{aligned} G_I &= -\left[\frac{\partial U_e}{\partial (2a)}\right]_\delta = -\frac{\partial}{\partial (2a)}\left(\frac{-\pi\sigma^2 a^2}{E}\right) = \frac{\pi\sigma^2 a}{E} \quad （平面应力） \\ G_I &= \frac{(1-v^2)\pi\sigma^2 a}{E} \quad （平面应变） \end{aligned}\right\} \tag{5-26}$$

可见，G_I 和 K_I 相似，也是应力 σ 和裂纹尺寸 a 的复合参量，只是它们的表达式和单位不同而已。

5.1.3.3 断裂韧度 G_{IC} 和断裂 G 判据

由于 G_I 是以能量释放率表示的复合力学参量，是裂纹扩展的动力，因此，也可由 G_I 建立裂纹失稳扩展的力学条件。由式（5-26）可知，随 σ 和 a 单独或共同增大，都会使 G_I 增大。当 G_I 增大到某一临界值时，G_I 能克服裂纹失稳扩展的阻力，则裂纹失稳扩展断裂。将 G_I 的临界值记作 G_{IC}，也称断裂韧度（平面应变断裂韧度），表示材料阻止裂纹失稳扩展时单位面积所消耗的能量，其单位与 G_I 相同。在 G_{IC} 下对应的平均应力为断裂应力 σ_c；对应的裂纹尺寸为临界裂纹尺寸 a_c。它们之间的关系由式（5-26）得

$$G_I = \frac{(1-v^2)\pi\sigma_c^2 a_c}{E} \tag{5-27}$$

这样，就将断裂韧度 G_{IC} 同断裂应力 σ_c 及临界裂纹尺寸 a_c 的关系定量地联系了起来。同样，在平面应力条件下的断裂韧度为 G_c。

根据 G_I 和 G_{IC} 的相对大小关系，也可建立裂纹失稳扩展的力学条件，即断裂 G 判据：

$$G_I \geqslant G_{IC}$$

与 K_{IC} 和 K_c 的区别一样，G_{IC} 是材料的性能指标，只和材料成分、组织结构有关；而 G_I 则是力学参量，主要取决于应力和裂纹尺寸。

5.1.3.4 G_{IC} 和 K_{IC} 的关系

尽管 G_I 和 K_I 的表达式不同，但它们都是应力和裂纹尺寸的复合力学参量，其间互有联系，如具有穿透裂纹的无限大板，其 K_I 和 G_I 可分别表示为

$$K_I = \sigma\sqrt{\pi a}$$

$$G_{I}=\frac{1-v^{2}}{E}\pi\sigma^{2}a$$

比较两式，可得平面应变条件下 G_I 和 K_I 的关系

$$\left.\begin{aligned}G_{I}&=\frac{1-v^{2}}{E}K_{I}^{2}\\G_{IC}&=\frac{1-v^{2}}{E}K_{IC}^{2}\end{aligned}\right\}\qquad(5\text{-}28)$$

由于 G_I 与 K_I 之间存在上述关系，所以 K_I 不仅可以度量裂纹尖端区应力场强度，而且也可度量裂纹扩展时系统势能的释放率。K_I 达到临界值 K_{IC}时，G_I 也达到临界值 G_{IC}。前者从力学角度分析裂纹体的断裂，后者从能量角度分析裂纹体的断裂。

5.2 断裂韧度 K_{IC}的测试

5.2.1 试样的形状、尺寸及制备

国家标准中规定了四种试样：标准三点弯曲试样、紧凑拉伸试样、C 形拉伸试样和圆形紧凑拉伸试样。常用的三点弯曲和紧凑拉伸两种试样如图 5-7 所示。三点弯曲试样较为简单，故使用较多。

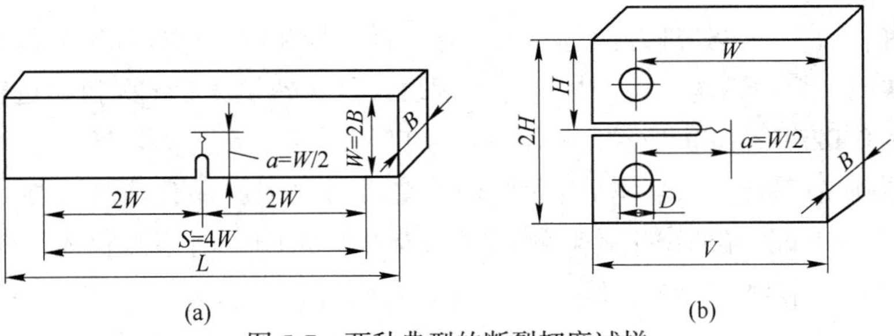

图 5-7 两种典型的断裂韧度试样

（a）三点弯曲试样；（b）紧凑拉伸试样

由于 K_{IC}是材料在平面应变和小范围屈服条件下的 K_I 临界值，因此，测定 K_{IC}时用的试样尺寸，必须保证裂纹尖端附近处于平面应变和小范围屈服状态。平面应变状态主要表现在试样厚度要足够；小范围屈服是线弹性断裂力学的要求，表现为试样的裂纹长度（含缺口深度）应有规定。

为此，标准中规定试样厚度 B、裂纹长度 a 及韧带宽度（$W-a$）尺寸范围如下：

$$\left.\begin{aligned}B&\geqslant 2.5\left(\frac{K_{IC}}{\sigma_{y}}\right)^{2}\\a&\geqslant 2.5\left(\frac{K_{IC}}{\sigma_{y}}\right)^{2}\\W-a&\geqslant 2.5\left(\frac{K_{IC}}{\sigma_{y}}\right)^{2}\end{aligned}\right\}\qquad(5\text{-}29)$$

式中，σ_y为有效屈服强度，用 σ_s或 $\sigma_{r0.2}$代之。

由于这些尺寸比塑性区宽度 R_0($R_0 \approx 0.11\left(\frac{K_{IC}}{\sigma_y}\right)^2$，见表 5-2）大一个数量级，因而可以保证裂纹尖端附近是平面应变和小范围屈服状态。

由式（5-29）可知，在确定试样尺寸时，应先知道材料的屈服强度和 K_{IC}的估计值，才能定出试样的最小厚度 B。然后，再按图 5-7 中试样各尺寸的比例关系，确定试样宽度 W 和长度 L，$L>4.2W$。若材料的 K_{IC}值无法估算，还可根据材料的 σ_y/E 值来确定 B 的大小，见表 5-4。

表 5-4　根据 σ_y/E 确定试样最小厚度 B

σ_y/E	B/mm	σ_y/E	B/mm
0.0050~0.0057	75	0.0071~0.0075	32
0.0057~0.0062	63	0.0075~0.0080	25
0.0062~0.0065	50	0.0080~0.0085	20
0.0065~0.0068	44	0.0085~0.0100	12.5
0.0068~0.0071	38	≥0.0100	6.5

试样材料、加工和热处理方法也要和实际工件尽量相同。试样加工后需开缺口和预制裂纹，试样缺口一般用钼丝线切割加工，预制裂纹可在高频疲劳试验机上进行，疲劳裂纹长度应不小于 $0.025W$，a/W 应控制在 0.45~0.55 范围内，$K_{max} \leqslant 0.7K_{IC}$。

试样上预制尖锐裂纹，这是格雷菲斯理论要求材料中已存有裂纹（与裂纹形成原因无关）决定的。裂纹尖端曲率半径对测试结果有很大影响。曲率半径大，断裂应力增加（见式（4-20）），K_{IC}测试结果也偏高。

5.2.2　测试方法

三点弯曲试样的试验装置如图 5-8 所示。在试验机压头上装有载荷传感器 5，以测量载荷 F 的大小。在试样缺口两侧跨接夹式引伸仪 2，以测量裂纹嘴张开位移 V。载荷信号及裂纹嘴张开位移信号经动态应变仪 6 放大后，传到 X-Y 函数记录仪 7 中。在加载过程中，X-Y 函数记录仪可连续描绘出 F-V 曲线。根据 F-V 曲线可间接确定条件裂纹失稳扩展载荷 F_Q。

由于材料性能及试样尺寸不同，F-V 曲线有三种类型，如图 5-9 所示。当材料较脆或试样尺寸足够大时，其 F-V 曲线为Ⅲ型；当材料韧性较好或试样尺寸较小时，其 F-V 曲线为Ⅰ型；当材料韧性或试样尺寸居中时，其 F-V 曲线为Ⅱ型。从 F-V 曲线确定 F_Q的方法是：先从原点 O 作一相对直线 OA 部分斜率减少 5%的割线，以确定裂纹扩展 2%时相应的载荷 F_5。F_5是割线与 F-V 曲线交点的纵坐标值。如果在 F_5以前没有比 F_5大的高峰载荷，则 $F_Q = F_5$（见图 5-9 曲线Ⅰ）。如果在 F_5以前有一个高峰载荷，则取此高峰载荷为 F_Q（见图 5-9 曲线Ⅱ和Ⅲ）。

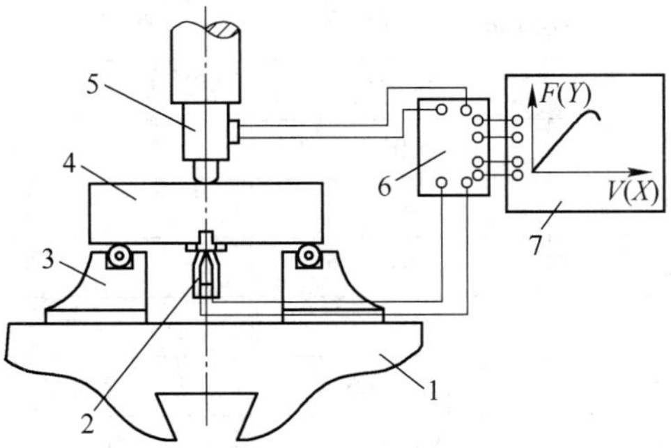

图 5-8 三点弯曲试样的试验装置示意图
1—试验机活动横梁；2—夹式引伸仪；3—支座；
4—试样；5—载荷传感器；6—动态应变仪；
7—X-Y 函数记录仪

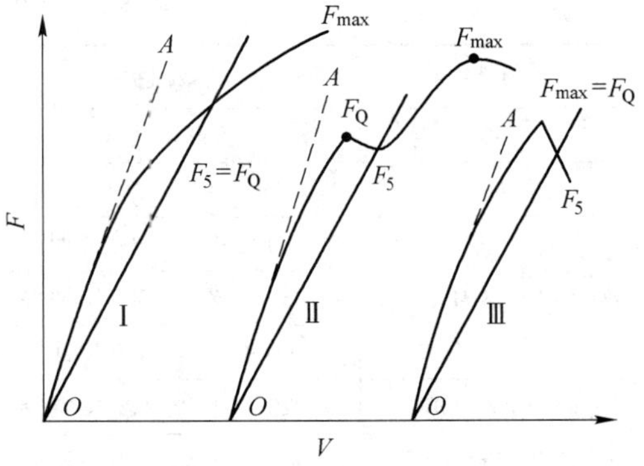

图 5-9 *F-V* 曲线的三种类型

试样压断后，用工具显微镜测量试样断口的裂纹长度 a。由于裂纹前缘呈弧形，规定测量 $B/4$、$B/2$、$3B/4$ 三处的裂纹长度 a_2、a_3 及 a_4，取其平均值作为裂纹长度 a（见图 5-10）。

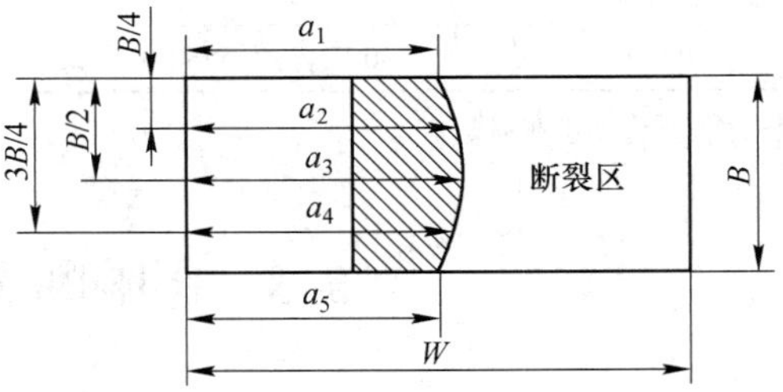

图 5-10 断口裂纹长度 a 的测量

5.2.3 试验结果的处理

三点弯曲试样加载时，裂纹尖端的应力场强度因子 K_I 的表达式为：

$$K_I = \frac{FS}{BW^{3/2}} Y_I\left(\frac{a}{W}\right) \tag{5-30}$$

式中，$Y_I\left(\frac{a}{W}\right)$ 为与 a/W 有关的函数；$S=4W$。求出 a/W 之值后，即可查表或由下式求得 $Y_I\left(\frac{a}{W}\right)$ 的值：

$$Y_I\left(\frac{a}{W}\right) = \frac{3(a/W)^{1/2}[1.99-(a/W)(1-a/W)\times(2.15-3.93a/W+2.7a^2/W^2)]}{2(1+2a/W)(1-a/W)^{3/2}}$$

将条件裂纹失稳扩展载荷 F_Q 及裂纹长度 a 代入式（5-30），即可求出条件 K_Q。

当 K_Q 满足下列两个条件时

$$\left.\begin{aligned} F_{max}/F_Q &\leqslant 1.10 \\ B &\geqslant 2.5(K_Q/\sigma_y)^2 \end{aligned}\right\} \tag{5-31}$$

则 $K_Q=K_{IC}$。否则，应加大试样尺寸重做试验，新试样尺寸至少应为原试样的 1.5 倍，直到满足式（5-31）条件为止。

几种钢铁材料在室温下的 K_{IC} 值见表 5-5。

表 5-5 几种钢铁材料的室温 K_{IC}值

材料	热处理状态	$\sigma_{r0.2}$/MPa	K_{IC}/MPa·$m^{1/2}$	主要用途
40	860 ℃正火	294	71~72	轴类
45	正火		101	轴类
40CrNiMo	860 ℃淬油，200 ℃回火	1579	42	
	860 ℃淬油，380 ℃回火	1383	63	
	860 ℃淬油，430 ℃回火	1334	90	
14MnMoNbB	920 ℃淬火，620 ℃空冷	834	152~166	压力容器
14SiMnCrNiMoV	920 ℃淬火，610 ℃回火	834	83~88	高压气瓶
07Cr17Ni7Al		1435	76.9	飞机蒙皮
06Cr15Ni7Mo2Al		1415	49.5	飞机蒙皮
H-11 *		1790	38.5	模具
H-11 *		2070	27.5	模具
GCr15		2070	约 14.3	轴承
20Cr13	1050 ℃淬油，250 ℃回火	1450	62.4	

注：* 为美国牌号。

5.3 影响断裂韧度 K_{IC}的因素

5.3.1 断裂韧度 K_{IC}与常规力学性能指标之间的关系

5.3.1.1 断裂韧度 K_{IC}与强度、塑性之间的关系

断裂韧度 K_{IC}与部分常规力学性能及组织结构的联系，因断裂性质不同而异。对于穿晶解理断裂，裂纹形成并能扩展要满足一定力学条件，即拉应力要达到 σ_c。而且拉应力必须作用于一定范围或特征距离，才可能使裂纹过界扩展，从而实现解理开裂。多数人认为，特征距离为两个晶粒尺寸。据此，Ritchie 等人用高含氮量的低碳钢研究了 K_{IC}与 σ_c 的关系，得出：

$$K_{IC} \propto [\sigma_c^{(1-n)/2} / \sigma_y^{(1-n)/2}] X_c^{1/2} \tag{5-32}$$

式中，σ_c 为解理断裂应力；σ_y 为屈服强度；n 为应变硬化指数；X_c 为特征距离，对低碳钢，X_c 为 2~3 个晶粒尺寸。

对于韧性断裂，在一特征距离 X_c 的范围内，当其中应变达到某一临界应变值 ε_f^* 时就发生断裂，其关系式为

$$K_{IC} \propto (E\sigma_y \varepsilon_f^* X_c)^{1/2} \tag{5-33}$$

式中，E 为拉伸弹性模量；σ_y 为屈服强度；ε_f^* 为临界断裂应变；X_c 为特征距离，第二相质点间的平均距离。

由式（5-32）和式（5-33）可知，无论是解理断裂或韧性断裂，K_{IC}都是强度和塑性的综合性能，而 X_c则是结构参量。

5.3.1.2 断裂韧度 K_{IC} 与冲击吸收功 A_{KV} 之间的关系

在建立 K_{IC} 与 A_{KV} 之间的关系时，要注意温度和应变速率等外界因素对材料韧脆转变的影响，由于裂纹和缺口不同，以及加载速率不同，所以 K_{IC} 和 A_{KV} 的温度变化曲线不一样，由 K_{IC} 确定的韧脆转变温度比 A_{KV} 的高（见图 5-11）。因此，只有在 $t<t_{k2}$ 和 $t>t_0$ 的温度范围内，两条曲线平行时才能建立两者的相对关系。

茹尔夫（S. T. Rolfe）对一些中、高强度钢（$\sigma_{0.2}$=770~1680 MPa，K_{IC}=93~266 MPa·$m^{1/2}$；A_{KV} = 22 ~ 120 J）进行试验，发现 $(K_{IC}/\sigma_{0.2})^2$ 与 $(A_{KV}/\sigma_{0.2})$ 呈线性关系，总结出下列经验公式：

$$\left(\frac{K_{IC}}{\sigma_y}\right)^2 = \frac{5}{\sigma_y}\left(A_{KV} - \frac{\sigma_y}{20}\right) \quad \text{（英制单位）} \tag{5-34}$$

式中，A_{KV} 为夏氏试样冲击吸收功；σ_y 为有效屈服强度。

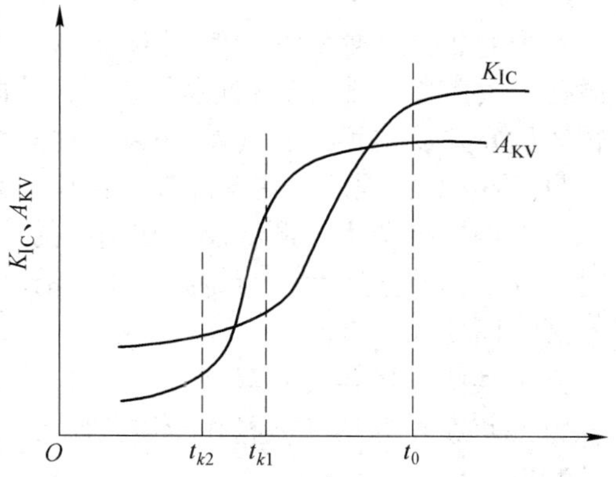

图 5-11 K_{IC} 和 A_{KV} 随温度 t 变化曲线示意图

若转化为国际制单位，则为如下关系：

$$K_{IC} = 0.79\,[\sigma_{0.2}(A_{KV} - 0.01\,\sigma_{0.2})]^{1/2} \tag{5-35}$$

式（5-35）只是在一定条件下的试验结果，缺乏可靠的理论根据，因此尚不能普遍推广使用。

5.3.2 影响断裂韧度 K_{IC} 的因素

金属断裂韧度 K_{IC} 和其他常规力学性能指标一样，也受材料化学成分、组织结构等内在因素及温度、应变速率等外界条件的影响。

5.3.2.1 材料成分、组织

工程上最常用的金属材料是钢铁，其相组成为基体相和第二相。裂纹扩展主要在基体相中进行，但受第二相的影响。不同的基体相和第二相的组织结构将影响裂纹扩展的途径、方式和速率，从而影响 K_{IC}。

A 化学成分

从已有资料来看，化学成分对 K_{IC} 的影响规律基本上和对 A_{KV} 的影响相似。其大致规律是：细化晶粒的合金元素因提高强度和塑性，可使 K_{IC} 提高；强烈固溶强化的合金元素因降低塑性而使 K_{IC} 降低，并且随合金元素浓度的提高，K_{IC} 降低更加明显；形成金属化合物并呈第二相析出的合金元素，因降低塑性有利于裂纹的扩展，也使 K_{IC} 降低。

B 基体相结构和晶粒大小

钢的基体相一般为面心立方和体心立方两种铁的固溶体。从滑移塑性变形和解理断裂的角度来看，面心立方固溶体容易产生滑移塑性变形而不产生解理断裂，并且 n 值较高，所以其 K_{IC} 较高。因此，奥氏体钢的 K_{IC} 较铁素体钢、马氏体钢的高。如果奥氏体在裂纹尖端应力场作用下发生马氏体相变，则因消耗附加能量会使 K_{IC} 进一步提高。基体晶粒大小也是影响 K_{IC} 的一个重要因素。一般来说，晶粒越细小，n 和 σ_c 就越高，则 K_{IC} 也越高。例如，40CrNiMo 钢的奥氏体晶粒度从 5~6 级细化到 12~13 级，可使 K_{IC} 由 44.5 MPa·

$m^{1/2}$增至 84 MPa · $m^{1/2}$。但是，在某些情况下，粗晶粒的 K_{IC}反而较高。如 40CrNiMo 钢经 1200 ℃超高温淬火后，晶粒度可达 0~1 级，K_{IC}为 56 MPa · $m^{1/2}$；而 870 ℃正常淬火后晶粒度较细为 7~8 级，但 K_{IC}仅为 36 MPa · $m^{1/2}$。该钢材经两种不同热处理工艺处理后，塑性和冲击吸收功与 K_{IC}的变化正好相反。因此，晶粒大小对 K_{IC}的影响与对常规力学性能的影响不一定相同。

C　杂质及第二相

钢中的非金属夹杂物和第二相在裂纹尖端的应力场中，若本身脆裂或在相界面开裂而形成微孔，微孔和主裂纹连接使裂纹扩展，从而使 K_{IC}降低。当材料的 σ_s、E 相同时，随着夹杂物体积分数 φ_v 的增加，其 K_{IC}下降。这是因为分散的脆性相数量越多，其平均间距越小所致（见图 5-12），因此，减少材料中的夹杂物数量，提高材料的纯净度，可使 K_{IC}提高。

第二相和夹杂物的形状及其在钢中的分布形式对 K_{IC}也有影响，如钢中的碳化物呈球状时，其 K_{IC}就比呈片状的高；碳化物沿晶界呈网状分布时，裂纹易于在此扩展，导致沿晶断裂，而使 K_{IC}降低。

钢中某些微量杂质元素（如锑、锡、磷、砷等）容易偏聚于奥氏体晶界，降低晶间结合力，使裂纹沿晶界扩展并断裂，使 K_{IC}降低。如一些合金结构钢的调质回火脆性就是这种情况。

D　显微组织

板条马氏体是位错型亚结构，具有较高的强度和塑性，裂纹扩展阻力较大，呈韧性断裂，因而 K_{IC}较高；针状马氏体是孪晶型亚结构，硬而脆，裂纹扩展阻力小，呈准解理或解理断裂，因而 K_{IC}很低。回火索氏体的基体具有较高的塑性，第二相是粒状碳化物，分布间距较大，裂纹扩展阻力较大，因而 K_{IC}较高；回火马氏体基体相塑性差，第二相质点小且弥散分布，裂纹扩展阻力较小，因而 K_{IC}较低；回火托氏体的 K_{IC}居于上述两者之间。图 5-13 是 40CrNiMo 钢的 K_{IC}与回火温度的关系曲线，完全说明了这种影响规律。

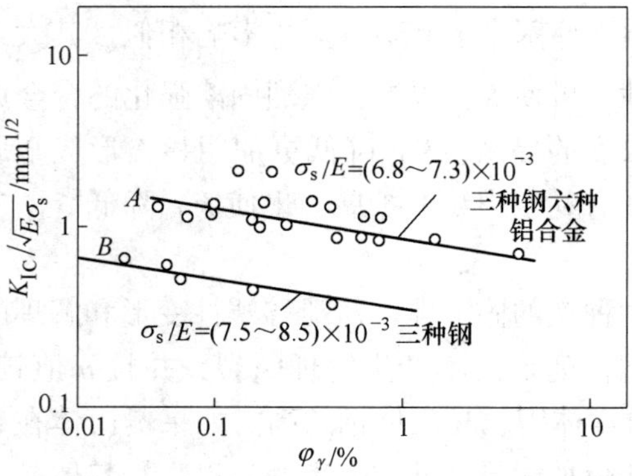

图 5-12　K_{IC}与夹杂物含量的关系

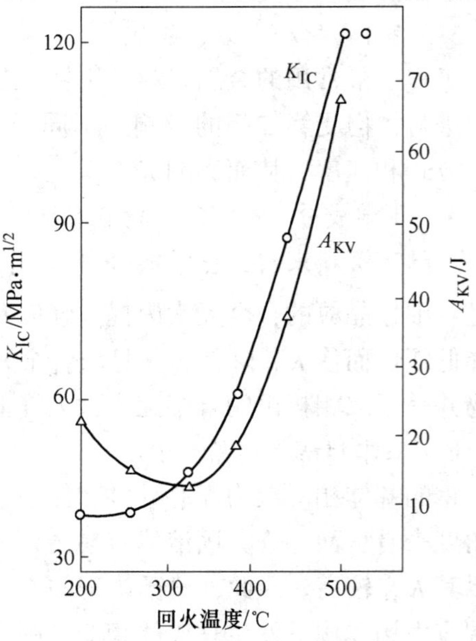

图 5-13　回火温度对 40CrNiMo 钢断裂韧度 K_{IC}的影响

在亚共析钢中，无碳贝氏体常因热加工工艺不当而形成魏氏组织，使 K_{IC} 下降。上贝氏体因在铁素体片层间分布有断续碳化物，裂纹扩展阻力较小，K_{IC} 较低。如将 35CrMo 钢的上贝氏体组织与等强度的回火索氏体组织相比，其 K_{IC} 下降 45%左右。下贝氏体因在过饱和铁素体中分布有弥散细小的碳化物，裂纹扩展阻力较大，与板条马氏体相近似，K_{IC} 较高。调质钢下贝氏体组织与同硬度的回火马氏体组织相比，其 K_{IC} 较高，如图 5-14 所示。

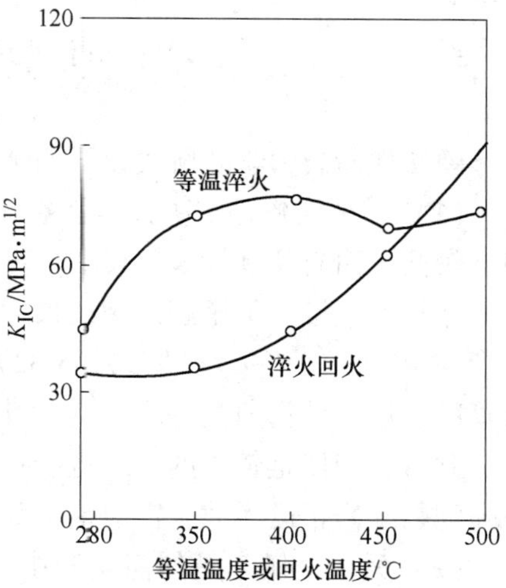

图 5-14 45Cr 钢等温淬火与淬火回火的断裂韧度比较

残余奥氏体是一种韧性第二相，分布于马氏体中，可以松弛裂纹尖端的应力峰，增大裂纹扩展的阻力，提高 K_{IC} 值。如某种沉淀硬化不锈钢通过不同的淬火工艺，可获得不同含量的残余奥氏体，当其含量为 15%时 K_{IC} 可提高 2~3 倍。低碳马氏体的 K_{IC} 较高，其原因除了位错型亚结构外，马氏体板条束间的残余奥氏体薄膜也起到了很大作用。

5.3.2.2 影响 K_{IC} 的外界因素

A 温度

一般大多数结构钢的 K_{IC} 都随温度降低而下降。但是，不同强度等级的钢，在温度降低时 K_{IC} 的变化趋势不同。中、低强度钢都有明显的韧脆转变现象，在韧脆转变温度以上，材料主要是微孔聚集型的韧性断裂，K_{IC} 较高；而在韧脆转变温度以下，材料主要是解理型脆性断裂，K_{IC} 很低（见图 5-11）。随材料强度增加，K_{IC} 随温度的变化逐渐趋于缓和，其断裂机理不再发生变化。

B 应变速率

应变速率 $\dot{\varepsilon}$ 具有与温度相似的效应。增加应变速率相当于降低温度的作用，也可使 K_{IC} 下降，一般认为，$\dot{\varepsilon}$ 每增加一个数量级，K_{IC} 约降低 10%。但是，当 $\dot{\varepsilon}$ 很大时，形变热量来不及传导，造成绝热状态，导致局部升温，K_{IC} 又复回升，如图 5-15 所示。

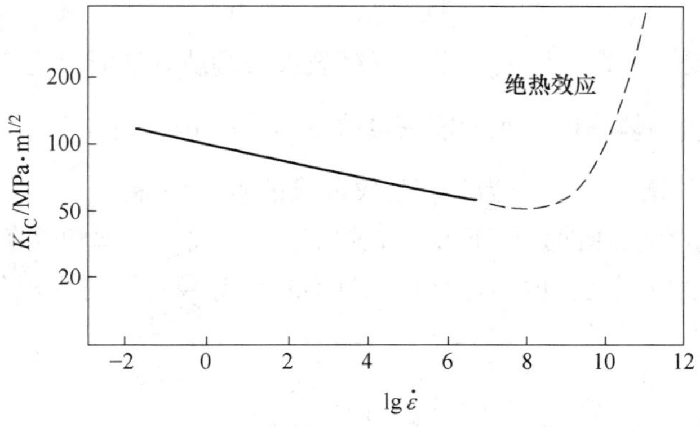

图 5-15 钢的 K_{IC} 随应变速率的变化曲线

5.4 弹塑性条件下金属断裂韧度

弹塑性断裂力学要解决以下两个方面的任务：

（1）一个任务是解决弹塑性裂纹的断裂问题。工程上广泛使用的中、低强度钢屈服强度较低，而断裂韧性 K_{IC}较高。对于中、低强度钢的中小型机件而言，其裂纹尖端塑性区尺寸较大，接近甚至超过裂纹尺寸，已属于大范围屈服条件；有时塑性区尺寸甚至布满整个韧带宽度（$W-a$）（见式（5-32）），致使裂纹扩展前韧带已整体屈服。例如压力容器接管区、焊接件拐角处等由于应力集中和残余应力较高而屈服的高应变区就属于这种情况。此时，即使是较小的裂纹也会扩展并导致断裂。对于这类弹塑性裂纹的断裂，仅靠应力强度因子修正已无效，需要借助弹塑性断裂力学来解决。

（2）另一个任务是如何实测中、低强度钢的平面应变断裂韧度 K_{IC}。对于中、低强度钢制作的大截面零件（如汽轮机叶轮、转子，船体等），虽然裂纹尖端塑性区较大，但是零件尺寸也较大，故相对塑性区尺寸比较小，仍可用 K_{IC}进行断裂分析。但若要测定材料的 K_{IC}，试样尺寸必须很大，才能满足平面应变状态，而且也难以在一般试验机上试验。因此，需要发展弹塑性断裂力学，用小试样测定材料在弹塑性条件下的断裂韧度，再换算成 K_{IC}值。

弹塑性断裂力学常用的研究方法有 J 积分法和裂纹尖端张开位移（COD）法。前者是由 G_I 延伸而来的一种断裂能量判据；后者是由 K_{IC}延伸而来的断裂应变判据。本节将介绍两种断裂韧度的基本概念，关于它们的测试方法，读者可查阅国家标准《金属材料　准静态断裂韧度的统一试验方法》（GB/T 21143—2014）。

5.4.1 J 积分及断裂韧度 J_{IC}

J 积分有两种定义或表达式：一是线积分；二是形变功差率。

前文已述及，$G_I=-\dfrac{\partial U}{\partial A}=-\dfrac{\partial U}{B\partial a}$，当 $B=1$ 时，$G_I=-\dfrac{\partial U}{\partial a}$。赖斯（J. R. Rice，1968）对受载裂纹体的裂纹周围（见图 5-16）的系统势能 U 进行了线积分，得到了如下等式：

$$G_I=-\frac{\partial U}{\partial a}=\int_{\Gamma}\left(\omega \mathrm{d}y-\frac{\partial \boldsymbol{u}}{\partial x}\right)\boldsymbol{T}\mathrm{d}s \tag{5-36}$$

式中，Γ 为积分路线，由裂纹下表面任一点绕裂纹尖端地区逆时针走向裂纹上表面任一点止构成；ω 为 Γ 所包围体积内的匝变能密度（$\omega=\int\sigma_{ij}\mathrm{d}\varepsilon_{ij}$）；$\boldsymbol{u}$ 为位移矢量；$\boldsymbol{T}$ 为应力矢量；$\mathrm{d}s$ 为沿 Γ 的弧长增量；x、y 为垂直裂纹前缘的直角坐标。

式（5-36）就是在线弹性条件下 G_I 的线积分表达式。在弹塑性条件下，如果将应变能密度 ω 改成弹塑性应变能密度，也存在式（5-36）等号右端的线积分，赖斯即称其为 J 积分，即

$$J=\int_{\Gamma}\left(\omega \mathrm{d}y-\frac{\partial \boldsymbol{u}}{\partial x}\right)\boldsymbol{T}\mathrm{d}s \tag{5-37}$$

在线弹性条件下，$J_I=G_I$，J_I 为 Ⅰ 型裂纹线积分。

赖斯还证明，在小应变条件下，J 积分和路线 Γ 无关（即沿路线 Γ 或路线 Γ'，J 积分值是不变的）。因此，我们可以把 Γ 取得很小，小到仅包围裂纹尖端。此时，因裂纹表面 $\boldsymbol{T}=0$，所以，J 积分值反映了裂纹尖端区的应变能，即应力应变集中程度。

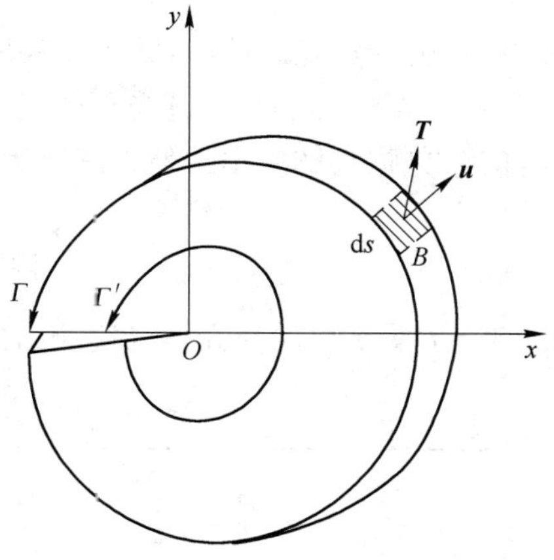

图 5-16　J 积分的定义

在证明 J 积分与路线 Γ 无关时，要求应力与应变之间有一一对应关系（如此，ω 才有确定的物理意义）。对于弹性材料，这个关系是确定存在的；而对于弹塑性材料，由于塑性变形是不可逆的，只有在单调加载、不发生卸载时，应力与应变之间才有一定的对应关系，才存在 J 积分与路线无关。

J 积分也可以用能量率的形式表达。在线弹性条件下，$J_{\mathrm{I}}=G_{\mathrm{I}}=-\frac{1}{B}\times\left(\frac{\partial U}{\partial a}\right)$，$J_{\mathrm{I}}$ 与 G_{I} 完全等同。同样可以证明，在弹塑性小应变条件下，J_{I} 也可以用此式表示，但其物理概念与 G_{I} 不同。在线弹性条件下，$-\frac{\partial U}{\partial a}$ 表示含有裂纹尺寸为 a 的试样，扩展为 $a+\Delta a$ 后系统势能的释放率。而在弹塑性条件下，因为不允许卸载，裂纹扩展就意味着卸载，所以，$-\frac{\partial U}{\partial a}$ 主要是表示裂纹尺寸分别为 a 和（$a+\Delta a$）的两个等同试样，在加载过程中的势能差值 ΔU 与裂纹长度差值 Δa 的比率，即所谓的形变功差率（见图 5-17）。正是这样，通常 J 积分不能处理裂纹的连续扩展问题，其临界值对应点只是开裂点，而不一定是最后失稳断裂点。

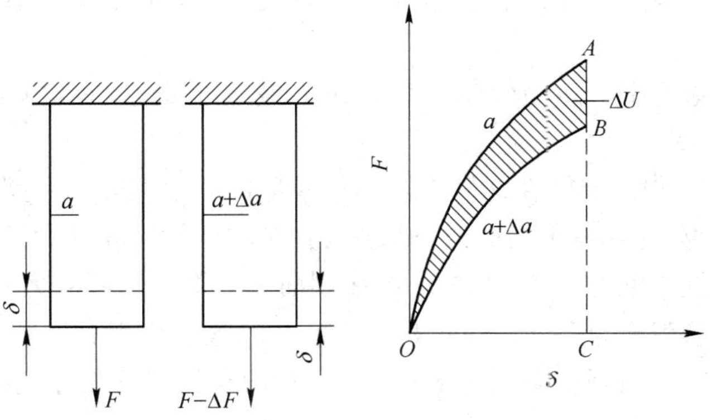

图 5-17　J 积分的形变功差率的意义

（a）试样；（b）载荷—位移曲线

在平面应变条件下，J 积分的临界值 J_{IC} 也称断裂韧度，但它是表示材料抵抗裂纹开始扩展的能力，其单位与 G_{IC} 相同，也是 MPa · m 或 MJ · m^{-2}。

根据 J_{I} 和 J_{IC} 的相互关系，可以建立断裂 J 判据：

$$J_{\mathrm{I}} \geqslant J_{\mathrm{IC}} \tag{5-38}$$

只要满足式（5-38），机件（或构件）就会开裂。

当我们测出 J_{IC}后，还可以借助式（5-39）间接换算出 K_{IC}以代替大试样的 K_{IC}，然后再按 K 判据去解决中、低强度钢大型件的断裂问题：

$$K_{\mathrm{IC}} = \sqrt{\frac{E}{1 - v^2}}\sqrt{J_{\mathrm{IC}}} \tag{5-39}$$

表 5-6 为 K_{IC}的换算值与实测值的比较，可见两者基本一致。

表 5-6　用 J_{IC}换算出的 K_{IC}与实测的 K_{IC}比较

材　料	状　态	小试样断裂韧度		实测
		J_{IC}/kJ · m^{-2}×10^4	换算成 K_{IC}/MPa · $m^{1/2}$	K_{IC}/MPa · $m^{1/2}$
45 号钢	余热淬火，600 ℃回火	4. 25~4. 65	96~100	97~105
30CrMoA		3. 5~4. 1	88~94	84~97
14MnMoNbB	900 ℃淬火，620 ℃回火	11. 0~11. 4	155~158	156~167

5. 4. 2　COD 法及断裂韧度 δ_c

本节一开始就提到，中、低强度钢机件由于材料的 σ_s 低，其裂纹尖端塑性应变区较大，在大范围屈服，甚至达到全面屈服后才断裂。既然这类弹塑性断裂前应变较大，因此可以以应变为参量，建立断裂应变判据。但是，由于裂纹尖端的应变量较小，难以精确测定，于是提出用裂纹尖端张开位移来间接表示应变量的大小。如图 5-18 所示，设一中、低强度钢无限大板中有Ⅰ型穿透裂纹，在平均应力 σ 作用下裂纹两端出现塑性区 ρ。裂纹尖端因塑性钝化不增加其长度 $2a$，但却沿 σ 方向张开，其张开位移 δ 即称为 COD（Crack Opening Displacement）。

在大范围屈服条件下，达洛代尔（Dugdale）建立了带状屈服模型（即 D-M 模型），导出了 COD 的表达式。

如图 5-19 所示，设理想塑性材料的无限大薄板中有长为 $2a$ 的Ⅰ型穿透裂纹（这是平面应力问题），在远处作用有平均应力 σ，裂纹尖端的塑性区 ρ 呈尖劈形。假定沿 x 轴将塑性区割开，使裂纹长度由 $2a$ 变为 $2c$。但在割面上、下方用压应力 σ_s 代替，以阻止裂纹张开。于是该模型就变为在（a，c）和（$-a$，$-c$）区间作用有压应力 σ_s，在无限远处作用有均匀 σ 的线弹性问题。通过计算得到 A、B 两点的裂纹张开位移，即 COD 的表达式为

$$\delta = \frac{8\sigma_s a}{\pi E}\ln\sec\left(\frac{\pi\sigma}{2\sigma_s}\right) \tag{5-40}$$

在裂纹开始扩展的临界条件下：

$$\delta_c = \frac{8\sigma_s a_c}{\pi E}\ln\sec\left(\frac{\pi\sigma_c}{2\sigma_s}\right) \tag{5-41}$$

式中，δ_c 为材料的断裂韧度，但它是表示材料阻止裂纹开始扩展的能力。因为大量试验表

明，只有选择开裂点作为临界点所测出的 δ_c 才是与试样几何尺寸无关的材料性能，并可以根据 δ 和 δ_c 的相对大小关系，建立断裂 δ 判据：

$$\delta \geqslant \delta_c \tag{5-42}$$

δ 和 δ_c 的量纲为［长度］，单位为 mm。一般钢材的 δ_c 大约为零点几到几毫米。δ 判据和 J 判据一样，都是裂纹开始扩展的断裂判据，而不是裂纹失稳扩展的断裂判据。

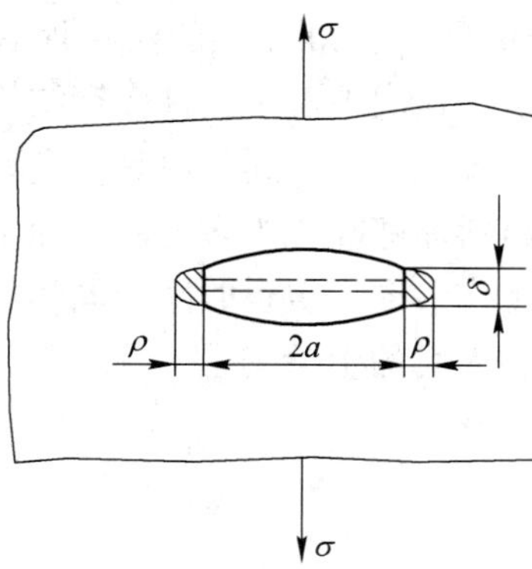

图 5-18　裂纹张开位移

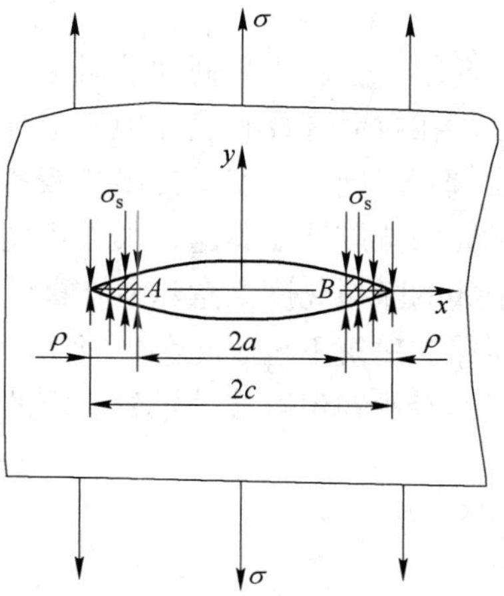

图 5-19　带状屈服模型

根据式（5-41），如果已知材料的 δ_c、σ_s 和 E，并已知构件中的裂纹尺寸 a 后，就可算出含裂纹薄壁构件的开裂应力 σ_c；或已知 δ_c、σ_s、E 和外加应力 σ，确定允许存在的裂纹长度 a_c。

若将式（5-40）用级数展开，则：

$$\delta = \frac{8\sigma_s a}{\pi E}\left[\frac{1}{2}\left(\frac{\pi\sigma}{2\sigma_s}\right)^2 + \frac{1}{12}\left(\frac{\pi\sigma}{2\sigma_s}\right)^4 + \frac{1}{45}\left(\frac{\pi\sigma}{2\sigma_s}\right)^6 + \cdots\right]$$

当 σ 较小时（$\sigma \ll \sigma_s$），$\left(\frac{\pi\sigma}{2\sigma_s}\right)$ 高次方项很小，可以忽略，只取第一项得：

$$\delta = \frac{\pi\sigma^2 a}{E\sigma_s} \tag{5-43}$$

在临界条件下：

$$\delta_c = \frac{\pi\sigma_c^2 a_c}{E\sigma_s} \tag{5-44}$$

式（5-43）、式（5-44）是在小范围屈服条件下获得的，也可以建立断裂 δ 判据。同时，δ_c 与其他断裂韧度指标之间还可以联系起来。如在平面应力条件下，有：

$$\delta_c = \frac{\pi\sigma_c^2 a_c}{E\sigma_s} = \frac{K_c^2}{E\sigma_s} = \frac{G_c}{\sigma_s} \tag{5-45}$$

在平面应变条件下，由于裂纹尖端金属材料的硬化作用，以及裂纹尖端存在三向应力状态，式（5-45）变为

$$\delta_c = \frac{1-v^2}{nE\sigma_s}K_{IC}^2 = \frac{G_{IC}}{n\sigma_s} \tag{5-46}$$

式中，n 为关系因子，且 $l \leqslant n \leqslant 1.5 \sim 2.0$，当裂纹尖端为平面应力状态时，$n=1$；当裂纹尖端为平面应变状态时，$n=2$。

由此可见，在小范围屈服条件下，断裂韧度 δ_c 可以和 K_c（K_{IC}）、G_c（G_{IC}）互相换算，而且用它们建立的断裂判据是等效的。但在大范围屈服（$\sigma \leqslant 0.6\sigma_s$）条件下，仍然要使用式（5-40）、式（5-41）计算。如果材料发生了整体屈服（$\sigma=\sigma_s$），则 D-M 模型不能应用。

本章介绍了金属断裂韧度的概念、测试方法和影响因素。断裂韧度在工程实践中有重要的应用，在材料选择和设计中考虑断裂韧度是十分重要的。2008 年的汶川地震是一次对我国建筑和基础设施安全提出严峻考验的自然灾害。在这次地震中，许多钢结构建筑表现出了优异的抗震性能，这在很大程度上得益于这些建筑使用的金属材料具有良好的断裂韧度。金属的断裂韧度高意味着在极端条件下，这些材料能够吸收更多的能量而不发生断裂，从而保护建筑不至于在第一时间内崩塌，为救援工作争取了宝贵时间。同学们应认识到，你们的专业知识直接关系到国家的基础设施建设和人民的生命安全。

思考题

5-1 为什么研究裂纹扩展的力学条件时不用应力判据而用其他判据？

5-2 试述应力场强度因子的意义及典型裂纹 K_I 的表达式。

5-3 试述 K 判据的意义及用途。

5-4 试述裂纹尖端塑性区产生的原因及其影响因素。

5-5 试述塑性区对 K_I 的影响及 K_I 的修正方法和结果。

5-6 试用 Griffith 模型推导 G_I 和 G 判据。

5-7 简述 J 积分的意义及其表达式。

5-8 简述 COD 的意义及其表达式。

5-9 试述 K_{IC} 的测试原理及其对试样的基本要求。

5-10 试述 K_{IC} 与材料强度、塑性之间的关系。

5-11 试述影响 K_{IC} 的冶金因素。

6 钢的冷脆及冲击韧性

高速作用于物体上的载荷称为冲击载荷。许多机器零件在服役时往往受冲击载荷的作用，如飞机的起飞和降落；内燃机膨胀冲程中气体爆炸推动活塞和连杆，使活塞和连杆间发生冲击；金属件的冲压和锻造加工等。这些零件之间的冲击，常常使它们过早地发生损坏，因此在机械设计中必须考虑冲击问题。为评定材料传递冲击载荷的能力，揭示材料在冲击载荷作用下的力学行为，就需要进行冲击载荷下的力学性能试验。

冲击载荷与静载荷的主要区别在于加载速率不同。实践表明，应变速率在 10^{-4} ~ 10^{-2} s^{-1}内，金属力学性能没有明显变化，可按静载荷处理。当应变速率大于 10^{-2} s^{-1}时，金属力学性能将发生显著变化，这就必须考虑由于应变速率增大而带来力学性能的一系列变化。如同降低温度一样，提高应变速率将使金属材料的变脆倾向增大，因此冲击力学性能试验方法可以揭示金属材料在高应变速率下的脆断趋势。

零部件在复杂应力下工作时，强度指标可依据应力水平、零件尺寸和形状计算。但即使强度满足，仍有断裂风险，因此引入了韧性指标。韧性指材料在承受载荷（包括静力载荷、变动载荷等）时从裂纹形成到断裂过程中吸收能量的能力。韧性分为静力韧性、冲击韧性和断裂韧性三种。静力韧性见 3.2 节，断裂韧性见第 5 章，本章重点介绍冲击韧性，以及金属的低温脆性。

6.1 冲击载荷下金属变形和断裂的特点

6.1.1 冲击载荷特征与形变速率

冲击载荷与静载荷的最大区别在于加载速率的差别，前者加载速率很高，而后者加载速率低。加载速率是单位时间内作用于试样上的加载应力增加值，即 $\frac{d\sigma}{dt}$，单位为 MPa/s。加载速率越大，金属的形变速率越大，在工程实践中测量工件承受的载荷变化比较困难，而测量变形和位移比较容易。所以在很多文献中用形变速率表示加载速率。

如果把条件应变率表示为 $\dot{\delta}$ (1/s) 则有（δ 为条件应变）：

$$\dot{\delta} = \frac{d\delta}{dt} = \frac{d(l - l_0)/l_0}{dt} = \frac{l}{l_0}\frac{dl}{dt} = \frac{v}{l_0}$$

可见 $\dot{\delta}$ 与冲击速度 v 成正比，只要冲击速度（如冲锤速度或试验机夹头移动速度）确定，则条件应变率也就确定。但真实应变率却不是这样，如果把真应变速率表示成 $\dot{\varepsilon}$，也称为相对变形速率：

$$\dot{\varepsilon} = \frac{\mathrm{d}\varepsilon}{\mathrm{d}t} = \frac{\mathrm{d}[\ln(l/l_0)]}{\mathrm{d}t} = \frac{l}{l}\frac{\mathrm{d}l}{\mathrm{d}t} = \frac{v}{l}$$

相对形变速率是单位时间内真应变的变化量，也称为应变率，单位为 s^{-1}，常用的是相对形变速率。可见即使夹头移动速度 v 确定，但 $\dot{\varepsilon}$ 并不确定，因为试样长度 l 是在变化的，真实应变率和条件应变率 $\dot{\delta}$ 之间的关系为：

$$\dot{\varepsilon} = \frac{v}{l} = \frac{l_0\dot{\delta}}{l} = \frac{\dot{\delta}}{1+\delta}$$

一般地，应变率小于 $10^{-2}\ s^{-1}$ 金属力学性能没有明显变化，可以按静载荷处理；应变率大于 $10^{-2}\ s^{-1}$（爆炸成型的应变速率可达 $10^4 \sim 10^6\ s^{-1}$），力学性能发生明显变化，金属材料出现变脆趋势，此时需要考虑冲击载荷对金属力学行为和力学性能的影响。

6.1.2 冲击载荷对弹性变形的影响

弹性变形在介质中以声速传播，钢中的声速约为 5×10^3 m/s，而普通机械冲击时的绝对形变速率在 10^3 m/s 以下（摆锤试验冲击试样的速度约为 4.0~5.5 m/s），这样，冲击弹性变形总能紧跟上冲击外力的变化，因而应变速率对金属材料的弹性行为及弹性模量没有影响。但是，应变速率对塑性变形、断裂及有关的力学性能却有显著的影响。

6.1.3 冲击载荷对塑性变形和断裂的影响

塑性变形发展缓慢，如果加载速率较大，则塑性变形来不及充分进行或者不能进行，因此加载速率对于塑性变形和断裂的许多性能有显著的影响。

（1）附加强化。冲击载荷→位错运动速率增大→晶格阻力（派纳力）增大→位错滑移的临界切应力增大→金属产生附加强化（屈服强度、流变应力、抗拉强度）。

（2）塑性变性不均匀性。冲击载荷→位错源同时开动→抑制易滑移→增加位错密度和滑移系数量→减少位错运动平均自由程、增加点缺陷浓度→塑性变形极不均匀→屈服强度、流变应力和抗拉强度显著提高。

（3）断裂方式对断裂应力和塑性的影响如下：

1）对于切断型材料（塑性材料），冲击载荷下断裂应力随应变率增大显著增加，塑性可能不变，也可能提高（密排六方金属爆炸成形）。

2）对于正断型材料（脆性和低塑性材料），冲击载荷下断裂应力变化不大，塑性随应变率增大而减小。

3）对于不含缺口的试样，冲击能被试样均匀吸收，试样内的应力和应变分布是均匀的。对于含有缺口的试样，则缺口根部的单位体积将吸收更多的能量，使局部应变和应变速率大幅度提高。通过测定缺口试样在冲击载荷下的冲击韧性，可以反映出加载速率和缺口效应对金属材料韧性的综合影响。

6.1.4 静力和冲击作用的区别

在工件或构件的工作过程中会经常遇到冲击情况。但是冲击这个概念在学科上并没有确切的定义。因为很难说什么样的载荷是冲击载荷而另一些不是。普遍认为快速作用的载荷或者载荷变化比较快的情况具有冲击特性。冲击作用给工件带来的影响远比静载荷大得多。因为冲击载荷造成的效应随冲击速度的提高而显著改变。

一般意义上，冲击指的是载荷变化比较快、对应的材料变形速率比较大，载荷作用的速度不太容易精确表示的时候，采用变形速率来表示冲击特性。载荷速度可以用单位时间内、单位面积上载荷增加的数值表示，其量纲是 $MN/(m^2 \cdot s)$。从变形速率的角度考虑，则认为，载荷速度比较大变形速率也比较大，所以用单位时间的变形量表示，其量纲是 s^{-1}。

在一定的温度下，静力载荷作用范围内，材料的性能没有显著的变化。当变形速率很大时，金属力学性能将发生显著变化，并且随变形速率的增加而加剧。

冲击负荷除了具有大的变形速率带来的作用之外，还具有能量特性。冲击作用是冲击功，必须测量载荷作用的时间及载荷作用那个瞬间的速度变化才能计算：

$$F\Delta l = m(v_2 - v_1) \tag{6-1}$$

式中，m 为质量；v 为速度；l 为长度。

在短暂时间里速度变化是很难测量的。而且这个短暂时间内作用力 F 也是变化的。所以总是把冲击作用力作为能量处理而不是表示为力。静力作用时零部件所表现的是载荷大小和零部件本身中间的关系，而冲击载荷作用时除了与载荷作用大小有关以外，还与作用时间、变化幅度、环境联系也密切相关。例如，我们用一个人的静力把一个铁钉挤入木材内非常困难，但是用一个小锤可以轻松地把它钉入木板。又例如，把生铁放在散软的干砂上，是不容易敲断的，而如果放在铁砧上，同样的力就能非常容易地敲断。这是能量作用和静力作用有差别的一个表现。另外，静力作用下零部件承受的载荷大小取决于零部件最小的截面积，而冲击载荷作用时，不仅与零部件的大小、截面积有关，还与零部件形状和体积有关。在冲击载荷作用下，若零件不含缺口，则冲击能量被零件的整个体积均匀地吸收，从而应力和应变也是均匀分布的；零件体积越大，单位体积吸收的能量越小，零件所受的应力和应变也越小。若零件有缺口，则冲击能量大多由缺口根部的材料所吸收，从而使缺口局部的应变和应变速率大大提高，所以受冲击的零件要尽量避免断面尺寸的变化。

冲击能量作用下零部件变形与破坏过程仍然分为弹性变形、塑性变形和断裂三个阶段。

弹性波在钢铁材料中的传播速度达到 4000 m/s 以上，而冲击试验机的摆锤冲击速度为 5~7 m/s，实验室能够实现的最高冲击速度也只有 1000 m/s ，所以冲击载荷对于材料的弹性性质没有显著的影响。

显微观察表明，在静载荷作用下，塑性变形能够比较均匀地分布于各个晶粒中；而在冲击载荷下，塑性变形主要集中在某些局部区域，这表明冲击载荷下的塑性变形是极不均匀的。这种不均匀情况限制了塑性变形的发展，导致屈服强度和抗拉强度提高。且屈服强度提高得较多，抗拉强度提高得较少。

冲击韧性在工程上这样定义：采用标准试验方法将标准试样一次冲击断裂时试样吸收的能量称为材料或者试样的冲击韧性。用冲击吸收功表示韧性大小。

这里的几个词汇具有明显的特殊含义：

（1）试样必须是标准的，以便进行试验数据比较和制作试样时按照规格尺寸加工；各国标准都规定了相同尺寸和形状的冲击试样。

（2）试验方法也必须统一：冲击能量有 150 J 和 300 J 两个级别（特殊情况可选50 J）。

（3）冲击速度要求摆锤打击试样时的瞬时速度约为 5 m/s；试样摆放在固定距离的两支点之间。

（4）支点与试样的接触角度、试样摆放的水平度、冲击锤的冲击圆角和冲击力的垂直度都做了详细的规定。

（5）试验进行时，试样必须一次冲击断裂，如果试样没有断裂，这个试样的试验结果必须注明“试样未断”字样。

（6）试样吸收的冲击功严格来讲包括机架底座吸收的振动能量和打出试样的抛出功在内，很多情况下不能区分。

（7）冲击断裂试样吸收功也可以分为试样的弹性变形功 A_e、裂纹形成之前的塑性变形功 A_p 和裂纹形成到断裂的吸收功 A_k 三部分。将此三部分功与试样的挠度 f 的关系作图，如图 6-1 所示。

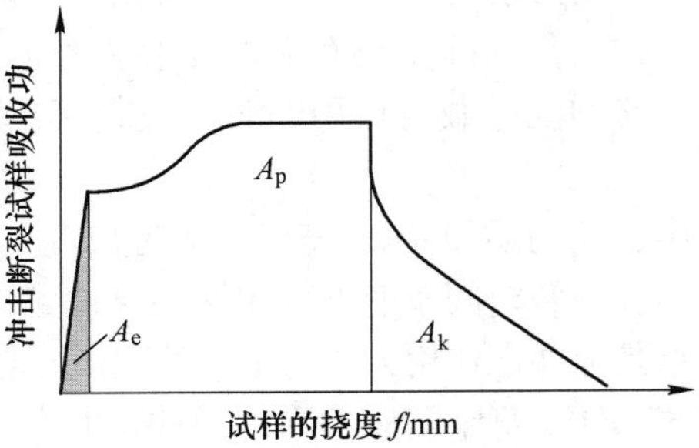

图 6-1　试样断裂吸收功与挠度关系曲线

把这个结果算作材料和试样的冲击韧性指的是材料在这种组织状态具有的吸收能量的本领，试样具有的冲击韧性。

冲击试验条件的一般参数如下：冲击试验一般情况下必须采用标准设备，但是有的国家标准也带有这样的词汇：“(可以采用) 能够完成规定任务的其他设备”。如果这样，下述一些条件是必须满足的。

（1）试验机的冲击能量是 150 J 或者 300 J。

（2）冲击锤打击试样时的瞬时速度是 4. 8~5. 0 m/s。

（3）冲击锤打击试样的刀口部位圆弧半径为 8 mm。

（4）试样必须水平摆放，冲击作用力水平作用。

（5）试样支点之间的距离是 40 mm。

（6）试样支座端部圆弧半径：约 15 mm。

（7）支座支撑面倾角：0°。

（8）冲击刀夹角：30°。

（9）冲击刀厚度：16 mm。

（10）冲击温度范围：-60 ℃ ~ 常温（其他温度试验必须标注清楚）。

（11）均温区范围：30 mm×60 mm。

（12）从低温箱取出试样到冲击的时间间隔：≤1. 5 s。

（13）温度梯度：2 ℃。

（14）温度波动：±1. 5 ℃。

6. 2　冲击弯曲试验和冲击韧性

6. 2. 1　冲击弯曲试验的原理

为了显示加载速率和缺口效应对金属材料韧性的影响，需要进行缺口试样冲击弯曲试验，测定材料的冲击韧性。冲击韧性是指材料在冲击载荷作用下吸收塑性变形功和断裂功的能力，常用标准试样的冲击吸收能量 K 表示。

缺口冲击弯曲试验的原理如图 6-2 所示。试验在摆锤式冲击试验机上进行。试验时，先将试样水平放在试验机支座上，缺口位于冲击相背方向，并使缺口位于支座中间，然后将具有一定质量 m 的摆锤举至一定的高度 H_1，使其获得一定初始势能 mgH_1。释放摆锤冲断试样，摆锤的剩余能量为 mgH_2，则摆锤冲断试样失去的势能为 mgH_1-mgH_2，这就是试样变形和断裂所消耗的能量，称为冲击吸收能量，以 K 表示，单位为 J。

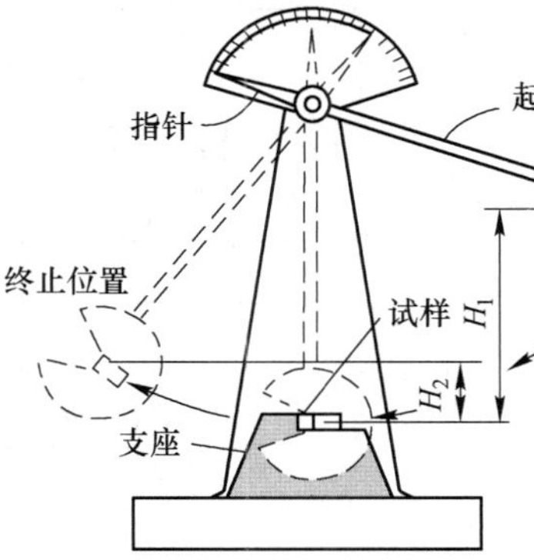

图 6-2 冲击弯曲试验的原理图

夏比（Charpy）冲击弯曲试验标准试样常为 10 mm×10 mm×55 mm 的 U 形或 V 形缺口试样，分别称为夏比 U 形缺口试样和夏比 V 形缺口试样，两种试样的尺寸及加工要求，如图 6-3、图 6-4 所示。图 6-3（b）是摆锤刀刃及试样支座主要尺寸。用不同缺口试样测得的冲击吸收能量分别记为 K_U 和 K_V，并用下标数字 2 或 8 表示摆锤刀刃半径，如 K_{U_2}、K_{V_2}、K_{U_8}、K_{V_8}。另外，对铸铁或工具钢等脆性材料，冲击试验常采用 10 mm×10 mm×55 mm 的无缺口试样，详细规定见国家标准《金属材料 夏比摆锤冲击试验方法》（GB/T 229—2020）。

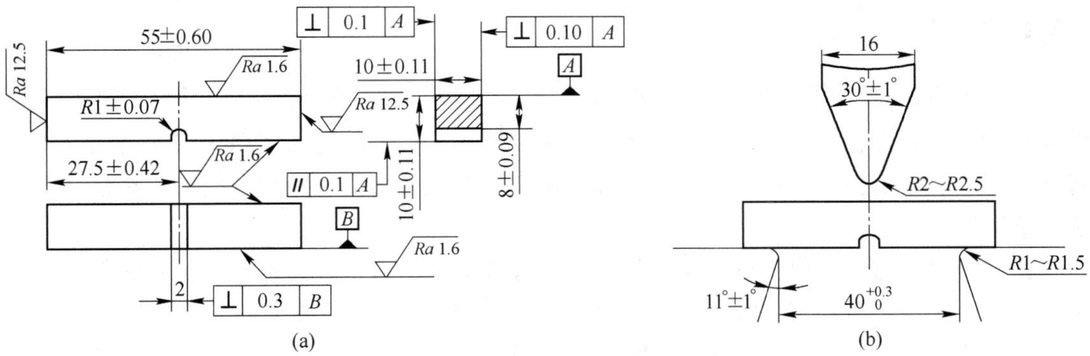

图 6-3 夏比 U 形缺口冲击试样及摆锤刀刃支座尺寸参数
（a）夏比 U 形缺口冲击试样；（b）试样支座及摆锤刀刃

试样开缺口是为了使试样在承受冲击时在缺口附近造成应力集中，使塑性变形局限在缺口附近不大的体积范围内，并保证试样一次就被冲断且使断裂就发生在缺口处。缺口越深、越尖锐，冲击吸收功越低，材料的脆化倾向越严重。

应该指出，同一材料不仅在不同冲击试验机上测得的冲击吸收能量 K 值不同，即使在同一试验机上进行冲击弯曲试验，缺口形状和尺寸不同的试样、有缺口试样和无缺口试样、非标准试样和标准试样测得的吸收能量值也不相同，不存在换算关系，不能对比。在冲击试验报告中必须注明试样形状及尺寸。试样的加工精度必须满足国家标准的要求。检

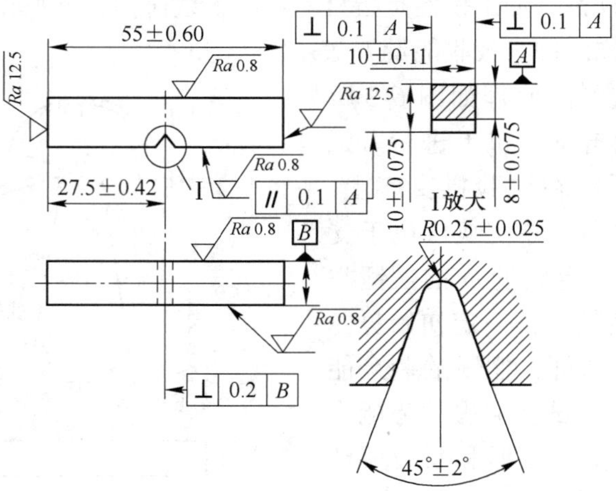

图 6-4 夏比 V 形缺口冲击试样

查试样尺寸所用的量具精度应不低于 0.02 mm。同时，查阅国内外材料性能数据，评定材料脆断倾向时，要注意冲击弯曲试验的条件。

冲击吸收能量 K 的大小并不能真正反映材料的韧脆程度，因为缺口试样冲击吸收的能量并非完全用于试样变形和破断，其中有一部分能量消耗于试样掷出、机身振动、空气阻力及轴承与测量机构中的摩擦消耗等。金属材料在一般摆锤冲击试验机上试验时，这些能量是忽略不计的。但当摆锤轴线与缺口中心线不一致时，上述损耗比较大。所以，在不同试验机上测得的 K 值彼此可能相差 10%~30%。

6.2.2 冲击试样断裂过程分析

在冲击试验所得到的冲击功 K_U 和 K_V 中，不仅包括试样在冲击断裂过程中吸收的弹性变形功，而且也包括吸收的塑性变形功和裂纹形成及扩展功等。但简单的冲击试验不能将这些不同阶段消耗的功区分开来，因此冲击功只能是一种混合的韧性指标，在设计中不能定量使用。

如在夏比冲击试验机上安装示波冲击系统等能对冲击过程进行监测和记录的系统，就可测得材料在冲击载荷下的载荷-挠度曲线（见图 6-5），曲线所围成的面积即冲击功。在冲击载荷-挠度曲线上，P_C 之前为弹性变形阶段；从 P_C 开始，试样进入塑性变形和形变强化阶段。由于缺口的存在，塑性变形只发生于缺口根部附近的局部范围，而且缺口越尖锐、参与塑性变形的材料体积越小，得到的冲击功就越低。当载荷达到 P_{max} 时，塑性变形已贯穿整个缺口截面，缺口根部开始横向收缩（相当于颈缩变形），承载面积减小，试样承载能力降低，载荷下降。在 P_{max} 附近，在试样的内部萌生裂纹，视材料韧性情况，裂纹可能萌生于 P_{max} 之前，也可能在之后。于是缺口根部变为三向应力状态，应力最大值不在缺口根部表面，而是在试样内部距缺口根部一定的距离处，因而裂纹会萌生于距缺口一定距离的试样内部，如图 6-6 所示。裂纹形成以后，向两侧宽度方向和前方深度方向扩展，其机制遵循微孔聚集型断裂规律。在裂纹扩展过程中，载荷继续下降，载荷达到 P_F 时，裂纹已扩展到缺口根部的整个宽度。因试样中部约束较强，裂纹扩展较快，形成缺口前方的脚跟形纤维区。随着裂纹尺寸的增大，裂纹在 P_F 点开始失稳扩展，形成试样中心的结晶状断口区，呈放射状特征；与此对应的载荷陡降到 P_D。此时裂纹前沿已进入试样的压应力区，尚未断裂的截面面积已比较小，与两侧一样已处在平面应力状态下，变形比较自由，形成二次纤维区和剪切唇，相应的载荷由 P_D 降低到零。研究表明，试样背面横向扩展量、缺口根部横向收缩量及剪切唇的厚度都是衡量材料韧性的参数。

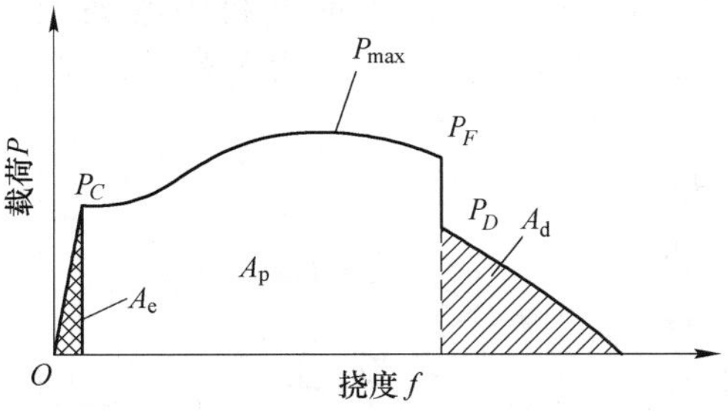

图 6-5 缺口冲击试样的载荷-挠度曲线

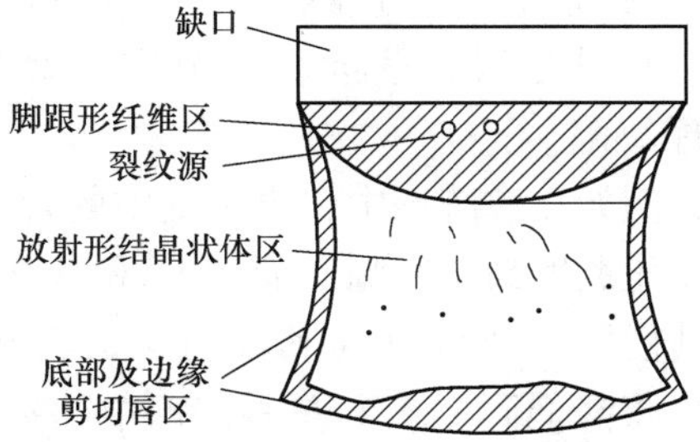

图 6-6 韧性材料的冲击试样断口

按照断裂过程的特点，可将试样的冲击功分为弹性变形功 A_e，塑性变形、形变强化和裂纹形成等过程吸收的功 A_p 及裂纹扩展功 A_d。材料不同、试样形状不同，载荷-挠度曲线中冲击功各部分所占的比例也不同。

不同的材料虽然可能具有相同的冲击值，但冲击过程中各阶段吸收功的相对比例不同，其物理意义就相差很大。图 6-7 列出了三种典型材料的载荷-挠度曲线，它们在冲击曲线下包围的面积相等，但材料 A 的强度高、塑性低、无裂纹扩展功部分，说明这种材料裂纹难以形成但裂纹却极易失稳扩展；材料 B 的强度较高，裂纹较难形成，且具有一定的抵抗裂纹扩展的能力；材料 C 的强度低并具有较大的抵御裂纹扩展的能力。因此，相同冲击值的不同材料，其冲击值所反映的物理意义可以相差很大。于是在机械设计选材中，最好将冲击值与材料的冲击载荷-挠度曲线结合起来综合加以考虑。

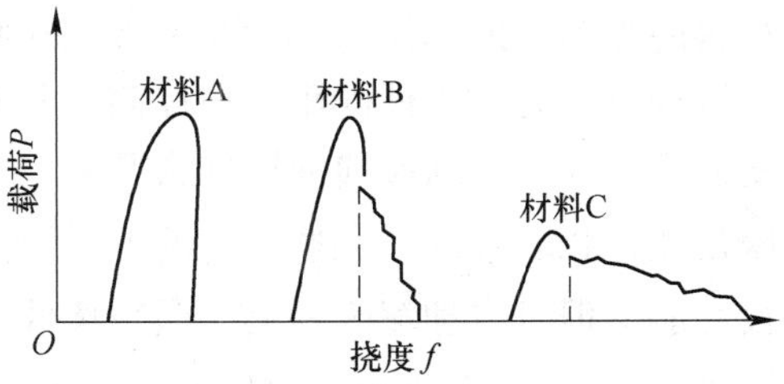

图 6-7 三种典型材料的冲击载荷-挠度曲线

另外，缺口的形式也对冲击功数值有很大的影响，见表 6-1。缺口越尖锐（如预制裂纹），试样的冲击功越小。因此，进行缺口冲击试验时应根据材料的韧性情况，选择合适的缺口形式。如对韧性很高的材料，应选用尖锐缺口试样；而对于韧性低的材料，可选用钝缺口试样甚至不开缺口。

表 6-1 缺口形式对某低合金钢冲击功的影响

缺口形式	U 形缺口	V 形缺口	预制裂纹
冲击韧性/$J \cdot cm^{-2}$	68	28	10

6.2.3 冲击试验的用途

虽然冲击吸收功并不能真正代表材料的韧脆程度，但由于它们对材料内部组织变化十分敏感，而且冲击弯曲试验方法测量迅速简便，所以仍被广泛采用，并将材料的冲击功 K 与 σ_s、σ_b、δ、ψ 等一起称为材料的五大常规力学性能指标。

缺口冲击弯曲试验的主要用途，是揭示材料的变脆倾向、评定材料在复杂受载条件下的寿命与可靠性。具体来说，冲击试验主要用在以下几个方面。

(1) 用于控制材料的冶金质量和铸造、锻造、焊接及热处理等热加工工艺的质量。通过测量冲击吸收功和对冲击试样进行断口分析，可揭示原材料中的夹渣、气泡、严重分层、偏析及夹杂物等冶金缺陷，检查过热、过烧、回火脆性等锻造或热处理缺陷。

例如在沸腾钢中，由于钢中的含氧量高，其脆性转化温度高于室温，而用 Si 和 Al 脱氧的全镇静钢其韧脆转化温度（其确切含义将在 6.3 节中讲到）将降低到-20 ℃左右；钢中的夹杂物严重时，会使纵向（LB、LH）和横向（BH）取样的冲击韧性值差别很大，如图 6-8 所示。锻造或热处理过热和热处理不当造成的回火脆性，都将使材料的冲击韧性大幅度降低。

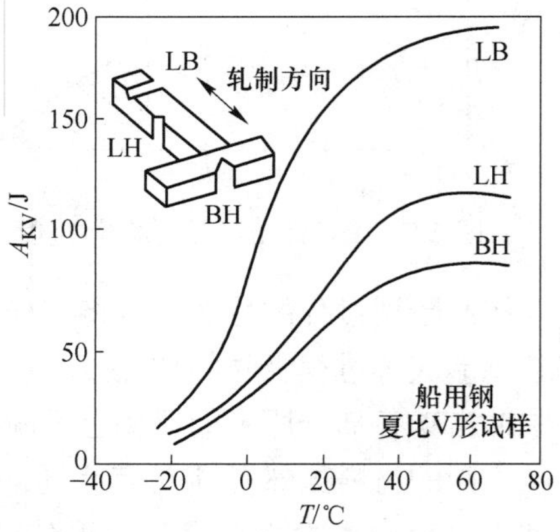

图 6-8　轧制方向对船用钢冲击功的影响

(2) 根据系列冲击试验（低温冲击试验）评定材料的冷脆倾向，供选材时参考或用于抗脆断设计。设计时，要求机件的服役温度高于材料的韧脆转变温度。评定脆断倾向的标准常常是与材料的具体服役条件相联系的。在这种情况下所提出的材料冲击韧性值要求，虽然不是一个直接的服役性能，但可以理解为和具体服役条件有关的性能指标。

(3) 对于 σ_s 大致相同的材料，用 K_V（K_U）可以评定材料对大能量一次冲击载荷下破坏的缺口敏感性。

一些特殊条件下服役的零件（如炮弹、装甲板等）均承受较大能量的冲击，这时 K 值就是一个重要的抗力指标。对于一些承受大能量冲击的机件，K 值也可作为一个结构性能指标以防发生脆断。例如，美国在第二次世界大战期间及战后的几年中，共有 250 多艘海船发生了脆断事故，为了查清产生事故的原因，曾进行了大量的研究。研究结果表明，发生事故时的温度大多数均在 4.4 ℃左右，此温度下发生裂纹的船用钢板的冲击功（K_V）大部分均低于 10 ft · lbf（13.6 J），而且裂纹源都在应力集中处，如结构拐弯处、焊接缺陷及意外损伤所引起的缺口处。综合上述分析，认为船用钢板冲击功的高低是引起脆断的重要原因。于是，后来规定在工作温度下船用钢板的冲击功不应低于 15 ft · lbf（20.3 J），从而杜绝了脆断事故的发生。

(4) 利用夏比 V 形缺口冲击试验试样尺寸小、加工方便、操作容易、试验快捷等优点，通过建立冲击功与其他力学性能指标间的联系，代替较复杂的试验。如用材料的冲击功来估算材料的断裂韧性 K_{IC}，以代替断裂韧性试验；用预制裂纹试样的示波冲击试验，测定材料在冲击加载条件的断裂韧性 K_{Id}等。

6.3 低温脆性

6.3.1 低温脆性现象

材料因温度的降低由韧性断裂转变为脆性断裂，冲击吸收功明显下降，断裂机理由微孔聚集型变为穿晶解理，断口特征由纤维状变为结晶状的现象，称为低温脆性或冷脆。用冲击试验确定时，塑性材料冲击功小于4 J，便可以认为出现了脆性。由韧性状态逐步转变为脆性状态的转变温度 T_c 称为韧脆转变温度。对于具有bcc结构以及一些hcp结构的金属和合金有明显的韧性降低的温度。

低温脆性可以用拉伸方法确定，在不同的温度下进行拉伸，把各个不同温度的屈服强度和抗拉强度随温度变化表示成曲线（见图6-9）。还可以用系列温度冲击试验的方法确定韧脆转化温度（见图6-10）。

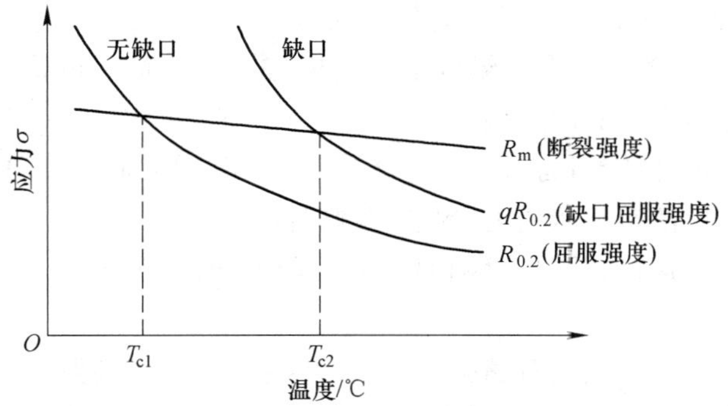

图6-9 拉伸试验确定韧脆转化温度

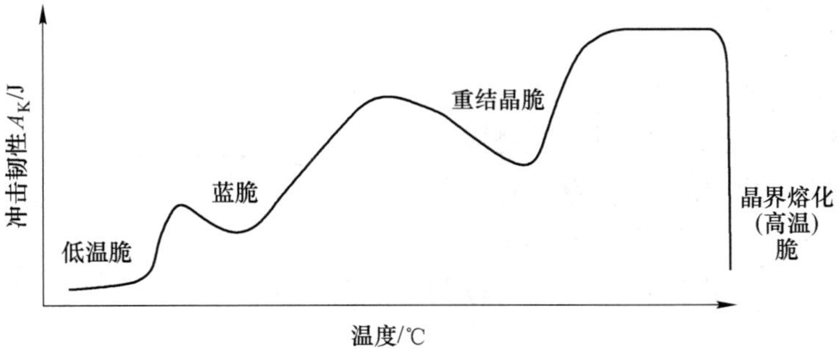

图6-10 钢材冲击试验温度和冲击韧性之间的关系

6.3.2 低温脆性的本质

6.3.2.1 低温脆性的力学本质

首先各种材料的冷脆对应比较低的温度，具有比较低的冲击吸收功。对于一定的材料，随应力增加，有如下规律：

(1) $T > T_c$ 时，应力水平首先达到 $R_{0.2}$，材料先屈服后断裂，韧性断裂。

(2) $T < T_c$ 时，应力首先达到 R_m，材料来不及发生塑性变形而发生脆性断裂。

试验事实说明，抗拉强度随温度变化比较平缓，而屈服强度随温度变化非常明显，所以两条曲线有交点。其次是缺口可能明显地提高韧脆转化温度，使材料脆化。

如图 6-10 所示，钢铁材料在一系列温度下进行冲击试验时，冲击值随温度变化出现几个冲击韧性比较低的区域。这几个区域被我们称作脆性区域。最靠近低温区域（曲线的最左端）的韧性下降，称为低温脆性区域。向右依次称为蓝脆、重结晶脆和最右端的晶界熔化（高温）脆。

6.3.2.2 低温脆性的物理本质

断裂微观机理为：在金属中发生位错运动是与原子扩散速度相对应的过程。位错理论可以证明位错运动有一个极限速度。在温度比较低的时候，原子扩散能力降低，位错来不及发生实际的运动，而此时应力作用又比较集中，可以发生由应力集中而导致的冷脆解理断裂；低温脆断基本上不具有塑性变形现象。在低温时，由于位错运动阻力显著大于常温，位错特别容易塞积。塞积位错的前端容易形成应力集中情况，理论计算说明，塞积群前端，与滑移面呈 75°角的位置形成应力集中区域，引发裂纹，使金属发生早期断裂。

bcc 金属中 C、N 间隙原子在位错区形成柯氏气团，增加了位错运动的阻力。间隙原子固定位错的能力随温度降低而提高。

在温度高于 T_c 时，位错阻力低，产生微孔聚集型断裂；在温度低于 T_c 时，产生解理断裂。由微孔聚集型韧性断裂转变为冷脆穿晶解理断裂。

低温脆性的实质是材料屈服强度随温度的下降而急剧增加，但材料的断裂强度 σ_f 却随温度变化较小的结果。

低温脆性还和前面讲的温度对屈服强度的影响相关。低温脆性主要发生在结构钢中，具有 bcc 结构的金属 p-n 力对温度非常敏感，而 Al、Cu、Ni 及其合金不会发生低温脆性（低温脆性与晶格阻力——派纳力有关）。

6.3.3 低温脆性的影响因素

6.3.3.1 晶体结构、强度等级和试验温度

材料的晶体结构越复杂，对称性越差，位错运动阻力越大，派纳力越大，发生低温脆性的倾向就会越明显。所以体心立方和密排六方金属的冷脆倾向严重。而面心立方晶体冷脆倾向不显著。

从强度等级来讲，低、中强度的钢冷脆转变明显，高温、低温冲击能量差别大。而高强度钢冷脆转变不明显，但是冲击能量水平低。图 6-11 是三种不同强度水平的钢不同温度系列冲击时冲击功变化情况。图 6-12 是 4340 钢不同温度冲击功和断口百分比关系（各种断裂形貌和说明见第 4 章）。

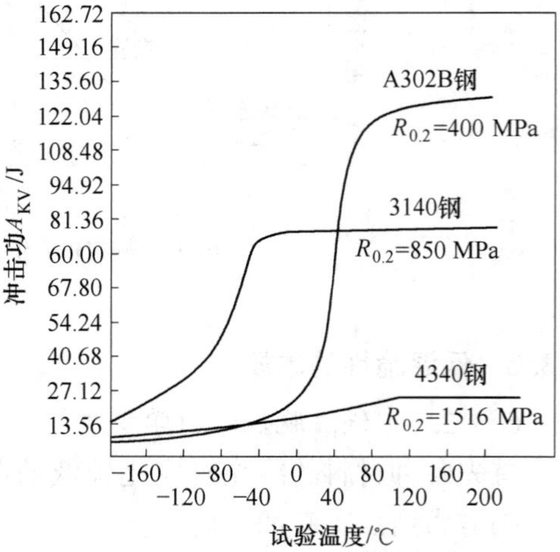

图 6-11 强度等级对韧脆转化温度的影响

45Si2Cr 钢经过淬火和中温回火的数据

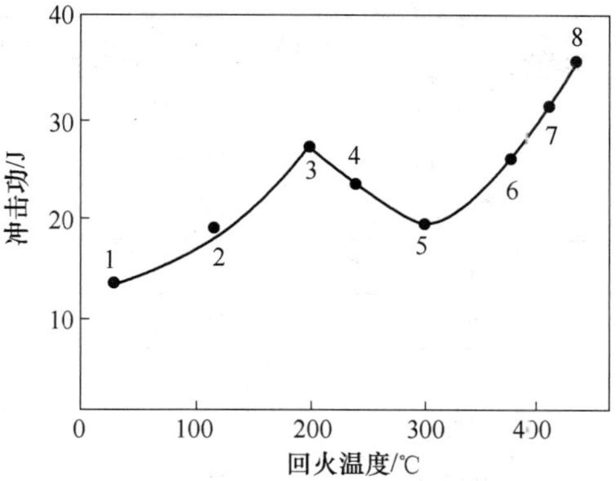

图 6-12 40CrNiMo（4340）钢回火温度和冲击功曲线
1—40%CF30%DF20%GF；2—40%CF60%DF；3—30%CF70%DF；4—20%CF55%DF25%GF；
5—15%CF35%DF50%GF；6—10%CF80%DF10%GF；7—10%CF40%DF50%GF；
8—10%CF65%DF25%GF
CF—解理断裂；DF—微孔聚集型断裂；GF—晶间断裂

（见表 6-2）说明几乎不存在韧脆转化温度（但是冲击韧性比较低），其热处理条件和相关性能见表 6-3。

表 6-2 45Si2Cr 钢试样冲击试验结果

样号	在下列温度的冲击值/J				
	20 ℃	0 ℃	-20 ℃	-40 ℃	-50 ℃
11	17，18	13，14	10，12	11，9	10，10
12	15，15	14，16	13，14	13，13	12，14
13	16，20	14，12	12，12	11，12	11，12
21	16，14	15，18	16，14	13，14	14，12
22	16，16	14，14	12，15	13，12	13，12
23	14，17	16，14	10，12	13，11	10，11

表 6-3 45Si2Cr 钢热处理工艺及相关性能

淬火温度/℃	回火温度/℃	抗拉强度 σ_b/MPa	屈服强度 $\sigma_{0.2}$/MPa	延伸率 δ_5/%	断面收缩率 Ψ/%
950	480	1499	1405.5	8.1	51.5
	460	1594	1555	7.8	59.8
	440	1695	1659.5	7.2	60.8
925	460	1508	1308	8.1	42.4
	440	1564.5	1390	7.9	40.35
	420	1676.5	1459	6.9	43.55

续表 6-3

淬火温度/℃	回火温度/℃	抗拉强度 σ_b/MPa	屈服强度 $\sigma_{0.2}$/MPa	延伸率 δ_5/%	断面收缩率 Ψ/%
900	600	1177	1030.5	17.7	54.5
	580	1241	1123	13	33
	520	1418	1284	7.7	41
	480	1517	1473.5	5.36	55.9
	460	1610.5	1578	4.93	61.7
	440	1695.5	1635	4.26	70
	380	1568	1514	3.68	14
875	460	1903.5	1688	5.6	44.4
	440	2011	1707	5.2	35.7
	420	2115	1786	3.4	7
850	440	1508	1403	3.2	14.4
	420	1498	1425	4.1	24.3

6.3.3.2 合金元素及杂质

钢铁材料中杂质元素能明显提高脆性。有人用纯度达到 99.9999%数量级的纯铁进行试验发现，在液氮温度（4.2 K）下仍然有比较高的塑性，断面收缩率达 90%。说明体心立方金属的冷脆主要还是杂质元素引起的。研究表明，杂质元素沿体心立方金属的（100）晶面分布，加大（100）晶面间距、降低（100）面结合力，所以体心立方金属的解理面就是（100）面。降低钢中的 C、P 含量；热处理成低碳马氏体和回火索氏体，可提高高阶能；钢中的 C、P、O 含量，Si、Al 含量超过一定值及应变时效（需解释应变时效的概念）等，降低高阶能。

钢中加入镍、锰，可增加韧性区域的冲击功，降低冷脆转变温度。加入铬和硅则可能降低韧性状态的冲击吸收功，同时扩大冲击功变化温度范围，提高韧脆转化温度。间隙杂质元素易于形成柯氏气团，钉扎位错，阻碍位错运动。气团在低温时更稳定、作用更强烈，显示出促进低温脆性的特性。温度提高到一定程度，由于原子扩散能力提高，气团会蒸发掉。杂质原子如果在晶界偏聚，或者形成晶界脆性第二相会进一步增加冷脆现象。低温脆性还与材料的组织状态和合金元素的含量有关。合金元素质量分数%和 A_{KV} 脆性转变温度之间的关系如图 6-13 所示。

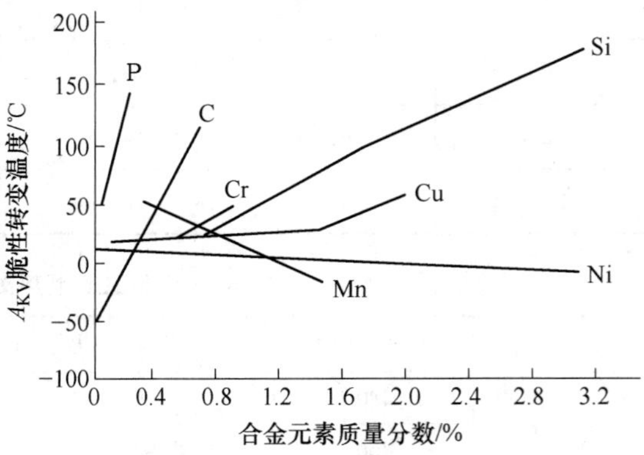

图 6-13 合金元素质量分数和 A_{KV} 脆性转变温度之间的关系

6.3.3.3 晶粒尺寸

晶粒尺寸对冷脆的影响遵循 Hall-Petch 关系式。不仅是晶粒尺寸，就连亚晶尺寸、位错胞尺寸减小都有利于提高低温性能。晶粒尺寸增加降低冲击吸收功，增加冷脆倾向。

Cottrell 得到的解理断裂强度可以表示为：

$$\sigma_{\mathrm{f}}=\sqrt{\frac{4E\gamma}{d}}=Kd^{-\frac{1}{2}} \tag{6-2}$$

式中，d 为晶粒平均直径；E 为弹性模量；γ 为比表面能；K 为与材料有关的常数。

晶粒尺寸减小，晶界面积增加，而杂质易于晶界偏聚，使晶界解理断裂强度提高，如果杂质在晶内分布，则增加位错运动阻力，使屈服强度提高。同时将相同的变形分配在更多的晶粒内，使总变形量增加。所以细化晶粒同时具有提高强度和改善塑性的作用。

6.3.3.4 变形速度

变形速度提高具有降低温度的效果。应变变形速率或者载荷变化速度在 4～6 m/s 时对冷脆转变的影响很小。冲击速度慢，冷脆温度范围变宽，相反冲击速度快时冷脆转变温度范围变窄，并向高温方向移动。冲击速度对含碳量 0.15%低碳钢韧脆转化温度的影响如图 6-14 所示。

6.3.3.5 试样尺寸及取样部位

试样尺寸越大，存在缺陷的机会越多，相应的试样内部包含的缺陷尺寸也越大。表现出冲击功降低的趋势。实际上试样尺寸增大或者钢板厚度增加，冲击时应力状态发生变化，形成三向应力状态，使材料变脆。轧制材料由于轧制纤维组织的原因会表现出性能的方向性和冷脆倾向不同。图 6-15 为热轧板材上不同取样方向的试样对韧脆转化温度的影响。另外，实践中经常发现小试样检验合格的材料，在工件尺寸比较大的情况下出现低应力断裂情况。这是材料性能尺寸效应的普遍表现。

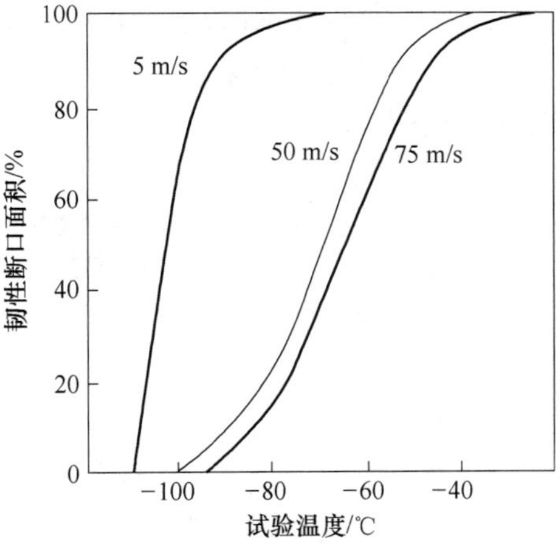

图 6-14 冲击速度对 0.15%含碳量的钢韧脆转化温度的影响

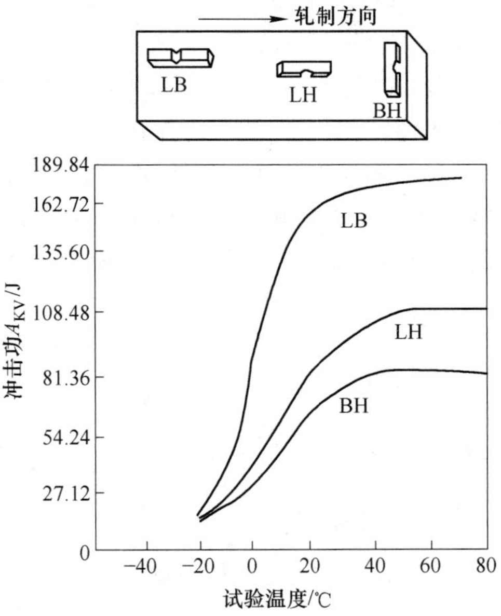

图 6-15 钢板上取样位置和冲击转化温度之间关系

6.3.3.6 应力状态及缺口形状

应力状态越硬、缺口越尖锐、缺口越多、缺口越大，塑性韧性越低、冷脆倾向越严重，韧脆转变温度越高。

图 6-16 为应力状态及试样尺寸对韧脆转化温度的影响。拉伸的应力状态比压缩的大，所以有使韧脆转化温度范围加宽的趋势。

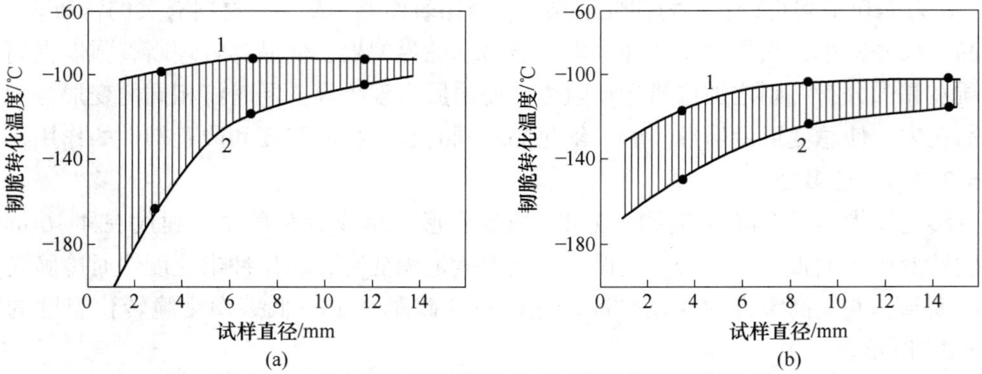

图 6-16 应力状态及试样尺寸对韧脆转化温度的影响

（a）拉伸载荷；（b）弯曲载荷

1—上临界温度；2—下临界温度

6.3.3.7 第二相质点或晶界薄膜

Cottrell 和 Stroh 在研究低碳钢的脆断时都没有注意到第二相的影响。Stroh 在提出低碳钢的脆断模型前注意到两个有关第二相影响的实验结果。

（1）曾用晶粒大小相近的两种工业纯 Fe 在低温下做拉伸试验，发现两者的屈服强度相近，但断面收缩率却差别很大，如图 6-17 所示。如以断面收缩率陡降的温度作为冷脆转化温度，则 T_1=-90 ℃，T_2= -160 ℃。对铁素体解理裂纹的产生进行观察，统计了一万个晶粒中的裂纹后，发现绝大多数裂纹都起源于碳化物。冷脆转化温度较高的，晶界上的碳化物网膜较厚，为 3~10 μm；冷脆转化温度较低的，碳化物网膜较薄，为 1~3 μm。

（2）Ootes 对高 Mn 和低 Mn 两种低碳钢进行试验，发现这两种钢的晶粒大小、屈服强度、流变应力都相近，但断裂应力相差很大，结果发现，这也是由于在高 Mn 低碳钢中的碳化物膜较薄，而在低 Mn 低碳钢中的则较厚的缘故（见图 6-18）。

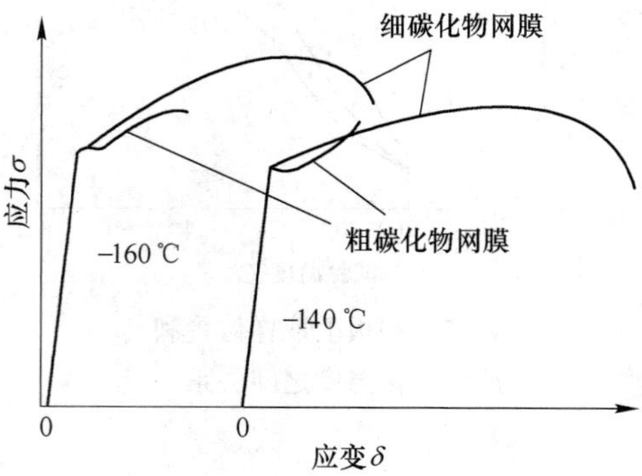

图 6-17 晶界碳化物对同一成分纯铁的影响

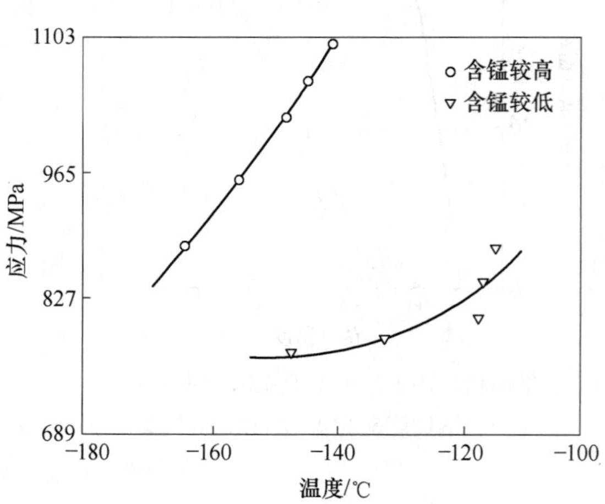

图 6-18 晶界碳化物对不同含锰量的碳钢的影响

综合来讲，材料、组织相同的情况下，缺口、低温和高速加载（冲击载荷）是诱发金属材料脆断的三个主要因素。

6.4 冷脆的评定方法

冷脆是材料尤其是金属材料的一大常见现象，危害很大。通常评价冷脆敏感性的方式有：拉伸试验断口形貌、冲击试验能量、断口形貌准则分析。

6.4.1 韧脆转变温度 T_c 及冷脆

研究低温脆性的主要问题是确定韧脆转变温度。确定转变温度 T_c 是将试样冷却到不同温度，测定冲击吸收功 A_{KV}、断口形貌特征随温度的变化曲线，然后按一定的方法确定出 T_c，图 6-19为一种材料的试验温度和冲击功、冲击断口形貌之间关系曲线。这样的曲线试验温度范围在-200 ℃至几十度之间变化。冲击值比较高且稳定的部分对应的冲击值称为试样吸收的高阶能；冲击值最低、低温部分的冲击功称为低阶能。与此对应，试样断口上韧性断口百分比和试验温度的关系也呈对应态势。高温的断口呈纤维状，低温的断口呈结晶状。

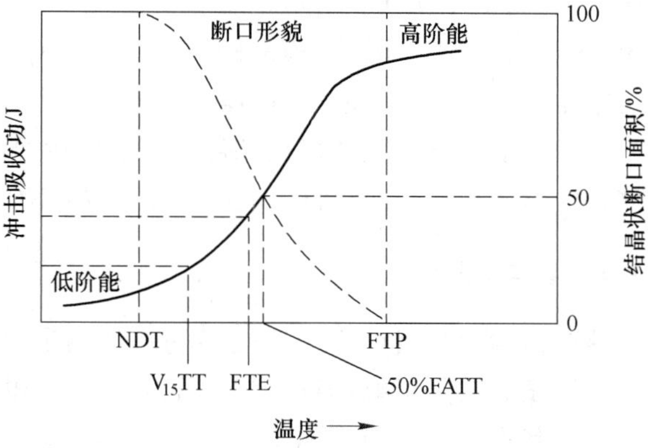

图 6-19 脆性特征温度的确定

6.4.2 能量法定义 T_c

在工程上，常用能量准则、断口形貌准则、断口变形特征准则等评价材料的低温脆性敏感性。

(1) 以 V 形缺口试样测定的冲击吸收功 A_K 为 15 ft · lbf（20 J）对应的温度作为韧脆转变温度，记为 $V_{15}TT$，这是根据实践经验总结出的方法，在第二次世界大战中起到了非常关键的作用。

(2) 低于某一温度，金属材料的冲击吸收功 A_K 基本不随温度变化，形成一个平台，称为低阶能；高于某一温度，冲击功也不随温度变化，出现一个上平台，称为高阶能（见图 6-19)。低阶能开始上升的温度定义为韧脆转变温度，记为 NDT（Nil Ductility Temperature)，称为零塑性温度。在 NDT 以下，试样的断口为 100%穿晶解理断裂。

(3) 将高阶能开始降低的温度定义为韧脆转变温度，记为 FTP（Fracture Transition Plastic)。当温度高于 FTP 时，试样断口为 100%的纤维状断口（零解理断口)。

(4) 高阶能与低阶能的平均值对应的温度定义为韧脆转变温度，记为 FTE（Fracture Transition Elastic)。

6.4.3 断口形貌定义 T_c

冲击试样的断口形貌如图 6-20 所示。断口表面有纤维区、放射区（结晶区）和剪切唇。不同温度即不同断裂情况下三个区的相对面积是不同的。结晶区的面积随温度的变化如图 6-19 所示。温度降低，结晶区面积增大，表示材料变脆。取结晶区占断口面积的 50% 对应的温度为韧脆转变温度，记为 50% FATT（Fracture Appearance Transition Temperature）。

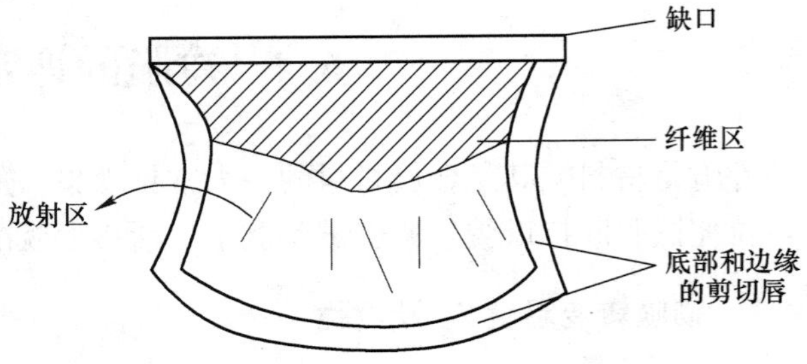

图 6-20 冲击试样断口的不同组织区域

显然，低温下使用的机械部件其最低使用温度应高于韧脆转变温度，这就是韧性的温度储备。对于最重要的机件，其工作温度 $T \geqslant \mathrm{NDT} + 67$ ℃。

6.4.4 落锤试验法

落锤试验法是目前应用比较多的一种测定冷脆的方法，尤其是对于厚度比较大的钢板，落锤试验法是可靠的确定冷脆的方法。标准的缺口冲击试样，在承受一次冲击试验时，应力状态简单，与实际使用情况相差较远，不能模拟实际工作条件。落锤试验法把试样加工成长方形，而且根据板材厚度不同可以分别加工不同厚度的试样。在试样板面中央焊贴一条焊肉，焊肉上加工一条横向槽，用于引入裂纹。

试验装置中的落锤能够提供 330～1620 J 的冲击能量；试样焊肉朝下放在支撑块上，进行落锤试验。在一系列不同温度下进行冲击落锤时，试样经过充分的均匀冷却，迅速取出放在砧座上，20 s 时间内完成落锤冲击。在放置试样时，中央槽和落锤击中部位之间的偏差不大于 2.5 mm。

落锤试验装置由控制落锤下落位置的固定导轨、沿导轨自由落下的重锤、固定试样的砧座等组成。落锤试验装置示意图如图 6-21 所示，落锤试验的试样尺寸如图 6-22 所示。

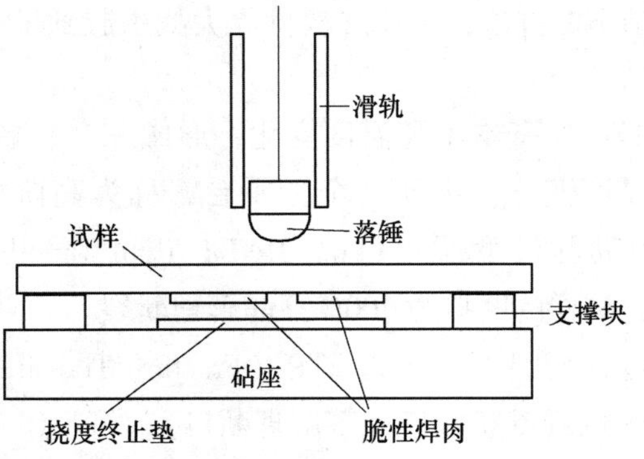

图 6-21 落锤试验示意图

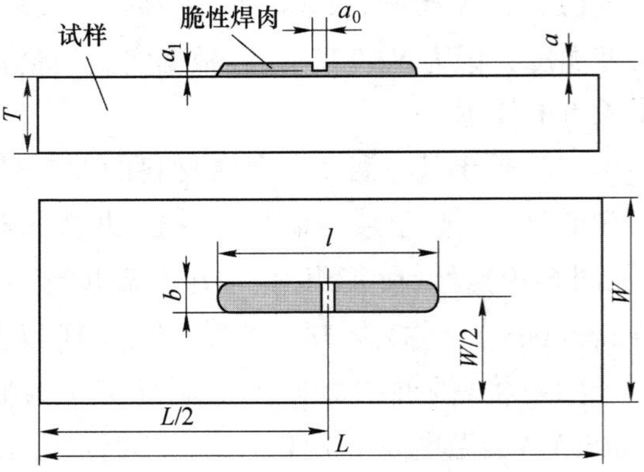

图 6-22 落锤试验标准试样

落锤试验的标准试样在国家标准《铁素体钢的无塑性转变温度落锤试验方法》（GB/T 6803—2023）（该标准2024年7月1日正式实施）中有明确规定，见表6-4。

表6-4 落锤试验标准试样尺寸要求 （mm）

项目名称	试样型号		
	p-1	p-2	p-3
试样厚度 T	25±2.5	20±1.0	16±0.5
试样宽度 W	90±2.0	50±1.0	50±1.0
试样长度 L	360±10	130±10	130±10
焊肉长度 l	60~65	60~65	60~65
焊肉宽度 b	12~16	12~16	12~16
焊肉高度 a	3.5~5.5	3.5~5.5	3.5~5.5
缺口宽度 a_0	≤1.5	≤1.5	≤1.5
缺口底高 a_1	1.8~2.0	1.8~2.0	1.8~2.0

依据落锤试验结果判断冷脆的方法为：试样经过冲击之后，断与未断之间的区分如图6-23所示。一组试验的试样加工、制造条件必须一样，从不同温度冲击断裂的试样中找出最高断裂温度，高于这个温度5 ℃，再做两个试验，如果两个试样均未断，这个温度定义为NDT。试验结果说明，不同厚度的试样在一系列温度试验时，冲击功变化规律不同，如图6-24所示。

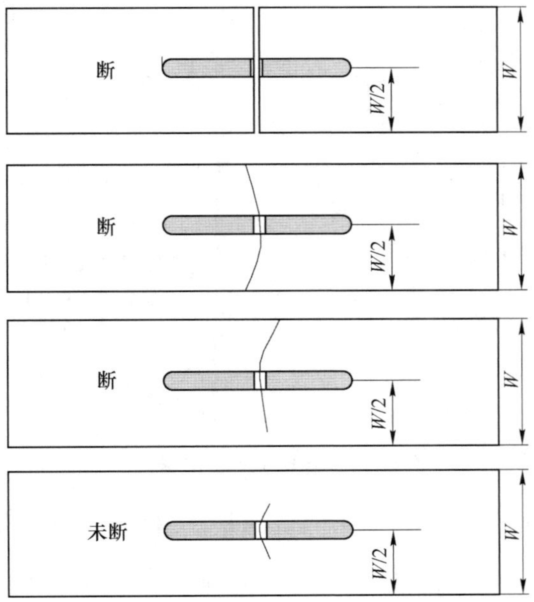

图6-23 试样断裂情况判断脆性依据

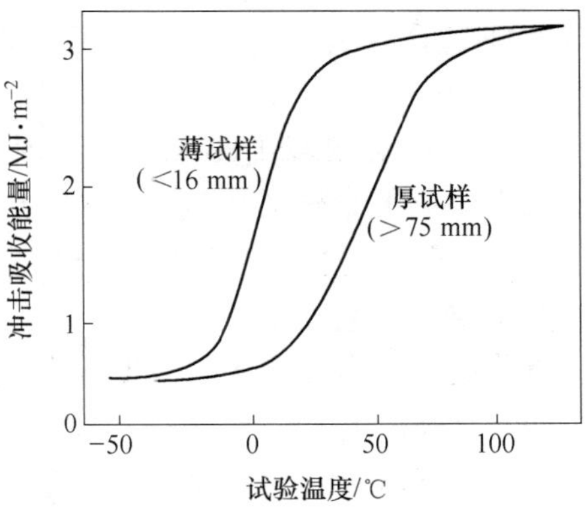

图6-24 试样厚度对于韧脆转化温度的影响

6.4.5 动态撕裂试验法

国家标准《钢材落锤撕裂试验方法》(GB/T 8363—2018) 在2018年经过修订，替代了《铁素体钢落锤撕裂试验方法》(GB/T 8363—2007)，形成了新的钢材动态撕裂试验方法。即在冲击试验机上，将试样一次冲击断裂、记录冲击吸收功、测量纤维断面率的试验方法。标准试样的规格尺寸如图6-25所示。与冲击试验的区别在于：

(1) 试样的尺寸比较大，冲击载荷作用下形成平面应力状态，能够更准确地反映材料在比较大的应力状态下的工作能力。

(2) 试样的缺口和缺口尖锐处的角度不同。试样的缺口比较深。试样加工出来的缺口，要达到一个圆角的要求，然后用专用刀具在缺口上压制使其缺口尖锐化（见图6-26)。冲击刀的刃部半径为12.7 mm。试样摆放的支撑点之间的距离为165 mm。缺口宽度为1.6 mm和3.0 mm两种，分别对应不同厚度的板材。

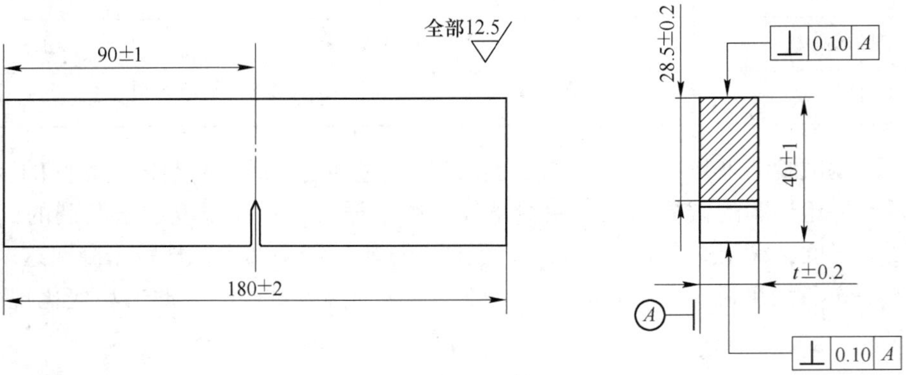

图6-25 动态撕裂试验标准试样（注：t 为试样厚度）

动态撕裂试验比较常用的还有罗伯逊冷脆试验法。板材上截取的试样加工成上部带有V形槽的瓶子形状（见图6-27)。试样的两侧焊接加载耳子，施加水平方向的作用力向外拉，这个作用力的大小应该是该零部件的工作应力大小。将试样带缺口的一端进行冷冻，达到一定的温度；而另一端进行加热。在试样的中间等距离安放若干热电偶，测量不同部位的温度。用带劈尖的落锤施加一个冲击力，使试样劈开，裂纹终止的部位对应的温度即为止裂温度。说明零部件在这个温度以上工作是安全的。这个试验中试样从上到下构成一个连续变化的温度分布，裂纹扩展到的位置便是止裂温度。

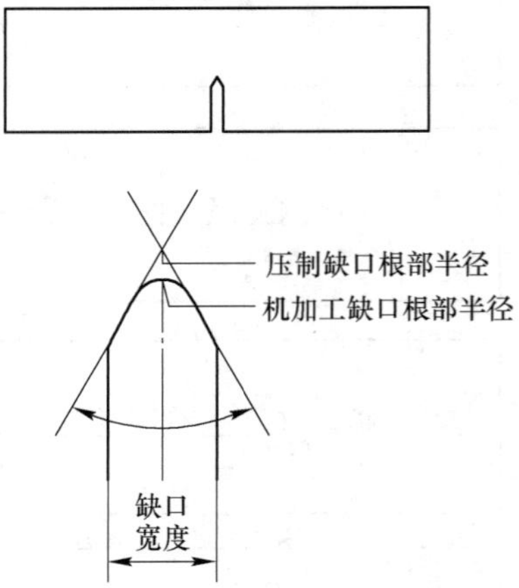

图6-26 试样缺口尖锐化放大示意图

测定韧脆转变温度的试验有落锤试验法和撕裂试验法，具体试验细节可以参考相应的国家标准和文献。

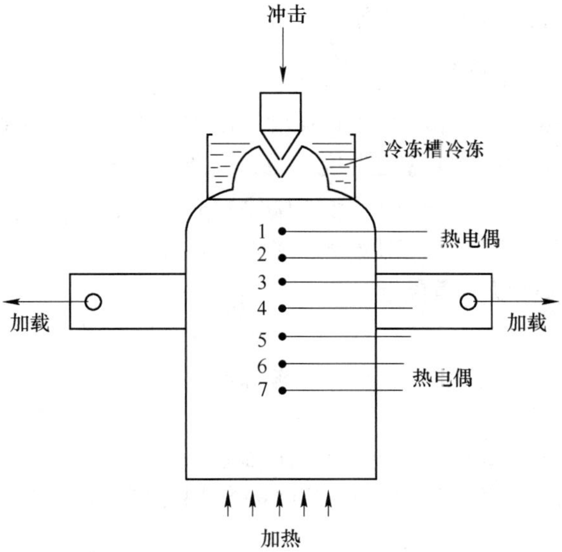

图 6-27 罗伯逊试验的试样

6.4.6 其他低温脆性评定规范

日本焊接学会标准 WES-135 提出低温用零部件防止低温脆断的工程判据。采用了 CVN 数据，确定系列试验的高阶能的一半为韧脆转化温度的标准，并标为 T_{TE50}。汇总统计了大量的工程数据，建立了工作应力与 T_{TE50} 的关系：

（1）G（普通）类：

$$0.317\sigma = 360f_{(t)}\exp\left[3100\left(\frac{1}{T_\sigma + 373} - \frac{1}{T + 273}\right)\right] \qquad T_{TE50} \geqslant -18\ ℃$$

$$0.317\sigma = (260 + 275T_c)f_{(t)}\exp\left[3100 + 22.5T_c\left(\frac{1}{T_\sigma + 273} - \frac{1}{T + 273}\right)\right]$$

$$-18\ ℃ \geqslant T_{TE50} \geqslant -58\ ℃$$

（2）A 类是有特殊要求的结构材料，保证内部存在 $c \leqslant 100$ mm 裂纹时，工作应力作用下裂纹不失稳扩展。

$$1.02\sigma = 150f_{(t)}\exp(2680 + 120T_c)\left(\frac{1}{T_\sigma + 273} - \frac{1}{T + 273}\right)$$

式中，σ 为工作应力，MPa；t 为板厚，mm；T_σ 为最低工作温度。

$$f_{(t)} = 1 - 0.05(t - 30) \qquad （板厚\ t \leqslant 35\ mm）$$
$$f_{(t)} = 0.75 \qquad （板厚\ t > 35\ mm）$$
$$T_c = 18 + T_{TE50} \qquad (T_{TE50} \geqslant -58\ ℃)$$
$$T_c = 25.5 + 1.13T_{TE50} \qquad (-58\ ℃ > T_{TE50} \geqslant -196\ ℃)$$
$$T_c = T_{TE50} \qquad (-196\ ℃ > T_{TE50})$$

美国海军实验室对低强度铁素体钢的 NDT 的应用提出以下判据：

（1）$T_{使用} \geqslant$ NDT 只允许所加应力低于 35~56 MPa；

（2）$T_{使用}$ ≥NDT+17 ℃的情况所加应力低于 $\frac{\sigma_b}{2}$；

（3）$T_{使用}$ ≥NDT+33 ℃允许所加应力低于 σ_b；

（4）$T_{使用}$ ≥NDT+67 ℃所加应力达到强度极限才会发生韧性断裂。

NDT 与冲击试验测定的韧脆转化温度 FTE、FTP 之间的对应关系大致如下：

$$FTE \approx NDT + 33\ ℃$$

$$FTP \approx NDT + 67\ ℃$$

这些判据在我国都可以参考执行。

思考题

6-1 简述冲击载荷作用下材料变形与断裂的机理与过程。

6-2 什么是冲击韧性？用于测定冲击韧性的试样有哪两种主要形式？测定的冲击韧性如何表示？两种缺口的冲击韧性是否具有可比性？

6-3 冲击韧性被列为材料的五大常规性能指标之一，如何理解冲击韧性的物理意义？冲击韧性值在工程中有什么实用价值？

6-4 现需检验以下材料的冲击韧性，问哪几种材料要开缺口？哪几种材料不用开缺口？
W18Cr4V，Cr12MoV，3Cr2W8V，40CrNiMo，30CrMnSi，20CrMnTi，铸铁。

6-5 在韧性材料的冲击试样断口上，为什么裂纹会在距缺口一定距离的试样内部萌生，而不是在缺口根部？

6-6 什么是低温脆性？在哪些材料中容易发生低温脆性？低温脆性的物理本质是什么？

6-7 用光滑试样做静拉伸试验也可能观察到金属材料的冷脆现象，但为什么在评定 T_c 中都采用缺口试样的冲击试验？光滑试样和缺口试样的韧脆转变温度有何关系？

6-8 简述影响冲击韧性和脆性转变温度的内在与外在因素及其变化规律。

6-9 在 A_k-T 曲线图中，T_c 可以用多种特征温度来定义，试列举其中主要的三种定义。对大型工件为什么要用落锤试验进行分析？

7 金属的疲劳

工程零部件绝大多数都在变动载荷作用下工作，如曲轴、连杆、齿轮、弹簧、辊子、叶片及桥梁等。由于变动载荷的反复作用，零部件在它所承受的变动应力水平尚未达到静强度设计的许用应力情况下，就可能在内部产生疲劳裂纹并扩展，最后突然断裂，这种现象称为疲劳。

据统计，疲劳破坏在整个失效件中约占80%。由于疲劳裂纹的形成和扩展具有很大的隐蔽性和突发性，因此疲劳破坏往往会造成极大的经济损失和灾难性后果。因此，工程技术界对其极为重视，从力学、设计、材料及工艺方面开展疲劳研究，寻求有效对策，至今已有百余年的历史，取得了很大进展，成为材料强度科学领域中的一个重要组成部分。

本章从材料科学角度研究金属疲劳的一般规律、疲劳破坏过程及机理、疲劳力学性能及其影响因素等，为疲劳强度设计和选用材料、改进工艺提供基础知识。

7.1 金属疲劳现象及特点

7.1.1 疲劳载荷的类型

7.1.1.1 变动载荷

变动载荷是引起疲劳破坏的外力，它是指载荷大小，甚至方向均随时间变化的载荷，其在单位面积上的平均值为变动应力。变动应力可分为规则周期变动应力（也称循环应力）和无规则随机变动应力两种。这些应力可用应力-时间曲线表示，如图7-1所示。

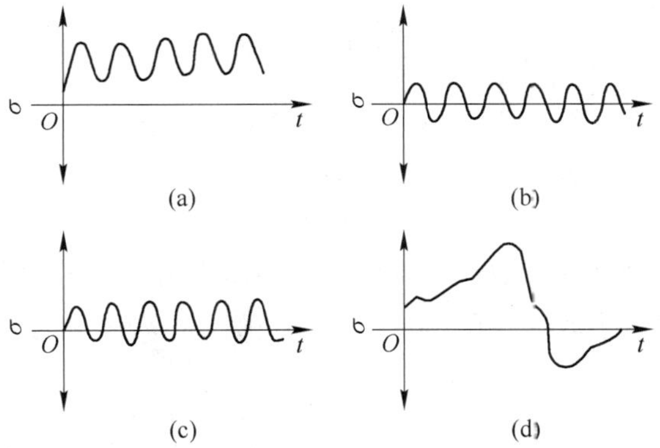

图7-1 变动应力示意图

（a）应力大小变化；（b）（c）应力大小及方向都变化；（d）应力大小及方向无规则变化

生产中机件正常工作时，其变动应力多为循环应力，而且实验室内也容易模拟，所以研究较多。

7.1.1.2 循环应力

循环应力的波形有正弦波、矩形波和三角形波等，其中常见的为正弦波，如图 7-2 所示。

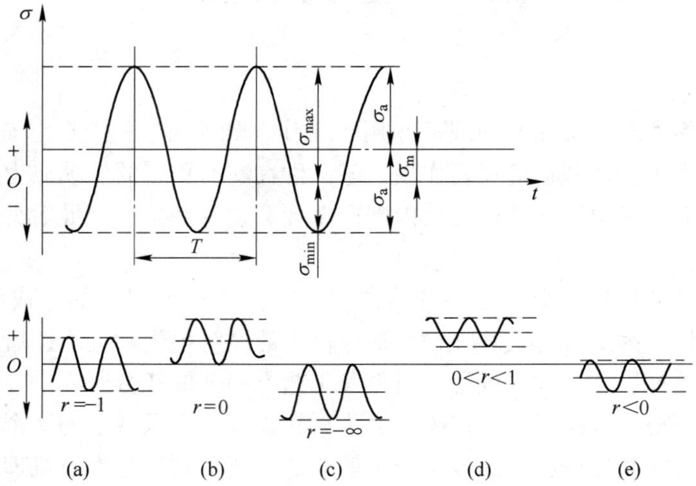

图 7-2 循环应力的类型

（a）（e）交变应力；（b）~（d）重复循环应力

循环应力可用下列几个参量来表示：

（1）最大应力为 σ_{max}。

（2）最小应力为 σ_{min}。

（3）平均应力为 σ_m：

$$\sigma_m = \frac{1}{2}(\sigma_{max} + \sigma_{min}) \tag{7-1}$$

（4）应力幅为 σ_a：

$$\sigma_a = \frac{1}{2}(\sigma_{max} - \sigma_{min}) \tag{7-2}$$

（5）应力比为 r：

$$r = \frac{\sigma_{min}}{\sigma_{max}} \tag{7-3}$$

由式（7-1）~式（7-3）可知，在应力幅、平均应力、应力比、最大应力和最小应力这几个参数中，只要已知其中的两个便可求出其他。如当已知 σ_a、r 时，其他参数便可计算：

$$\left.\begin{aligned} \sigma_{max} &= \frac{2}{1-r}\sigma_a \\ \sigma_{min} &= \frac{2r}{1-r}\sigma_a \end{aligned}\right\} \tag{7-4}$$

$$\sigma_m = 2\frac{1-r}{1-r}\sigma_a = 2\sigma_a \tag{7-5}$$

或者已知σ_a、σ_m时，

$$\sigma_{max} = \sigma_m + \sigma_a$$
$$\sigma_{min} = \sigma_m - \sigma_a \tag{7-6}$$

常见的循环应力有以下几种。

（1）对称交变应力如图 7-2（a）所示，$\sigma_m = 0$，$r = -1$。大多数旋转轴类零件的循环应力就是这种情况，如火车轴的弯曲对称交变应力、曲轴的扭转交变应力等。

（2）脉动应力如图 7-2（b）所示，$\sigma_m = \sigma_a > 0$，$r = 0$，如齿轮齿根的循环弯曲应力；轴承应力则为循环脉动压应力，$\sigma_m = \sigma_a < 0$，$r = -\infty$（见图 7-2（c））。

（3）波动应力如图 7-2（d）所示，$\sigma_m > \sigma_a$，$0 < r < 1$，如发动机缸盖螺栓的循环应力。

（4）不对称交变应力如图 7-2（e）所示，$-1 < r < 0$，如发动机连杆的循环应力。

在实际生产中的变动应力往往是无规则随机变动的，如汽车、拖拉机和飞机的零件在运行工作时因道路或云层的变化，其变动应力即呈随机变化。

7.1.2 疲劳现象及特点

金属机件或构件在变动应力和应变长期作用下，由于累积损伤而引起的断裂现象称为疲劳。

疲劳可以按不同方法进行分类：按照应力状态不同，可分为弯曲疲劳、扭转疲劳、拉压疲劳及复合疲劳；按照环境和接触情况不同，可分为大气疲劳、腐蚀疲劳、高温疲劳、热疲劳、接触疲劳等；按照断裂寿命和应力高低不同，可分为高周疲劳和低周疲劳，这是最基本的分类方法。高周疲劳的断裂寿命较长，$N_f > 10^5$周次，断裂应力水平较低，$\sigma_m < \sigma_s$，也称低应力疲劳，一般常见的疲劳多属于这类疲劳。低周疲劳的断裂寿命较短，$N_f = 10^2 \sim 10^5$周次，断裂应力水平较高，$\sigma_m \geqslant \sigma_s$，往往有塑性应变发生，也称高应力疲劳或应变疲劳。

疲劳断裂相对于静载荷或一次冲击加载断裂具有以下特点：

首先，疲劳断裂是一种低应力循环延时断裂，即具有寿命的断裂。其断裂应力水平常常低于材料的抗拉强度，甚至低于屈服强度。断裂寿命与应力水平密切相关，应力越高，寿命越短；应力越低，寿命越长。当应力低于某一临界值时，材料的寿命可能趋于无限。

其次，疲劳断裂通常表现为脆性断裂。由于疲劳应力水平一般低于屈服强度，无论是韧性材料还是脆性材料，在疲劳断裂之前都不会出现明显的塑性变形或有形变预兆。疲劳断裂是在长期累积损伤的过程中，通过裂纹的萌生和缓慢的亚稳扩展，直到达到临界尺寸a时，才会突然发生。因此，疲劳断裂具有潜在的突发性和脆性特性。

最后，疲劳断裂对缺陷（如缺口、裂纹和组织缺陷）极为敏感。由于疲劳破坏通常从局部开始，因此它对缺陷具有高度选择性。缺口和裂纹会增大应力集中，从而加剧对材料的损伤作用；而组织缺陷（如夹杂、疏松、白点、脱碳等）则会降低材料的局部强度。这些因素都会加速疲劳破坏的开始和发展。

7.1.3 疲劳的宏观断口特征

与其他断裂方式一样，疲劳断裂的断口也具有明显的形貌特征，保留了整个断裂过程的所有痕迹和信息。由于这些特征和信息受材料性质、应力状态、应力大小及试验环境等

因素的影响，因而对疲劳断口进行分析是研究材料疲劳过程、分析疲劳断裂原因的重要方法和途径。

如图 7-3 所示，典型疲劳断口具有三个形貌不同的区域——疲劳源、疲劳区及瞬断区。

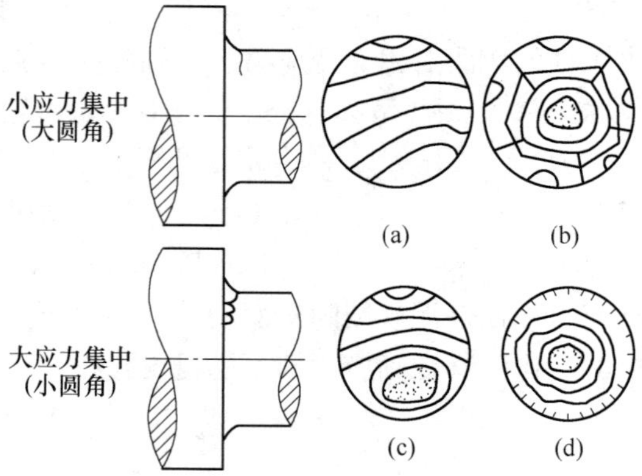

图 7-3 应力集中和名义应力对旋转弯曲疲劳断口形貌的影响

（a）小应力集中、低名义应力；（b）小应力集中、高名义应力；

（c）大应力集中、低名义应力；（d）大应力集中、高名义应力

7.1.3.1 疲劳源

疲劳源是疲劳裂纹萌生的地方，常处于试样或构件的表面或缺口、裂纹、刀痕、蚀坑等缺陷处，或构件截面尺寸不连续的区域，这里的应力集中会引发疲劳裂纹。但是当材料内部存在严重的冶金缺陷（夹杂、缩孔、偏析、白点）时，因材料局部强度的降低，也会在其内部产生疲劳源。从断口形貌看，疲劳源区的光亮度最大。这是由于裂纹在亚稳扩展过程中断面不断发生摩擦挤压，且有加工硬化发生所致的。在疲劳断口上，视构件应力状态及应力大小的不同，疲劳源可以有一个或几个不等。当断口中同时存在几个疲劳源时，可依据源区的光亮度、相邻疲劳裂纹扩展区的大小与贝纹线的密度来确定疲劳源产生的先后顺序。疲劳源的光亮度越大，相邻疲劳区越大，贝纹线越多越密者，其疲劳源就越先产生；反之，则疲劳源就越后产生。

7.1.3.2 疲劳区

疲劳区是疲劳裂纹亚稳扩展所形成的断口区域，是判断构件是否属于疲劳断裂的重要特征。

疲劳区的宏观特征是：断口比较光滑并分布有贝纹线（或海滩花样）。贝纹线是疲劳区的最大特征，一般认为它是由载荷变动引起的，如机器运转时的开动和停歇，偶然过载引起的载荷变动，使裂纹前沿线留下了弧状台阶痕迹。所以，这种贝纹特征总是出现在实际机件的疲劳断口中，而在实验室的试样疲劳断口中，因变动载荷较平稳，很难看到明显的贝纹线。有些脆性材料如铸铁、铸钢、高强度钢等，它们的疲劳断口上也看不到贝纹线。每个疲劳区的贝纹线好像一簇以疲劳源为圆心的平行弧线，其凹侧指向疲劳源，凸侧指向裂纹扩展方向，或是相反的情况，这主要取决于裂纹扩展时裂纹前沿线各点的前进速度。此外，贝纹线的间距也随裂纹扩展的进程而不同，在疲劳源附近，线条细密，扩展较

慢；而在远离疲劳源处，线条稀疏，扩展较快。

7.1.3.3 瞬断区

瞬断区是裂纹最后失稳快速扩展所形成的断口区域。在疲劳裂纹亚稳扩展阶段，随着应力不断循环，裂纹尺寸不断长大，当裂纹长大到临界尺寸时，因裂纹尖端的应力场强度因子 K_{I} 达到材料断裂韧度 K_{IC}（K_c）（或是裂纹尖端的应力集中达到材料的断裂强度）时，则裂纹就失稳快速扩展，导致机件最后瞬时断裂。其断口比疲劳区粗糙，宏观特征同静载的裂纹件的断口一样，随材料性质而变；脆性材料为结晶状断口；若为韧性材料，则在中间平面应变区为放射状或人字纹断口，在边缘平面应力区为剪切唇。

瞬断区位置一般在疲劳源的对侧，但对于旋转弯曲来说，低名义应力的光滑机件其瞬断区的位置逆旋转方向偏转一定角度，这是疲劳裂纹逆旋转方向扩展快的结果。但是，当名义应力较高时，因疲劳源有多个，裂纹从表面同时向内扩展，其瞬断区就移向中心位置。另外，瞬断区的大小和机件名义应力及材料性质有关，若名义应力较高或材料韧性较差，则瞬断区就较大；反之，则瞬断区就较小。

7.2 金属的疲劳试验

7.2.1 疲劳试验类型及装置

疲劳试验根据载荷性质不同有多种类型，其中以轴向加载和弯曲加载应用最广，国家标准 GB/T 3075—2021、GB/T 26077—2021、GB/T 4337—2015 中详细规定了它们的试验方法。

(1) 轴向加载。交变载荷沿试样轴线加在试样上，其特点是试样横截面上受力均匀，试验结果能确切地表明材料的疲劳特性。

(2) 弯曲加载。弯曲加载是对试样表面状况和环境因素较为敏感的试验方法。它又分为悬臂旋转弯曲加载、双臂旋转弯曲加载及平面弯曲加载等方式，其中旋转弯曲疲劳试验方法较为简单、实用、应用最广。

图 7-4 为双臂式旋转弯曲疲劳试验机原理图。试样 2 的两端装夹在主轴箱 3 中，利用

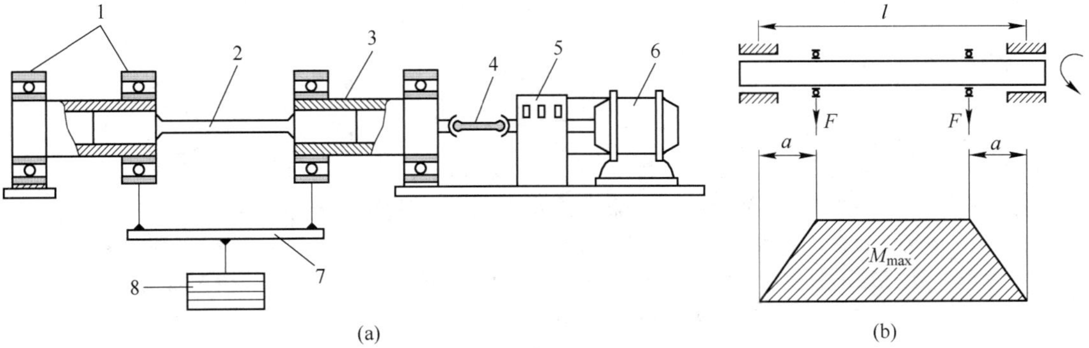

图 7-4 疲劳试验机原理图

(a) 试验机装置简图；(b) 弯矩图

1—液针轴承；2—试样；3—主轴箱；4—联轴节；5—计数器；6—电动机；7—横杆；8—砝码

电动机 6 通过计数器 5 和联轴节 4 使试样转动。将横杆 7 挂在滚针轴承上，在横杆中央加上砝码 8。此时，除试样中心轴线外，其他各点均随试样的旋转而受到对称交变应力。试样所受的弯矩图如图 7-4（b）所示。试样旋转一周，应力交变一次。当所加载荷 F 较小时，试样断裂前所能承受的应力循环周次 N 越多，随载荷的增加，断裂前交变周次 N 相应减少。在各种弯曲试验中，试样上各部位所承受的弯矩 M 及其应力 σ 如图 7-5 所示。

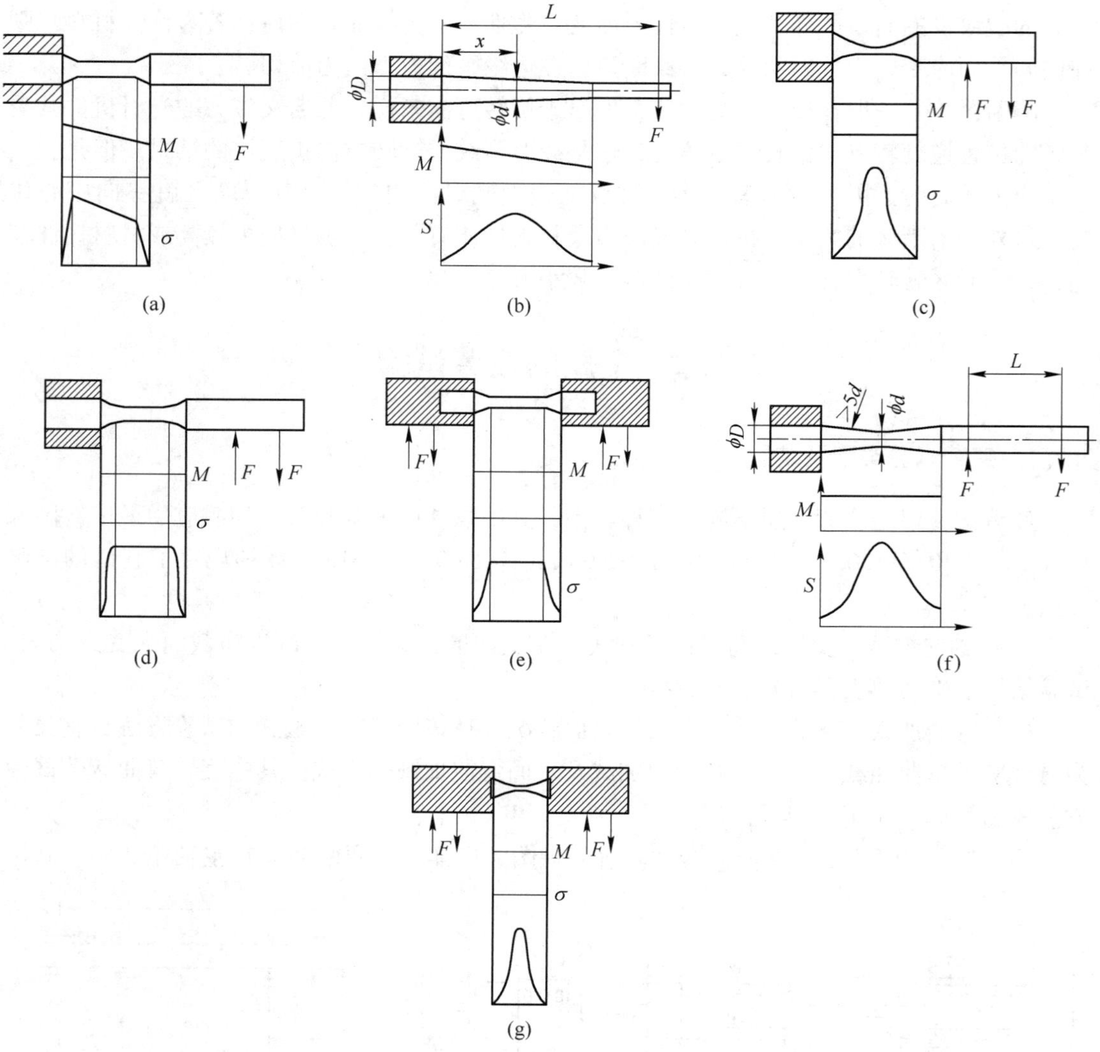

图 7-5　各种旋转弯曲疲劳试验时试样上的弯矩 M 和应力 σ

（a）圆柱形试样（单点加力）；（b）圆锥形试样（单点加力）；（c）漏斗形试样（单点加力）；（d）圆柱形试样（两点加力）；（e）圆柱形试样（四点加力）；（f）漏斗形试样（两点加力）；（g）漏斗形试样（四点加力）

7.2.2　疲劳试验

工程零部件的疲劳会在多种不同的情况下具有多种破坏形式。而疲劳试验不能模拟所有的使用条件和载荷状况。所以人为地确定一些因素和条件，以便试验结果能够比较。疲劳试验经常采用固定的频率、对称的应力循环、标准的试样规格和专用的试验设备进行。

一般情况下，材料所承受的循环载荷的应力幅越小，到发生疲劳破断时所经历的应力循环次数越多。疲劳曲线就是将试验载荷与循环次数之间的关系绘制成曲线得到的，所以也称为 *S-N* 曲线。*S-N* 曲线一般是使用标准试样在有规律的变动载荷作用下（例如对称旋转弯曲载荷、对称拉压载荷、对称扭转载荷等）进行疲劳试验获得的。纵坐标表示试样承受的应力幅，有时也表示为最大应力，但二者一般都用 σ 表示；横坐标表示应力循环次数，常用 N_f 表示。为使用方便，在双对数坐标系下 *S-N* 曲线被近似简化成两条直线。但也有很多情况只对横坐标取对数，此时也常把 *S-N* 曲线近似简化成两条直线。疲劳曲线的物理意义是，曲线左下方试样安全，曲线右上方试样为断裂状态。

7.2.2.1 *S-N* 曲线的测定

典型的 *S-N* 曲线是由有限寿命（中等寿命）和长寿命（疲劳极限或条件疲劳极限）两部分组成。在 *S-N* 曲线测试中，由于疲劳试验数据分散性大，若每个应力水平下只测定一个数据，则测得 *S-N* 曲线不仅精度较差而且也不能形成完整的曲线。为了得到较为可靠的试验结果，一般疲劳极限（或条件疲劳极限）采用升降法测定（见图 7-6），而有限寿命部分则采用成组实验法测定。

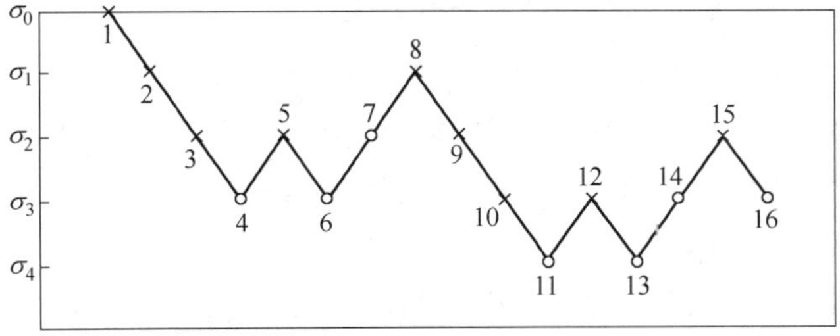

图 7-6 升降法示意图

A 条件疲劳极限的测定

通常采用升降法测定条件疲劳极限。这种方法是从略高于预计疲劳极限的应力水平开始试验，然后逐渐降低应力水平。整个试验在选择的 3~5 个应力水平下进行。升降法可用图 7-7 描述。其原则是：凡前一个试样若不到规定循环周次 N_0（$=10^7$）就断裂（用符号“×”表示），则后一个试样就在低一级应力水平下进行试验；相反，若前一个试样在规定循环周次 N_0 下仍然未断（用符号“○”表示），则随后的一个试样就在高一级应力水平下进行。照此方法，直到得到 13 个以上有效数据为止。在处理试验结果时，将出现第一对相反结果以前的数据均舍去，如图 7-7 中的第 3 和第 4 点是第一对出现相反结果的点，因此 1 点和 2 点的数据应舍去，余下数据点均为有效试验数据。这时条件疲劳极限 $\sigma_{r(N)}$ 计算公式如下：

$$\sigma_{r(N)} = \sigma_{r(10^7)} = (1/m)\sum_{i=1}^{n} V_i\sigma_i \tag{7-7}$$

式中，m 为有效试验的总次数（断与未断均计算在内）；n 为试验的应力水平级数；σ_i 为第

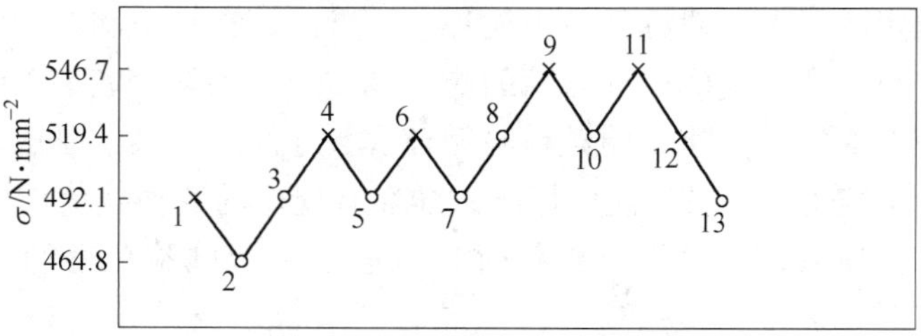

图 7-7 40CrNiMo 钢的升降试验数据图

（材料强度：σ_b = 1000 N/mm^2；试样：光滑圆柱试样；

加载方式：旋转弯曲（$R=-1$）；规定循环周次：$N_0=10^7$）

i 级应力水平；V_i 为第 i 级应力水平下的试验次数。

图 7-7 为 40CrNiMo 钢调质处理试样用升降法测得的试验结果。将其数据代入式（7-7），计算条件疲劳极限 $\sigma_{r(N)}$ 为：

$$\sigma_{r(N)}=\frac{1}{13}(2\times546.7+5\times519.4+5\times492.1+464.8)=508.9\ \text{N/mm}^2$$

用升降机测定条件疲劳极限时要注意两个问题：

（1）应力水平的确定（包括一级应力水平的确定及应力增量 $\Delta\sigma$ 的选择）。一级应力水平应略高于预计的条件疲劳极限（对于钢材，由于其 $\sigma_{r(N)}$ 一般在 $0.45\sigma_b\sim0.5\sigma_b$ 之间，因此建议的一级应力 σ_1 取 $0.5\sigma_b$）。应力增量 $\Delta\sigma$ 一般为预计条件疲劳极限的 3%~5%（对于钢材可取 $0.015\sigma_b\sim0.025\sigma_b$）。

（2）评定升降图是否有效。可根据以下两条评定：

1）有效数据必须大于 13 个，以保证试验数据的有效性。

2）“×（断裂）”和“○（存活）”的比例大体上各占一半。以便真正具有“升”“降”过程。

B 有限寿命 *S-N* 曲线的测定

通常是采用 4~5 级应力水平下的常规成组疲劳试验方法来测定。所谓成组试验法就是指每级应力水平下测 3~5 个试样的数据，然后进行数据处理，计算出中值（即存活率为 50%）疲劳寿命。最后再将测定的结果在 σ-N 坐标上拟合成 *S-N* 曲线。在测定时有两点要注意：

（1）确定各级应力水平。在 4~5 级应力水平中的第一级应力水平 σ_1：对光滑圆试样，取 $0.6\sigma_b\sim0.7\sigma_b$；对缺口试样，取 $0.3\sigma_b\sim0.4\sigma_b$。而第二级应力水平 σ_2 比 σ_1 减少 20~40 N/mm^2，以后各级应力水平依次减少。

（2）每一级应力水平下的中值疲劳寿命 N_{50} 或 $\lg N_{50}$ 的计算。根据每一级应力水平下测得的疲劳寿命 N_1、N_2、N_3、…、N_n，代入式（7-8）计算中值（存活率 50%）疲劳寿命：

$$N_{50}=(N_1+N_2+N_3+\cdots+N_n)/n \tag{7-8}$$

如果在某一级应力水平下各个疲劳寿命中，出现越出情况（即大于规定的 10^7 循环周次），则这一组试样的 N_{50} 不按式（7-8）计算，而取这一组疲劳寿命排列的中值。例如在某一级应力水平下测得 5 个试样的疲劳寿命，按其大小次序排列见表 7-1。

表 7-1 试验数据

次序	1	2	3	4	5
N	9.83×10^5	1.146×10^6	4.350×10^6	7.871×10^6	1.2522×10^7

从表 7-1 可知，其中第五个数值出现越出。因为这一组测试总数为 5 是奇数，则其中值就是中间的第三个疲劳寿命值，即 $N_{50}=4.350\times10^6$ 周次。若测试总数为偶数，则中值取中间两个数值的平均值。

7.2.2.2 S-N 曲线的绘制

把上述成组试验所得到的各级应力水平下的 N_{50} 或 $\lg N_{50}$ 数据点，标在 σ-N 或 σ-$\lg N$ 坐标图中，拟合成 S-N 曲线。这条曲线就是具有 50%存活率的中值 S-N 曲线。在 S-N 曲线的拟合中有两种基本方法。

A 逐点描绘法

逐点描绘法是用曲线板把各数据点光滑地连接起来，使曲线两侧数据点与曲线的偏离大致相等，如图 7-8 所示。在用逐点描绘法绘制 S-N 曲线时，凡按升降法测得的条件疲劳极限（如图 7-8 中点 6），也可以和成组试验数据点（点 1～点 5）合并在一起，绘制成有限到长寿命的完整的 S-N 曲线。图 7-8 就是某铝合金在 $r=0.1$ 条件下测得的典型 S-N 曲线。

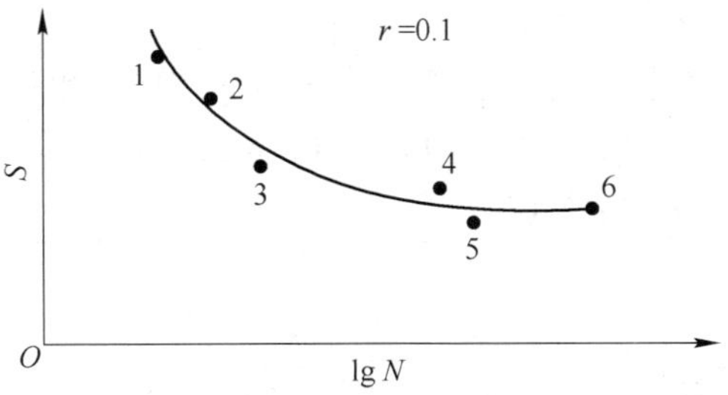

图 7-8 某铝合金的 S-N 曲线

B 直线拟合法

由于疲劳设计的需要，对某些金属材料常用直线拟合上述成组试验数据点。下面结合表 7-2 中所列的 30CrMnSi 钢的一组试验数据，介绍直线拟合方法。

（1）根据试验数据，按最小二乘法原理，计算直线方程系数 a 和 b。在单对数坐标中直线方程可写为：

$$\lg N = a + b\sigma \tag{7-9}$$

$$a = \frac{1}{n}\sum_{i=1}^{n}\lg N_i - \frac{b}{n}\sum_{i=1}^{n}\sigma_i \tag{7-10}$$

$$b=\frac{\sum_{i=1}^{n}\sigma_i \lg N_i-\frac{1}{n}(\sum_{i=1}^{n}\sigma_i)(\sum_{i=1}^{n}\lg N_i)}{\sum_{i=1}^{n}\sigma_i^2-\frac{1}{n}(\sum_{i=1}^{n}\sigma_i)^2} \tag{7-11}$$

表 7-2 30CrMnSi 钢成组试验数据

序数 i	$\sigma_i/\text{N}\cdot\text{mm}^{-2}$	$N_i=N_{50}$	$\lg N_i$	σ_i^2	$(\lg N_i)^2$	$\sigma_i \lg N_i$
1	700	159×10^3	5.2014	490000	27.0546	3640.98
2	660	274×10^3	5.4378	435600	29.5697	3588.95
3	630	428×10^3	5.6314	396900	31.7127	3547.78
4	610	639×10^3	5.8055	372100	33.7038	3541.36
5	590	709×10^3	5.8506	348100	34.2295	3451.85
总和	3190	—	27.9267	2042700	156.2703	17770.92

为了便于确定 a 和 b，在表 7-2 中还列出了 $\lg N_i$、σ_i^2、$(\lg N_i)^2$、$\sigma_i \lg N_i$ 等计算结果。将上列各项数值代入式（7-10）及式（7-11）中，就可分别求出 a 和 b：

$$a=\frac{1}{5}\times27.9267-\frac{1}{5}(-0.00617)\times3190=9.52$$

$$b=\frac{17770.92-\frac{1}{5}\times3190\times27.9267}{2042700-\frac{1}{5}\times3190^2}=-0.00617$$

据此可以写出直线方程：$\lg N=9.52-0.00617\sigma$。

（2）根据直线方程求出直线上任意两点的坐标，便可画出这条直线。

当 $\sigma_1=700$ 时，$\lg N_i=9.52-0.00617\times700=5.20$；

当 $\sigma_2=600$ 时，$\lg N_i=9.52-0.00617\times600=5.82$。

在 σ-$\lg N$ 坐标上标出（700，5.20）及（600，5.82）两点，然后用直线连接这两点，这就是疲劳曲线最佳拟合的直线段。当用直线拟合 S-N 曲线时，一般仅拟合有限寿命区。对钢而言，整个 S-N 曲线由有限寿命 S-N 直线和长寿命的水平线两部分组成（该钢材的疲劳极限 $\sigma_{-1}=582.5\ \text{N/mm}^2$），在两直线相交处用圆角过渡，如图 7-9 所示。

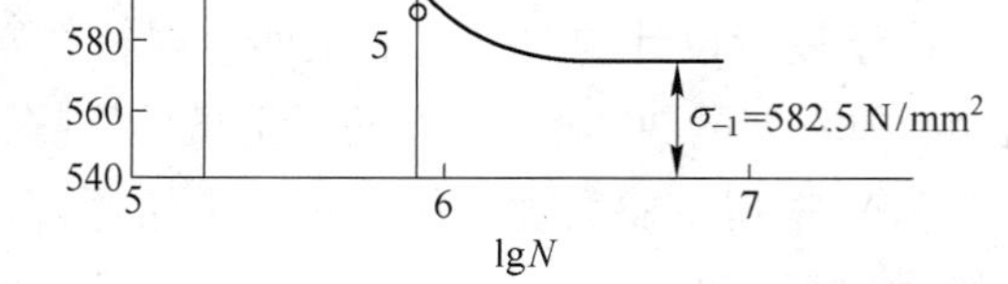

图 7-9 30CrMnSi 钢的 S-N 曲线

7.2.3 疲劳试验结果的统计处理及 *P-S-N* 曲线的绘制

在进行疲劳设计时，对于应力在疲劳极限以下工作的构件，采用升降法测定的条件疲

劳极限 $\sigma_{r(N)}$ 就可以满足设计要求。但对有限寿命设计，仅按上述常规成组法测定存活率50%的中值 S-N 曲线作为设计依据，往往偏于危险，因为这意味着有一半产品在达到预定寿命之前出现早期破坏。为此，需要测得具有更高存活率的 S-N 曲线。如存活率为 99.9% 的 S-N 曲线，该曲线给出的寿命 N 对 1000 个产品而言，只有一个可能造成早期断裂。这种 S-N 曲线给出的数据具有较大的可靠性。因此，疲劳性能测试中常将试验数据用概率统计方法画出不同存活率的 P-S-N 曲线。

7.2.3.1 作 P-N 图

用统计方法处理疲劳试验结果时，首先检查疲劳试验数据是否符合某种概率分布（常用正态分布）。方法是将试验数据在正态对数概率纸上作图。概率纸的横坐标是 $\lg N_P$，纵坐标是疲劳试验存活率 P。如果试验数据落在一条直线上（或近似直线上），则表明试验数据符合正态分布。表 7-3 是某种金属在同一应力水平下测得的 10 个试样的疲劳寿命，并按从小到大的顺序排列起来。这时存活率计算公式如下：

$$P = 1 - \frac{i}{(n + 1)} \tag{7-12}$$

式中，n 为试验总数；i 为数据递增排列顺序。

图 7-10 为表 7-3 中的数据在正态概率坐标纸上作图得到同一应力水平下的 P-$\lg N_P$ 图。由图可知，数据点近似落在一条直线 AB 上，表明试验数据符合正态分布。但要测得一条中等寿命的 P-S-N 曲线，一般需作 4 级应力水平的 P-N 图。

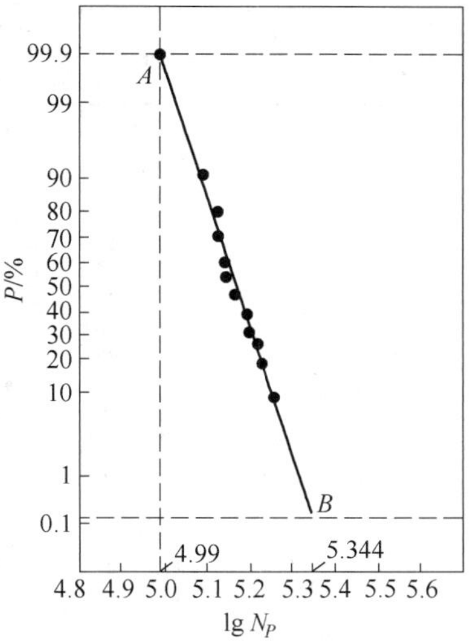

图 7-10 某金属在同一应力水平下的 P-$\lg N_P$ 图

表 7-3 同一应力水平下疲劳寿命数据

序数 i	疲劳寿命 N_P	$\lg N_P$	存活率 $P/\%$	序数 i	疲劳寿命 N_P	$\lg N_P$	存活率 $P/\%$
1	124×10^3	5.0934	90.91	6	147×10^3	5.1673	45.45
2	134×10^3	5.1271	81.82	7	154×10^3	5.1875	36.36
3	135×10^3	5.1303	72.73	8	160×10^3	5.2041	27.27
4	138×10^3	5.1399	63.64	9	166×10^3	5.2201	18.18
5	140×10^3	5.1461	54.55	10	181×10^3	5.2577	9.09

表 7-4 为 LY12 铝合金试样（$r=0.1$）在 4 级应力水平下的试验数据（每组 10 个试样）。图 7-11 为与这 4 级应力水平相应的四条 P-$\lg N_P$ 图。

表 7-4 LY12 铝合金 $r=0.1$ 的疲劳试验结果

序数 i	对数或疲劳寿命 $\lg N_P$（N_P 单位为周）				存活率 $P/\%$
	$\sigma_1 = 199\ \text{N/mm}^2$	$\sigma_2 = 166\ \text{N/mm}^2$	$\sigma_3 = 141.2\ \text{N/mm}^2$	$\sigma_4 = 120.2\ \text{N/mm}^2$	
1	4.914	5.093	5.325	5.721	90.91
2	4.914	5.127	5.360	5.851	81.82

续表 7-4

序数 i	对数或疲劳寿命 $\lg N_P$（N_P 单位为周）				存活率 P/%
	σ_1 = 199 N/mm^2	σ_2 = 166 N/mm^2	σ_3 = 141.2 N/mm^2	σ_4 = 120.2 N/mm^2	
3	4.929	5.130	5.435	5.859	72.73
4	4.964	5.140	5.441	5.938	63.64
5	4.964	5.146	5.470	6.012	54.55
6	4.982	5.167	5.471	6.015	45.45
7	4.982	5.188	5.501	6.082	36.36
8	4.996	5.204	5.549	6.136	27.27
9	5.029	5.220	5.582	6.138	18.18
10	5.063	5.248	5.612	6.165	9.09

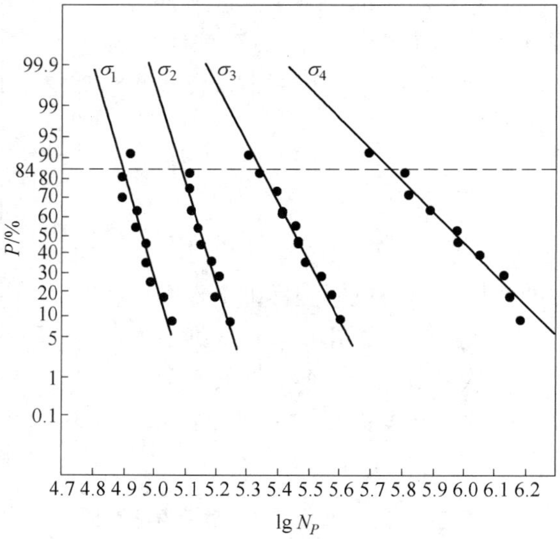

图 7-11　LY12 铝合金在不同应力水平下的 P-$\lg N_P$ 图

7.2.3.2　估计安全寿命

从 P-N 图中可以求出任意一个存活率下的对数安全寿命。如求存活率为 99.9%的对数安全寿命时，只要把直线外推到 P=99.9%的点，就可查得对应的 $\lg N_{99.9}$。表 7-5 列出由图 7-11 中查得的存活率分别为 99.9%和 50%的对数疲劳寿命 $\lg N_P$。

表 7-5　不同存活率下的对数疲劳寿命

应力水平 σ	对数疲劳寿命 $\lg N_P$	
	$\lg N_{99.9}$	$\lg N_{50}$
σ_1 = 199 N/mm^2	4.790	4.971
σ_2 = 166 N/mm^2	4.962	5.165
σ_3 = 141.2 N/mm^2	5.170	5.473
σ_4 = 120.2 N/mm^2	5.420	5.995

7.2.3.3 绘制 *P-S-N* 曲线

把表 7-5 中的数据，标在 σ-lg*N* 坐标中，就可以拟合出存活率分别为 99.9%和 50%的 *P-S-N* 曲线。图 7-12 即为 LY12 铝合金的 *P-S-N* 曲线图。

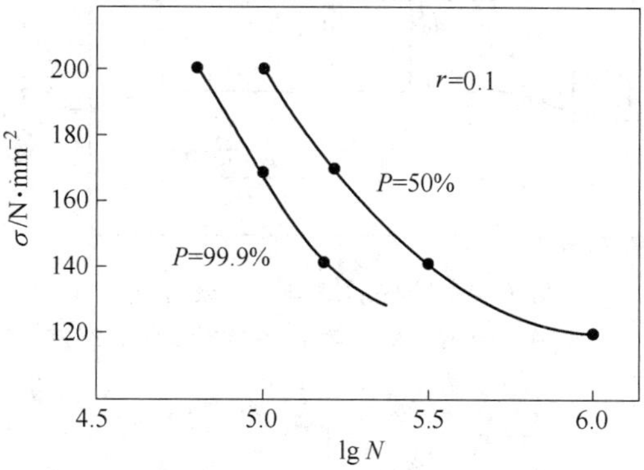

图 7-12　LY12 铝合金的 *P-S-N* 曲线

7.2.4 疲劳试样

7.2.4.1 疲劳试样的形状及尺寸

从试验目的来看，如果试验是为了直接解决工程实际问题，则试样应尽可能接近使用状态，比如用未经表面加工的板材试样作试验，其结果更能反映板材的疲劳特性；如果试验是为了得到材料的内在质量对疲劳性能的影响，则试样的形状、尺寸和表面粗糙度应按国家标准规定执行，以保证试验结果的可比性；如果为了研究实际构件中存在的应力集中对疲劳强度的影响，则可采用缺口试样进行试验。

疲劳试样的种类很多，其形状和尺寸主要取决于试验目的，所加载荷的类型及试验机型号。

试验时所加载荷类型不同，试样形状和尺寸也不相同。现将国家标准中推荐的几种旋转弯曲疲劳试验和轴向疲劳试验的试样列于图 7-13~图 7-20。

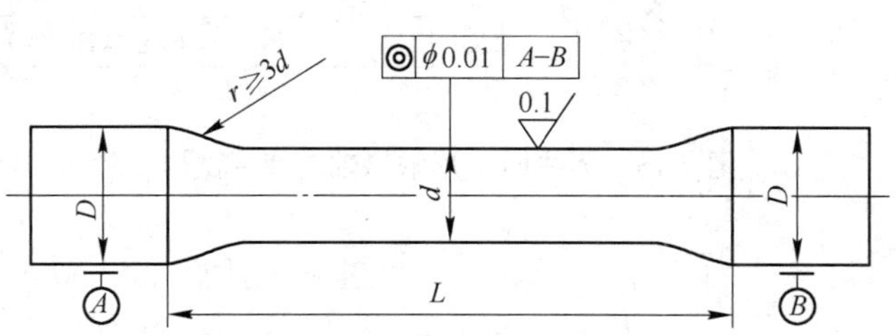

图 7-13　圆柱形光滑弯曲疲劳试样

(d = 6 mm±0.05 mm、7.5 mm±0.05 mm、9.5 mm ±0.05 mm，L = 40mm)

各种试样的夹持部分应根据所用试验机的夹持方式设计。夹持部分截面面积与试验部分截面面积之比应大于 1.5。若为螺纹夹持，应大于 3。

7.2.4.2 试样的制备

试样按照规定的程序加工制取，防止在加工过程中发生组织变化。进行尺寸测量和表

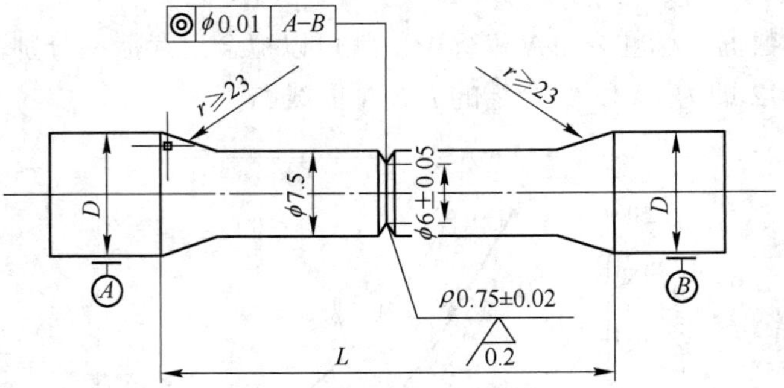

图 7-14 圆柱形缺口弯曲疲劳试样

（ρ—缺口半径；K_t—应力集中系数，取 1.86）

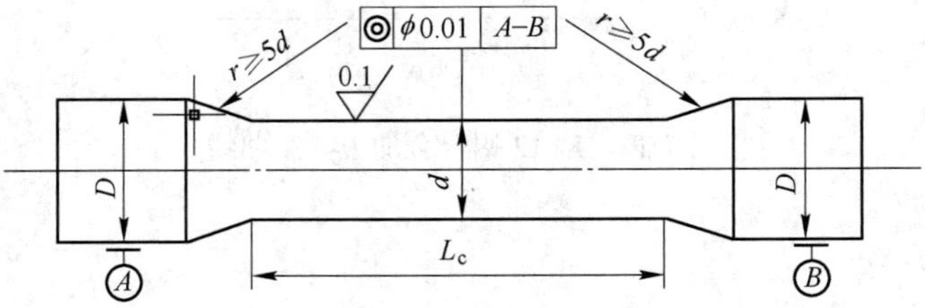

图 7-15 圆柱形光滑轴向疲劳试样

（d=5 mm±0.02 mm、8 mm±0.02 mm、10 mm±0.02 mm，L_c>3d，D^2/d^2≥1.5）

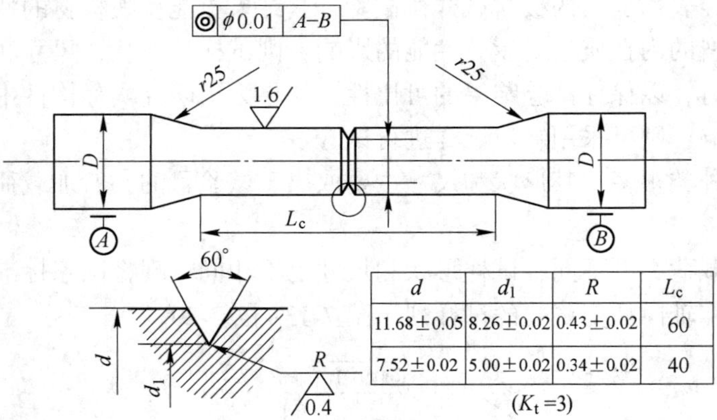

d	d_1	R	L_c
11.68±0.05	8.26±0.02	0.43±0.02	60
7.52±0.02	5.00±0.02	0.34±0.02	40

（K_t=3）

图 7-16 圆柱形 V 形缺口轴向疲劳试样

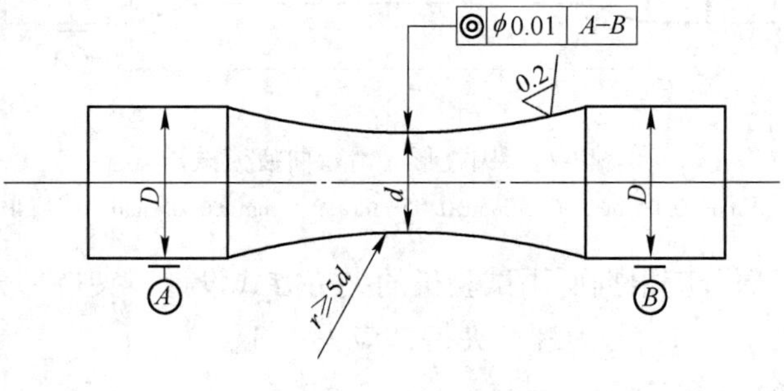

图 7-17 漏斗形光滑轴向疲劳试样

（d=5 mm±0.02 mm、8 mm±0.02 mm、10 mm±0.02 mm，D^2/d^2≥1.5）

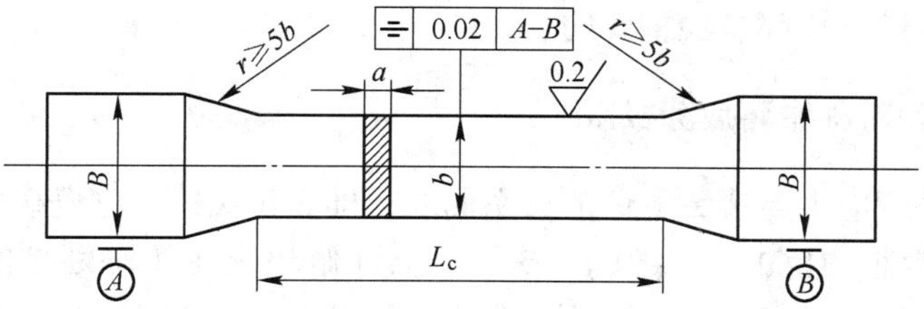

图 7-18　矩形光滑轴向疲劳试样

（$ab \geqslant 30\ mm^2$；$b=(2\sim6)a\pm0.02$ mm；$L_c>3b$；$B/b \geqslant 1.5$）

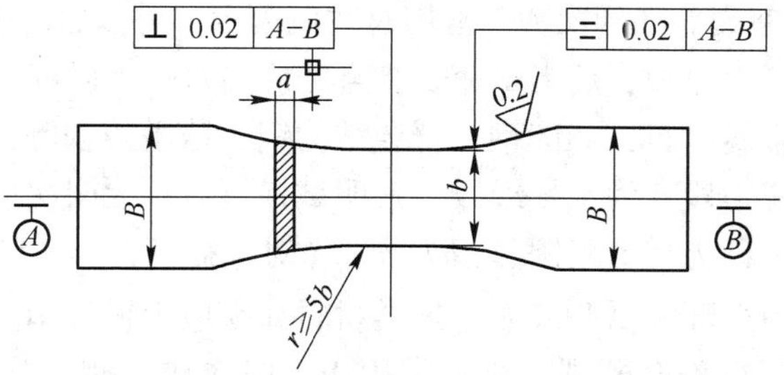

图 7-19　漏斗形轴向疲劳试样

（$ab \geqslant 30\ mm^2$；$b=(2\sim6)a\pm0.02$ mm）

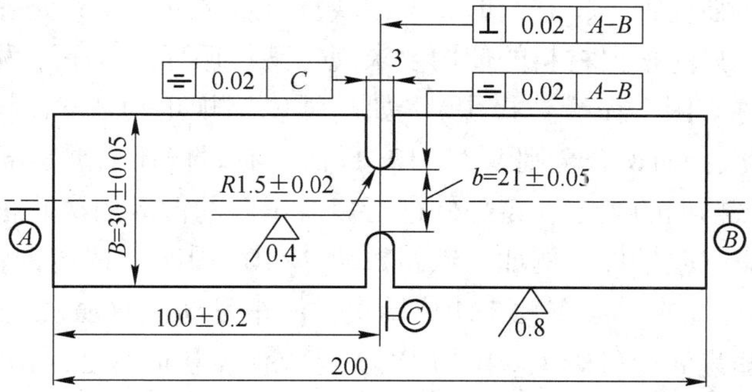

图 7-20　矩形 U 形缺口轴向疲劳试样

（$R/B=0.05$；$b/B=0.7$；$K_t=3$）

面质量检查。试样制备过程中，毛坯尺寸偏差为±(3~5) mm，然后机加工。切削后偏差为±0.5 mm。进行热处理后再磨削加工，其尺寸偏差为±0.05 mm。磨削时，应充分冷却，磨削之后，再进行表面（工作部分）抛光，使其表面粗糙度为 R_a 为 0.2 μm。尺寸检查时要注意，同一批疲劳试样，应具有相同直径，其直径偏差为±IT10。例如 d = 7.5 mm 试样，其偏差应在 7.56~7.44 mm 之间。在进行直径检测时，不应损伤试样表面。要特别注意试样过渡区的加工质量，不允许存在磨痕之类的加工缺陷。

7.3　疲劳力学性能

在传统机械设计领域，疲劳应力判据是疲劳设计的基础理论之一。其中作为材料基本疲劳力学性能指标的有疲劳极限（疲劳强度）、抗过载能力及疲劳缺口敏感度等。长期以来，全球各地的科技工作者通过研究这些指标与材料及工艺之间的关系，积累了大量数据和规律，推动了疲劳设计工作的进展。因此，认识、应用和改进这些疲劳性能，对选用材料、优化工艺及改进设计都是很重要的。

7.3.1 疲劳曲线和对称循环疲劳极限

疲劳曲线是疲劳应力与疲劳寿命的关系曲线，即 *S-N* 曲线，它是确定疲劳极限、建立疲劳应力判据的基础。1860 年，维勒（Wohler）在解决火车车轴断裂时，首先提出疲劳曲线和疲劳极限的概念，所以后人也称该曲线为维勒曲线。7.2 节已介绍了疲劳曲线的测试方法。

典型的金属材料疲劳曲线如图 7-21 所示。图中纵坐标为循环应力的最大应力 σ_{max} 或应力幅 σ_a；横坐标为断裂循环周次 *N*，常用对数值表示。可以看出，*S-N* 曲线由高应力段和低应力段组成。前者寿命短；后者寿命长，且随应力水平下降断裂循环周次增加。对于一般具有应变时效的金属材料，如碳钢、合金结构钢、球墨铸铁等，当循环应力水平降低到某一临界值时，低应力段变为水平线段，表明试样可以经无限次应力循环也不发生疲劳断裂，故将对应的应力称为疲劳极限，记为 σ_{-1}（对称循环，$r=-1$）。但是，实际测试时不可能做到无限次应力循环。试验表明，这类材料如果应力循环 10^7 周次不断裂，则可认定承受无限次应力循环也不会断裂。所以常用 10^7 周次作为测定疲劳极限的基数，记为 N_0。从这个意义上说，无限寿命疲劳极限是有“条件”的。另一类金属材料，如铝合金、钛合金、不锈钢和高强度钢等，它们的 *S-N* 曲线没有水平部分，只是随应力降低，循环周次不断增大。此时，只能根据材料的使用要求规定某一循环周次下不发生断裂的应力作为条件疲劳极限（或称有限寿命疲劳极限），如高强度钢规定为 $N=10^8$ 周次；铝合金和不锈钢也是 $N=10^8$ 周次；而钛合金则取 $N=10^7$ 周次。有时候还根据零部件的工作条件确定应力循环周次。按照早期的规定，零部件进行疲劳试验的循环周次是根据不同行业的要求执行不同的循环寿命试验条件。例如：铁路桥梁 2×10^6 周次，铁道钢轨 15×10^6 周次，飞机发动机曲轴 18×10^6 周次，火车轴 5×10^7 周次，汽车发动机曲轴 12×10^7 周次，蒸汽机车连杆 1×10^9 周次，蒸汽涡轮机轴 15×10^9 周次，蒸汽涡轮机叶片 23×10^{10}周次。

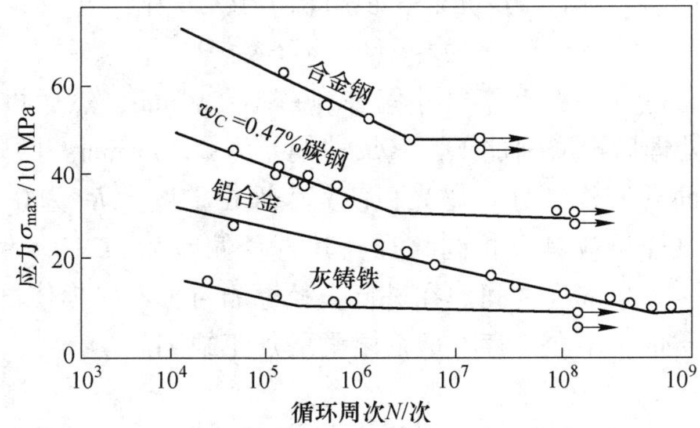

图 7-21 几种材料的疲劳曲线

疲劳极限又称疲劳强度，疲劳强度用 σ_r 表示。对于应力比 $r=-1$ 时的疲劳极限就用 σ_{-1}来表示，这一符号是指光滑试样对称旋转弯曲疲劳极限。某些不锈钢和有色金属的 *S-N* 曲线中没有水平直线部分，此时的疲劳极限都一般定义为 10^8 次应力循环下不断裂的应力幅水平。疲劳极限是材料抗疲劳能力的重要性能指标，也是进行疲劳强度的不同寿命设计的主要依据。

如此，疲劳断裂应力判据为：

对称应力循环下 $\sigma \geqslant \sigma_{-1}$

非对称应力循环下 $\sigma \geqslant \sigma_r$ （r 为应力比）

7.3.2 抗疲劳过载能力

疲劳曲线的斜线部分给出了试样承受的应力幅水平与发生疲劳破断时所经历的应力循环次数之间的关系，称为过负荷持久值。多用如幂函数的形式表示。

$$\sigma^m N = C \tag{7-13}$$

式中，σ 为应力幅或最大应力；N 为达到疲劳破断时的应力循环次数；m，C 为材料常数。

如果给定一个应力循环次数，便可由式（7-13）求出或由斜线量出材料在该条件下所能承受的最大应力幅水平。反之，也可以由一定的工作应力幅求出对应的疲劳寿命。因为此时试样或材料所能承受的应力幅水平是与给定的应力循环次数相关联的，所以称之为条件疲劳极限，或称为疲劳强度。斜线部分是零部件疲劳强度的有限寿命设计或疲劳寿命计算的主要依据。

过去一直认为，承受交变载荷作用的机件，按 σ_{-1} 确定许用应力是安全的。但是，这里未考虑实际机件在服役过程中不可避免地要受到偶然的短时过载荷作用，如汽车与拖拉机的紧急制动、突然起动等就是过载运行。机件在受到短时偶然过载作用后，又回到正常应力下服役，材料的疲劳极限会发生什么变化呢？为了保证机件安全，工程上必须考虑这一问题。

金属机件偶然经受短期过载，材料原来的 σ_{-1}（或疲劳寿命）可能没有变化，也可能有所降低，这要具体视材料所受过载应力及相应的累计过载周次而定。若金属在高于疲劳极限的应力水平下运转一定周次后，其疲劳极限或疲劳寿命减小，这就造成了过载损伤。对于一定的金属材料，引起过载损伤，需要有一定的过载应力与一定的应力循环周次相配合，即在每一过载应力下，只有过载运转超过某一周次后才会引起过载损伤。金属材料抵抗疲劳过载损伤的能力，用过载损伤界或过载损伤区表示（见图 7-22）。过载损伤界由实验确定。测出不同过载应力水平和相应的开始降低疲劳寿命的应力循环周次，得到不同的试验点，连接各点便得到过载损伤界。可见，过载应力越大，则开始发生过载损伤的循环次数越少。

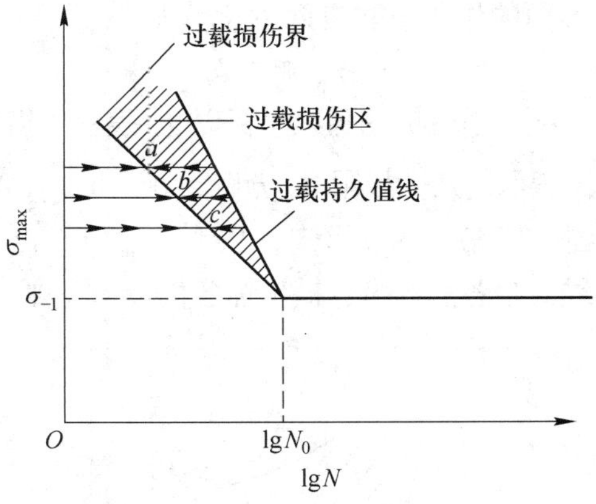

图 7-22 过载损伤界

过载损伤界与疲劳曲线高应力区直线段（该线段各应力水平下发生疲劳断裂的应力循环周次称为过载持久值）之间的影线区，称为过载损伤区。机件过载运转到这个区域里，都要不同程度地降低材料疲劳极限，而且离持久值线越近，降低越甚。

材料的过载损伤界（或过载持久值线）越陡直，损伤区越窄，则其抵抗疲劳过载的能力越强。例如，18-8不锈钢的过载损伤界很陡直，而工业纯铁的则几乎是水平的。显然，前者对疲劳过载不太敏感，后者则十分敏感。工程上在设计可能受过载机件或选材时，有时宁可选σ_{-1}低而疲劳损伤区窄的材料，以保证安全。

疲劳过载损伤可用金属内部的“非扩展裂纹”来解释。众所周知，疲劳极限是金属材料在交变载荷作用下能经受无限次应力循环而不断裂的应力。如果承认材料内部存在裂纹（包括既存裂纹或由交变载荷产生的裂纹），那么，所谓“能经受无限次应力循环而不断裂”，就意味着在该应力下运转裂纹是非扩展的。当过载运转到一定循环周次后，疲劳损伤累积形成的裂纹尺寸超过在疲劳极限应力下的“非扩展裂纹”尺寸，则在以后的疲劳极限应力下再运转，此裂纹将继续扩展，使之在小于N_0（10^7周次）的循环次数下就发生疲劳，说明过载已造成了损伤。当在低过载下（应力循环周次又不足），累积损伤造成的裂纹长度小于在σ_{-1}应力下的“非扩展裂纹”尺寸时，裂纹就不会扩展，这时过载对材料不造成疲劳损伤。因此，过载损伤界就是在不同过载应力下，损伤累积造成的裂纹尺寸达到或超过σ_{-1}应力的“非扩展裂纹”尺寸的循环次数。

7.3.3 不对称循环疲劳极限与疲劳图

很多机件或构件是在不对称循环载荷下工作的，因此还需知道材料的不对称循环疲劳极限，以适应这类机件的设计和选材的需要。通常是用工程作图法，由疲劳图求得各种不对称循环的疲劳极限。

疲劳图是各种循环疲劳极限的集合图，也是疲劳曲线的另一种表达形式。由图7-23可知，以最大循环应力σ_{max}表示的疲劳极限σ_r是随应力比r（或平均应力σ_m）的增大而升高的。因此，可根据平均应力对疲劳极限σ_r（σ_{max}或σ_a）的影响规律建立疲劳图。根据不同的作图方法有两种疲劳图。

7.3.3.1 σ_a-σ_m 疲劳图

σ_a-σ_m疲劳图的纵坐标以σ_a表示，横坐标以σ_m表示。然后，在不同应力比r条件下将σ_{max}表示的疲劳极限σ_r分解为σ_a和σ_m，并在该坐标系中作ABC曲线，即为σ_a-σ_m疲劳图（见图7-24）。由图可知，A点：$\sigma_m=0$，$r=-1$，$\sigma_a=\sigma_{-1}$；C点：$\sigma_m=\sigma_b$，$r=1$，$\sigma_a=0$；ABC曲线其余各点的纵、横坐标各代表每一种r下疲劳极限的σ_a和σ_m，$\sigma_r=\sigma_a+\sigma_m$。

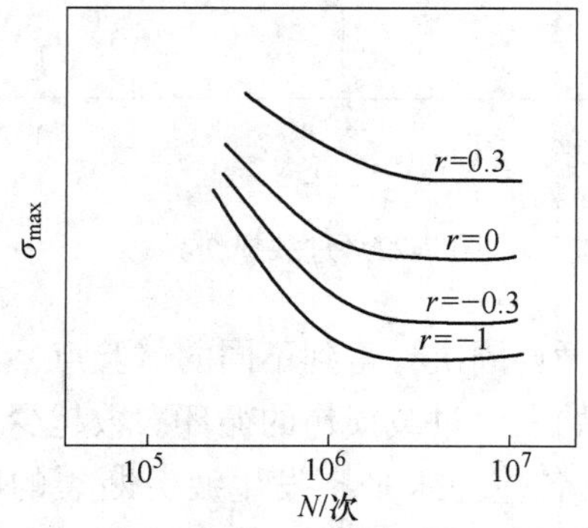

图7-23 不同应力比的疲劳曲线

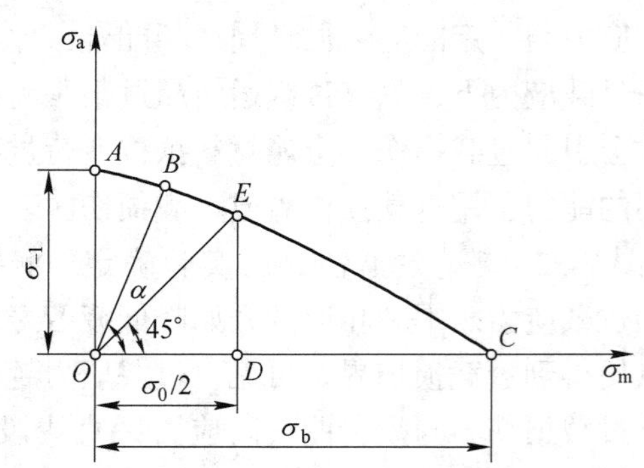

图7-24 σ_a-σ_m 疲劳图

为了在疲劳图ABC曲线上建立疲劳极限和应力比r间的关系，可在ABC曲线上任取

一点 B 和原点 O 连线，其几何关系为

$$\tan\alpha = \frac{\sigma_a}{\sigma_m} = \frac{\frac{1}{2}(\sigma_{max} - \sigma_{min})}{\frac{1}{2}(\sigma_{max} + \sigma_{min})} = \frac{1 - r}{1 + r} \tag{7-14}$$

因此，只要知道应力比 r，将其代入式（7-14），即可求得 $\tan\alpha$ 和 α，而后从坐标原点 O 引直线，令其与横坐标的夹角等于 α 值，该直线与曲线 ABC 相交的交点 B 便是所求的点，其纵、横坐标之和，即为相应 r 的疲劳极限 σ_{rB}，$\sigma_{rB}=\sigma_{aB}+\sigma_{mB}$。

例如，求脉动循环的疲劳极限 σ_0，将应力比 $r=0$ 代入式（7-14）得，$\tan\alpha = \frac{1 - 0}{1 + 0} = 1$，$\alpha = 45°$，因此过原点 O 作 45°角的直线与 ABC 曲线相交，交点 E 的纵、横坐标之和即为 σ_0，$\sigma_0=\sigma_{aE}+\sigma_{mE}$。

ABC 曲线也可用数学解析式表示，常用的数学公式有：

Geber 公式
$$\sigma_a = \sigma_{-1}\left[1 - \left(\frac{\sigma_m}{\sigma_b}\right)^2\right] \tag{7-15}$$

Goodman 公式
$$\sigma_a = \sigma_{-1}\left(1 - \frac{\sigma_m}{\sigma_b}\right) \tag{7-16}$$

Soderberg 公式
$$\sigma_a = \sigma_{-1}\left(1 - \frac{\sigma_m}{\sigma_s}\right) \tag{7-17}$$

也可利用这些公式关系，根据材料的 σ_{-1} 和 σ_b（σ_s），绘制 σ_a-σ_m 疲劳图。这样可以大大简化实验，应用也比较方便。很明显，由图 7-24 可知，若机件工作应力落在 ABC 曲线以内，则既不会产生疲劳断裂，也不会产生塑性变形失效。

7.3.3.2 $\sigma_{max}(\sigma_{min})$-$\sigma_m$ 疲劳图

$\sigma_{max}(\sigma_{min})$-$\sigma_m$ 疲劳图的纵坐标以 σ_{max} 或 σ_{min} 表示，横坐标以 σ_m 表示。然后将不同应力比 r 下的疲劳极限，分别以 σ_{max}（σ_{min}）和 σ_m 表示于上述坐标系中，就形成这种疲劳图（见图 7-25）。AHB 曲线就是在不同 r 下的疲劳极限 σ_{max}，很直观。显然，疲劳极限随平均应力增加（或 r 增加）而增大，但所含的应力幅 σ_a 则减小。在 B 点，平均应力 $\sigma_m=0$（$r=-1$），$\sigma_a=\sigma_{-1}$，疲劳极限 $\sigma_{max}=\sigma_{-1}$；在 A 点，$\sigma_m=\sigma_b$，$r=1$，$\sigma_a=0$，疲劳极限 $\sigma_{max}=\sigma_b$；在 AB 之间各点的 σ_{max} 即表示相应 r 下（$r=-1\sim1$）的疲劳极限。

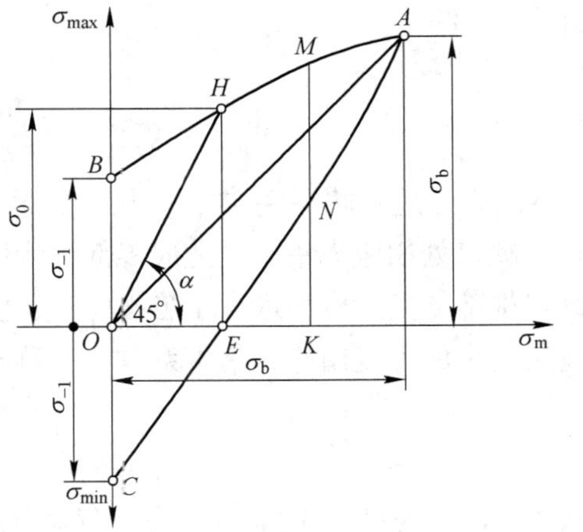

图 7-25 $\sigma_{max}(\sigma_{min})$-$\sigma_m$ 疲劳图

在 AHB 曲线上也可建立疲劳极限和应力比 r 的关系。取任一点 H 和原点 O 连线，得几何关系为

$$\tan\alpha = \frac{\sigma_{max}}{\sigma_m} = \frac{2\sigma_{max}}{\sigma_{max} + \sigma_{min}} = \frac{2}{1 + r} \tag{7-18}$$

这样，只要知道应力比 r，就可代入式（7-18）求得 $\tan\alpha$ 和 α，而后从坐标原点 O 引一直线 OH，令其与横坐标的夹角为 α，则直线与曲线 AHB 的交点 H 的纵坐标即为疲劳极限。同样，CA 线表示上述情况下材料可以承受的最小应力。

在这个 BAC 范围之内可以达到规定的疲劳寿命，超出这个范围材料不能达到规定的疲劳寿命。例如，某种不对称循环应力工作状态下的平均应力是 K，过 K 点作垂线，与最大应力线 BA 交于 M，与最小应力线 CA 交于 N，则对应的这种 r 下可以承受的最大载荷为 M，可以承受的最低载荷为 N，应力允许的变化范围是 MN。σ_{max} 大于 M 零部件将达不到预定寿命，那么 σ_{min} 小于 N 是否可以呢？答案是否定的，那是因为最小应力 σ_{min} 如果小于 N 的话，应力变化范围将加大，这时 σ_{max} 也会超过 M。

必须注意，图 7-25 是脆性材料的 $\sigma_{max}(\sigma_{min})$-$\sigma_m$ 疲劳图。对于塑性材料，应该用屈服强度 $\sigma_{r0.2}$ 进行修正，如图 7-26 所示。如同图 7-25，当机件工作应力落在 $BPARC$ 区域内，则机件既不会疲劳断裂，也不会产生塑性变形失效。

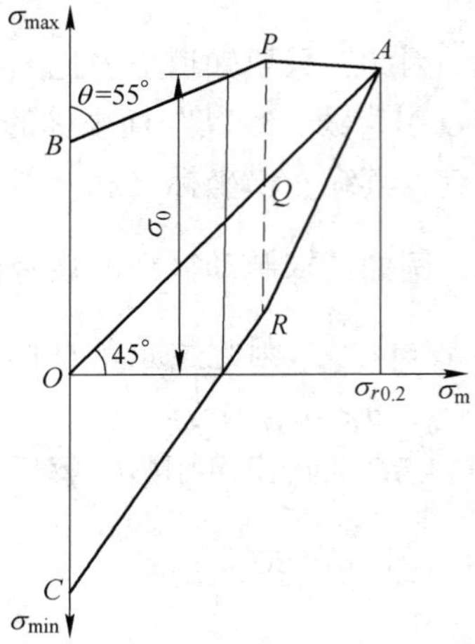

图 7-26 塑性材料的 $\sigma_{max}(\sigma_{min})$-$\sigma_m$ 疲劳图

7.3.4 疲劳缺口敏感度

机件由于使用的需要，常常带有台阶、拐角、键槽、油孔、螺纹等。这些结构类似于缺口作用，会改变应力状态和造成应力集中。因此，了解缺口引起的应力集中对疲劳极限的影响也很重要。金属材料在交变载荷作用下的缺口敏感性，常用疲劳缺口敏感度 q_f 来评定，即

$$q_f = \frac{K_f - 1}{K_t - 1} \tag{7-19}$$

式中，K_t 为应力集中系数，可从有关手册中查到，$K_t>1$；K_f 为疲劳缺口系数。

缺口处的应力集中是造成零部件疲劳强度大幅度下降的最主要的因素。应力集中使得缺口根部的实际应力远大于名义应力，使该处产生疲劳裂纹，最终导致零件失效或破坏。应力集中的程度用应力集中系数（又称理论应力集中系数）K_t 来描述：

$$K_t = \frac{\sigma_{max}}{\sigma_0} \tag{7-20}$$

式中，σ_{max} 为最大应力；σ_0 为载荷除以缺口处净截面积所得的平均应力，又称名义应力。

在一定范围内，缺口根部的曲率半径 ρ 越小，应力集中程度越大，疲劳强度降低的程度也就越大。但是，对于低中碳钢等塑性材料，当缺口根部的曲率半径进一步减小甚至小于零点几个毫米时，疲劳强度的降低程度会变得越来越小甚至不再降低。此时应力集中系数就无法真实地反映缺口对疲劳强度的影响。因此常用疲劳缺口系数 K_f（也称为疲劳缺口应力集中系数，过去又被称为有效应力集中系数）来更直接地反映疲劳强度的真实的降低程度：

$$K_f = \frac{\sigma_{w0}}{\sigma_w} \tag{7-21}$$

式中，σ_{w0}，σ_w 分别为无缺口光滑试样和缺口试样的疲劳极限。

图 7-27 为钢的应力集中系数 K_t 与疲劳缺口系数 K_f 之间的关系。由图可见，对于低中碳钢，在应力集中系数小于 2～2.5 时 K_t 与 K_f 基本相同，但当超过此数值时，K_f 的增长速度明显变慢。而对于高碳钢等强度比较高的钢，K_f 随 K_t 线性递增的关系保持很长的范围。由此可知，高强度钢的疲劳强度对缺口的敏感性高而低中强度钢的疲劳强度对缺口的敏感性较低。

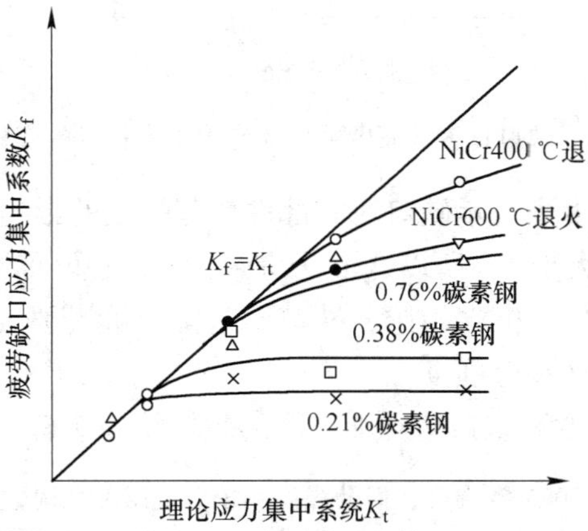

图 7-27　钢的理论应力集中系数与疲劳缺口应力集中系数的关系

一般情况下，$K_f<K_t$，但对于高碳钢尖锐缺口，还有可能存在 $K_t>K_f$ 的现象。对于螺栓类零件也存在这种现象，有时出现 K_t 为 4 左右而 K_f 为 8～10 的情况。这主要是因为每个螺纹所分担的载荷不均，甚至载荷集中在某个螺纹上造成应力集中所致。

对于光滑材料，通过表面淬火、表面渗碳、表面氮化等表面热处理可以有效地提高其疲劳强度。但是对于缺口零部件，这些方法可能效果较小甚至使疲劳强度反而降低。这是因为通过热处理使其表面强度提高的同时，使缺口敏感性也变高的缘故。图 7-27 为高强度钢和塑性较好的低强度钢的缺口材料的疲劳强度随应力集中程度的增加而变化的情况。在应力集中系数 K_t 较小的范围内，高强度钢的疲劳强度明显比低强度钢的高。但随着应力集中系数的增加，高强度钢的疲劳强度的降低速度明显大于低强度钢，以至于高强度钢的疲劳强度与低强度钢的疲劳强度相差无几。

对于焊接构件，由于焊接热影响区在许多情况下恰好处于结构性缺口部位或在其附近，加之焊接缺陷、焊接残余拉应力的作用等，使得疲劳强度可能大幅下降几倍甚至十几倍。

疲劳缺口系数还受零部件尺寸大小的影响，一般在具有相同缺口的情况下，随着尺寸的增大其疲劳缺口系数也有所增大。

因此对于缺口材料或带有缺口的零部件，为了提高其疲劳寿命，最有效的方法是合理地选择改进结构设计和工艺选择等手段来设法降低或改善它的应力集中情况。而一味地选用高强度钢材，未必能够达到目的，相反在表面较粗糙和尺寸较大的情况下反而有可能使构件的疲劳强度下降。图 7-28 说明了单纯淬火、淬火+回火两种情况下理论应力集中系数和疲劳缺口应力集中系数的关系。

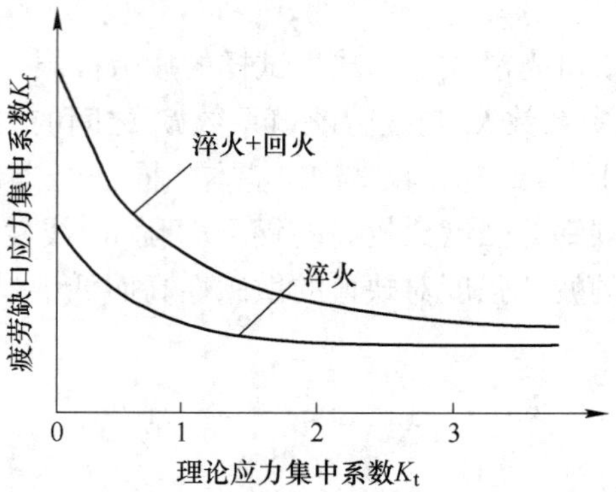

图 7-28　缺口材料的疲劳强度随应力集中程度的变化

现在常用疲劳缺口敏感度来表示缺口对零部件疲劳强度的影响（见式（7-19））。

由于 K_f 和 K_t 两个量均大于 1，所以这个 q_f 是在 0~1 之间变化的量。如果 $q_f=1$，就有 $K_f=K_t$，那就说明材料对缺口极端敏感，缺口严重降低疲劳强度；如果 $q_f=0$，那么材料对缺口不敏感，缺口不降低疲劳强度。

40Cr 钢的强度、疲劳强度和缺口敏感度之间的数据见表 7-6。

表 7-6　40Cr 钢强度、疲劳强度和缺口敏感度之间数据

回火温度 /℃	组织	硬度 HRC	强度 R_m /MPa	屈服强度 $R_{0.2}$ /MPa	延伸率 δ_{10}/%	断面收缩率 Ψ/%	疲劳强度 σ_{-1} /MPa	缺口疲劳强度 σ_{-1K} /MPa	理论应力集中系数 K_t	疲劳缺口应力集中系数 K_f	缺口敏感度 q_f
200	回火马氏体	50	1964	1577	4.7	15.5	627	490	1.52	1.28	0.54
390	回火屈氏体	45	1470	1372	6.8	52.7	597	421	1.52	1.42	0.79
500	回火索氏体	35	1102	1043	8.8	57.8	519	367	1.52	1.41	0.79
670	回火索氏体	24	790	710	15.9	68.4	392	264	1.52	1.48	0.92

这个疲劳缺口敏感度对于一般结构钢来讲为 0.6~0.8，晶粒粗化时可能降低到 0.1~0.2。球墨铸铁为 0.01~0.05，灰口铸铁约为 0.05。材料的缺口敏感度 q_f 不随材料强度提高而单调上升，而在某一个强度水平达到最大。试验数据说明，球墨铸铁会因强度提高而 q_f 值下降。

7.4　影响疲劳强度的因素

通常我们通过手册所获得的 S-N 曲线大多是无缺口的标准试样的试验结果。但是实际零部件的形状、尺寸、表面状态、工作环境和工作载荷的特点都可能大不相同，而这些因素都对零部件的疲劳强度产生很大的影响。疲劳强度的影响因素可分为力学、冶金学和环境三个方面。这些因素互相联系影响，使得在疲劳强度设计和疲劳寿命预测时，综合评价这些因素影响变得复杂。

三类因素中，力学因素从根本上讲可归结为载荷类型、频率范围、应力集中程度和平均应力的影响；冶金学因素可归纳为冶金质量即材料的纯净度和材料的处理状态；而环境因素主要有腐蚀介质和高温的影响。一般情况下应主要考虑力学和冶金学两类因素。它们包括缺口的形状、尺寸、表面状态和平均状态等。关于这些因素对疲劳极限影响的具体数据相关的经验公式，可查阅相关手册和资料。在 7.3.4 节我们已经介绍了缺口的影响，这里主要讨论疲劳强度设计和疲劳寿命预测时需了解的其他较重要的影响因素，以及应该考虑到的注意事项。

7.4.1 零件尺寸效应

用于疲劳试验的试样的直径一般都在 5~10 mm 的范围内，这和实际零部件的尺寸有很大的差异。一般地，对于弯曲和扭转载荷下的零件，随着尺寸的增大疲劳强度降低。但是对于轴向拉伸和压缩载荷的情况，尺寸的影响不大。尺寸对疲劳极限的影响用尺寸影响系数 ε 来表示：

$$\varepsilon = \frac{\sigma_{\mathrm{d}}}{\sigma_{\mathrm{d0}}} \tag{7-22}$$

式中，σ_{d}，σ_{d0}分别为任意尺寸和标准尺寸光滑试样的疲劳极限。

高强度钢的尺寸效应比低强度钢的尺寸效应大，表面粗糙的零件的尺寸效应比表面光滑的零部件大。

尺寸效应的产生主要是因为较大尺寸的材料的组织状态和应力梯度对疲劳强度产生了影响。材料的尺寸越大制造工艺过程越难控制，材料组织的致密性和均匀性等越差、冶金缺陷越多，这些缺陷的尺寸也会相应地越大。零部件表面积越大，这些缺陷在表面上存在的数量也越多，因此大尺寸试样表面产生疲劳裂纹的机会也就越大。而这些从根本上来说又都可以归结为冶金缺陷造成了局部应力集中而导致了疲劳裂纹的产生。

关于应力梯度的影响，在承受弯曲、扭转等载荷的情况下，零件的尺寸越大工作应力的梯度越小，单位面积内的平均应力就越高，疲劳裂纹越易产生。

7.4.2 变动载荷频率范围

零部件承受的载荷频率对于疲劳强度影响的试验结果主要有如下规律：载荷频率比较低（<1 Hz）时，随着频率提高疲劳强度下降；在中等频率（50~170 Hz）范围，频率变化对疲劳强度没有影响；频率比较高（>170 Hz）时频率提高，疲劳强度随之提高。

7.4.3 表面状况

表面状况包括表面粗糙度、表面应力状态、表面塑性变形程度和表面缺陷等因素。在试验中采用的是表面磨光（或抛光）的标准试样，但实际的零部件表面则往往是机械加工表面、锻造表面和铸造表面。

机械加工会在零件表面产生塑性加工硬化。切削加工往往会在零件表面产生一定的残余压应力，这对疲劳强度是有利的但效果有限。但是在磨削时往往会产生对疲劳强度不利的残余拉应力。另外，机械加工表面的显微尺度上的凸凹不平会引起应力集中而使疲劳强度降低。这些因素综合作用的结果，使疲劳强度比标准试样的要降低一些。而锻造或铸造表面一般具有更高的表面粗糙度，且都存在表面加工硬化层和表面残余压应力，因此会更加明显地降低疲劳强度。因此从形式上看，越是粗糙的表面加工方法，对疲劳强度的降低影响就越大。表面加工状况对疲劳强度的影响用表面加工系数 β 来表示：

$$\beta = \frac{\sigma_{\beta}}{\sigma_{\beta 0}} \tag{7-23}$$

式中，σ_{β} 为某种表面状态下标准光滑试样的疲劳极限；$\sigma_{\beta 0}$ 为磨光标准光滑试样的疲劳极限，国外为表面磨光的标准光滑试样。

从冶金角度看，粗加工对高强度材料的疲劳强度的影响更大，以至于在粗加工状态下高强度钢或者提高强度的方法可能起不到丝毫的提高疲劳强度的作用。这主要是因为高强度材料对粗糙表面的缺口敏感性高的缘故，加之机械加工对于高强度钢的表面的加工硬化作用也很小。

关于表面脱碳、表面碰磕、伤痕和划伤等表面缺陷对疲劳强度的影响的研究较少，但这些偶然原因造成的表面缺陷会对疲劳强度造成很大的影响。因此，在设计尤其是制造过程中需要给予足够的重视。

对于光滑材料，表面热处理等表面改性方法可以提高疲劳强度，但对于实际零部件等带有缺口的材料，这些方法都效果不大，甚至产生相反的作用。因此多用喷丸、辊压的方法使表面产生加工硬化和残余压应力，从而提高构件的疲劳强度，但是这两种方法一般对孔口类缺口的零件的疲劳强度的提高作用并不明显。

最新的研究表明，用简单的金属模具对孔口边缘进行少量倒角从而使缺口部位产生局部塑性变形的方法，对疲劳强度有明显的提高，甚至可以完全消除缺口降低疲劳极限的影响。过去大多认为，表面塑性加工的方法提高疲劳强度的主要原因是在表面产生了残余压应力从而抵消了部分工作应力的缘故。实际上是残余压应力在缺口部位产生的压缩集中应力抵消了缺口的不利影响；塑性变形使得缺口附近组织中的微小薄弱区域得到强化，使组织性能变得更加均匀一致，整体强度得到提高，从而使产生疲劳裂纹的应力水平得到提高。同时，残余压应力还使疲劳裂纹扩展停止而成为停留裂纹。

对于疲劳条件下工作的零部件，表面光洁度按照抛光、精磨、细磨、粗磨、车、铣的顺序下降。例如，对于强度为 1580～2160 MPa 的 Cr-Ni 钢，热轧的疲劳强度为 130～150 MPa；精加工为 780 MPa，精细抛光可以达到 1020 MPa。

7.4.4 平均应力

如前所述，产生疲劳破坏的根本原因是动应力分量，但静应力分量即平均应力对疲劳极限也有一定的影响。在一定的静应力范围内，压缩的静应力提高疲劳极限，拉伸的静应力降低疲劳极限。一般认为，残余应力对疲劳极限的作用与平均应力的作用相同。对于一种材料，可根据它在各种平均应力或应力比 r 下的疲劳极限结果画出疲劳极限图。

图 7-29 的横坐标为平均应力 σ_m（或残余应力）和强度极限 σ_b 的比值，纵坐标为应力幅 σ_a 和对称循环疲劳极限 σ_{-1} 的比值，两者都是无量纲的量。从图中可以看出，多数试验数据点落在直线与曲线之间。这条直线称为古德曼（Goodman）线，见式（7-24）；曲线就是杰柏（Gerber）抛物线，见式（7-25）；用屈服极限 σ_s 代替 σ_b 得到索德柏格

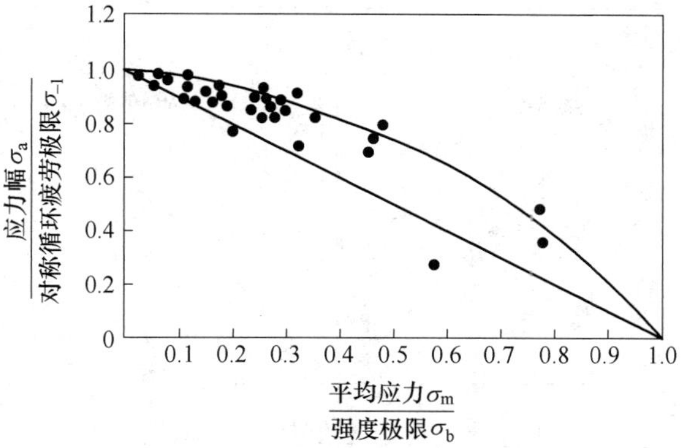

图 7-29 钢在 10^7 次循环寿命下的疲劳极限线图

(Soderberg) 线，见式（7-26）；用断裂真应力 σ_f 代替 σ_b，得到摩儒（Morrow）线，见式（7-27）。

Goodman 线 $$\sigma_a = \sigma_{-1}\left(1 - \frac{\sigma_m}{\sigma_b}\right) \tag{7-24}$$

Gerber 曲线 $$\sigma_a = \sigma_{-1}\left[1 - \left(\frac{\sigma_m}{\sigma_b}\right)^2\right] \tag{7-25}$$

Soderberg 线 $$\sigma_a = \sigma_{-1}\left(1 - \frac{\sigma_m}{\sigma_s}\right) \tag{7-26}$$

Morrow 线 $$\sigma_a = \sigma_{-1}\left(1 - \frac{\sigma_m}{\sigma_f}\right) \tag{7-27}$$

Goodman 线对于延性金属略偏保守且简单方便，在疲劳设计中应用最广。常用的还有另一种称为理想的改进 Goodman 曲线如图 7-30 所示，为工字形钢对接梁弯曲疲劳载荷下理想的改进 Goodman 图。横坐标表示最小应力 σ_{min}，纵坐标表示最大应力 σ_{max}，其直线方程式为

$$\sigma_{max} = m\sigma_{min} + b \tag{7-28}$$

式中，m 为 Goodman 线的斜率；b 为直线在 y 轴上的截距，表示最小应力等于零时即脉动循环的疲劳极限。疲劳极限用最大应力表示时，即 $\sigma_w = \sigma_{max}$，考虑到应力比 $r = \sigma_{min}/\sigma_{max}$，由式（7-28）可得：

$$\sigma_w = \frac{b}{1 - mr} \tag{7-29}$$

由式（7-29）即可求出应力比为 r 时的疲劳极限。实际车辆的具体结构要远比获得 S-N 曲线时的试验条件复杂，例如焊接形式及应力集中等，美国 AAR 标准为我们提供了许多典型焊接结构疲劳强度方面有价值的参考，所以，实际计算中的 b 与 m 均取自于 AAR 标准。

平均应力相同时，应力幅越小，交变分量越小，疲劳寿命可以更多（大），疲劳极限

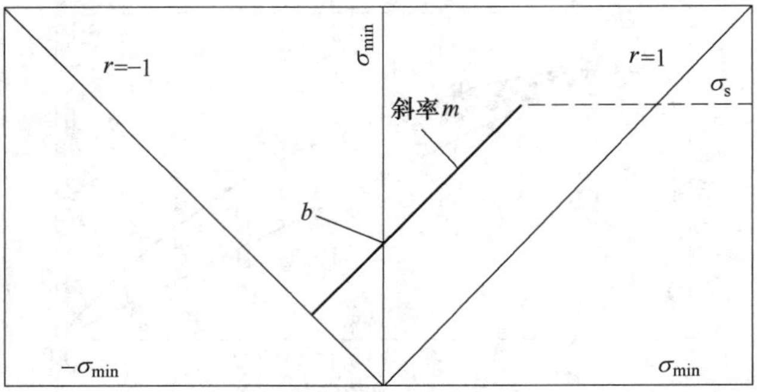

图 7-30　理想的改进 Goodman 图

提高。

试验研究表明，静载分量对应力集中系数、尺寸系数、表面系数的影响较小，可以忽略。

总的来说，平均应力变化对疲劳强度的影响如图 7-31 所示。

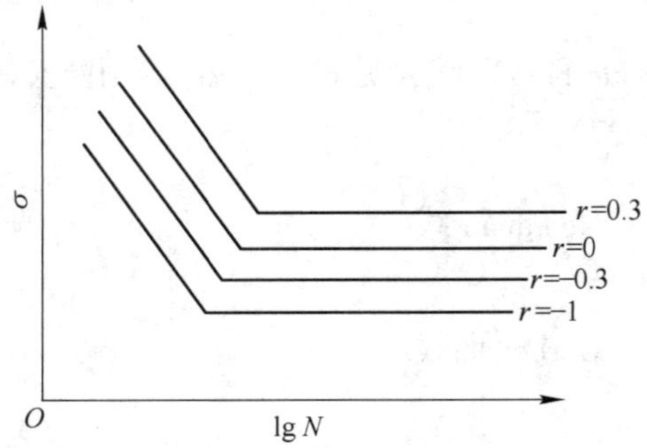

图 7-31　应力比对疲劳强度的影响

7.4.5　合金成分及显微组织

显微组织对疲劳性能的影响有很多不同的规律。在硬度低于 RC40 的范围，细化晶粒能够明显提高疲劳极限：铁素体珠光体钢晶粒从 2 级提高到 4 级可以使疲劳强度提高 10%。同样的条件则可以使奥氏体钢疲劳强度提高 20%。热处理淬火得到的马氏体越多疲劳性能越好；不同热处理组织中回火屈氏体疲劳性能最好；球状珠光体比片状珠光体好；等温淬火比淬火加回火好。夹杂物分布方向和纤维方向与应力方向平行时疲劳性能优良。

7.4.6　使用温度

使用温度降低会使疲劳强度提高。与强度有相同的趋势。主要是由于低温时滞后环的宽度变小，每一循环过程中储存于试样中的变形功减小，裂纹的萌生和扩展减小。相反温度提高使疲劳强度降低。温度提高到一定的程度，疲劳曲线不会出现水平部分。对于钢材，小于 300 ℃范围温度变化对疲劳强度影响不显著；大于 300 ℃，温度每提高 100 ℃疲劳强度下降 15%~20%；超过 500 ℃，温度每提高 100 ℃，疲劳强度下降 40%~50%。

所以在比较高的温度情况下，疲劳强度已经没有意义。

7.4.7　环境介质

环境介质是指酸、碱等腐蚀性物质对疲劳性能的影响。腐蚀通常分为化学腐蚀和吸附腐蚀两种。化学腐蚀是指酸、碱、盐及其溶液、海水、人体排泄物等对金属的腐蚀。由于腐蚀在金属表面造成嵌入式破坏，形成应力集中，引发裂纹，降低疲劳强度。吸附作用主要由于活性介质改变表面原子结合状态而降低表面质量。普通钢铁材料在水中的疲劳强度比空气中的低。另外在腐蚀条件下金属的疲劳强度不随抗拉强度提高而提高。同样不存在疲劳曲线的水平部分。所以热处理强化在腐蚀条件下贡献不大。部分表面强化方法对腐蚀条件下的疲劳强度有贡献。

7.4.8 表层残余应力

零部件如果承受弯曲疲劳载荷、扭转疲劳载荷，表层残余应力对疲劳强度有显著的影响。残余压应力能够提高疲劳强度；残余拉应力则降低疲劳强度。残余应力对疲劳强度的影响是载荷加和的关系（见图 7-32）。

如图 7-32 所示，残余压应力对疲劳工作应力起到消减作用。残余应力与疲劳强度之间可以表示如下：

$$\sigma_{-1r} = -M(\sigma_m + \sigma_r) + \sigma_{-1}$$

式中，等式左边是具有残余应力的疲劳极限；σ_r 是残余应力，同样可以表示为正是拉应力，负是压应力；σ_m 为平均应力；σ_{-1} 为无残余应力的光滑试样疲劳极限；M 为系数。

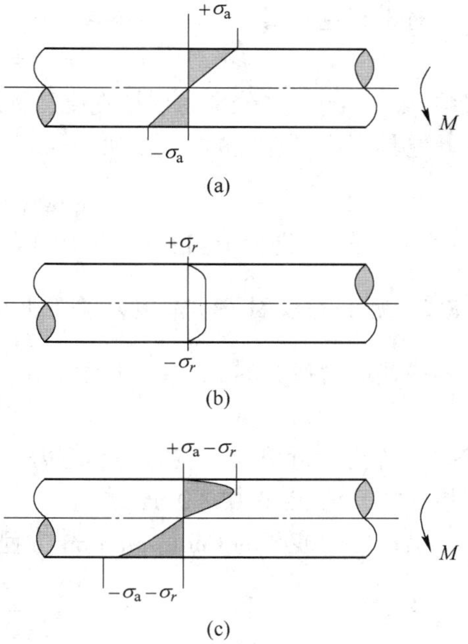

图 7-32 残余应力和工作疲劳应力叠加情况
（a）工作循环应力 σ_a；（b）零部件原有残余应力 σ_r；（c）两项应力叠加以后的情况

残余压应力，对疲劳强度的贡献不仅与表面残余压应力的数值大小有关以外，还与残余压应力区的深度和分布状态有关。压应力层的深度增加到自表面 4 mm 左右时，随压应力层的加厚，疲劳强度提高，层深超过 4 mm 之后，再增加压应力层深度，疲劳强度不再提高。另外有数据说明，残余压应力有利于降低裂纹扩展速率。拉应力正好相反。

获得表面压应力层的方法主要有零部件表面喷丸强化、表面化学热处理强化（氮化、渗碳、碳氮共渗）。

7.5 疲劳强度与材料基础力学性能之间的关系

根据长期工作经验，人们总结了常规力学性能和疲劳强度之间的关系数据。因为疲劳设计同样离不开对材料基础力学性能和化学成分、组织特征、处理状态等情况的了解。

7.5.1 疲劳强度和抗拉强度之间经验关系

对于钢铁材料来讲，疲劳强度和抗拉强度之间存在比较好的对应关系。很多试验结果说明，抗拉强度提高，疲劳强度提高。粗略地说，在一定的强度范围内，钢铁材料的疲劳强度与抗拉强度之比约等于 0.5。当抗拉强度超过 1400 MPa 之后，疲劳强度不再随抗拉强度提高而提高，甚至可能下降。缺口试样（$K_t = 1.6 \sim 2.1$）的试验数据说明，这个比值在 0.24~0.30 之间。

对于一般钢铁材料

$$\sigma_{-1} = 9.8(0.35R_m + 12.2)$$

对于高强度钢

$$\sigma_{-1} = 9.8[0.25(1 + 1.35\Psi)R_m]$$

对于有色金属

$$\sigma_{-1} = 9.8(0.19\sigma_f + 2)$$

式中，R_m、σ_f、Ψ 分别为抗拉强度、断裂强度和断面收缩率。

更具有广义性质的表达式如下：

$$\sigma_{-1} = 1.0139^{\frac{1}{n}}\sigma_u^{0.911}$$

式中，n、σ_u 分别为 Hollmann 方程的应变硬化指数和最大载荷所对应的真应力。

7.5.2 疲劳宏观因子和常规力学性能的关系

描述应力疲劳的 Basqin 方程为

$$S = \sigma'_f(2N_f)^b$$

式中，σ'_f 为接近单向拉应力的真应力，也称为疲劳强度系数；N_f 为疲劳寿命；b 为疲劳强度指数，其值在-0.05~0.12 之间。

描述应变疲劳的 Coffin-Manson 方程为

$$\frac{\Delta\varepsilon_p}{2} = \varepsilon'_f(2N_f)^c$$

式中，ε'_f 为接近断裂应变的疲劳塑性系数；c 为疲劳塑性指数。这些公式说明提高材料的断裂强度能够比较有效地提高抵抗应力疲劳抗力；提高材料的断裂应变能力，也能够有效提高材料的抵抗应变疲劳能力。但是目前对于疲劳强度指数 b 和疲劳塑性指数 c 的研究数据还不多。如果把 b、c 看作与材料组织无关的常数，可以采用 Manson 提出的方程：

$$\Delta\varepsilon_T = 3.5\frac{R_m}{E}N_f^{-1.12} + \varepsilon_f^{0.6}N_f^{0.6}$$

式中，$\Delta\varepsilon_T$、E、R_m 和 N_f 分别为总应变、正弹性模量、抗拉强度和疲劳寿命。建立该方程时 b 取 0.12，c 取-0.6。这个数据取自各类材料的平均值。

7.6 疲劳机理

疲劳破坏的根本原因还是零部件内部形成裂纹和裂纹扩展问题。疲劳由三个阶段的连续作用组成：

（1）裂纹的萌生——裂纹的形核称为第一阶段；

（2）裂纹的扩展——裂纹的生长是第二阶段；

（3）突然断裂——裂纹失稳扩展是瞬间发生的，被称为第三阶段。

如果把疲劳寿命分为两个阶段，那么裂纹形成所需要的寿命有 N_1 和裂纹扩展寿命 N_2 两个部分，而大面积断裂是在最后一次发生的，如图 7-33 所示。

如果把疲劳寿命表示为 N，则有

$$N = N_1 + N_2 + 1$$

比较深入的研究表明，对于同样材料来说，裂纹形成寿命 N_1 和裂纹扩展寿命 N_2 的相对比例主要与应力幅有关。应力幅较大时，N_1 所占的比例较小，裂纹一旦形成即进入长大阶段，N_2 所占比例较大。也说明，对于较高应力应变作用力下工作的疲劳零部件，疲劳裂纹扩展寿命的长短对疲劳贡献大。所以降低疲劳裂纹扩展速率的工作具有重要意义。低应力应变作用下的疲劳则应以提高 N_1 为提高疲劳寿命的主要方法和途径。

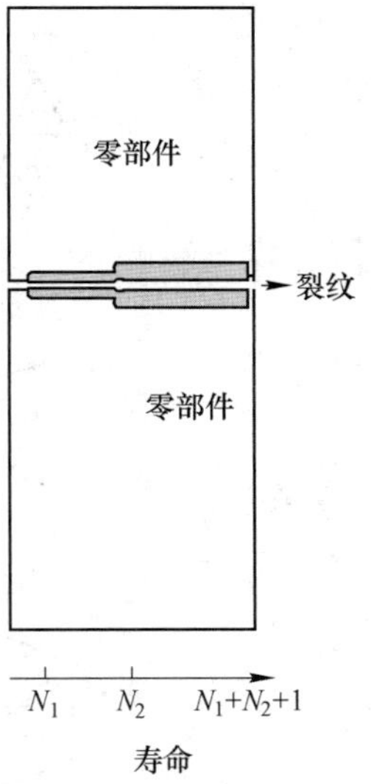

图 7-33 三个阶段在疲劳寿命载荷所占的比例

7.6.1 裂纹的萌生

疲劳过程就是裂纹形成问题。实践说明，疲劳裂纹在多数情况下从零部件的表面开始形成。理论和实践检验都能够证明裂纹形成可以用位错理论加以说明。在变动载荷作用下表面附近的微滑移会在金属表面造成挤入或挤出——裂纹源。反复作用应力不断加深这个表面缺陷，形成微裂纹，进一步发展成为疲劳源（见图 7-34）。1 表示金属表面附近的一个晶粒。2 表示在拉应力 σ_1 作用下位错源 1 首先达到临界分切应力，开始启动，沿其滑移面在金属表面造成一个台阶。外应力继续增加达到 σ_2，位错源 2 也达到临界分切应力，并沿其滑移面滑移，在金属表面造成另一个台阶。此时应力开始改变方向，变为压应力。压应力达到 $-\sigma_1$ 时也是位错源 1 首先达到临界分切应力而启动，但是其滑移面已被位错源 2 的滑移错开一个距离，反向滑移没有沿原来的滑移面进行，因此反向的滑移造成一个金属表面上的凹陷。外应力继续增加达到 $-\sigma_2$ 时位错源 2 再次启动，由于相同的原因，滑移面改变了，所以也在金属表面造成一个挤出台阶。应力如此反复作用，表面挤出和凹陷继续增加就形成表面裂纹的源泉。

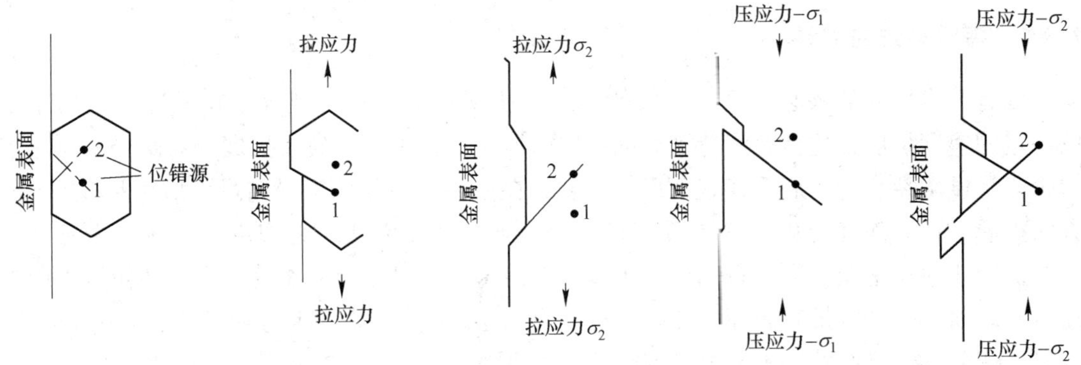

图 7-34 两个位错源在反复作用力下在金属表面造成挤出或压入的情况

7.6.2 疲劳过程的硬化和软化

疲劳裂纹的形成如果是以挤入挤出方式进行时，金属在变动载荷下工作时会表现出循环硬化和循环软化。所谓的循环硬化是指，特定的应力振幅作用下达到的应变幅度不断变小，或者在特定的应变振幅作用下达到同样应变的应力不断增加。相反，循环软化则是特定的应力振幅作用下应变量不断增加。特定应变振幅下所需要的应力不断减小（见图 7-35）。

疲劳过程中形成的循环硬化和循环软化就是由位错运动的往复特性决定的。塑性变形

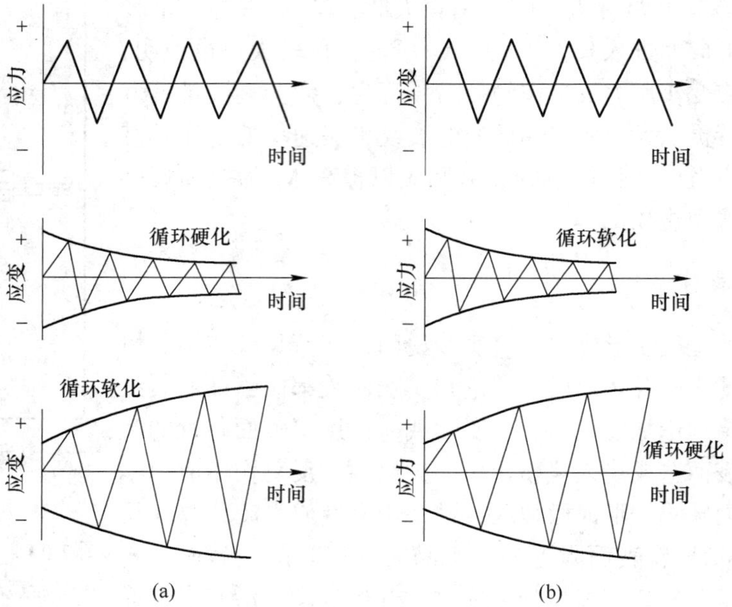

图 7-35 循环硬化和循环软化

（a）在恒定应力作用下；（b）在恒定应变作用下

是晶体中位错运动的结果。在正应力作用下开动的位错源在反向应力作用下收缩部分位错形成循环软化。但是随着位错滑移量的不断增加位错密度不断增加，造成位错运动阻力不断增加，形成循环硬化。循环硬化和循环软化是在一定的疲劳周期内出现的，不可能持续很多疲劳周次。

7.6.3 疲劳裂纹的扩展

具有一定尺寸的核心（已经形成的裂纹，达到一定尺寸）裂纹会在循环应力作用下以一定的速度扩展，这就是疲劳裂纹的扩展阶段。通常把疲劳裂纹扩展分为两个阶段：第一阶段是显微裂纹的扩展。在表面形核的裂纹在循环应力作用下沿与最大应力呈 45°角的方向扩展。扩展深度为 2~3 个晶粒尺度。符合典型的最大切应力理论。一般认为显微裂纹的扩展速率非常低，通常每循环的扩展量在纳米数量级。疲劳裂纹的形成和初级扩展都在金属表面上，所以提高表面质量——提高表面层的强度、粗糙度、减少台阶、划痕，对于提高疲劳寿命具有特别重要的意义。当显微裂纹扩展到 2~3 个晶粒深度之后裂纹的扩展方向发生变化，裂纹扩展方向变为与主应力轴相垂直的方向。这是第二阶段的扩展，其主要机理就是塑性钝化机制。就是在循环应力作用下裂纹尖端不断地钝化—锐化—钝化交替进行，进而裂纹不断向前扩展（见图 7-36）。通常一个应力循环使裂纹钝化—锐化一次，伴随有一定的塑性变形和加工硬化现象。

7.7 疲劳强度设计

通过设计计算来预测构件或零件的疲劳强度和疲劳寿命，是多少年来无数学者和工程技术人员孜孜以求的目标。但是至今还没能够形成一种对实际工程适用的、比较准确的疲劳强度和寿命的计算方法。这是因为，研究对象在结构上的千变万化、加工制造工艺、质量的不稳定、材料组织性能不稳定、内部和表面缺陷的不确定性、外部载荷的复杂和随机性及结构的动态响应问题等，诸如这些因素很难归纳成为一个统一的物理或数学模型。因此关于疲劳强度的计算至今都有一定的误差存在，甚至误差很大。即使计算结果是比较准确的，也将其认为是具有统计性，而不是针对每一个零部件而言。

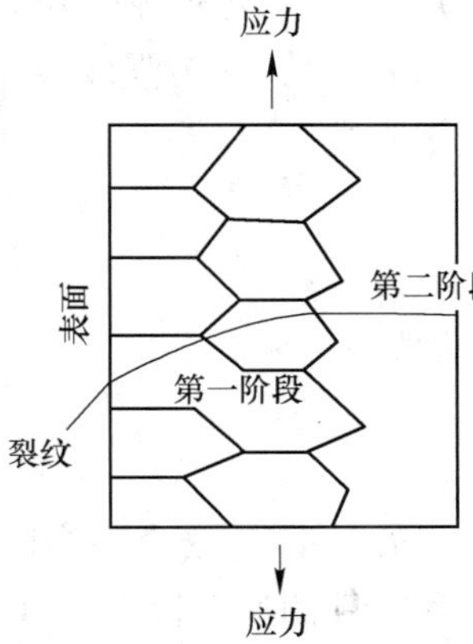

图 7-36　显微裂纹扩展和主裂纹扩展示意图

对于新产品的开发，应至少对某些重要零部件等同时进行试验研究和试验验证。如果受试验条件等的限制，可以根据零部件的特点进行合理简化来进行模拟性试验，这也是非常有用的。诸多纷杂的因素中，对疲劳强度危害最大的是应力集中。因此，从设计和制造的过程来看，危害最大的第一是结构的不合理性；第二是工艺缺陷如焊接缺陷、机械加工缺陷、材料内部缺陷，还包括偶然因素造成的表面伤痕等；第三是材料的选择。因此如果要提高疲劳强度，在设计和制造过程中最重要的就是降低应力集中。对于实际零部件还需要注意的是，因为其往往带有缺口等截面不均匀情况，所以未必选择高强度钢就可提高其疲劳寿命。

到目前为止，疲劳强度的设计实质上还是基于大量试验结果的估算。近年来已经出现了有关疲劳强度设计的专用软件，使得这项工作的效率更高和更易趋于合理准确，但对于它的使用同样需要具有一定的疲劳强度设计的经验。

疲劳强度设计包括疲劳安全系数的校核和疲劳寿命的估算两项内容。具体的设计计算方法有应力-寿命法和局部应力-应变法。局部应力-应变法目前还只适用于零部件的应力集中处发生了塑性变形的低周疲劳。应力-寿命设计法主要用于只发生弹性变形的高周疲劳，设计所用的基本参数是零部件危险点处的名义应力，所以这种方法又称为名义应力法，它的研究和使用历史较长，资料丰富，至今仍被广泛使用。名义应力法包括无限寿命设计和有限寿命设计两种设计思路，本节只就名义应力法的内容进行讨论。

名义应力法的关键点也是它的难点有三：一是疲劳极限降低系数和应力-寿命曲线的确定；二是危险点应力的确定计算；三是外载荷的获得。而要解决好这些问题，计算和试验都不可偏废。

7.7.1　无限寿命设计法

所谓的无限寿命是希望零部件能够永远使用。例如高速铁路路轨，我们希望能够长期使用而不用更换。无限寿命设计法的基本思路是，使得零件或构件的危险部位的工作应力低于其疲劳极限，从而保证它在设计的工作应力下能够长久工作而不发生破坏。无限寿命设计主要应用于零件的结构比较简单、应力集中较小、横幅交变应力、过载应力小且次数很少和零部件不重要等情况下。对应力集中较大的构件使用该方法进行疲劳强度设计将会使结构变得粗大笨重。对于过载应力较大且次数较多的交变载荷情况和随机载荷一般也不宜采用此种方法。

7.7.1.1 对称循环载荷的无限寿命设计

当 $r=-1$，疲劳强度条件为：

正应力

$$n_{\sigma}=\frac{\sigma_{-1\mathrm{D}}}{\sigma_{\mathrm{a}}}=\frac{\sigma_{-1}}{K_{\sigma\mathrm{D}}\sigma_{\mathrm{a}}}\geqslant[n] \tag{7-30}$$

剪应力

$$n_{\tau}=\frac{\tau_{-1\mathrm{D}}}{\tau_{\mathrm{a}}}=\frac{\tau_{-1}}{K_{\tau\mathrm{D}}\tau_{\mathrm{a}}}\geqslant[n] \tag{7-31}$$

式中，n_{σ}，n_{τ} 为安全系数；σ_{a}，τ_{a} 为应力幅；σ_{-1}，τ_{-1}，$\sigma_{-1\mathrm{D}}$，$\tau_{-1\mathrm{D}}$ 分别为对称循环下材料和零件的疲劳极限，且有

$$\sigma_{-1\mathrm{D}}=\frac{\sigma_{-1}}{K_{\sigma\mathrm{D}}},\ \tau_{-1\mathrm{D}}=\frac{\tau_{-1}}{K_{\tau\mathrm{D}}} \tag{7-32}$$

式中，$K_{\sigma\mathrm{D}}$，$K_{\tau\mathrm{D}}$ 为对称循环下零件的疲劳强度降低系数，包含了前面讨论的疲劳强度的诸多影响因素。该系数的选择无疑将对疲劳强度的估算产生很大的影响。$K_{\sigma\mathrm{D}}$ 有多种计算用经验表达式形式，比较常见的几种如下：

$$K_{\sigma\mathrm{D}}=\frac{K_{\sigma}}{\varepsilon\beta} \tag{7-33}$$

$$K_{\sigma\mathrm{D}}=\frac{1}{\varepsilon}\left[K_{\sigma}+\left(\frac{1}{\beta}-1\right)\right] \tag{7-34}$$

$$K_{\sigma\mathrm{D}}=\frac{K_{\sigma}}{\varepsilon}+\left(\frac{1}{\beta}-1\right) \tag{7-35}$$

式中，K_{σ} 为疲劳缺口系数；ε 为尺寸系数；β 为表面加工系数。

式（7-33）~式（7-35）的主要不同点在于对表面加工系数 β 的处理：式（7-33）认为 β、K_{σ}、ε 三者互不影响；式（7-34）认为 β 随着 K_{σ} 的增加而减弱；式（7-35）认为 β 随着 K_{σ}/ε 值的增加而减小。从试用的情况来看，在 K_{σ} 较低的范围内三者的差别不大。在 K_{σ} 较大的情况下，式（7-33）的结果偏大，而式（7-34）的结果比式（7-35）的结果略大。关于表面粗糙度等表面加工情况对疲劳缺口系数的影响，未见到有关的研究报道。但参照多重缺口材料的疲劳缺口系数的研究结果推断，随着疲劳缺口变尖锐表面粗糙度的影响不应增大。考虑材料强度对表面加工系数的影响，高强度钢适合采用式（7-34），而对于塑性比较好的低中强度钢适合采用式（7-35）。

7.7.1.2 不对称循环载荷的无限寿命设计

r 保持不变时的疲劳强度条件为：

正应力

$$n_{\sigma}=\frac{\sigma_{\mathrm{aD}}}{\sigma_{\mathrm{a}}}=\frac{\sigma_{-1}}{K_{\sigma\mathrm{D}}\sigma_{\mathrm{a}}+\Psi_{\sigma}\sigma_{\mathrm{m}}}\geqslant[n] \tag{7-36}$$

剪应力

$$n_{\tau}=\frac{\tau_{\mathrm{aD}}}{\tau_{\mathrm{a}}}=\frac{\tau_{-1}}{K_{\tau\mathrm{D}}\tau_{\mathrm{a}}+\Psi_{\tau}\tau_{\mathrm{m}}}\geqslant[n] \tag{7-37}$$

式中，σ_{aD}，τ_{aD} 为应力比为 r 时的疲劳极限；σ_{m}，τ_{m} 为平均应力；Ψ_{σ}，Ψ_{τ} 为平均应力

折算系数，对于Goodman方程（7-24）有 $\Psi_\sigma=\sigma_m/\sigma_b$。

平均应力保持不变时：

$$n_\sigma=\frac{\sigma_{aD}}{\sigma_a}=\frac{\sigma_{-1D}-\Psi_\sigma/K_{\sigma D}}{\sigma_a}\geqslant[n] \tag{7-38}$$

7.7.2 有限寿命设计法

相对于无限寿命来讲，有限寿命指的是在有限的数次使用过程中零部件保证安全就可以。例如飞机起落架使用一千次就更换，航空发动机工作 5000 h 就更换，炮弹和手榴弹使用一次就行了。当交变载荷有较多的冲击过载或工作载荷为随机载荷时，工作应力在某些时刻会越过疲劳极限。此时，疲劳寿命设计主要是保证构件在设计的寿命之内不发生疲劳破坏而正常工作，即设计使构件具有有限的疲劳寿命。考虑到偶然因素的影响，为确保安全在设计时一般使设计寿命为使用寿命的数倍。

有限寿命设计法主要基于疲劳累积损伤理论，故先作简单介绍然后讨论疲劳强度校核问题。

7.7.2.1 迈因纳累积损伤理论

金属疲劳累积损伤的假说多达数十种，但其中最简单而且比较适用的是迈因纳（Palmgren-Miner）理论，习惯称之为线性累积损伤理论。迈因纳理论认为材料的疲劳破坏是由于循环载荷的不断作用而产生损伤并不断积累造成的；疲劳损伤累积达到破坏时吸收的净功 W 与疲劳载荷的历史无关，并且材料的疲劳振伤程度与应力循环次数成正比。设材料在某级应力下达到破坏时的应力循环次数为 N_1、经 n_1 次应力循环而疲劳损伤吸收的净功为 W_1，这样将每一级应力水平造成的损伤积累起来达到 1 的时候零部件就失效。迈因纳理论将其表示为：

$$\frac{n_1}{N_1}+\frac{n_2}{N_2}+\frac{n_3}{N_3}+\cdots=1$$

也就是

$$\frac{W_1}{W}=\frac{n_1}{N_1} \tag{7-39}$$

则在 i 个应力水平级别下分别对应经过 n_i 次应力循环时，材料疲劳累积损伤为

$$D=\sum\frac{n_i}{N_i} \tag{7-40}$$

式中，n_i 为第 i 级应力水平下经过的应力循环数；N_i 为第 i 级应力水平下的达到破坏时的应力循环数。

当 D 值等于 1 时，认为被评估对象开始破坏。

应该指出迈因纳理论没有考虑加载顺序的影响和平均应力的影响，只是一种近似理论。但是，由于该理论简单便于利用，在工程上得到了广泛应用。针对线性累积损伤理论所存在的问题，又提出了非线性累积损伤理论以提高其计算精度，但应用不如前者广。

7.7.2.2 随机载荷的处理

零部件承受的变幅载荷尤其是承受随机载荷时需要实测得到。利用累积损伤理论进行疲劳设计时，需要先对实测得到的载荷-时间历程进行编谱，即用概率统计的方法将其简

化成典型的载荷谱或应力谱。因为引起疲劳的最根本的原因是动载分量应力幅值和它的循环次数，所以一般用统计记数法来处理波形与频次的关系等问题。在各种统计记数法中，被国际上广泛用于疲劳强度设计的是雨流计数法，它被认为最符合材料的疲劳损伤规律。这种方法把整个载荷-时间历程中出现的应力幅范围划分为若干个等差的应力幅级别，然后统计出各级应力幅级别内所出现的循环次数，从而得到载荷-频次曲线等各种形式的载荷的统计结果。

实测的载荷-时间历程的半波数往往是数以几十万、几百万个，用手算的方法几乎是不可能的。所以工程上编制了雨流法的计算机处理程序，可以便捷地进行编谱分析。

7.7.2.3 疲劳强度校核

设计中为保证不发生疲劳破坏，需 $D \leqslant 1$，即：

$$\sum \frac{n_i}{N_i} \leqslant 1 \tag{7-41}$$

由式（7-13）得：

$$\sigma_i^m N_i = \sigma_{-1}^m N_0 \tag{7-42}$$

式（7-42）与式（7-41）结合，可得安全强度条件：

$$\sqrt[m]{\frac{N}{N_0} \sum \sigma_i^m \frac{n_i}{N}} \leqslant \sigma_{-1}$$

故等效应力 σ_d 为：

$$\sigma_d = \sqrt[m]{\frac{N}{N_0} \sum \sigma_i^m \frac{n_i}{N}} \tag{7-43}$$

安全系数：

$$n_\sigma = \frac{\sigma_{-1D}}{\sigma_d} = \frac{\sigma_{-1}}{K_{-1D}\sigma_d} \tag{7-44}$$

式中，N_0 为 S-N 曲线的拐点对应的循环数；σ_{-1}为材料疲劳极限；m 为式（7-13）中的指数；σ_i 为第 i 级应力水平的应力幅；N_i 为第 i 级应力水平的循环应力作用下，材料达到破坏时的应力循环次数；N 为设计疲劳寿命即总应力循环次数；n_i 为在设计疲劳寿命下第 i 级应力水平的循环次数；n_i/N 为第 i 级应力的循环次数与总应力循环次数之比，当载荷谱已知时为一不变值；其他符号意义同前。

可见随着设计寿命的增加，等效应力增大而安全系数降低。

7.7.2.4 疲劳寿命估算

根据迈因纳理论，达到疲劳破坏时有：

$$\sum \frac{n_i}{N_i} = \sum \frac{N_T}{N_i} \cdot \frac{n_i}{N_T} = 1$$

$$N_T = 1 \Big/ \left(\sum \frac{\alpha_i}{N_i} \right)$$

$$\alpha = \frac{n_i}{N_T} \tag{7-45}$$

式中，N_T 为载荷谱下出现损伤的循环次数即所求的总寿命；n_i 为 i 级应力水平 σ_i 的循环次数；α_i 为 i 级应力水平 σ_i 的循环次数在总寿命中所占比例；N_i 表示在应力 σ_i 作用下导致破坏的循环数。在应力谱已知的情况下，N_i 的估算是此项估算工作的关键。

对于每级应力水平下导致的破坏循环寿命的确定，可参照工程标准，许多软件安排了一些常用的准则供用户选用。这里仅以 I-Deas 为例，即：

（1）应力-寿命（Stress life）准则。

（2）应变-寿命（Strain life）准则。

（3）SWT（Smith-Watson-Topper）准则。

（4）美国机械工程学会（ASME）锅炉和压力容器规范。

（5）英国焊接研究所（BWI）公式（Btitish Weld Institute formulation）。

另外，它还允许用户自定义些特殊的应力或应变寿命准则，程序为此已留有相应的接口。

以应力-寿命（Stress life）准则确定 N_i，是依据材料的应力寿命曲线或零件本身的应力寿命曲线的斜线部分来确定。首先可用应变片测定危险点处的应力或用材料力学或有限元等方法求出危险点的应力幅 σ_a，然后再根据斜线部分求出对应于应力水平 $K_{-1D}\sigma_i$ 时的断裂寿命即为所求 N_i。如果使用零件的 S-N 曲线进行计算则可直接根据此曲线求得对应于应力幅 σ_a 的 N_i。也可先根据材料的 S-N 曲线等现有资料对材料的 S-N 曲线进行修整从而得到画出零件的 S-N 曲线，然后进行与上相同的 N_i 的计算。在以上三种方法中，要根据所掌握资料的情况，优先选择最接近所设计对象的一种。

7.7.3 复合应力下的疲劳强度设计

以上讨论是单向应力的情况，对于复合应力的情况也有类似的疲劳强度校核与疲劳寿命的估算方法，只是此时所用的应力幅变成了对应强度理论下的等效应力幅，下面作一简单讨论。

在构件危险点处的应力分别为 σ_x、σ_y、σ_z、τ_{xy}、τ_{yz}、τ_{zx}时，该处的第三、第四强度理论的等效应力分别为：

$$\sigma_{d4} = \sqrt{\frac{1}{2}[(\sigma_x - \sigma_y)^2 + (\sigma_y - \sigma_z)^2 + (\sigma_z - \sigma_x)^2] + 3(\tau_{xy}^2 + \tau_{yz}^2 + \tau_{zx}^2)}$$

$$\sigma_{d3} = \sqrt{(\sigma_x - \sigma_y)^2 + 4\tau_{xy}{}^2} \tag{7-46}$$

用主应力表示时，分别有：

$$\sigma_{d3} = \sigma_1 - \sigma_3 \tag{7-47}$$

$$\sigma_{d4} = \sqrt{\frac{1}{2}[(\sigma_1 - \sigma_2)^2 + (\sigma_2 - \sigma_3)^2 + (\sigma_3 - \sigma_2)^2]} \tag{7-48}$$

这时的强度条件的一般表示为：

$$n = \frac{\sigma_{-1}}{K_{\sigma D}\sigma_d} \tag{7-49}$$

式中，$K_{\sigma D}$、σ_{-1}、σ_d 为疲劳强度降低系数、材料的疲劳极限和对应的等效应力。

试验表明，在平面弯扭组合疲劳应力 σ、τ 的情况下，当材料达到疲劳破坏时满足如下方程：

$$\left(\frac{\sigma}{\sigma_{-1}}\right)^2+\left(\frac{\tau}{\tau_{-1}}\right)^2=1 \tag{7-50}$$

式中，σ_{-1}、τ_{-1}分别为材料的弯曲和扭转的疲劳极限。该式由高夫首先提出，等式两边同乘以σ_{-1}并开方，有

$$\sqrt{\sigma^2+\left(\frac{\sigma_{-1}}{\tau_{-1}}\right)^2\tau^2}=\sigma_{-1} \tag{7-51}$$

对于σ_{-1}、τ_{-1}，在第三、第四强度理论时分别有：

$$(\sigma_{-1}/\tau_{-1})^2=4,\quad (\sigma_{-1}/\tau_{-1})^2=3$$

故式（7-51）又可变为：

$$\sqrt{\sigma^2+4\tau^2}=\sigma_{-1} \tag{7-52}$$

$$\sqrt{\sigma^2+3\tau^2}=\sigma_{-1} \tag{7-53}$$

式（7-52）、式（7-53）正好是式（7-47）和式（7-48）在平面弯扭组合情况下的结果。

根据零件的疲劳强度校核条件式（7-52）和式（7-53）有

$$n=\frac{\sigma_{-1}}{K_{\sigma D}\sigma_d}=\frac{1}{\sqrt{(K_{\sigma D}\sigma/\sigma_{-1})^2+(K_{\sigma D}\tau/\tau_{-1})^2}} \tag{7-54}$$

设$n_\sigma=\sigma_{-1}/\sigma$，$n_\tau=\tau_{-1}/\sigma_{-1}$，分别为纯弯和纯扭转时安全系数，则式（7-54）为

$$n=\sqrt{1/n_\sigma^2+1/n_\tau^2} \tag{7-55}$$

以上疲劳强度校核公式适用于钢等延性材料，载荷为对称循环。

对于非对称循环载荷，有类似公式

$$n=\frac{\sigma_{-1}}{K_{\sigma D}\sigma_{rd}} \tag{7-56}$$

式中，σ_{rd}为应力比为 r 时的等效应力。

$$\sigma_{rd}=\sigma_d+\frac{\Psi_\sigma}{K_{\sigma D}}\sigma_m \tag{7-57}$$

式中，Ψ_σ 为平均应力折算系数，见式（7-37）。

7.8 疲劳裂纹扩展速率及测试

为了能够对疲劳寿命进行估算，研究疲劳裂纹的扩展规律，研究和测定疲劳裂纹扩展速率是非常重要的。疲劳裂纹扩展时，对应于每一次应力循环 dN 的裂纹扩展量 da，称为疲劳裂纹扩展速率，以 da/dN 表示，单位是 mm/周次。

实验表明，决定 da/dN 的主要力学参量为应力场强度因子 $\Delta K(\Delta K=K_{max}-K_{min})$。典型的 (d$a$/d$N$)-$\Delta K$ 的关系曲线如图 7-37 所示。在双对数坐标轴上，疲劳裂纹扩展速率分为三个阶段。第Ⅰ阶段扩展速率由门槛值 ΔK_{th}（疲劳裂纹不扩展的应力强度因子范围的临界值）开始上升。

在 ΔK_{th}以下裂纹扩展缓慢（约小于 10^{-7} mm/周次）。第Ⅲ阶段的 K_{max}已接近 K_{IC}，故 da/dN 快速上升。第Ⅱ阶段为亚临界扩展阶段，其 lg(da/dN) 与 lgΔK 之间的关系为一直

线。可用著名的帕里斯（P. C. Paris）公式表示：

$$da/dN = C(\Delta K)^n$$

式中，C 和 n 为材料常数。

为了测出 da/dN，并将实验结果整理成帕里斯公式的形式，首先要用预制裂纹的试样做疲劳实验，记录不同循环周次 N_i 下的疲劳裂纹长度 a_i，画出 a-N 曲线（见图 7-38）。在曲线上求出某一给定裂纹长度下对应点的斜率，即 da/dN。同时根据该点的裂纹长度 a 及交变载荷范围 ΔF，计算出应力场强度因子范围 ΔK。根据曲线上各点的 da/dN 及相应的 ΔK，作出 $\lg(da/dN)$-$\lg\Delta K$ 之间的关系曲线，由此便可求出帕里斯公式中的材料常数 C 和 n。

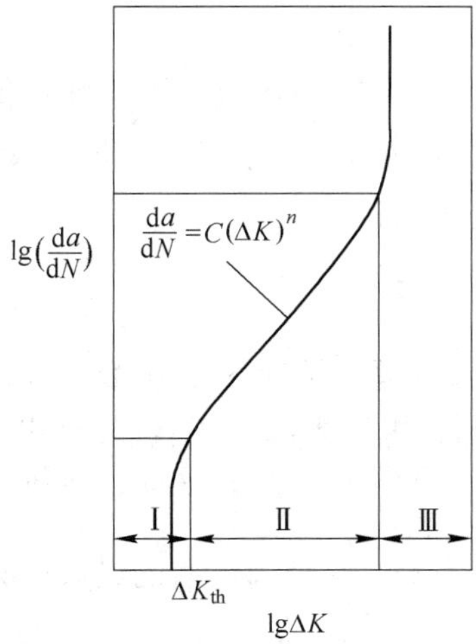

图 7-37 典型的 (da/dN)-ΔK 关系曲线

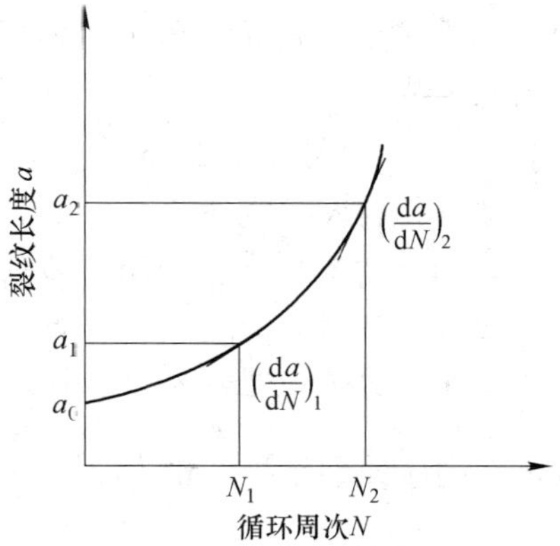

图 7-38 疲劳裂纹扩展曲线及裂纹扩展速率

7.8.1 疲劳裂纹速率测定试样及制备方法

7.8.1.1 试样类型及对试样尺寸的要求

从理论上讲，任何形状的含有裂纹的试样，只要长度可测，裂纹尖端应力场强度因子可以计算，都可以用来测定材料的 da/dN。在国家标准中，推荐采用紧凑拉伸（CT）试样或中心裂纹拉伸（CCT）试样。此外，为了试样加工和试验方便，也可以采用三点弯曲试样。对试样尺寸的要求主要是试样厚度 δ 和宽度 w。试样的最小厚度应能避免试验时产生屈曲现象；试样宽度 w 应保证试验过程中韧带处于小范围屈服状态。因此，试样的尺寸也应根据材料的 $R_{0.2}$ 及预期最大应力场强度因子 K_{max} 或最大交变负荷 F_{max} 来确定。推荐的试样尺寸列于表 7-7。

表 7-7 裂纹扩展速率试验推荐的试样尺寸

试样类型	试样厚度 δ	试样宽度 w
CT 试样	$\frac{w}{20} \leqslant \delta \leqslant \frac{w}{4}$ ($w \geqslant 20$ mm)	$w - a = \frac{4}{\pi}\left(\frac{K_{max}}{R_{0.2}}\right)^2$
CCT 试样	$\delta \leqslant \frac{w}{8}$	$w - 2a = \frac{1.25F_{max}}{R_{0.2}}$

实际确定试样尺寸时，还应考虑试验的目的。例如，为了对实际构件进行寿命估算，其试样厚度应尽可能接近甚至直接采用实际构件的厚度。又如，当试验目的是评定材料或工艺的优劣时，则试样厚度选择就应考虑材料的淬透性，以保证整个截面淬透，使组织和性能均匀一致。

7.8.1.2 试样上缺口的制备

试样在磨削加工后应开缺口，以便预制疲劳裂纹。缺口可用铣切、线切割或其他方法加工而成。对切口长度 a_n 的要求为：CT 试样 $a_n \geqslant 0.2w$ 。

7.8.2 试验程序

通常一组试样的数量应不少于 3 个，在相同的条件下进行试验。

7.8.2.1 测量试样尺寸

用精度为 0.01 mm 的量具在韧带区域三点处测量厚度 δ ，取平均值；用精度不低于 $0.001w$ 的量具在试样的裂纹所在截面附近测量宽度 w 。被测量的试样尺寸应符合标准所规定的公差范围。

7.8.2.2 预制疲劳裂纹

预制疲劳裂纹时应注意以下几点：

（1）对载荷的要求。预制疲劳裂纹的最后一级最大载荷值，不应大于开始记录试验数据时的最大载荷值 F_{max} 。为了减少预制疲劳裂纹的时间，可以先用比 F_{max} 大的载荷产生疲劳裂纹。但必须把较大的载荷分级降至 F_{max} ，每级下降率不得大于 20%。在每一级加载范围内应使裂纹扩展量不小于 $\frac{3}{\pi}\left(\frac{K'_{max}}{R_{0.2}}\right)^2$，其中 K'_{max} 为上一级载荷最后的最大应力场强度因子 K_{max} 值。

（2）对疲劳裂纹的要求。裂纹长度应大于 0.1δ 并大于缺口宽度 h ，但不得小于 2.5 mm。裂纹长度应在前后表面上测量。测量时准确到 0.1 mm 或 $0.02w$ 中较大的一个。若前后表面所测裂纹长度之差超过 0.25δ 或左右两侧裂纹长度之差超过 $0.025w$ ，则此试样作废。

7.8.2.3 疲劳裂纹扩展试验

疲劳裂纹扩展试验一般在高频疲劳试验机上进行。

A 试验参数的选择

试验载荷（包括载荷范围 ΔF 、应力比 r 等）和加载频率是影响疲劳裂纹扩展速率的主要参数。试验前应根据试验要求对这两个参数进行选择。加载频率一般选得高些，以节省试验时间。如果构件的实际工作频率与试样试验频率相差较大，可用系数修正。试验载荷的选择，应由试验目的而定。例如，为了给构件的剩余寿命估算提供依据，则应尽量使试验载荷接近构件的实际服役载荷，并使应力比 r 也尽量一致。当试验是为了探讨材料的裂纹扩展抗力或热处理工艺对 $\mathrm{d}a/\mathrm{d}N$ 的影响时，则所加载荷应根据具体要求选择。

在整个试验过程中，应使 F_{max} 和 ΔF 保持稳定，并避免产生过载停滞效应。

B 裂纹扩展长度的测量

试验时要求每隔一定的应力循环周次 N_i（这在疲劳试验机上可直接读出）测量裂纹扩展长度 a_i 。精确测出裂纹扩展长度是裂纹扩展速率测定的关键环节。

测量裂纹扩展长度的方法有目测法或其他等效测量方法（如超声波法、柔度法、电阻法等）。由于目测法只需使用读数显微镜，简便易行，目前应用较广。为使测量结果准确无误，可在试样的两个外表面上，画出等间距（如0.5 mm、1.0 mm 等）的刻线，然后用读数显微镜测量。测量精度不低于 0.1 mm 或 0.002w 中的较大值。

测量时最好不停机。若需停机，时间越短越好（如小于 10 min）。停机测量时，为使裂纹尖端清晰，可对试样加上静载。其值应小于最大交变载荷。

裂纹增量 Δa 的测量间隔，应使 da/dN-ΔK 数据点接近均匀分布。推荐的裂纹测量间隔列于表 7-8。

表 7-8 推荐的裂纹测量间隔

试样类型	测量范围	测量间隔 Δa	试样类型	测量范围	测量间隔 Δa
CT 试样	$0.25 \leqslant a/w \leqslant 0.40$ $0.40 < a/w \leqslant 0.60$ $a/w > 0.60$	$\leqslant 0.04w$ $\leqslant 0.02w$ $\leqslant 0.01w$	CCT 试样	$2a/w \leqslant 0.60$ $2a/w > 0.60$	$\leqslant 0.03w$ $\leqslant 0.02w$

对于比较薄的试样（如 $\delta/w < 0.15$），裂纹长度可在试样的一面测量。对于较厚试样则应从前后两面测量，取平均值。在测量点上，裂纹线与缺口中心线的延长线偏离大于 5°，或前后两面裂纹长度之差超过 0.25δ，此点数据无效。

7.8.3 试验结果的处理和计算

7.8.3.1 裂纹曲率的修正

裂纹前缘一般不是一条直线，而是略带曲率的弧线。当此弧线的曲率过大时，从前后两侧面测得的裂纹的真实长度，要进行曲率修正。修正的方法是在试验结束后将试样压断检验断口，在预制裂纹和极限裂纹两个位置上测量沿厚度方向 $\delta/4$、$\delta/2$ 及 $3\delta/4$ 三点的裂纹长度，其平均裂纹长度与试验记录的相应裂纹长度之差，即为起始和终了的裂纹曲率修正量。中间各数据点的曲率修正量可在起始和终了修正量之间取线性插值。

在任何一个位置上，由平均裂纹长度和试验记录的裂纹长度计算出的应力场强度因子值，如果相差大于 5%，则需进行裂纹的曲率修正。

7.8.3.2 da/dN 的确定

根据疲劳扩展试验所测得的一组 N_i 和 a_i 数据来确定 da/dN，可采用图解法或拟合 a-N 曲率求导法。前者虽较简单易行，但误差较大。因此，在当前微机应用较为普及的情况下，推荐采用递增多项式的方法进行局部拟合求导，确定 da/dN 的拟合值。此法的数学过程如下：

在 a-N 曲线上，以任一点 i 为中心取 $(2n+1)$ 个连续数据点（点数 n 值可取 2、3、4，一般取 3）。采用如下的二次多项式拟合这段曲线。

$$\delta_i = b_0 + b_1\left(\frac{N_i - C_i}{C_1}\right) + b_2\left(\frac{N_i - C_i}{C_2}\right)^2 \tag{7-58}$$

式中，C_i 为对应于循环周次 N_i 上的拟合裂纹长度。

$$-1 \leqslant \frac{N_i - C_1}{C_2} \leqslant +1$$

$$C_1 = \frac{1}{2}(N_{i+n} + N_{i-n})$$

$$C_2 = \frac{1}{2}(N_{i+n} - N_{i-n})$$

系数 b_0、b_1、b_2 是在 $a_{i-n} \leqslant a \leqslant a_{i+n}$ 区间内按最小二乘法（也就是使裂纹长度观测值与拟合值之间的偏差平方和最小）确定的回归参数。

在 i 点处的裂纹扩展速率由式（7-54）求导而得：

$$\left(\frac{da}{dN}\right)_{\hat{a}_i} = \frac{b_1}{C_2} + \frac{2b_2(N_i - C_i)}{C_2^2} \tag{7-59}$$

7.8.3.3 ΔK 的计算

根据拟合裂纹长度 $\hat{a}_i$ 计算与 $(da/dN)_{\hat{a}_i}$ 值相对应的 $\Delta K_{\hat{a}_i}$ 值。

ΔK 按下列数学表达式计算：

对于 CT 试样

$$\Delta K = \frac{\Delta F}{\delta\sqrt{w}} \cdot \frac{2 + w}{(1 - a)^{3/2}}(0.886 + 4.64a - 13.32a^2 + 14.72a^3 - 5.6a^4) \tag{7-60}$$

当 $a/w \geqslant 0.2$ 时，表达式有效。

对于 CCT 试样：

$$\Delta K = \frac{\Delta F}{\delta}\sqrt{\frac{\pi a}{2w}\sec\frac{\pi a}{2}} \tag{7-61}$$

式中，$\Delta F = F_{max} - F_{min}(R \geqslant 0)$；$\Delta F = F_{max}(R < 0)$。

当 $2a/w \leqslant 0.95$，表达式有效。

7.8.3.4 试验数据的有效性检验

要求韧带尺寸 $(w - a)$ 满足下式，对于 CT 试样：

$$w - a \geqslant \frac{4}{\pi}\left(\frac{K_{max}}{\sigma_{0.2}}\right)^2 \tag{7-62}$$

对于 CCT 试样：

$$w - 2a \geqslant \frac{1.25F_{max}}{\delta\sigma_{0.2}} \tag{7-63}$$

以上所述 $(da/dN)_{\hat{a}_i}$ 及 $\lg(da/dN)_{\hat{a}_i}$ 的确定、$\Delta K_{\hat{a}_i}$ 及 $\lg\Delta K_{\hat{a}_i}$ 的计算及有效性检验等数据处理过程，都可在计算机上进行。

7.8.3.5 作 lg（da/dN）-lgΔK 曲线，计算材料常数 C 和 n

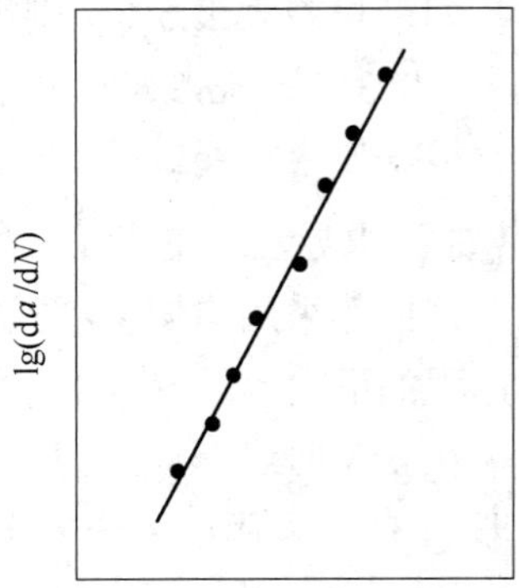

图 7-39 lg(da/dN)-lgΔK 曲线（示意图）

将计算所得的 lg(da/dN) 及对应的 lgΔK 值在方格坐标纸上作点描图（见图 7-39）。在裂纹扩展的第Ⅱ阶段，da/dN 与 ΔK 两者的对数值呈线性关系，据此就可求出 da/

$dN = C(\Delta K)^n$ 中材料常数 C 和 n。求 C 和 n 可用线性回归法计算，也可先用作图法求出 n（直线部分的斜率），然后再在直线及其延长线上选取若干个点，读出相应的 da/dN 和 ΔK 值，分别连同 n 代入式 $da/dN = C(\Delta K)^n$，即可求出 C 值。

7.9 其他形式的疲劳

材料工作状态千差万别，疲劳失效以各种各样的形式出现。下列几种疲劳形式是工程实践中经常遇到的。

7.9.1 低周疲劳

相对于前面讨论的疲劳情况，低周疲劳指的是载荷水平比较高，零部件工作寿命比较短，可能在 $10^2 \sim 10^5$ 范围的疲劳寿命。顾名思义就是应力循环周次比较低情况下的疲劳。所以相对而言，前面讨论的疲劳可以称为高周疲劳。由于应力水平比较高，往往应力变化频率可能比较低。这样的情况对应载荷水平可能在零部件运行中造成微量的变形——不排除塑性变形。

疲劳应力作用下的总应变幅可以表示为塑性应变 ε_p 和弹性应变 ε_e 之和。即

$$\varepsilon_T = \varepsilon_p + \varepsilon_e$$

试验研究表明两种应变作用下零部件疲劳强度呈现如图 7-40 所示寿命分布。

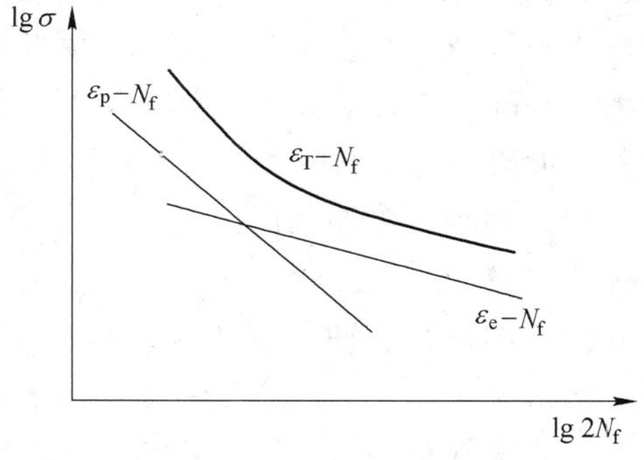

图 7-40 应变疲劳和应力疲劳曲线

在低周疲劳范围，塑性应变幅 ε_p 起主导作用，其特点是应力水平高，疲劳寿命随应力循环周次提高而迅速下降。相比之下，高周疲劳则在相同的材料中随循环周次提高寿命下降比较慢。所以可以认为高周疲劳情况下弹性应变幅 ε_e 起主要作用。二者在双对数坐标图上均为直线。但是由于变化规律不同所以得到一个交点。这个交点对应的寿命称为过渡寿命。如果寿命不到过渡寿命我们说零部件发生了低周疲劳；寿命超过了过渡寿命我们说发生了高周疲劳。研究证明，强度提高有使过渡寿命左移的趋势；而塑性提高则有使过渡寿命右移的作用。这个结果可以理解为对于高周疲劳应以提高强度作为主要对策；对于低周疲劳则应以在足够强度条件下提高塑性为提高寿命的方法。

很多材料在低周疲劳的初期表现出具有循环软化或者循环硬化特性。

7.9.2 多次冲击抗力（冲击疲劳）

多次冲击指的是试样在变方向冲击弯曲载荷作用下经过规定应力循环次数吸收能量的本领。材料的韧性要求是很高的。为此有时候材料非常昂贵或者加工工艺困难，甚至资源困难。可是在实际工作中，有些例子是很有思考意义的。例如，大功率的柴油机曲轴用球墨铸铁制造使用中经受了考验得到令人满意的效果。而这种材料的冲击韧性非常低；凿岩机活塞用 T8、T12 钢制造代替了昂贵的 12CrNi4、12CrNi2 钢，使用寿命延长一倍。这些

情况说明，对性能的追求，应该针对使用情况。

7.9.2.1 冲击疲劳（多次冲击）载荷的特点

工业生产中有许多机件是在多次冲击载荷下工作的。典型的例子如凿岩机活塞、钎杆、凿子、锤头、锻锤杆、锻模等。虽然多次冲击的研究迄今已有八十多年的历史，但与其他类型的疲劳研究相比，工作做得并不算多。这是因为，一来长期以来人们对它的作用和地位存在着不同的看法；二来各种检测分析标准和检验方法不是很统一。

国内这方面的研究工作开始于20世纪50年代，迄今也存在不同看法。毕竟多次冲击不同于一次冲击，两者本质不同，因此不能用一次冲击值的高低来作为评定遭受多次冲击载荷的零件选材依据。而多次冲击与疲劳的异同是人们关心的主要问题，60年代以后在这方面进行了大量工作。由于采用了动态应力应变测定，运用了断裂力学和电子显微镜断口分析等研究方法，使这方面的工作有了较大进展。

多冲与疲劳相比有许多相同之处。例如，当把多冲试验结果用 $A\text{-}N_f$ 曲线表示时，符合 Coffin-Mansion 规律。多次冲击与疲劳的破坏过程相同。电子显微镜断口分析表明，它们有着相同的破坏机制。因此应该说，多冲属于疲劳范畴。多冲实质上相当于冲击疲劳过负荷持久值的范围。因此，多冲抗力反映了材料对冲击疲劳的过载抗力。

但是，多次冲击载荷也有其自身的特点：

（1）冲击载荷的特征表现为应力在材料内部以波的形式高速度传播。对于钢铁材料，弹性波的传播速度约为5000 m/s。因此，对于有限尺寸的零件，这种波很快便可到达其表面，一部分成为透射波，穿出零件表面；一部分成为反射波，并在零部件体内产生叠加现象，形成很复杂的应力，对多次冲击载荷下零件的寿命产生很大影响。

（2）材料在多冲载荷作用下有明显不同于静疲劳的尺寸和体积效应。缺口效应也比静疲劳大。

（3）材料在多冲载荷下会发生一些独特的组织和性能变化，如弹性模量、弹性滞后环、屈服极限、应变硬化指数及 Bauschinger 效应等，在程度上甚至性质上出现有别于一般静低周疲劳的变化。鉴于多冲载荷的上述特点，材料在多冲载荷下的行为和静疲劳行为存在差异，同时也导致了研究这些行为的复杂性。

多次冲击试验是依据在一定的冲击次数前提下冲击能量的大小来表示的。冲击能量 A 与冲击次数 N 之间有一定的规律相，所以经常作成 $A\text{-}N$ 曲线表示材料承受冲击载荷的能力。

7.9.2.2 多冲 $A\text{-}N$ 曲线及其规律

为了研究材料在多冲载荷下的力学行为，人们已设计了多种形式的试验机，进行不同加载方式下的试验研究。其中包括多冲弯曲、多冲拉伸、多冲压缩和多冲扭转试验，但研究最多的还是多冲弯曲和多冲拉伸试验。这里着重介绍这两种试验中得到的若干基本规律。

（1）强度与韧性不同的两种材料，在其冲击能量 A 和冲击破断周次 N 的 $A\text{-}N$ 曲线上存在交点。在极高的冲击能量作用下，多冲抗力取决于材料的韧性，在较低的冲击能量下，多冲抗力则主要取决于材料的强度。这一结论由图7-41可清楚看到。三种不同强度、韧性的材料在 $S\text{-}N$ 曲线上均存在交点，并且交点的位置都在破断周次相当低的 $10^2 \sim 10^3$ 次范围内。当 $N>10^3$ 次时，强度最高、韧性最低的淬火低温回火T8钢便具有最高的多冲抗力。

（2）淬火回火钢的多冲破断周次随回火温度而变化，且在一定温度回火后会出现峰

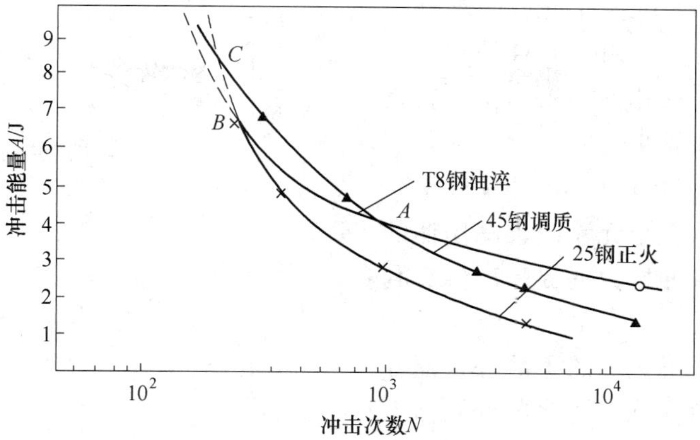

图 7-41　三种钢的多冲曲线

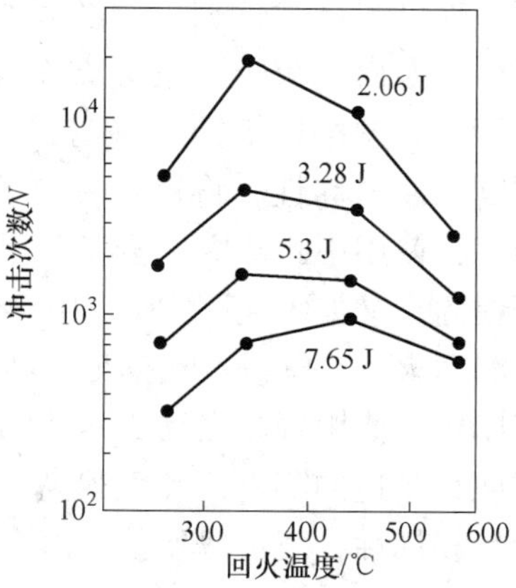

图 7-42　50 钢多冲曲线的峰值变化

值，峰值的位置取决于冲击能量。当冲击能量降低，峰值向低温回火方向转移，如图 7-42 所示，50 钢不同处理状态性能变化如图 7-43 所示。峰值的转移说明在一定的冲击能量下要求材料有一定的强度与塑性、韧性的配备。多冲抗力的峰值转移现象在不同碳含量的钢中普遍存在。而且在不到 10^4 次冲击破断的能量范围内，对于碳钢来说，多冲抗力最佳的回火温度随钢中碳含量的降低向低温回火方向移动，如 T8 钢为 470 ℃，50 钢为 350 ℃，40 钢为 320 ℃，30 钢为 300 ℃，20 钢为 200 ℃甚至不回火。也正因此，启发我们同时开展了对低碳马氏体综合力学性能的研究。进一步的研究表明，只有当钢中的碳含量小于 0.45%C 时，才存在明显的峰值转移，而在大于 0.45%C 时，没有发现明显的峰值转移现象，在所试冲击破断周次能量范围内，均以 400 ℃回火多冲抗力最高。

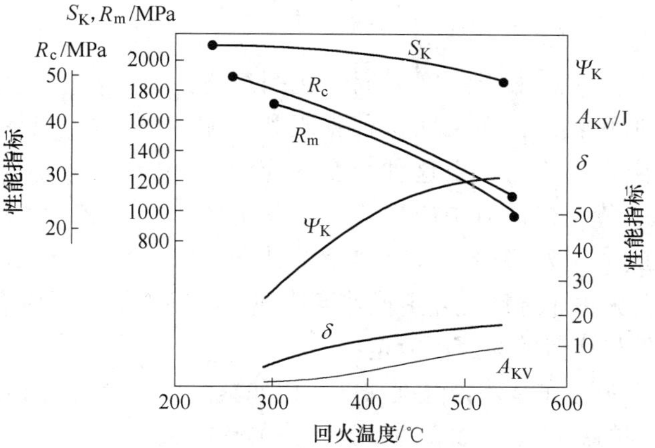

图 7-43　50 钢不同处理状态性能变化

(3) 冲击值 A_K 对多冲抗力的影响与材料的强度水平有关。如图 7-44 所示，在低中强度范围内，在相同强度水平下，材料的冲击值 A_K 对多冲抗力影响不大。在高强度范围（$\sigma_b \geq 1.3$ GPa（130 kgf/mm²）），加入某些合金元素改善马氏体的塑性，对材料的多冲抗力的提高产生有利影响。

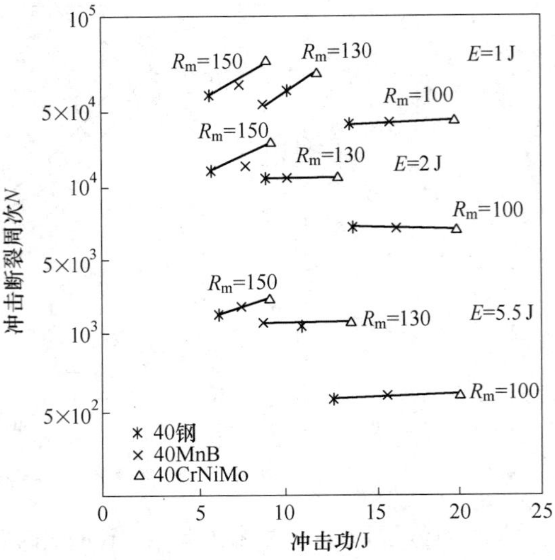

图 7-44 三种钢的冲击韧性和多冲抗力的关系

由于我国一般机械中的零部件普遍存在着塑性韧性有余而强度不足的问题。上述材料多冲抗力的研究结果，为提高这类零部件的使用强度水平，发挥材料的强度潜力提供了试验依据。已经在延长这类零部件的寿命、减轻重量等方面发挥了重要作用。如铆接风枪的铆钉窝，过去由于追求高的冲击韧性，将铆钉窝（高碳钢制造）整体调质，然后再两端局部淬火低温回火。结果，使用中腰部因冲击疲劳而折断，寿命很低。改用整体淬火整体低温回火后，寿命显著提高。又如 1 吨、5 吨、10 吨模锻锤锤杆，在不改变原用钢材条件下，将原采用的淬火高温回火（调质）工艺改为淬火中温回火，使表面硬度由原 250HB 左右提高到 40～45HRC，使用寿命提高 3、4 到 20 倍以上。凿岩机活塞、十字销螺钉冲头等高碳钢淬火低温回火制造的零件，硬度很高，只要在稍许或基本不降低硬度、强度的情况下，适当提高塑性和韧性，就可以使使用寿命得到大幅度的改善。

40Cr 钢两种回火温度的多冲抗力曲线如图 7-45 所示。40Cr 钢不同处理状态的强度和多次冲击抗力之间：淬火+320 回火，$A_K = 3.375$ J，强度为 1470 MPa；淬火+600 回火，$A_K = 21.25$ J，强度为 784 MPa。

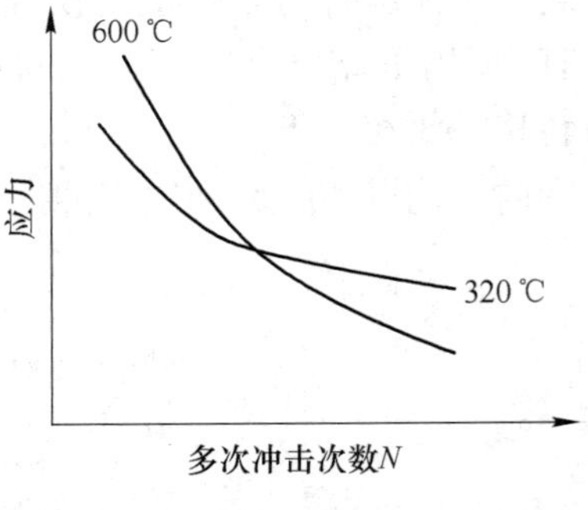

图 7-45 40Cr 钢两种强度水平（回火温度）下的多冲抗力曲线

7.9.3 热疲劳

什么是热疲劳呢？凡是由于温度周期变化引起零件或构件的自由膨胀和收缩，而又因这种膨胀和收缩受到约束，产生了交变热应力，由这种交变热应力引起的破坏就称为热疲劳。在材料中应力应变之间的关系多数情况下是由应力引发应变，只有热疲劳情况下是应变引发应力。首先由于温度变化造成热膨胀或者收缩，继而形成应力，这种应力交替变化造成零件或构件热疲劳的原因可能是：

(1) 零件或构件中存在显著的温度梯度，比如蒸汽锅炉管、涡轮盘等。

(2) 零件或构件的温度差，如管道焊接接头的热膨胀。

(3) 材料的膨胀系数不同，如铁素体钢与奥氏体钢的焊接等。热疲劳属于低周疲劳的范畴，它和上面所说的低周疲劳从本质上说都是受恒定的应变范围所控制的。但产生的外界条件有所不同，它不是在恒定温度下由外加的机械应力产生的应变所造成，而是由于温度的反复变化，造成相应的应变（$\Delta\varepsilon = \alpha\Delta T$，$\alpha$ 为线膨胀系数）变化而引起的。当然也有更复杂的情况。热疲劳可以是热应力与机械应力两者叠加的结果。所以，前面讲述的低周疲劳中弹性应变幅、塑性应变幅均与疲劳寿命有关。

在热作模具材料中，由于模具工作表面的反复加热与冷却，也会形成热疲劳裂纹，因此，抗热疲劳性能也是衡量模具材料性能的一个重要依据。但是，对模具抗热疲劳性能的研究还停留在工艺性试验阶段。例如，将模具材料制成直径为 20 mm、长为 50~60 mm 的试样进行高频加热，加热层深为 1.2~1.5 mm，加热温度视模具工作表面的温度而定。如此反复加热与冷却，每隔 20 次将试样取出，观察有无形成裂纹。在宏观上，热疲劳破坏以表面出现的特有龟裂纹为特征，以出现裂纹的循环周次来表示抗热疲劳性能的好坏。从材料的内部组织影响来看，过多的碳化物虽然对耐磨性和硬性有利，但却使抗热疲劳性能变坏，特别是粗大的不均匀的碳化物。晶粒粗大会降低抗热疲劳性能。从热疲劳性能和其他力学性能的关系看，材料的韧性是判断抗热疲劳性能的一个重要参考标准。为了保证热疲劳性能，材料硬度应限制在 HRC45~50 以下。这些结果说明，模具材料的热疲劳性能仍然定性地符合低周疲劳的试验规律。

有很多零部件在工作过程中经受温度变化，最典型的热疲劳工件应该算是冶金轧辊。

由于疲劳是最常见的失效形式之一，它在工程结构和机械设备中普遍存在，尤其是在那些承受反复荷载的结构部件中。2000 年 10 月 17 日，伦敦至利兹的线路上发生了一起严重的高速列车脱轨事故，原因是列车通过一个曲线区段时，曲线外侧的钢轨存在疲劳裂纹。这起事故导致列车 11 节车厢中的 8 节脱轨，其中 2 节几乎完全倾覆，造成 4 人死亡，70 人受伤。这凸显了钢轨疲劳问题的严重性及其对国家交通安全的影响。同学们要深刻理解，作为未来材料学科领域的专业人才，要在保障交通工具安全等方面发挥重要作用。你们的专业知识和技能将直接影响到人民的生命财产安全，这种责任感和使命感是每位材料专业学生都应当具备的。

思考题

7-1 常用哪几个参数表示应力的循环特性？$r=0$，$r=-1$，$\sigma_a=\sigma_{max}$，$\Delta\sigma=\sigma_{max}$，$\sigma_m=\sigma_a$，$\sigma_m=0$ 各表示怎样的应力循环？

7-2 试述金属疲劳断裂的特点。

7-3 简述疲劳断口的特征及其形成过程。

7-4 什么是低周疲劳、高周疲劳？什么是应力疲劳、应变疲劳？为什么高周疲劳多用应力控制，低周疲劳多用应变控制？

7-5 叙述疲劳曲线（S-N）及疲劳极限的测试方法？在工程中如何定义疲劳极限？工程疲劳设计中为什么要用 P-S-N 曲线来代替 S-N 曲线？

7-6 试述疲劳图的意义、建立及用途。

7-7 试述影响疲劳裂纹扩展速率的主要因素，并和疲劳裂纹萌生的影响因素进行对比分析。

7-8 试述疲劳裂纹扩展寿命和剩余寿命的估算方法及步骤。

7-9 试述 σ_{-1} 和ΔK_{th}的异同及各种强化方法影响的异同。

7-10 试述金属表面强化对疲劳强度的影响。

7-11 试说明疲劳裂纹扩展曲线的三个区域的特点和影响因素。

7-12 什么是疲劳裂纹门槛值？哪些因素影响其大小？它有什么实用价值？

7-13 试述金属材料循环硬化和循环软化现象及产生条件。

7-14 什么是冲击疲劳？什么是热疲劳？说明其特点。

8 金属磨损和接触疲劳

摩擦和磨损是重要的工程现象。任何一部机器在运转时，机件之间总要发生相对运动。当两个相互接触的机件表面做相对运动（滑动、滚动或滚动+滑动）时就产生摩擦，有摩擦就必有磨损，这是必然的结果。

磨损是降低机器和工具效率、精确度甚至使其报废的重要原因，也是造成金属材料损耗和能源消耗的重要原因。据不完全统计，摩擦磨损消耗运行能源的1/3～1/2，大约80%的机件失效是磨损引起的。因此，研究磨损规律，提高机件耐磨性，对节约能源、减少材料消耗、延长机件寿命具有重要意义。

本章将讨论机器零件中最常见的磨损形式，介绍它们的机理和影响磨损速率的因素，并从材料科学角度研究控制磨损的途径。

8.1 磨损及磨损类型

8.1.1 磨损的概念

机件表面相互接触并做相对运动时，表面逐渐有微小颗粒分离出来形成磨屑（松散的、尺寸与形状均不相同的碎屑），使表面材料逐渐流失（导致机件尺寸变化和质量损失）、造成表面损伤的现象称为磨损。磨损可以是力学作用引起的，也可以是其他物理化学过程引起的。研究表明磨损并非单一力学过程。引起磨损的原因既有力学作用，也有物理和化学作用，因此，零部件材料、润滑条件、加载方式和大小、相对运动特性（方式和速度）及工作温度等诸多因素均影响磨损量的大小，所以，磨损是一个复杂的物理现象。

现在，磨损还没有统一的分类方法，通常就按磨损机理进行分类。磨损类型有黏着磨损、磨粒磨损、冲蚀磨损、疲劳磨损（接触疲劳）、腐蚀磨损和微动磨损。据估计，在工业领域各类磨损造成的经济损失中，以磨粒磨损所占比例最高，达50%；黏着磨损占15%；冲蚀磨损和微动磨损各占8%；腐蚀磨损占5%。这些比例上的差别显然是和各类磨损产生的条件和环境相关。

在磨损过程中，磨屑的形成也是一个变形和断裂（撕裂）的过程。静强度中的基本理论和概念也可用来分析磨损过程，但前几章中所述变形和断裂是指机件整体变形和断裂机制，而磨损是发生在机件表面的过程，两者是有区别的。在整体加载时，塑性变形集中在材料一定体积内，在这些部位产生应力集中并导致裂纹形成；而在表面加载时，塑性变形和断裂发生在表面，由于接触区应力分布比较复杂，沿接触表面上任何一点都有可能发生塑性变形和断裂，反使应力集中降低。在磨损过程中，塑性变形和断裂是反复进行的，一旦磨屑形成后又开始下一循环，所以过程具有动态特征。这种动态特征标志着表层组织变化也具有动态特征，即每次循环，材料表面总要转变到新的状态，加上磨损本身的一些特点，所以普通力学性能试验所得到的材料力学性能数据不一定能反映材料耐磨性的优劣。

典型的磨损过程做成磨损曲线（磨损量和时间），一般分有三个阶段，如图 8-1 所示。

（1）磨合阶段。相互接触的磨损初期如图 8-1 中的 Oa 线段。在此阶段内，无论零部件双方硬度如何，摩擦表面逐渐被磨平，实际接触面积增大，故磨损速率减小。这个阶段也称为跑合阶段，跑合阶段磨损量增加得比较快。新投入使用的汽车需要磨合就是要完成这个阶段的磨损。但是磨损速率在逐步减小。这与表面应变硬化及表面形成氧化膜有关。对磨损表面的电子衍射证实，铸铁活塞环和气缸的跑合表面有氧化层存在。

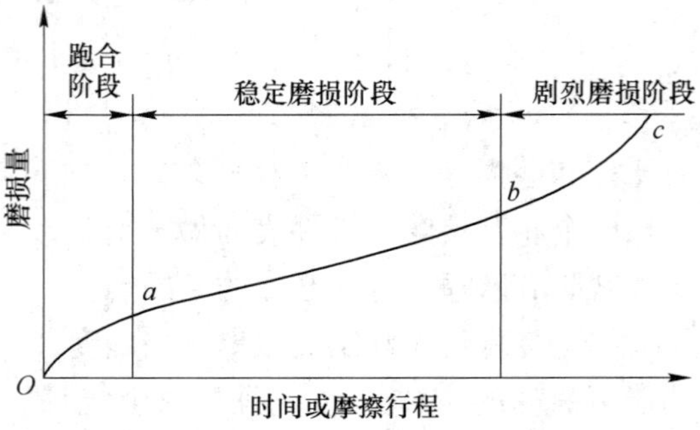

图 8-1　磨损量与磨损时间关系示意图

（2）稳定磨损阶段。经过一段时间的磨损进入稳定磨损阶段，如图 8-1 中的 ab 线段。这是磨损速率稳定的阶段，线段的斜率就是磨损速率。大多数机器零件均在此阶段内服役，实验室磨损试验也需要进行到这一阶段。通常即根据这一阶段的时间、磨损速率或磨损量来评定不同材料或不同工艺的耐磨性能。在跑合阶段跑合得越好，稳定磨损阶段的磨损速率就越低。

（3）剧烈磨损阶段。剧烈磨损阶段是随着机器工作时间增加，零部件接触表面之间的间隙增大，机件表面质量下降，润滑膜被破坏，引起剧烈振动，磨损重新加剧，此时机件很快失效。

上述磨损曲线因工作条件不同可能有很大差异，如摩擦条件恶劣，跑合不良，则在跑合过程中就产生强烈磨损，而使机件无法正常运行，此时只有剧烈磨损阶段；反之，如跑合很好，则稳定磨损期很长，且磨损量也比较小。零部件工作寿命长。

8.1.2　耐磨性

耐磨性是材料抵抗磨损能力的指标，这是一个综合性质。迄今为止，还没有一个统一的、意义明确的耐磨性指标。通常是用磨损量来表示材料的耐磨性，磨损量越小，耐磨性越高。磨损量既可用试样摩擦表面法线方向的尺寸减小来表示，也可用试样体积或质量损失来表示。前者称为线磨损，后者称为体积磨损或质量磨损。若测量单位摩擦距离、单位压力下的磨损量等，则称为比磨损量。为了与通常的概念一致，有时还用磨损量的倒数来表征材料的耐磨性。此外，还广泛使用相对耐磨性的概念，相对耐磨性 ε 表示如下：

$$\varepsilon = \frac{\text{标准试样的磨损量}}{\text{被测试样的磨损量}}$$

有人也采用相对耐磨性的倒数，称为磨损系数，但应用得比较少。

8.2　磨损模型和磨损机理

在摩擦学上根据零部件相对运动特性将摩擦分为滚动摩擦和滑动摩擦，在力学性能角度上讨论磨损时，根据磨损机理进行划分。下面按照磨损机理划分的方法讨论磨损的具体问题。

8.2.1 黏着磨损

8.2.1.1 磨损机理

黏着磨损又称咬合磨损，是在滑动摩擦条件下，当零部件相对滑动速度较小（钢小于 1 m/s）时发生。它是因缺乏润滑油，零部件表面无氧化膜，且单位法向载荷很大，以致接触应力超过实际接触点处屈服强度而产生局部的粘连形成的一种磨损，其表面形貌如图 8-2 所示。

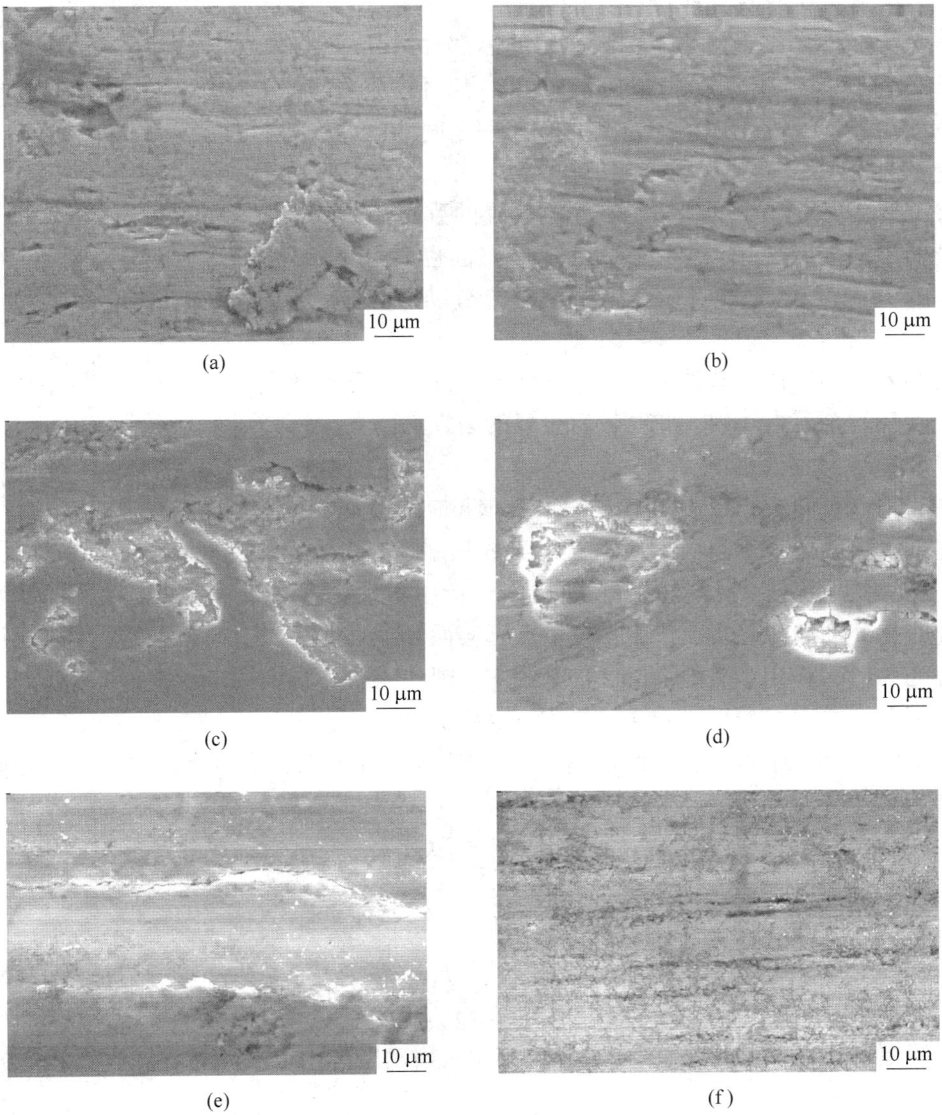

图 8-2 不同温度黏着磨损的表面形貌

（a）常温磨损试样；（b）300 ℃磨损试样；（c）400 ℃磨损试样；（d）500 ℃磨损试样；（e）600 ℃磨损试样；（f）700 ℃磨损试样

相对摩擦的物体表面尽管看起来非常平整，表面上总存在局部凸起，当零部件双方接触时，即使施加较小载荷，在真实接触面上的局部应力也可能引起塑性变形。倘若接触面洁净而未受到腐蚀，则局部塑性变形会使两个接触面的原子彼此十分接近而产生强烈粘连（冷焊）。所谓黏着，实际上就是原子间形成键合作用。随后在继续相对运动时，黏着点被剪断并转移到一方金属表面或者脱离，形成磨屑。一个黏着点剪断了，又在新的地方产生黏着，随后也被剪断、转移，如此黏着→剪断→转移→再黏着循环下去，就构成黏着磨损过程。货物运输的输送槽就属于典型的黏着磨损。黏着磨损过程示意图如图 8-3 所示。

图 8-3 所示黏着磨损过程是黏着点强度比零部件一方金属强度高的情况。此时常在较软一方本体内产生剪断，其碎片则转移到较硬一方的表面上，软方金属在硬方表面逐步积累最终使不同金属的零部件滑动成为相同金属间的滑动，故磨损量较大，表面较粗糙，甚至可能产生咬死现象。铅基合金与钢之间的滑动就是这种情况。

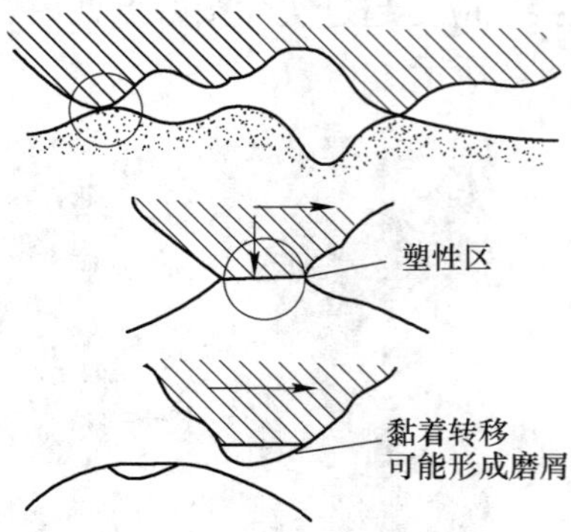

图 8-3　黏着磨损过程示意图

如果黏着点的强度比零部件两方金属的强度都低，此时沿分界面断开，磨损量较小，摩擦面也显得较平滑，只有轻微擦伤。锡基合金与钢的滑动就是如此。

若黏着点强度比零部件两方金属的强度都高，则剪断既可发生在较软金属本体内，也可发生在较硬金属本体内。此时较软金属的磨损量较大。

8.2.1.2　磨损量的评价

阿查得（J. F. Archard）提出的黏着磨损量估算方法如下：

零部件接触处为三向压缩应力状态，故接触压缩屈服强度近似为单向压缩屈服强度 σ_{sc} 的三倍。若接触处因压应力很高超过 $3\sigma_{sc}$ 产生塑性变形，随后因加工硬化而使变形终止。此时，外加载荷事实上作用在接触点真实面积上。设真实接触面积为 A，接触压缩屈服强度为 $3\sigma_{sc}$，作用于表面上的法向力为 F，则

$$F = A(3\sigma_{sc}) \tag{8-1}$$

假定磨屑呈半球形，直径为 d。任一瞬时有 n 个黏着点，设所有黏着点尺寸相同，直径也为 d，则

$$A = n\frac{\pi d^2}{4} \tag{8-2}$$

将式（8-1）代入式（8-2），得

$$n = \frac{4F}{3\pi\sigma_{sc}d^2} \tag{8-3}$$

再假定每一黏着点滑过距离也为 d，则单位滑动距离内形成的黏着点数 N 为

$$N = \frac{n}{d} = \frac{4F}{3\pi\sigma_{sc}d^3} \tag{8-4}$$

由于从较软一方金属材料的表面脱离下来的碎屑不一定全部成为磨屑，有些碎屑可能仍附于硬金属表面上。因此，磨屑形成有个几率问题，设此几率为 K，则单位滑动距离内

的磨损体积为

$$\frac{\Delta V}{\Delta l}=KN\left(\frac{\pi d^3}{12}\right) \tag{8-5}$$

式中，ΔV 为单位滑动距离内磨损体积；Δl 为单位滑动距离；K 为磨屑形成几率；d 为磨屑直径。

将式（8-4）代入式（8-5），得

$$\frac{\Delta V}{\Delta l}=\frac{KF}{9\sigma_{sc}} \tag{8-6}$$

积分式（8-6），且强度与硬度之间有一定关系，则总滑动距离内的黏着磨损体积为

$$V=\frac{KFl_t}{9\sigma_{sc}}=\alpha\frac{KFl_t}{H} \tag{8-7}$$

式中，l_t 为总滑动距离；α 为系数；H 为材料硬度。

式（8-7）表明，黏着磨损体积磨损量与法向力、滑动距离成正比，与软方材料的压缩屈服强度（或硬度）成反比，而与表观接触面积无关。

于是，在其他条件相同时，如零部件较软一方金属材料的压缩屈服强度较高，则因其难于塑性变形不易黏着转移而使磨损减小。但是，如果 σ_{sc}（或硬度 H）一定，而材料塑性较好，则在相同法向力条件下可以产生较大塑性变形，使真实接触面积增加，因降低了单位面积上的法向力也可减小磨损量，意味着材料的磨损量与其塑性成反比。如此，式（8-7）又可改写为

$$V=\frac{KFl_t}{9\sigma_{sc}\delta} \tag{8-8}$$

式中，δ 为材料的断后伸长率。

σ_{sc}与 δ 的乘积为材料的磨损韧性。可见，黏着磨损体积磨损量随较软一方材料的压缩屈服强度和韧性增加而减小。其实，从黏着磨损机理来看，增加硬度固然能减小磨损，但在材料韧性增加时，由于延缓断裂过程，所以也能使磨损量减小。另外，上述理论中黏着点的描述和形状确定过于简单，处理结果与实际差别较大，还需要进一步完善。

8.2.1.3 影响黏着磨损的因素

综上所述，材料强度和硬度特性、法向力、滑动速度及温度等均对黏着磨损有明显影响。

塑性材料比脆性材料易于变形而容易黏着；组分之间互溶性大的材料（相同金属或晶格类型、点阵常数、电子密度、电化学性质相近的金属）组成的零部件黏着倾向大；单相金属比多相金属黏着倾向大；化合物比固溶体黏着倾向小；金属与非金属组成的零部件比金属与金属的零部件不易黏着。

在摩擦速度一定时，黏着磨损量随法向力增大而增加。这是因为法向力增加变形区间和变形程度，增加黏着趋势。

在法向力一定时，黏着磨损量随滑动速度增加而增加，但达到某一极大值后又随滑动速度增加而减小。这可能是由于滑动速度增加，黏着磨损量因温度升高材料剪断强度下降，以及塑性变形不能充分进行延缓黏着点长大两个因素同时作用所致。

零部件表面粗糙度、工作温度及润滑状态等也都对黏着磨损有较大影响。降低表面粗

糙度，将增加抗黏着磨损能力；但粗糙度过低，反因润滑剂难以储存在摩擦面内而促进黏着。

温度和滑动速度的影响是一致的。这里所说的温度是环境温度或零部件体积平均温度，它不同于零部件的表面平均温度，更不同于零部件接触区的温度。在接触区，因摩擦热的影响，温度很高，甚至可能使材料达到熔化状态。不管何种概念的温度，工作温度显著影响磨损性能的原因是改变磨损机理，对于一系列材料做的不同温度的磨损试验表明，低温时表现为硬质点接触（支撑）磨损，中等温度范围则表现为基体磨损，高温（高于600 ℃）则表现为晶界弱化磨损。

8.2.1.4　改善黏着磨损耐磨性的措施

改善黏着磨损耐磨性有如下措施：

（1）注意零部件材料的配对选择。其基本原则是配对材料的黏着倾向应比较小，如选用互溶性小的材料配对；选用表面易形成化合物的材料配对；金属与非金属材料配对，如金属与高分子材料配对，以及选用淬硬钢或淬硬钢与灰铸铁配对等都有明显效果。球磨机选用橡胶衬板就是这个原理。

（2）采用表面化学热处理改变材料表面状态。合理的表面化学热处理可有效地减轻黏着磨损。如果沿接触面上产生黏着磨损，可进行渗硫、磷化、氮碳共渗处理或涂覆镍-磷合金等。表面化学热处理是在金属表面形成一层化合物层或非金属层，既避免零部件直接接触，又减小摩擦因数，故可防止黏着。如果黏着磨损发生在较软一方材料机件内部，则采用渗碳、渗氮、碳氮共渗及碳氮硼三元共渗等工艺都有一定效果。

（3）控制摩擦滑动速度和接触压应力。如果设计允许，减轻压力可使黏着磨损大为减轻。

改善润滑条件，提高表面氧化膜与基体金属的结合能力，以增强氧化膜的稳定性，阻止金属之间直接接触，以及降低表面粗糙度等也都可以减轻黏着磨损。

8.2.2　磨粒磨损

8.2.2.1　磨损机理

磨粒磨损是当零部件接触面之间存在着硬质粒子时所产生的一种磨损。对于零部件而言，分为两体磨粒磨损和三体磨粒磨损。两体磨粒磨损是零部件之间自身存在不平的质点，这些突出的质点首先接触受力产生磨损，如锉削过程；三体磨粒磨损，是指两个工作物质相对移动过程中遇到另外的质点接触产生磨损，如软物料在颚式破碎机中动颚板和定颚板的磨损。两种不同情况的磨粒磨损如图 8-4 所示。真正工程零部件的磨损发生在磨损件上。硬质粒子可以是由磨损产生而脱落在零部件表面间的金属磨屑，也可以是被破碎的物料，还可以是自表面脱落下来的氧化物或其他沙、灰尘等。

根据磨粒所受应力大小不同，磨粒磨损可分为凿削式磨粒磨损、高应力碾碎性磨粒磨损和低应力擦伤性磨粒磨损三类。在凿削式磨粒磨损时，从材料表面上凿削下大颗粒金属，零部件表面形成较深沟槽，如锤式破碎机锤头、挖掘机斗齿、破碎机颚板等机件表面的破坏。若磨粒与摩擦面接触处的最大压应力超过磨粒的破坏强度，则磨粒不断被碾碎，并产生高应力碾碎性磨粒磨损。此时，一般金属材料被拉伤，韧性金属产生塑性变形或疲劳，脆性金属则形成碎裂或剥落，如球磨机衬板与钢球之间、圆锥破碎机轧臼壁和物料之

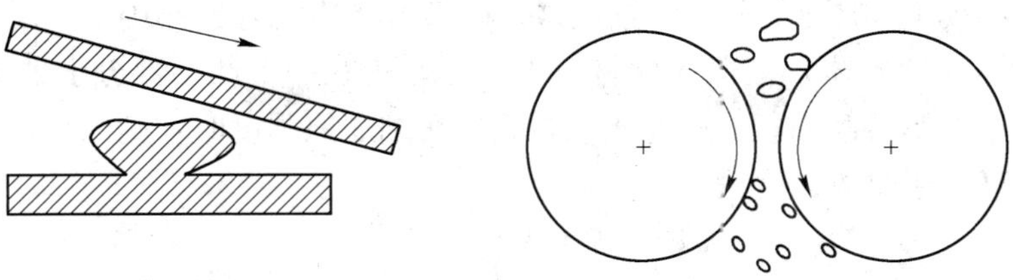
(a)　　(b)

图 8-4　两体和三体磨粒磨损
（a）两体磨损；（b）三体磨损

间、轧碎机滚筒内装物料之间等机件表面的破坏。当作用于磨粒上的应力不超过其破坏强度时，产生低应力擦伤性磨粒磨损。此时，摩擦表面仅产生轻微擦伤，如犁铧、运输槽板及机件被沙尘污染的摩擦表面等。

从磨粒硬度与被磨材料硬度相对关系看，若磨粒硬度高于被磨材料的硬度，则属于硬磨粒磨损；反之，为软磨粒磨损。常见的磨粒磨损是指硬磨粒磨损。

磨粒磨损的主要特征是摩擦面上有明显犁皱形成的沟槽，如图 8-5 所示。

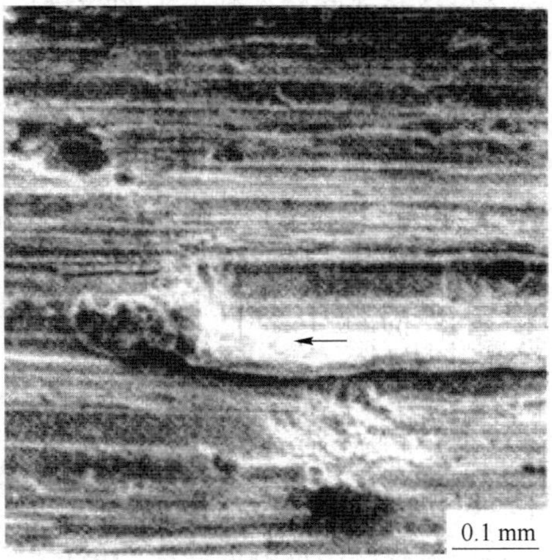

图 8-5　磨粒磨损表面形貌

在磨粒磨损时，磨粒与摩擦表面之间的相互作用，与机械加工中切削刀具与工件的相互作用类似。对于韧性金属材料，每一磨粒从表面上切下的是一个具有一定长度的连续屑；而对于脆性金属材料，一个磨粒切下的是许多断屑。由于磨粒磨损产生的条件不同，它不是简单的切削过程。当磨粒受切向力作用而沿摩擦表面产生相对运动时，摩擦表面将受到剪切、犁皱或切削。对于韧性金属材料和有锐刃的硬粒子，表面材料是被剪切下来的，且呈连续屑形式。而对于有光滑刃或圆刃的硬粒子，韧性金属材料只被犁皱。犁皱时，表面材料沿硬粒子运动方向被横推而形成沟槽。大部分塑性变形的材料沿沟槽两侧堆积起来，而不是从表面上切削下来。对于脆性材料，沟槽是由裂纹扩展和随后的表面材料成碎片脱落而形成的。

在碾碎性磨粒磨损时，磨粒被压碎前几乎没有滚动和切削的机会，因此，磨粒对摩擦表面的作用是由于磨粒接触点处的集中压应力所造成的。这种集中压应力可使韧性材料表面产生塑性变形。由于磨粒大量而密集地反复压入摩擦表面，使经受塑性变形的材料前后流动，最后由于疲劳而破坏。对于脆性材料，由于摩擦表面几乎不产生塑性变形，故此时磨损是由于表面材料脆性断裂的结果，但也可能是反复应力作用而产生疲劳破坏所致。

由上所述可见，磨粒磨损过程可能是磨粒对摩擦表面产生的切削作用、塑性变形和疲劳破坏作用或脆性断裂的结果，还可能是它们综合作用的反映。

8.2.2.2　磨损量估算

现以两体磨粒磨损为例推导以切削作用为主的磨粒磨损量计算式。

设磨粒磨损模型如图 8-6 所示。按照这一模型，在法向力 F 作用下，硬材料的凸出部分或磨粒（假定为圆锥体）被压入软材料中。当作用在一个凸出部分上的力 F 除以凸出部分在水平面上投影接触面积 πr^2 等于软材料的压缩屈服强度时，则凸出部分或磨粒的压入就会停止下来，于是可以得到

$$F = 3\sigma_{sc}\pi r^2 \tag{8-9}$$

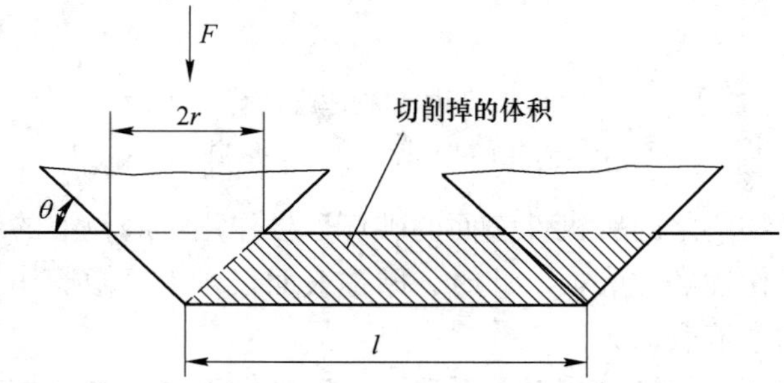

图 8-6 磨粒磨损切削过程示意图

设 θ 为凸出部分的圆锥面与软材料表面间的夹角，当零部件相对滑动了 l 长的距离时，凸出部分或磨粒切削下来的软材料体积（图 8-6 阴影线所示面积），即磨损量 V 为

$$V = \frac{1}{2} \times 2\pi r\tan\theta l = r^2 l\tan\theta \tag{8-10}$$

将式（8-9）代入式（8-10）得

$$V = \frac{Fl\tan\theta}{3\pi\sigma_{sc}} \tag{8-11}$$

因为金属材料的屈服强度与硬度成正比（一定范围内可以这样考虑），所以式（8-11）又可写为

$$V = K\frac{Fl\tan\theta}{H} \tag{8-12}$$

式中，K 为系数。可见，磨粒磨损量与法向力、摩擦距离成正比，与材料硬度成反比，同时还与硬材料凸出部分或磨粒的形状有关。

图 8-6 是理想化的磨粒磨损模型。实际上，由于磨粒的棱面相对摩擦表面的取向不同，只有一部分磨粒才能切削表面产生磨屑；大部分磨粒嵌入较软材料中，并使之产生塑性变形（即使是脆性材料也会产生少量塑性变形），造成擦伤或形成沟槽，而形成沟槽并不包含直接去除零部件表面的材料。堆积在沟槽两侧的材料，在零部件随后相对运动过程中只有一部分能形成磨屑。此外，实际的磨粒形状并不一定是圆锥形的。因此，式（8-12）中的系数 K 应该考虑到这些因素的影响。

8.2.2.3 影响因素

根据试验，金属材料对磨粒磨损的抗力与 H/E 成比例，H 为材料硬度，E 为弹性模量。材料的 H/E 值越大，在相同接触压力下弹性变形量越大。由于接触面积增加，单位法向力反而下降，致沟槽深度减小，堆在沟槽两侧的材料也少，故磨损量亦减小。然而，E 是对组织不敏感的，因此，机件抵抗磨粒磨损的能力主要与材料硬度成正比。所以，一般情况下，材料硬度越高，其抗磨粒磨损能力也越好。

纯金属与未经热处理的钢，其磨粒磨损耐磨性与它们的自然硬度成正比，且直线通过原点（见图 8-7（a））。

经过热处理的钢，其耐磨性也与硬度呈线性关系，但直线的斜率比纯金属为小（见图 8-7（b））。这表明，在相同硬度下比较时，经过热处理的钢，其抗磨粒磨损能力反不及纯金属。这一方面说明滑动磨损的影响因素比较多，另一方面也说明硬度并非决定磨粒磨损的唯一因素。如果考虑到在磨粒磨损过程中，磨粒的切削作用占有一定分量，那么，经过热处理的钢，在很大程度上改变了材料内部组织，硬的组织产生比较大的耐磨性，而各种冶金缺陷可能加速切削过程。这种组织的不均匀性对耐磨性特别不利，所以磨损量增加。

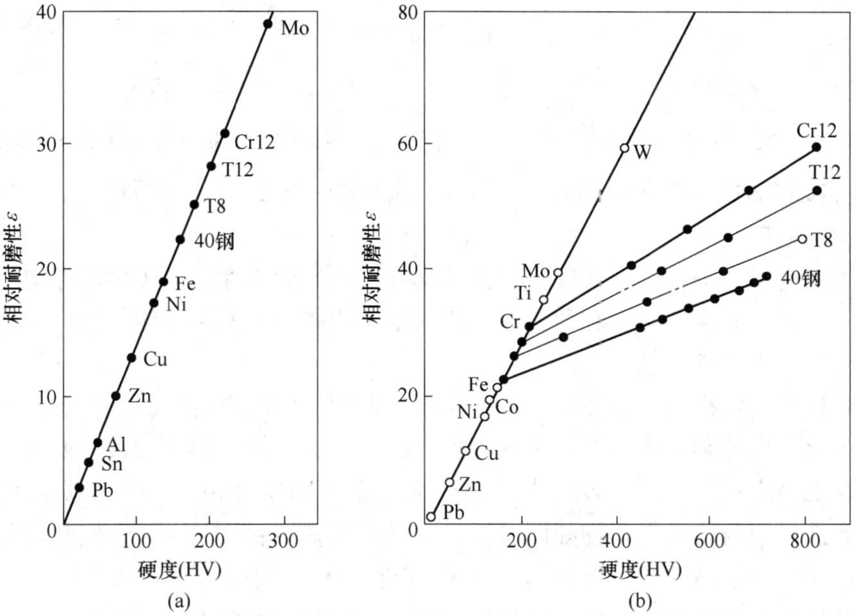

图 8-7 磨粒磨损相对耐磨性与材料硬度的关系

（a）纯金属和未经热处理的钢；（b）经过热处理的钢

由图 8-7 可见，在硬度相同时，钢和其他材料相比较，合金的含碳量越高，碳化物形成元素越多，则耐磨性越好，几乎呈线性关系。另一些试验说明，耐磨性和硬度之间呈线性关系是在一定的硬度范围，在这个范围之内硬度提高耐磨性提高，当硬度提高到特别高的范围，耐磨性不再随硬度提高而提高，如图 8-8 所示。这主要是由于基体太硬不利于包裹住那些耐磨颗粒，颗粒容易脱落造成。

断裂韧度也影响金属磨粒磨损耐磨性。图 8-9 为耐磨性与硬度及断裂韧度关系的示意图。由图可见，在Ⅰ区，磨损受断裂过程控制，故耐磨性随断裂韧度提高而增加；在Ⅱ区，当硬度与断裂韧度配合最佳时，耐磨性最高；在Ⅲ区，断裂韧性很高的时候，材料的硬度自然很低，耐磨性随硬度降低而下降，磨损过程受塑性变形所控制。可见，磨粒磨损抗力并不唯一地取决于硬度，还与材料的韧性有关。

钢中的显微组织对材料抗磨粒磨损能力也有影响，各种固溶体组织中马氏体耐磨性最好，铁素体因硬度太低，磨粒磨损的耐磨性最差。奥氏体组织由于具有特别强的加工硬化作用，所以表现出比较好的耐磨性，高锰钢就是利用这个原理在工程中得到了广泛的应用。

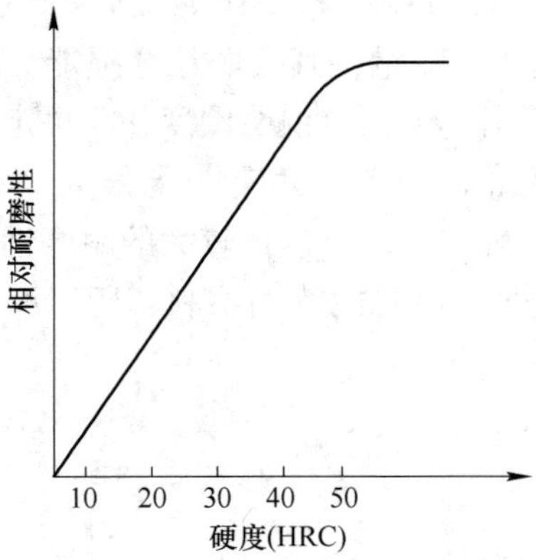

图 8-8　材料硬度和相对耐磨性之间关系

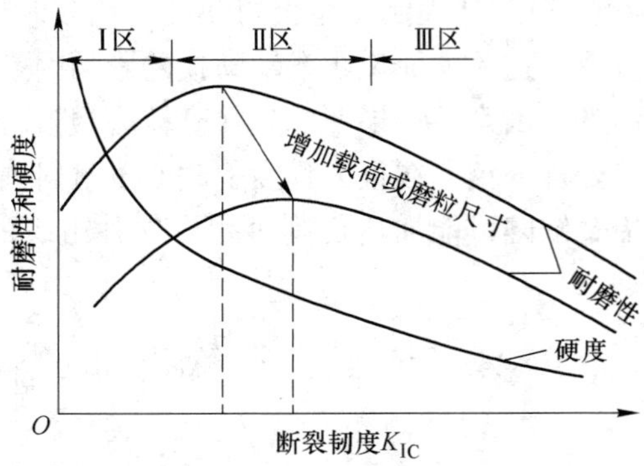

图 8-9　耐磨性、硬度与断裂韧度的关系示意图

球墨铸铁的试验证明，因基体组织不同，耐磨性也不同，基体为马氏体与回火马氏体者，其耐磨性最好。

在相同硬度下，下贝氏体比回火马氏体具有更高的耐磨性。贝氏体中保留一定数量残留奥氏体对于提高耐磨性是有利的，因为经加工硬化或残留奥氏体转变为马氏体后，基体硬度较完全为贝氏体组织者高。

细化晶粒因为能提高屈服强度、硬度及静载塑性，所以也提高耐磨性。

钢中碳化物也是影响耐磨性的重要因素之一。在软基体中碳化物数量增加，弥散度增加，耐磨性也提高；但在硬基体（即基体硬度与碳化物硬度相近）中，碳化物反而损害材料的耐磨性，因为此时碳化物如同内缺口一样，极易使裂纹扩展，致使表面材料通过切削过程而被除去，如马氏体中分布的 M_3C 型碳化物就是这样。

加工硬化对金属材料抗磨粒磨损能力的影响，因磨损类型不同而异。在低应力擦伤性磨粒磨损时，加工硬化对材料的耐磨性没有影响，这是由于磨粒或硬的凸出部分切削金属时，局部区域产生急剧加工硬化，比预先加工硬化要剧烈得多所致。但在高应力碾碎性磨粒磨损时，加工硬化能显著提高耐磨性，因为此时磨损过程不同于低应力下的情况，表面金属材料主要是通过疲劳破坏而不是切削作用去除的。

以上所述属于硬磨粒磨损情况。

在磨粒硬度低于金属材料硬度的软磨粒磨损情况下，磨损机理将发生变化，故控制耐磨性的因素也将随之变化。图 8-10 为磨损体积与硬度比（磨粒硬度 H_a 与金属材料硬度 H 比）的关系曲线。曲线有明显的三个区域：Ⅰ区，$H_a < H$，物料硬度比较低，属于软磨粒磨损区，磨损量最小；Ⅱ区，$H_a \approx H$，过渡区，金属材料的磨损体积与硬度比（H_a/H）呈直线关系；Ⅲ区，$H_a > H$，硬磨粒磨损区，磨损量较大。图 8-10 中两个转折点 A 与 B 所对应的 H_a/H 对于钢铁材料分别为 0.7~1.1 和 1.3~1.7。

由图 8-10 可知，如能增加金属材料的硬度，使 H_a/H 下降，则磨损体积不断减小。进入Ⅰ区时，再增加材料硬度，磨损量变化已不显著了。当 $H_a/H \geqslant 1.3 \sim 1.7$ 后再增加 H，磨损量也不再变化。因此，要降低磨粒磨损速率，必须使金属材料的硬度大于磨粒硬度

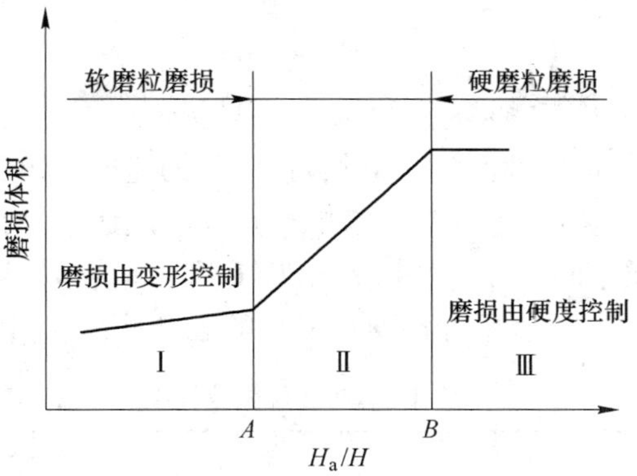

图 8-10 磨损体积与硬度比（磨粒硬度与材料硬度比）的关系

1.3 倍，这是获得低磨损速率的判据。

在磨粒硬度较高的Ⅲ区，虽然说耐磨性由硬度控制，但是硬度特别高的时候金属材料的磨损是通过合金中硬的质点脱落，破坏基体连续性，使耐磨性下降。

在磨粒硬度较低的Ⅰ区，金属材料的磨损是通过表面严重变形、疲劳而发生的。此时，硬度是次要因素。这表明，在软磨粒磨损情况下，提高材料的硬度对提高耐磨性作用不大。

磨粒磨损在冶金、矿山、建筑和工程机械中非常普遍。农业机械中失效机件 40%以上是由于磨粒磨损引起的。因此，寻求新的耐磨粒磨损材料及提高材料磨粒磨损耐磨性的有效工艺方法，一直受到广泛关注。

8.2.2.4 改善磨粒磨损耐磨性的措施

改善磨粒磨损耐磨性有如下措施：

（1）一般来讲，磨粒磨损的工作条件应增加材料硬度，这是提高耐磨性的比较有效的措施。如用含碳较高的钢淬火获得马氏体组织，即可得到高硬度和高耐磨性。如果能使材料硬度与磨粒硬度之比达到 0.9～1.4（图 8-10 中 A 点），可使磨损量减少很多。但如果磨粒磨损机理是塑性变形，或塑性变形后疲劳破坏（低周疲劳）、脆性断裂，则提高材料韧性对改善耐磨性是有益的。此时，用等温淬火获得下贝氏体，消除基体中初生碳化物，并使二次碳化物均匀弥散分布，以及含适量残留奥氏体等都能改善抗磨粒磨损能力。

（2）要根据零部件服役条件，合理选择耐磨材料。如在高应力冲击载荷下（颚式破碎机齿板粉碎难破碎矿石时），要选用高锰钢 Mn13，利用其高韧性和高的加工硬化能力，可得到高耐磨性。但在滑动接触式连续性重载作用下（挖掘机刀头）工作，则应选用硬质合金、高铬白口铸铁，或经过二次硬化处理的基体钢，才能得到高的抗磨粒磨损性能。在冲击载荷不大的低应力磨损场合（水泥球磨机衬板、拖拉机履带板等），用中碳低合金钢并经淬火回火处理，可以得到适中的耐磨粒磨损性能。

（3）正确采用渗碳、碳氮共渗等化学热处理提高表面硬度，也因改变摩擦条件而能有效地提高磨粒磨损耐磨性。

（4）经常注意机件的防尘和清洗，防止大于 1 μm 的磨粒进入接触面，也是有效的措施。

8.2.3 冲蚀磨损

8.2.3.1 磨损现象和机理

冲蚀磨损是指流体或固体以松散的小颗粒按一定的速度和角度对材料表面进行冲击所造成的磨损，也可以理解为冲刷磨损。松散粒子尺寸一般比较小，冲击速度在 500 m/s 以内。根据携带粒子的介质不同，冲蚀磨损又分为气固冲蚀磨损、液滴冲蚀磨损、流体冲蚀磨损和气蚀磨损（见表 8-1）。气固冲蚀磨损又称喷砂型冲蚀磨损，是最常见的冲蚀磨损。

表 8-1 冲蚀现象分类

冲蚀磨损类型	介质	第二相	破坏实例
气固冲蚀磨损	气体	固体粒子	燃气轮机、锅炉管道
液滴冲蚀磨损		液滴（雨滴、水滴）	高速飞行器、蒸汽轮机叶片
流体冲蚀磨损	液体	固体粒子	水轮机叶片、泥浆泵轮
气蚀磨损		气泡	水轮机叶片、高压阀门密封面

在冲蚀磨损过程中，表面材料流失主要是机械力引起的。在高速粒子不断冲击下，塑性材料表面逐渐出现短程沟槽和鱼鳞状小凹坑（冲蚀坑），且变形层有微小裂纹，图 8-11 即为冲蚀坑示意图。图 8-11（a）为球形粒子犁削材料表面形成的冲蚀坑，可见材料表面被冲蚀产生的变形；图 8-11（b）和图 8-11（c）为立方体粒子冲击材料表面通过切削方式形成的冲蚀坑。切削Ⅰ型冲蚀坑有较大的唇片隆起，这部分材料在随后的冲击时极易脱落，形成磨屑。

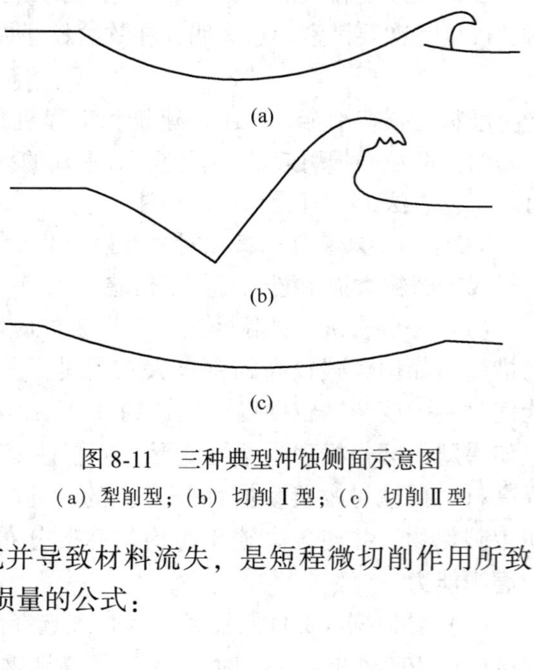

图 8-11 三种典型冲蚀侧面示意图
（a）犁削型；（b）切削Ⅰ型；（c）切削Ⅱ型

芬尼（Finnie）认为，塑性材料（如铝、低碳钢等）表面受粒子冲击形成冲蚀坑并导致材料流失，是短程微切削作用所致。他在几个假定的条件下给出下列估算冲蚀磨损量的公式：

当冲击角为 $0< \alpha < \alpha_0$ 时：

$$V = \frac{Mv_0}{2}\frac{1}{\sigma_s}\frac{\sin2\alpha - 3\sin^2\alpha}{2} \tag{8-13}$$

当冲击角为 $\alpha_0< \alpha < 90°$时：

$$V = \frac{Mv_0^2}{2}\frac{1}{\sigma_s}\frac{\cos^2\alpha}{6} \tag{8-14}$$

式中，V 为冲蚀磨损体积；M 为冲蚀粒子的总质量；v_0 为粒子入射初速度；σ_s 为材料屈服强度；α 为冲击角；α_0 为临界冲击角，等于 18.43°。

由式（8-13）、式（8-14）可见，冲击角对冲蚀磨损量有重要影响：冲击角小于

18.43°时，冲蚀磨损体积随冲击角增加明显增大；冲击角大于18.43°时，冲蚀磨损体积随冲击角增加逐渐降低。

实际上，塑性材料表面冲蚀坑是在短程微切削和塑性变形作用下形成的。在粒子反复冲击、材料反复塑性变形下形成磨屑，材料流失。

脆性材料（如陶瓷、玻璃等）冲蚀磨损是裂纹形成与快速扩展的过程。当用锐角粒子冲击脆性材料表面时，发现有两种形状的裂纹：一种是垂直于表面的初生径向裂纹；另一种是平行于表面的横向裂纹（见图8-12）。在粒子冲击下，径向裂纹形成及其扩展降低材料强度。横向裂纹形成并扩展到表面，材料脱落变为磨屑而流失。

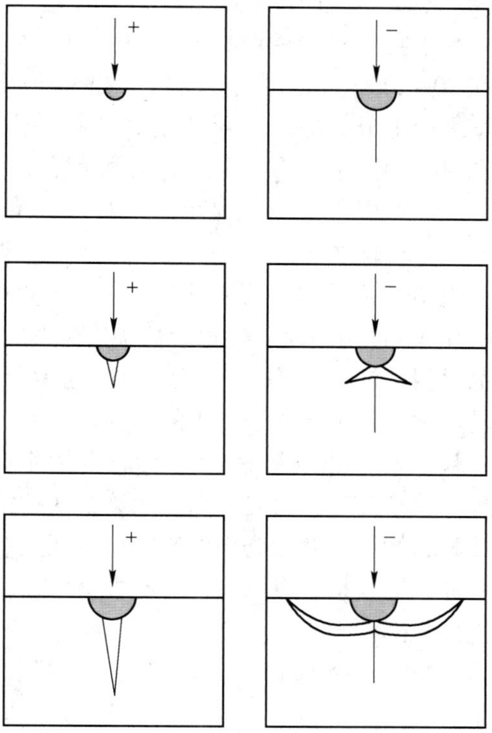

图8-12 锐角粒子冲击裂纹生长示意图
+—加载；−—卸载

8.2.3.2 影响因素

影响冲蚀磨损的因素很多，从冲蚀磨损发生的环境条件和材料破坏特性看，主要影响因素有：

（1）环境因素。如冲击角、粒子速度、浓度、冲击时间、温度及介质。

（2）粒子性能。如粒度、形状、硬度、密度、可碎性等。

（3）材料性能。如硬度、强度、韧性和物理性能。

在研究各种影响材料冲蚀磨损的因素时，通常要测定材料冲蚀率的变化。对喷砂型冲蚀而言，冲蚀率为单位重量粒子造成材料流失的重量或体积，单位为mg/g或mm^3/g。

粒子入射轨迹与材料表面的夹角称为冲击角或攻角（入射角、迎角）。冲击角是影响材料冲蚀磨损量的重要因素（见式（8-13）、式（8-14））。大量试验表明：陶瓷、玻璃等典型脆性材料最大冲蚀率出现在冲击角为90°附近；铜、铝合金等典型塑性材料最大冲蚀率出现在20°~30°之间（见图8-13）。一般工程材料显示介于脆性材料和塑性材料之间的特性。

粒子速度对材料冲蚀率的影响，主要是因为冲蚀磨损量与粒子动能有重要关系。将许多材料冲蚀磨损试验结果整理，可以得到下列关系式：

$$\varepsilon = kv^n \tag{8-15}$$

式中，ε为冲蚀率；k为常数；v为粒子速度；n为速度指数，通常为2.3~2.4。

粒子速度对冲蚀磨损的影响通常都是指高速范围（60~400 m/s）。速度小于60 m/s，一般不发生严重冲蚀磨损，如气流输送管道中，粒子速度一般为25 m/s左右，冲蚀破坏很轻。若粒子速度继续降低，则可能出现产生冲蚀磨损的逗度下限，即所谓门槛速度值，低于此速度值的粒子与材料表面之间只有单纯的弹性碰撞而观察不到破坏。例如，用直径为 0.3 mm 的球形铸铁丸冲击玻璃，门槛速度为 9.9 m/s；而用直径为 0.3 mm 的石英砂冲击 $w_{Cr}=11\%$的钢，门槛速度只有 2.7 m/s。

粒子粒度对冲蚀磨损有明显影响。粒子尺寸在 20~200 μm 范围内，材料冲蚀率随粒子尺寸增大而上升，但粒子尺寸增大到某一临界值时，材料冲蚀率几乎不变或变化很缓慢。

在双对数坐标图上显示，材料冲蚀率随粒子硬度呈线性增加。

尖角形粒子与圆形粒子比较，在相同条件下，如 45°冲击角时，尖角形粒子比圆形粒子造成的磨损大 4 倍左右，甚至低硬度的尖角形粒子较高硬度的圆形粒子产生的磨损还要大。

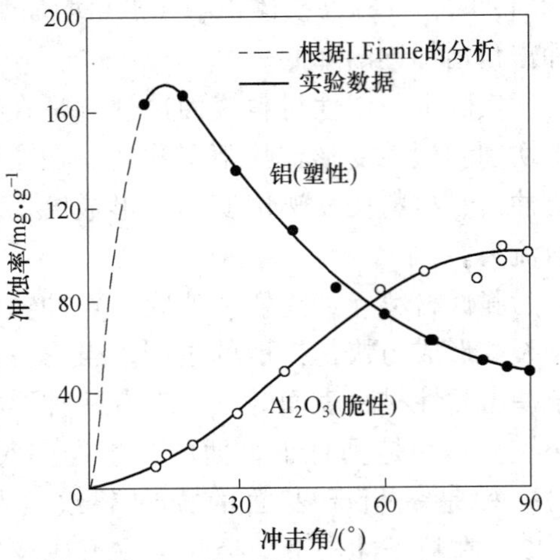

图 8-13　铝及三氧化二铝冲蚀率与冲击角的关系

粒子在冲击材料表面时有时会发生破碎，破碎的粒子碎片又会对表面产生第二次冲蚀，使材料冲蚀率增加。

材料性能对冲蚀磨损的影响比较复杂。提高塑性材料的屈服强度（或硬度），对增加材料冲蚀磨损抗力有利。但对脆性材料，断裂韧度的影响比硬度大，提高断裂韧度，冲蚀磨损体积降低。

材料冲蚀磨损是一个复杂过程，实际冲蚀磨损发生时往往是多个因素共同作用的综合结果。

8.2.3.3　改善冲蚀磨损耐磨性的措施

改善冲蚀磨损耐磨性的措施如下：

(1) 设法减小入射粒子和介质的速度，因为速度是引起冲蚀磨损的重要参数。

(2) 改变冲击角以减轻冲蚀磨损，塑性材料尽量避免在 20°~30°之间服役，脆性材料则应力求不受粒子垂直入射。

(3) 合理利用粒子浓度和粒度减轻冲蚀磨损。

(4) 合理设计机件形状，如合理设计涡轮叶片、飞行器或其他机件的迎风面，输送管线平滑过渡和弯曲等。

(5) 在保持良好设计条件时，应尽可能选用冲蚀磨损抗力较高的材料及表面处理方法。选材时，关键是要根据服役条件使硬度和韧性合理配合。如在小冲击角下应选硬度较高的材料（淬硬钢、陶瓷等），以防切削型冲蚀磨损；在大冲击角下（特别是接近垂直冲击时），应保证材料有足够韧性，以防产生表面裂纹剥落。此时可选用奥氏体高锰钢、塑料、橡胶等。

8.2.4　腐蚀磨损

在摩擦过程中，零部件之间或零部件表面与环境介质发生化学或电化学反应形成腐蚀产物，腐蚀产物的形成和脱落引起腐蚀磨损。腐蚀磨损因常与摩擦面之间的机械磨损（黏着磨损或磨粒磨损）共存，故又称腐蚀机械磨损。

典型的腐蚀磨损有各类机械中普遍存在的氧化磨损，以及在化工机械中因特殊腐蚀气氛而产生的特殊介质腐蚀磨损两类。特殊介质腐蚀磨损在一般机械中比较少见，故从略。

在常温下，氧化磨损的磨损速率最小，其值仅为 0.1~0.5 μm/h，属于正常类型的磨损。

任何存在于大气中的机件表面总有一层氧的吸附层。当零部件做相对运动时，由于表面凹凸不平，在凸起部位单位压力很大，导致产生塑性变形。塑性变形加速了氧向金属内部扩散，从而形成氧化膜。由于形成的氧化膜强度低，在零部件继续做相对运动时，氧化膜被零部件一方的凸起所剥落，裸露出新表面，从而又发生氧化，随后又再被磨去。如此，氧化膜形成又除去，机件表面逐渐被磨损，这就是氧化磨损过程。

氧化磨损的宏观特征是，在摩擦面上沿滑动方向呈匀细磨痕，其磨损产物或为红褐色的 Fe_2O_3，或为灰黑色 Fe_3O_4。

既然氧化磨损时，在零部件表面接触点处同时进行塑性变形和氧的扩散，因此，氧化磨损的速率或磨损量就取决于：零部件表面层对塑性变形的抗力，氧在金属中的扩散速率，氧化膜的性质和厚度及氧化膜与基体结合的牢固程度等。另外，摩擦学参数如接触压力、滑动速度、滑动距离、温度等也影响氧化磨损的磨损量。

奎因（T. F. J. Quinn）的研究指出，氧化磨损体积与接触压力、滑动距离、摩擦表面凸起相遇的距离成正比，而与氧化膜的临界厚度、氧化膜的密度、滑动速度、零部件的屈服强度（或硬度）及滑动界面上的热力学温度成反比。由于这些因素有些是不确定的，因此氧化磨损定量估算比较困难。

氧化磨损不一定是有害的，如果氧化磨损先于其他类型磨损（如黏着磨损）发生和发展，则氧化磨损是有利的。

8.2.5 微动磨损

在机器的嵌合部位和紧配合处，接触表面之间虽然没有宏观相对位移，但在外部变动载荷和振动的影响下却能产生微小滑动。这种微小滑动是小振幅的切向振动，称为微动，其振幅约为 10^{-2} μm 数量级。接触表面之间因存在小振幅相对振动或往复运动而产生的磨损称为微动磨损或微动腐蚀，其特征是零部件接触区有大量红色 Fe_2O_3 磨损粉末，如果是铝件，则磨损产物为黑色。产生微动磨损时在摩擦面上还常常见到因接触疲劳破坏而形成的麻点或蚀坑。

微动磨损是一种复合磨损，兼有黏着磨损、氧化磨损和磨粒磨损的作用，其过程有三个阶段：在第一阶段产生凸起塑性变形，并由此形成表面裂纹和扩展，或去除表面污物形成黏着和黏着点断裂；第二阶段是通过疲劳破坏或黏着点断裂形成磨屑，磨屑形成后随即被氧化；第三阶段是磨粒磨损阶段，磨粒磨损又反过来加速第一阶段，如此循环不已就构成了微动磨损。

由于微动磨损集中在局部地区，又因两摩擦表面永不脱离接触，故磨损产物不易排出。在连续振动时，由于磨屑对于零部件表面产生交变接触压应力，导致表面疲劳破坏形成麻点或蚀坑。蚀坑有可能是应力集中源，并随后因疲劳裂纹发展，引起机件完全破坏。

在工程中，机械系统或机械部件如搭接接头、键、推入配合的传动轮、金属静密封、发动机固定件及离合器（片式摩擦离合器内外摩擦片的结合面）等，常产生微动磨损。在实验室进行疲劳试验时，有时在试样夹头处出现许多红色氧化物粉末，最后试样不在工作长度内而在夹头处产生疲劳断裂，这就是以微动磨损蚀坑为疲劳源，裂纹快速扩展的结果。

改善微动磨损耐磨性的措施，首先是加强紧配，保证足够的过盈量，避免产生微小振动。还可以用化学热处理方法，提高零部件表面抗黏着能力，以减轻微动磨损。钢制机件经表面渗硫或硫氮共渗处理，可以显著提高抗微动磨损能力。此外，在零部件间加绝缘层或充填聚四氟乙烯，既可以防止微凸起接触，又阻止氧参与磨损过程，可以大大减轻微动磨损。

8.3 磨损试验方法

磨损试验方法分为实物试验与实验室试验两类。实物试验采用与实际情况一致或接近一致的试验条件，因此，试验结果的可靠性高。但这种试验所需时间长，且受外界因素的影响难以掌握和分析。实验室试验虽然具有试验时间短、成本低、易于控制各种因素的影响等优点，但试验结果常不能直接表明实际情况。因此，研究重要机件的耐磨性时，往往兼用这两种方法。

实验室试验所用磨损试验机的原理和类型如图 8-14 所示。

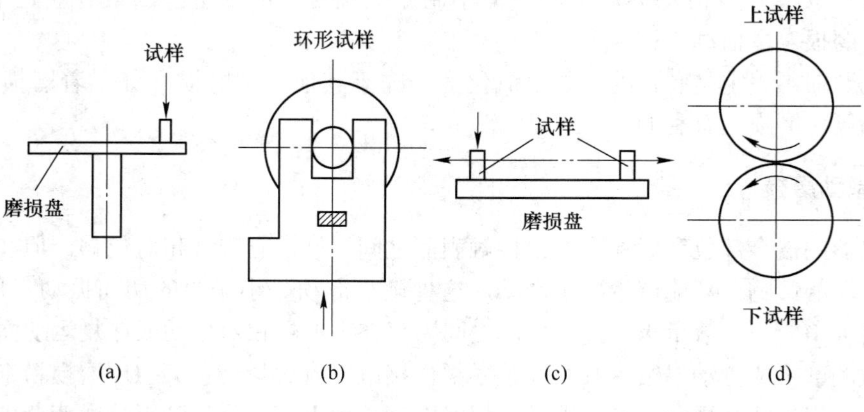

图 8-14 摩擦磨损试验机原理图

（a）销盘型试验机；（b）环块型磨损试验机；

（c）往复运动型试验机；（d）滚子型磨损试验机

图 8-14（a）为销盘型试验机，将试样加工成圆柱体。它是将试样加上试验力紧压在旋转圆盘上，试样可在半径方向往复运动，也可以是静止的。磨损盘表面可以粘贴砂纸或者其他需要磨损的颗粒。这类试验机可用来评定各种零部件及润滑材料的低温与高温摩擦和磨损性能；既可以做磨粒磨损试验，也能进行黏着磨损规律的研究。试验在一定的载荷或者一定的磨损行程之后测量试样的重量。通常以磨损量作为磨损标志。图 8-14（b）为环块型磨损试验机，将两种试样分别加工成圆环形和块形。这种试验机可以测定各种金属材料及非金属材料（尼龙、塑料）等在滑动状态下的耐磨性能。环形试样（其材料一般是不变的）安装在主轴上，顺时针转动；块形试样安装在夹具上。通常，试验后测量环形试样的失重和块形试样的磨痕宽度，分别计算体积磨损，以评定试验材料的耐磨性。图

8-14（c）为往复运动型试验机，外形与销盘型试验机相似。试样在静止平面上做往复运动，可评定往复运动机件如导轨、缸套与活塞环等零部件的耐磨性；评定选用材料及工艺与润滑材料的摩擦及磨损性能等。图 8-14（d）为滚子型磨损试验机，两个相对运动的滚子可以以相同速度旋转，也可以不同。该种试验机主要用来测定金属材料在滑动摩擦、滚动摩擦、滚动和滑动复合摩擦及间隙摩擦情况下的磨损量，用来比较各种材料的耐磨性能。在试验时，所用试样有圆环形和蝶形两种。当进行滚动、滚动与滑动复合摩擦磨损试验时，上、下试样均用圆环形试样；在进行滑动摩擦磨损试验时，上试样可为蝶形试样，下试样为圆环形试样。

磨损试验时，应按零部件运动方式（往复、旋转）及摩擦方式（滚动或滑动）来确定试验方法及所用试样形状和尺寸，并应使速度、试验力和温度等因素尽可能接近实际服役条件。

试样加工应保证相同的精度及表面粗糙度，有色金属试样应尽量避免磨削及研磨，以防磨粒嵌入摩擦表面。

磨损试验结果分散性很大，所以试验试样数量要足够，一般试验需要有 4~5 对零部件，数据分散度大时还应酌情增加。处理试验结果时，一般情况下取试验数据的平均值，分散度大时需用均方根值来处理。

必须指出，同一材料当用不同方法进行磨损试验时，结果往往不同。这种差别不仅表现在绝对值上，有时在相对关系上也不相同，甚至是颠倒的。因此，在引用文献资料及比较试验结果时，应特别慎重。

磨损试验结束后，通常用称量法或测长法确定磨损量。前者是用分析天平测定试样磨损前后的质量变化，后者是用测微尺测量摩擦表面法线方向的尺寸变化。称量法操作简便，但灵敏度不高，用于磨损量在 10^{-2} g 以上时才有较好结果。测长法用于磨损量较大、称量法难以实现的情况。

8.4　金属的接触疲劳

8.4.1　接触疲劳现象与接触应力

8.4.1.1　接触疲劳现象

接触疲劳是机件两接触面做滚动或滚动加滑动摩擦时，在交变接触压应力长期作用下，材料表面因疲劳损伤，导致局部区域产生小片或小块状金属剥落而使材料流失的现象，又称表面疲劳磨损或疲劳磨损。

接触疲劳的宏观形态特征是在接触表面上出现许多小针状或痘状凹坑，有时凹坑很深，呈贝壳状，有疲劳裂纹扩展线的痕迹（见图 8-15）。

根据剥落裂纹起始位置及形态不同，接触疲劳破坏分麻点剥落（点蚀）、浅层剥落和深层剥落（表面压碎）三类。深度在 0.2 mm 以下的小块剥落称为麻点剥落，呈针状或痘状凹坑，截面呈不对称 V 形。浅层剥落深度一般为 0.2~0.4 mm，剥块底部大致和表面平行，裂纹走向与表面成锐角和垂直。深层剥落深度和表面强化层深度相当，裂纹走向与表面垂直。

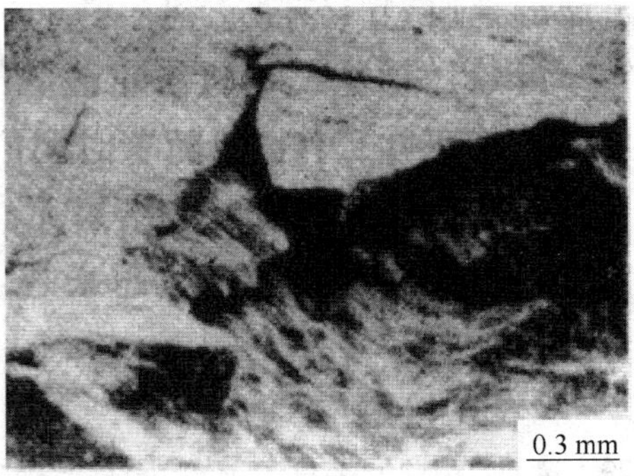

图 8-15 接触疲劳磨损表面形貌

图 8-16 为齿轮节圆附近齿面的麻点剥落，图 8-17 为表面淬火齿轮深层剥落的宏观形貌。

图 8-16 中等硬度齿轮上的麻点

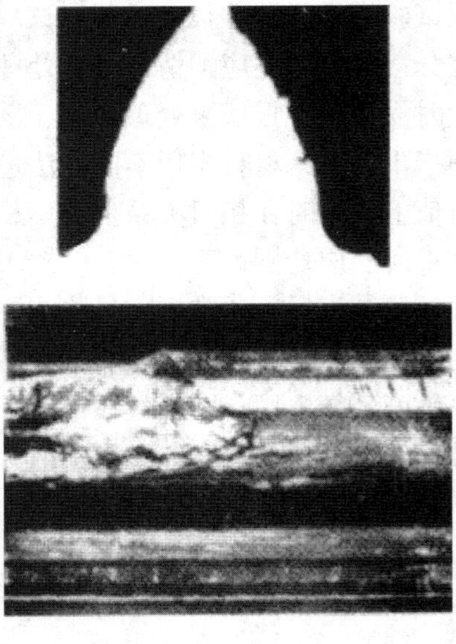

图 8-17 表面淬火齿轮沿过渡区深层剥落

接触疲劳与一般疲劳一样，也分为裂纹形成和扩展两个阶段，但通常认为裂纹形成过程时间长，而扩展阶段只占总破坏时间很小一部分。

接触疲劳曲线（最大接触压应力-破坏循环周次曲线）也有两种：一种是有明显的接触疲劳极限；另一种是对于硬度较高的钢，最大接触压应力随循环周次增加连续下降，无明显接触疲劳极限。

在接触压应力作用下，接触疲劳破坏与表面层塑性变形有关，因而表面层塑性变形的深度决定麻点剥落的深度，而塑性变形进行的剧烈程度则决定麻点剥落扩展的速度。

齿轮、轴承、钢轨与轮箍的表面经常出现接触疲劳破坏。少量麻点剥落不影响机件的正常工作，但随着时间的延长，麻点尺寸逐渐变大，数量也不断增多，机件表面受到大面积损坏，结果以无法继续工作而宣告失效。对于齿轮而言，麻点越多，啮合情况则越差，噪声也越来越大，振动和冲击也随之加大，严重时甚至可能将轮齿打断。

8.4.1.2 接触应力

由于接触疲劳是在接触压应力长期作用下的结果，所以我们需要了解接触应力的概念。

两物体相互接触时，在表面上产生的局部压入应力称为接触应力，也称为赫兹应力。受接触应力作用的机件，按接触面初始几何条件不同，可分为线接触与点接触两类。前者如齿轮的接触，后者如滚珠轴承的接触。

假设两圆柱体的半径分别为 R_1、R_2，长度为 l，在未变形前两者是线接触的。施加法向力 F 后，因弹性变形而变为面接触，接触面面积为 $2bl$，根据弹性力学分析，接触压应力 σ_z 沿 y 轴按半椭圆柱规律分布（见图 8-18）。在接触中心（$y=0$）处，σ_z 达到最大值，于是

$$\sigma_z = \sigma_{z\max}\sqrt{1-\frac{y^2}{b^2}} \tag{8-16}$$

式中，b 为接触面半宽，$b = 1.52\sqrt{\dfrac{F}{El}\dfrac{R_1+R_2}{R_1R_2}}$。

$\sigma_{z\max} = 0.418\sqrt{\dfrac{FE}{l}\dfrac{R_1+R_2}{R_1R_2}}$，其中 E 为综合弹性模量，由两圆柱体的弹性模量 E_1 和 E_2 按式（8-17）求得

$$E = \frac{2E_1E_2}{E_1+E_2} \tag{8-17}$$

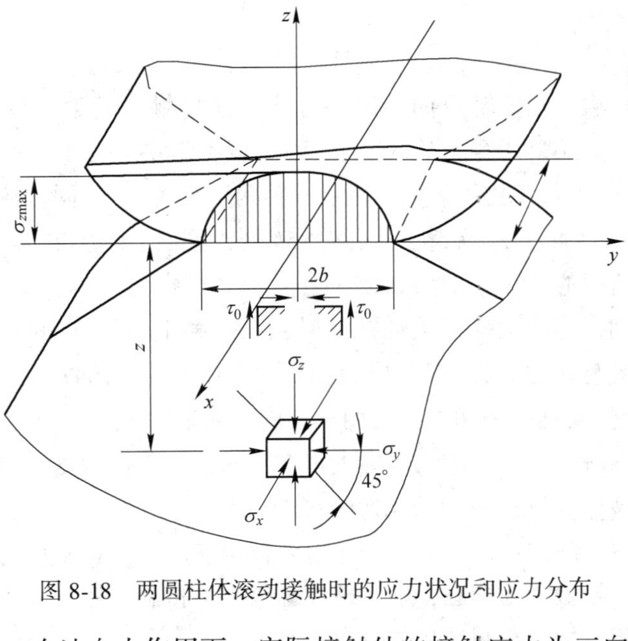

图 8-18 两圆柱体滚动接触时的应力状况和应力分布

由图 8-18 看出，在法向力作用下，实际接触处的接触应力为三向压应力，所以除了 σ_z 外，尚有 σ_x、σ_y。σ_x、σ_y、σ_z 都是主应力，它们沿接触深度方向的分布如图 8-19 所示。由图 8-19 可知，在一定接触深度下，$\sigma_z > \sigma_y > \sigma_x$；超过一定深度后，$\sigma_z > \sigma_x > \sigma_y$，相应的最大切应力为

$$\tau_{zy45^\circ}=\frac{\sigma_z-\sigma_y}{2},\ \tau_{zx45^\circ}=\frac{\sigma_z-\sigma_x}{2},\ \tau_{yx45^\circ}=\frac{\sigma_y-\sigma_x}{2}$$

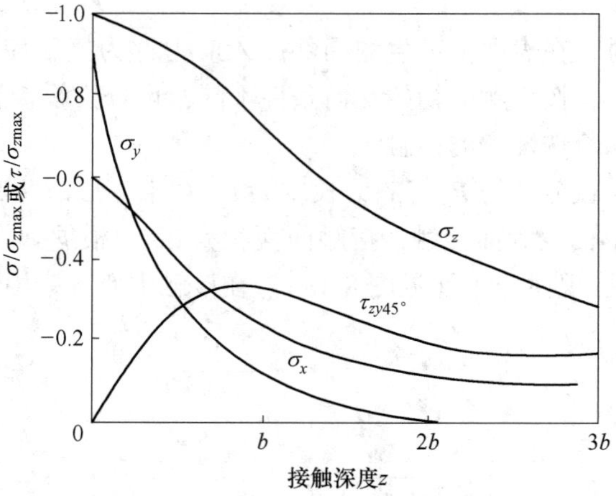

图 8-19 沿接触深度的主应力和最大切应力分布

这三个最大切应力分别作用在与主应力作用面互成 45°方向的平面上，且 τ_{zy45° 值最大。τ_{zy45° 沿接触深度方向的分布如图 8-19 所示，在接触深度为 0.786b 处，τ_{zy45° 达到最大值，$\tau_{zy45^\circ}=(0.3\sim0.33)\sigma_{zmax}$。对于接触面上某一位置而言，当两物体相互接触并承受法向力时，在其接触面下深度 0.786b 处就建立起 $\tau_{zy45^\circ max}$ 来，两物体脱离接触时，$\tau_{zy45^\circ max}$ 降为零。因而对于接触面上某一位置，其亚表层受 $0\sim\tau_{zy45^\circ max}$ 脉动循环应力作用，应力半幅为 $\frac{1}{2}\tau_{zy45^\circ max}$，即为 $(0.15\sim0.16)\sigma_{zmax}$。

以上所述是在接触区沿 z 轴方向的应力分布，在接触区其他区域的应力分布与此不同。其他区域的切应力不等于零，故 σ_x、σ_y、σ_z 就不是主应力了，那里的应力状况也示于图 8-19，切应力 τ_0 平行于接触表面，因在 z 轴两边 τ_0 方向不同，故 τ_0 为交变切应力，其最大值 τ_{0max} 位于接触面下 $z=0.5b$、$y=\pm0.85b$ 处，且 $\tau_{0max}=0.256\sigma_{zmax}$。由于该应力是对称循环变化的，所以应力半幅即为 $0.256\sigma_{zmax}$。

这样就可以看到，当两圆柱体滚动接触时，在接触中心下 0.786b 处受脉动循环切应力作用，切应力方向与接触面成 45°，应力半幅为 $(0.15\sim0.16)\sigma_{zmax}$；而在接触区下 $z=0.5b$、$y=\pm0.85b$ 处受对称循环切应力作用，方向与接触面平行，应力半幅为 $0.256\sigma_{zmax}$。由于 τ_{0max} 应力半幅比 $\tau_{zy45^\circ max}$ 的应力半幅大得多，所以，切应力 τ_0 比 τ_{zy45° 更危险，即接触疲劳强度设计和破坏分析以 τ_0 为依据更为合理。

在点接触情况下，施加法向力后，两接触物体形状不同，接触面可能是椭圆或圆，滚珠与轴承套圈接触，接触面为椭圆，球与球或球与平面接触，接触面为圆。在接触面为椭圆的情况下，接触应力按半椭圆球规律分布，且

$$\sigma_z=\sigma_{zmax}\sqrt{1-\frac{x^2}{a^2}-\frac{y^2}{b^2}} \tag{8-18}$$

对于半径为 R 的圆球和平面（$R=\infty$）的点接触，经弹性力学计算，接触圆半径 $b=$

$1.11\sqrt[3]{\frac{FR}{E}}$，$\sigma_{zmax} = 0.388\sqrt[3]{\frac{FE^2}{R^2}}$，$E$ 为综合弹性模量，F 为法向力。$\tau_{zy45°max}$ 也等于 $0.3\sigma_{zmax}$，深度也为 0.786b。如两球接触，则最大切应力 $\tau_{zy45°max}$ 在 0.5b 处。

以上属纯滚动的情况，倘若两接触物体既做滚动又有滑动，将产生切向作用的摩擦力。此时，摩擦力的应力场和接触应力的应力场相互叠加，将改变接触区的应力和应力分布。在有滑动时，摩擦力与最大切应力 $\tau_{zy45°}$ 叠加的最大综合切应力的最大值从 $z = 0.786b$ 处向表层移动。当摩擦因数大于 0.1 时，最大综合切应力的最大值将移动到机件表面。这种应力和应力分布的变化对分析接触疲劳破坏是很有用的。

8.4.2 接触疲劳破坏机理

8.4.2.1 麻点剥落

麻点剥落的形成过程是在滚动接触过程中（实际条件下尚应有滑动），由于表面最大综合切应力反复作用，在表层局部区域，如材料的抗剪屈服强度较低，则将在该处产生塑性变形，同时必伴有形变强化。由于损伤逐步累积，直到表面最大综合切应力超过材料的抗剪强度时，就在表层形成裂纹。裂纹形成后，润滑油挤入裂纹。在连续滚动接触过程中，润滑油反复压入裂纹内并被封闭。封闭在裂纹内的高压油，以较高的压力作用于裂纹内壁（实际上是使裂纹张开的应力），使裂纹沿与滚动方向成小于45°倾角向前扩展。在纯滚动条件下，裂纹扩展方向与 $\tau_{zy45°max}$ 方向一致；有滑动摩擦时，倾角减小，摩擦力越大，倾角越小。当裂纹扩展到一定程度后，因尖端有应力集中，故在该处产生二次裂纹。二次裂纹与初始裂纹垂直，其中也有润滑油。二次裂纹也受高压油作用而不断向表面扩展。当二次裂纹扩展到表面时，就剥落下一块金属而形成一凹坑。

实践表明，表面接触应力较小，摩擦力较大或表面质量较差（如表面有脱碳、烧伤、淬火不足、夹杂物等）时，易产生麻点剥落。前者是因为表面最大综合切应力较高，后者则是材料抗剪强度较低所致。

8.4.2.2 浅层剥落

浅层剥落裂纹产生于亚表层，其所在位置与 τ_{0max} 所在位置相当，即产生于 0.5b 处附近。由于该处切应力最大，故塑性变形最剧烈。在接触应力反复作用下，塑性变形反复进行，使材料局部弱化，遂在该处形成裂纹。裂纹常出现在非金属夹杂物附近，故裂纹开始沿非金属夹杂物平行于表面扩展，而后在滚动及摩擦力作用下又产生与表面成一倾角的二次裂纹。二次裂纹扩展到表面，另一端则形成悬臂梁，因反复弯曲发生弯断，从而形成浅层剥落（见图 8-20）。浅层剥落多出现在表面粗糙度低，纯滚动或相对滑动小、接近纯滚动的场合。

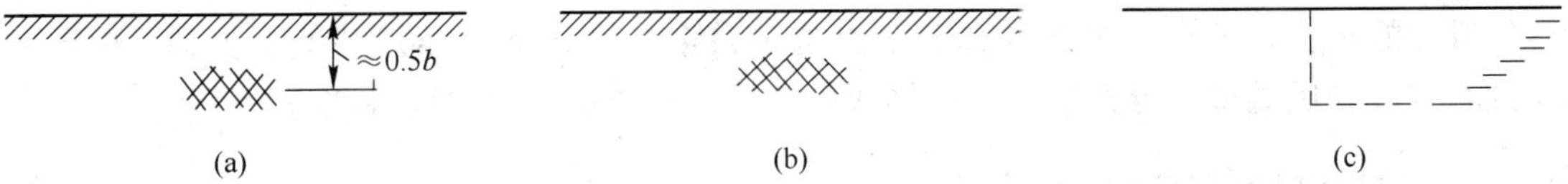

图 8-20 浅层剥落过程示意图

（a）在约 0.5b 处形成交变塑性变形区；（b）形成裂纹；（c）裂纹扩展剥落

8.4.2.3 压碎性剥落

当接触载荷足够大时形成压碎性剥落（深层剥落）。压碎性剥落的初始裂纹常在表面硬化机件的过渡区内产生，该处切应力虽不最大，但因过渡区是弱区，切应力可能高于材料强度而在该处产生裂纹。裂纹形成后先平行于表面扩展，即沿过渡区扩展，而后再垂直于表面扩展，最后形成较深的剥落坑（见图 8-21）。

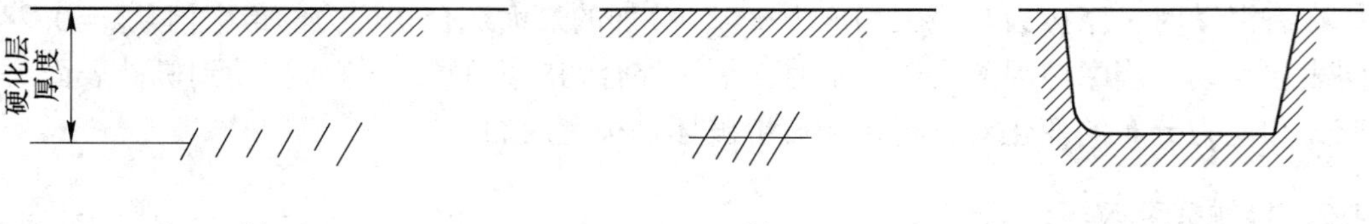

图 8-21 压碎性剥落过程示意图
（a）在过渡区产生塑性变形；（b）在过渡区产生裂纹；（c）形成大块剥落

硬化机件芯部强度太低，硬化层深不合理，梯度太陡或过渡区存在不利的应力分布都易造成深层剥落。

8.4.3 接触疲劳试验方法

不同材料或同一材料经不同热处理后，其接触疲劳强度用接触疲劳曲线 σ_{max}-N（与高周疲劳的 S-N 曲线类似）来描述，σ_{max} 为按赫兹公式算出的最大接触压应力，N 为破坏循环周次。典型的接触疲劳曲线如图 8-22 所示。图中水平部分对应的应力为接触疲劳极限，斜线为过载持久值。

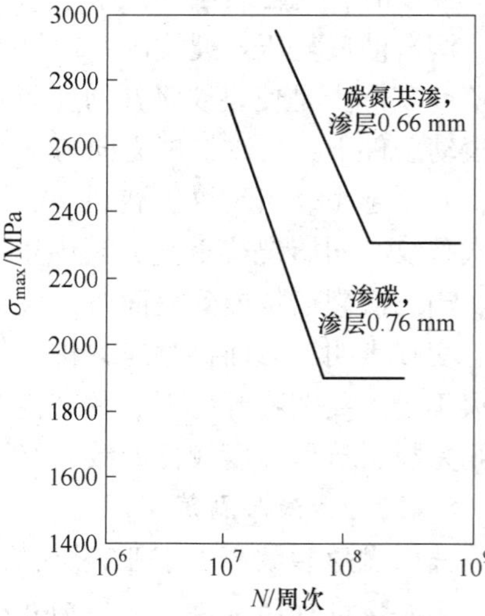

图 8-22 14CrMnSiNi2Mo 钢接触疲劳曲线

测定接触疲劳极限时，其循环基数 N_0 一般也取 10^7 次，并且规定：当试样上深层剥落面积大于或等于 3 mm^2，或当试样上麻点剥落（集中区）在 10 mm^2 面积内出现麻点率达 15%的损伤时，均判定为接触疲劳破坏。

接触疲劳试验是在接触疲劳试验机上进行的。试验机有纯滚动和滚动带滑动两类。前者结构简单些，但只适用于纯滚动条件下的金属材料试验；后一种结构比较复杂，因为有滑差结构，可以满足不同要求下的滚动带滑动的试验条件，对于齿轮材料的试验比较合适。

图 8-23 是应用较广的 JPM-1 型滚子式试验机原理图。该种试验机可以做纯滚动或滚动带滑动的试验。试样（上试样）装于上主轴，陪试件（下试样）装于下主轴。根据试验目的和试验机类型，可选用不同试样和陪试件进行线接触或点接触试验。

8.4.4 影响接触疲劳寿命的因素

接触疲劳是轴承和齿轮常见的失效形式，以下所介绍的影响因素主要是针对这两类机件的。

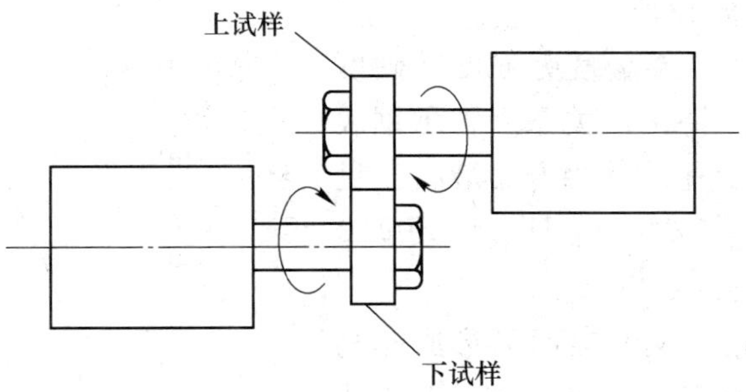

图 8-23 JPM-1 型试验机原理图

8.4.4.1 内部因素

A 非金属夹杂物

钢在冶炼时总存在有非金属夹杂物等冶金缺陷，对机件（尤其是对轴承）的接触疲劳寿命影响很大。轴承钢里的非金属夹杂物有塑性的（如硫化物）、脆性的（如氧化铝、硅酸盐、氮化物等）和球状的（如硅钙酸盐、铁锰酸盐）三类，其中以脆性的带有棱角的氧化物、硅酸盐夹杂物对接触疲劳寿命危害最大。由于它们和基体交界处的弹塑性变形不协调，引起应力集中，故在脆性夹杂物的边缘部分最易造成微裂纹，降低接触疲劳寿命。而塑性的硫化物夹杂易随基体一起塑性变形，当硫化物夹杂把氧化物夹杂包住形成共生夹杂物时，可以降低氧化物夹杂的不良作用。因此，人们普遍认为，钢中适量的硫化物夹杂对提高接触疲劳寿命有益。生产上应尽量减少钢中非金属夹杂物（特别是氧化物、硅酸盐夹杂物），在有条件的情况下，要采用电渣重熔、真空冶炼等工艺。

B 热处理组织状态

（1）马氏体含碳量。承受接触应力的机件，多采用高碳钢淬火或渗碳钢表面渗碳强化，以使表面获得最佳硬度。接触疲劳强度主要取决于材料的抗剪强度，并要求有一定的韧性相配合。对于轴承钢而言，在未溶碳化物状态相同的条件下，当马氏体含碳量 $w(C)=0.4\%\sim0.5\%$ 时，接触疲劳寿命最高，如图 8-24 所示。

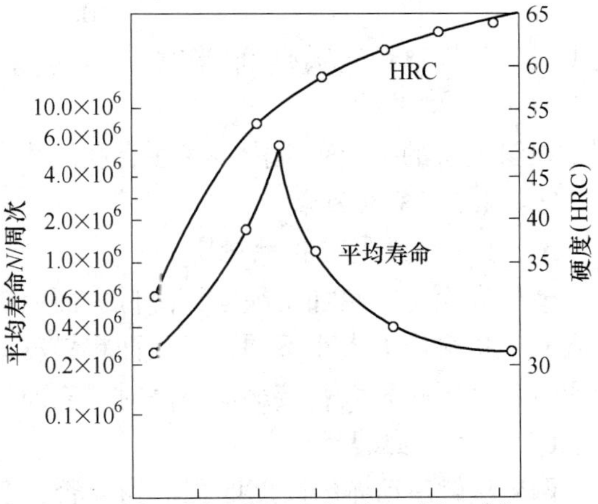

图 8-24 轴承钢中马氏体含碳量对接触疲劳寿命的影响

（2）马氏体和残留奥氏体的级别。因工艺不同，渗碳钢淬火可以得到不同级别的马氏体和残留奥氏体。若残留奥氏体越多，马氏体针越粗大，则表层有益的残余压应力和渗碳层强度就越低，则越易产生显微裂纹，故降低接触疲劳寿命。

（3）未溶碳化物和带状碳化物。对于马氏体含碳 $w(C)=0.5\%$ 的高碳轴承钢，未溶碳化物颗粒越粗大，则其相邻马氏体边界处的含碳量就越高，该处也就越易形成接触疲劳裂纹，故寿命较低。通过适当热处理改善碳化物的形态与尺寸、分布，对于提高轴承钢接触疲劳寿命是有益的。

C 表面硬度与芯部硬度

在一定硬度范围内，接触疲劳强度随硬度升高而增大，但并不保持正比关系。轴承钢表面硬度为62HRC时，其平均使用寿命最高（见图8-25）。齿轮台架耐久试验也表明，随硬度增加，产生麻点前的啮合次数也增多。

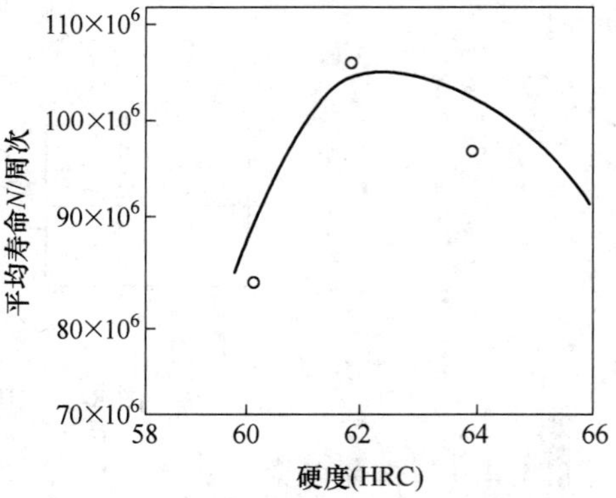

图8-25 轴承钢表面硬度与平均寿命的关系

脱碳降低表面硬度，又使表面易形成非马氏体组织，并改变表面残留应力分布，形成残余拉应力，故降低接触疲劳寿命。某些齿轮早期接触疲劳失效分析表明，当脱碳层深为0.20 mm，表面含碳量 $w(\mathrm{C})=0.3\%\sim0.6\%$ 时，70%~80%疲劳裂纹是从脱碳层内起源的。但若表面形成一层极薄的（0.1~0.3 mm）均匀脱碳层（或残留奥氏体层），虽然降低表面硬度，但因使表面产生微量塑性变形和磨损，增加了接触面积，减小了应力集中，反能提高接触疲劳寿命。

渗碳件芯部硬度太低，则表层硬度梯度过大，易在过渡区内形成裂纹而产生深层剥落。实践表明，渗碳齿轮芯部硬度以35~40HRC为宜。

D 表面硬化层深度

为防止表层产生早期麻点或深层剥落，渗碳的齿轮需要有一定硬化层深度。最佳硬化层深度 t 推荐值为

$$t = m\frac{15 \sim 20}{100} \quad 或 \quad t \geqslant 3.15b \tag{8-19}$$

式中，m 为模数；b 为接触面半宽。

E 残余内应力

在渗碳层的一定范围内，存在有利的残余压应力，可以提高接触疲劳寿命。

8.4.4.2 外部因素

A 表面粗糙度与接触精度

减少表面冷、热加工缺陷，降低表面粗糙度，提高接触精度，可以有效地增加接触疲劳寿命。接触应力大小不同，对表面粗糙度要求也不同。接触应力低时，表面粗糙度对接触疲劳寿命影响较大；接触应力高时，表面粗糙度影响较小。

B 硬度匹配润滑

两个接触滚动体的硬度匹配恰当与否，会直接影响接触疲劳寿命。实践表明，ZQ-400型减速器小齿轮与大齿轮的硬度比保持1.4~1.7的匹配关系，可使承载能力提高30%~50%。此外，两个接触滚动件的装配质量及它们之间的润滑情况也影响接触疲劳寿命。比较黏稠的润滑油有利于提高耐磨性，而黏度太小的润滑介质流入微小缝隙反而降低零部件寿命。

8.5 摩擦磨损的控制

研究摩擦与磨损的目的，在于控制摩擦、减小磨损，提高材料或机械零件的使用寿命。根据摩擦磨损的定义和特点，大致可通过在摩擦副间加入润滑剂、选择合理的摩擦副

材料和材料的表面强化与改性等三种方法来控制材料和机械零件的摩擦磨损。

8.5.1 润滑剂的使用

润滑是摩擦学的重要组成部分，其目的就是在相对运动的摩擦接触面之间加入润滑剂，使两接触表面之间形成润滑膜，变干摩擦为润滑剂内部分子间的内摩擦，减少摩擦表面的摩擦，降低材料的磨损、延长机械设备的使用寿命。

8.5.1.1 润滑剂的分类

根据润滑剂的物理状态，润滑剂可分为四类，即气体、液体、半固体和固体润滑剂。

A 液体润滑剂

液体润滑剂是用量最大、品种最多的一类润滑材料，包括矿物油、合成油（酯类油、硅油、合成烃等）、植物油（菜油、蓖麻油和花生油等）和水基液体（水、乳化液和水乙二醇等）等。由于液体润滑剂有较宽的黏度范围，对不同的负荷、速度和温度条件下工作的运动部件提供了较宽的选择余地。液体润滑剂可提供低的、稳定的摩擦系数，低的可压缩性，能有效地从摩擦表面带走热量，保证相对运动部件的尺寸稳定和设备精度，而且多数是价廉产品，因而获得了广泛的应用。其中，矿物油是目前用量最大的一种液体润滑剂。

B 半固体润滑剂

半固体润滑剂，在常温、常压下呈半流体状态，并且有胶体结构的润滑材料，故又称为润滑脂。一般分为皂基脂（锂基脂、钙基脂、钠基脂和铝基脂等）、烃基脂（工业凡士林等）、无机脂（膨润土脂、硅胶脂等）、有机脂（酰胺脂、聚脲脂等）四种。它们除具有抗磨、减磨性能外，还能起密封、减振等作用，并使润滑系统简单、维护管理方便、节省操作费用，从而获得了广泛使用。其缺点是流动性小，散热性差，高温下易产生相变、分解等。润滑脂产量占整个润滑剂总产量的比例虽然不大（约2%），但在润滑领域中所起的作用却很大。据统计，大约90%的滚动轴承是用脂进行润滑的。

C 固体润滑剂

固体润滑剂，包括软金属（Pb、Sn、Zn、Ag、Au 等）、金属化合物（氧化铅、氟化钙、二硫化钼、二硫化钨等）、无机物（石墨、氮化硼、滑石等）和有机物（聚四氟乙烯、酚醛树脂）四类。固体润滑材料的历史虽然不长，但其经济效果好，适应范围广，发展速度快，能够适应高温、高压、低速、高真空、强辐射等特殊使用工况，特别适合于给油不方便、装拆困难的场合。

按形状，固体润滑剂可分为固体粉末、薄膜和自润滑复合材料三种。固体粉末可分散在气体、液体及胶体中使用，薄膜有喷涂、真空沉积、火焰喷镀、离子喷镀、电泳、烧结等多种，自润滑复合材料可以是固体润滑剂与各类材料的复合。

D 气体润滑剂

气体可以像油一样地成为润滑剂，常用气体润滑剂有空气、氯气、氮气、氢气等。气体动力润滑膜的阻力较小，承载能力很低，但应用不广。

8.5.1.2 润滑方式

按润滑状态，润滑方式可分为流体静力润滑、流体动力润滑、边界润滑、混合润滑、固体润滑和气体润滑等。

流体静力润滑又称外供压润滑，是利用外部的供油装置，将具有一定压力的润滑剂输送到摩擦副表面，使运动件浮起，因此运动件从静止状态直至在很高的速度范围内都能承受外力作用。流体静力润滑已在许多机床，特别是重型机床、精密机床、高效率机床和数控机床中得到日益广泛的应用。

流体动力润滑是借滑动表面的形状和相对运动形成流体膜，使相对运动两固体表面隔开的润滑。摩擦系数一般为 0.007~0.04。

弹性流体动力润滑，是指相对运动两表面之间的摩擦和流体润滑剂膜的厚度取决于摩擦表面材料的弹性，以及润滑剂在接触表面区的流变特性的润滑。在弹性流体动力润滑状态下，其摩擦系数仍保持为 0.007~0.04。

边界润滑是指相对运动两表面被极薄的润滑膜隔开，而润滑膜不遵从流体动力学定律，且两表面之间的摩擦和磨损不是取决于润滑剂的黏度，而是取决于两表面的特性和润滑剂的特性。摩擦系数可保持在 0.07~0.3。

混合润滑是指运动副只有一部分的流体动力润滑膜起作用，另一部分表面微凸体直接发生接触。摩擦系数应在 0.007~0.1。

固体膜润滑是指用固体润滑剂的润滑，其膜厚可以是 10^{-3}~100 μm，摩擦系数可以是 0.01~0.3，其磨损可在大范围内变动，关键是如何选用固体润滑剂及其应用方式。

与液体润滑相同，气体润滑也有动力润滑和静力润滑两类。以气体主要是空气作为润滑剂的轴承可以实现极高速率，并可获得极低的摩擦系数和发热，如高低温工作环境、核工业及纺织工业等中的轴承，特别适宜采用气体润滑。由于气体动力润滑所得到的承载量极低，目前主要使用气体静压轴承。

8.5.2 摩擦副材料的选择

材料的摩擦磨损性能，除与摩擦的具体工况（载荷、速率、温度、介质等）有关外，还与材料的性能密不可分。因此，针对不同的使用条件，选择合理的摩擦副材料也可以达到降低机器零部件摩擦磨损的目的。

对农业机械、电力机械、矿山机械中机械零件的磨粒磨损或冲击磨损，要求摩擦副材料应有较高的耐磨性，并具有一定的使用寿命。对轴承、机床导轨、活塞油缸等机械设备，为保证设备的精度、减少摩擦能量损失和磨损，要求摩擦副材料具有较低的摩擦系数和较高的耐磨性。而对汽车、火车、飞机的制动器、离合器和摩擦传动装置中的摩擦副材料，应具有高而稳定的摩擦系数和耐磨性。于是按工况条件和使用要求的不同，摩擦副材料大致可分为耐磨材料、减摩材料和摩阻材料等三大类。

8.5.2.1 减摩材料

减摩材料具有低而稳定的摩擦系数、较高的耐磨性和承载能力，特别适合制作轴承等机械零件。常用的减摩材料有轴承合金、粉末冶金减摩材料、金属塑料减摩材料、金属纤维减摩材料、化学渗减摩层和非金属减摩材料等。

轴承合金，常由软硬两种相构成，如软基体上均匀分布硬相质点的巴氏合金（其中 SnSb 固溶体为软相，SnSb 化合物为硬相），或硬基体上分布软相质点的铜基和铝基轴承合金（铜、铝基体为硬相，铅、锡为软相）等。粉末冶金减摩材料是由金属粉末（铁粉、铜粉等）和固体润滑粉末（石墨粉、二硫化钼等）经混合、压制、烧结而成的。金属塑料减摩材料和金属纤维减摩材料是以金属或金属纤维为骨架并浸渍不同的润滑剂而制成的。化学渗减摩层是在钢和铸铁的表面进行渗硫、硫氮共渗等，使其在表面形成摩擦系数较低的减摩薄层。非金属减摩材料，主要是指聚四氟乙烯、尼龙等高分子材料。

8.5.2.2 摩阻材料

摩阻材料应有足够而稳定的摩擦系数，良好的导热性和耐磨性，且不易划伤摩擦配偶件的表面。摩阻材料可分为金属型（铸铁、粉末冶金摩阻材料）、非金属型（石棉、橡胶）及半金属型三类。

如粉末冶金摩阻材料是以金属（铜和铁）为基体，加入润滑减摩组分（如低熔点金属铅、层片状结构的石墨、MoS_2、氮化硼等）和增摩组分（Al_2O_3、TiN、TiC、SiO_2 和 SiC 等）经均匀混合、压制、烧结而成。调整减摩和增摩组分的种类和含量，可使材料获得高而稳定的摩擦系数和耐磨性。

8.5.2.3 耐磨材料

由于耐磨性不是材料的固有属性，因此耐磨材料的选择与实际使用条件密切相关。常用的金属耐磨材料，主要有高锰钢、低合金耐磨钢和白口铸铁等。

以磨粒磨损为例，对经受较大冲击作用的凿削式磨粒磨损，宜选用韧性高、加工硬化能力强的高锰钢；而对低应力的擦伤磨损，宜选用硬度最高的白口铸铁。

其他的耐磨材料，还有硬质合金、金属陶瓷、工程陶瓷材料等。

8.5.3 材料的表面改性与强化处理

材料或机器零件的磨损都发生在表面，因此表面改性和强化技术是提高材料表面耐磨性的一个重要方面。表面改性与强化技术是利用各种物理的、化学的或机械的工艺手段使材料表面获得特殊的成分、组织结构与性能，以提高材料的耐磨性能，延长机械零件的使用寿命。

按工艺过程的特点，常用的表面改性与强化技术有四类，即机械加工强化处理、表面热处理、扩散处理和表面覆盖处理。

8.5.3.1 机械加工强化处理

机械加工强化处理方法不改变表面的化学成分，而是通过加工过程改变材料表面的组织结构、力学性能或几何形貌来达到强化的目的。常用的机械加工强化方法，有喷丸、滚压和挤压等。喷丸法是将高速的弹丸流喷射到工件表面上，在弹丸的冲击下，表层晶粒的形状、尺寸和方位发生变化，造成晶格畸变，产生塑性变形和亚晶粒细化，形成微细的镶嵌组织，并在表层形成硬化层。如对 40Cr 调质钢，喷丸后试样的磨损量仅为不喷丸的 67%。

几种不同机械加工强化方法的效果见表 8-2。由表 8-2 可见，几种机械加工强化处理都使材料的表面硬度提高，而且在不同的方法下强化层的硬度、深度和表面层的残余压应力也不同。

表 8-2 不同机械加工方法的表面强化效果

机械加工方法	表面硬度提高量/%	表层中的残余应力/MPa	强化层深度/mm
喷丸	20~40	4~8	0.4~1.0
滚压（球）	20~50	6~8	0.3~5.0

续表 8-2

机械加工方法	表面硬度提高量/%	表层中的残余应力/MPa	强化层深度/mm
滚压（柱）	20~50	6~8	1.0~20.0
挤压	10~15	1~2	0.05~0.1
金刚石挤压	30~60	3~7	0.01~0.2
滚筒抛光	10~15	1~2	0.05~0.3
超声波强化加压	50~90	8~10	0.1~0.9

8.5.3.2 表面热处理

热处理（淬火）是利用快速加热使零件表面迅速升至奥氏体化温度以上，然后快速冷却获得马氏体组织，使零件获得高硬度及良好耐磨性的表面，而芯部仍为韧性较高的原始组织。

根据加热方法不同，表面火可分为火焰加热表面火、感应加热表面淬火和高能束（激光束、电子束和等离子束）表面淬火。

火焰加热表面火的设备简单、淬火费用低，适合于各种形状和尺寸的工件。但其缺点是火焰温度调节困难，易使工件过热，且测量温度困难，质量难以控制。

感应加热表面淬火的加热速率快，处理时间短，工件变形小，表面氧化脱碳倾向小。但设备昂贵，不适合形状复杂零件的表面淬火。

高能束表面淬火的变形小、节省能源、有较高的灵活性与重复性，对形状复杂或具有非对称几何形状的零件局部表面淬火具有极大的优越性，淬火后的工件表面清洁，与常规淬火和感应加热表面淬火相比具有更高的硬度和耐磨性。但设备价格昂贵，工业性生产的经验还不多。

8.5.3.3 扩散处理

扩散处理强化是依靠渗入或注入某些元素的方法来改变表面的化学成分，从而使表面得以强化。常用的扩散处理强化方法有表面化学热处理和离子注入等。

化学热处理是将工件放在某种活性介质中，在一定温度下使一种或几种元素渗入到工件表面，通过改变工件表面的化学成分和组织，从而提高工件表面的硬度和耐磨性，而芯部仍保持原有的成分。其基本过程包括化学介质的分解、活性原子被金属表面吸收、渗入元素向金属内部扩散等步骤。

常见的表面化学热处理方法有渗碳、渗氮、碳氮共渗、渗硫、渗硼、渗金属（铝、锌、铬、钒等）及二元和多元共渗等。

离子注入是通过把选定的离子（如碳、氮、硼、钛、锯等金属和非金属元素）注入工件的表面，从而改变工件表面的成分、结构和性能，提高零件表面抗黏着、摩擦和磨损性能。如在 AISI D3 工具钢中注入 Zr 离子后，其表面硬度提高了近 5 倍；在 H13 钢中注入 W 元素后，钢的耐磨性提高了 2 倍左右。

8.5.3.4 表面涂覆（涂层）处理

涂覆处理是直接在材料表面进行镀、涂，或利用物理、化学方法在材料表面上形成一层强化层。按涂层的软硬程度，涂层可分为软涂层（如 Au、MoS_2、Teflon 等）、硬涂层（如 TiN、BN、Si_3N_4 等）和复合涂层（如 MoS_2/TiN、Teflon/Si_3N_4 等）。

常用的表面涂覆方法，有电镀（包括复合电镀、电刷镀）、化学镀、气相沉积（化学气相沉积和物理气相沉积）、热喷涂（火焰喷涂、电弧喷涂和等离子喷涂）、堆焊（电弧堆焊、埋弧堆焊、等离子堆焊等）、激光熔敷、浆液涂层和胶黏涂层等。

对上述表面强化方法的效果，可用f/f_0、$\varepsilon'/\varepsilon'_0$等参数来衡量，其中$f_0$与$f$分别代表强化处理前后材料的摩擦系数，$\varepsilon'_0$与$\varepsilon'$分别代表强化处理前后材料的耐磨性。各种化学热处理方法的强化效果，见表8-3。

表 8-3 常用化学热处理方法的强化效果

化学热处理方法	处理材料	f/f_0	$\varepsilon'/\varepsilon'_0$
渗碳	碳素钢和合金钢	0.8~1.0	2~3
渗氮	合金钢	0.8~1.0	2~4
碳氮共渗	碳素调质钢、合金钢	0.7~0.8	2~5
氰化	碳素调质钢、合金钢	0.7~0.8	2~5
渗硼	中碳钢、合金钢	—	2~5
硫氰共渗	碳素钢、合金钢、不锈钢	0.5~0.6	2~5
渗硫	碳素钢、铸铁	0.4~0.5	1.5~3
碘-镉浴处理	钛合金	0.5~0.6	—

思 考 题

8-1 磨损有哪些不同的类型？如何对其进行分类？

8-2 在机件正常运行时，磨损过程可以划分为哪三个阶段？每个阶段的特点是什么？

8-3 请阐述黏着磨损产生的条件和机理，并列举影响黏着磨损的因素及提高材料或零件抗黏着磨损能力的方法。

8-4 磨粒磨损包含哪几种类型？请分别举例说明。针对不同类型的磨粒磨损，如何提高材料或零件的磨粒磨损抗性？

8-5 详细描述磨粒磨损的产生条件和机理，以及材料硬度、韧性和磨粒硬度等因素对磨粒磨损性能的影响。

8-6 切应力的大小和分布在接触疲劳分析中的作用是什么？请说明其对不同类型接触疲劳形态的影响。

8-7 腐蚀磨损可划分为哪几类？影响腐蚀磨损的因素有哪些？

8-8 冲蚀磨损有哪几种类型？影响冲蚀磨损的因素是什么？

8-9 微动磨损的基本特征是什么？请阐述微动磨损产生的条件、机理和影响因素。

8-10 提高材料耐磨性的方法有哪些？

8-11 提高摩擦副耐磨性的表面改性与强化技术有哪几类？每类的特点和强化效果是怎样的？

9 金属高温力学性能

在高压蒸汽锅炉、汽轮机、燃气轮机、柴油机、化工炼油设备及航空发动机中，很多机件是长期在高温条件下运转的。因此，对于制造这类机件的金属材料，不仅要考虑常温下的力学性能，而且要考虑高温条件下的力学性能。

温度对金属材料的力学性能影响很大。一般随温度升高，强度降低而塑性增加；金属材料在常温下的静载性能与载荷持续时间关系不大，而在高温下，载荷持续时间对力学性能则有很大影响。例如，蒸汽锅炉及化工设备中的一些高温高压管道，虽然所承受的应力小于工作温度下材料的屈服强度，但在长期使用过程中，则会产生缓慢而连续的塑性变形，使管径日益增大，如设计不当或使用中疏忽，可能导致管道破裂。又如，高温下钢的抗拉强度也随载荷持续时间的增长而降低。试验表明，20 钢在 450 ℃时的瞬时抗拉强度为 33 kgf/mm^2（330 MPa），但当试样承受 23 kgf/mm^2（230 MPa）的应力时，应力持续 300 h 左右便断裂了；如将应力降至 12 kgf/mm^2（120 MPa）左右，应力持续 10000 h 也能使试样断裂。在高温长时载荷作用下，金属材料的塑性显著降低，缺口敏感性增加，因而高温断裂往往呈脆性破坏现象。此外，温度和时间还影响金属材料的断裂形式。温度升高时晶粒强度和晶界强度都要降低，但由于晶界上原子排列不规则，扩散容易通过晶界进行，因此，晶界强度下降较快。晶粒与晶界两者强度相等时的温度称为等强温度 T_E，如图 9-1（a）所示。当温度在 T_E 以上时，金属的断裂便由常见的穿晶断裂过渡到沿晶断裂。金属材料的等强温度不是固定不变的，变形速度增加，晶界强度比晶内强度增加得快，交点向高温移动，因此等强温度随变形速度的增加而升高，如图 9-1（b）所示。

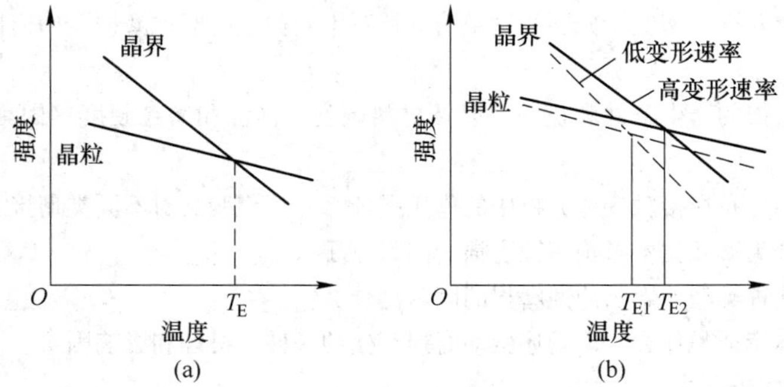

图 9-1　等强温度示意图

（a）等强温度 T_E；（b）变形速度对 T_E 的影响

据上所述，研究金属材料高温力学性能必须考虑温度与时间两个因素，温度“高”或“低”是相对于金属熔点而言的，温度 T 超过 $0.5T_m$（T 为试验温度，T_m 为金属熔点）时为“高”温；反之，则为“低”温。

本章将阐述金属材料在高温下的蠕变现象，讨论蠕变变形和断裂的机理，介绍高温力学性能指标及影响因素，为正确选用高温金属材料和合理制定其热处理工艺提供基础知识。

9.1 金属的蠕变与蠕变断裂

9.1.1 蠕变现象

金属在长时间的恒温、恒应力作用下，即使应力小于屈服强度，也会缓慢地产生塑性变形的现象称为蠕变。由于这种变形而最后导致材料的断裂称为蠕变断裂。蠕变在低温下也会产生只是变形量大小之别，但只有当温度高于 $0.3T_m$（以绝对温度表示的熔点）时才较为显著。如加热碳钢温度超过 300 ℃、合金钢温度超过 400 ℃时，就必须考虑蠕变的影响。本章主要讨论这种高温蠕变现象。

金属的蠕变过程可用蠕变曲线来描述。典型的蠕变曲线如图 9-2 所示。

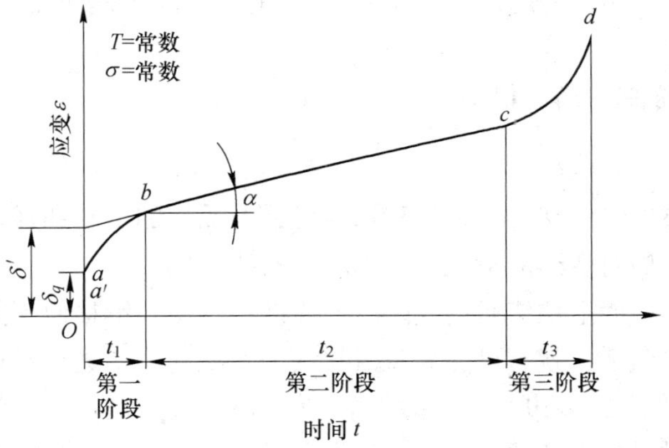

图 9-2 典型蠕变曲线

图中 Oa 线段是试样加上载荷后所引起的瞬时应变 δ_q。如果施加的应力超过金属在该温度下的弹性极限，则 δ_q 包括弹性应变 Oa' 和塑性应变 $a'a$ 两部分。这一应变还不算蠕变，而是由外载荷引起的一般瞬间变形过程。从 a 点开始随时间增长而产生的应变属于蠕变，图中 $abcd$ 曲线即为蠕变曲线，由 a 到 d 是蠕变曲线的距离和蠕变的累积量。蠕变曲线上任一点的斜率，表示该点的蠕变速度 $\left(\dot{\varepsilon}=\dfrac{d\varepsilon}{dt}\right)$。按照蠕变速度的变化情况，可将蠕变过程分成三个阶段。

第一阶段，ab 是减速蠕变阶段。这一阶段开始的蠕变速度很大，随着时间延长，蠕变速度逐渐减小，到 b 点蠕变速度达到最小值。

第二阶段，bc 是恒速蠕变阶段。这一阶段的特点是蠕变速度几乎保持不变，因而通常又称为稳态蠕变阶段，由于数值稳定，通常说的蠕变速度就是指这一阶段的变形速度 $\dot{\varepsilon}$。

第三阶段，cd 是加速蠕变阶段。蠕变速度随时间逐渐增大，直至 d 点产生蠕变断裂。不同材料在不同条件下的蠕变曲线是不相同的，同一种材料的蠕变曲线也随应力的大小和温度的高低而异。在恒定温度下改变应力，或在恒定应力下改变温度，都会导致蠕变曲线的改变。蠕变曲线的变化如图 9-3 所示。由图可见，当应力较小或温度较低时，蠕变第二阶段持续时间较长，而变形累积量很小，甚至可能不产生第三阶段。相反，当应力较大或温度较高时，蠕变第二阶段便很短，甚至完全消失，试样将在很短时间内断裂。

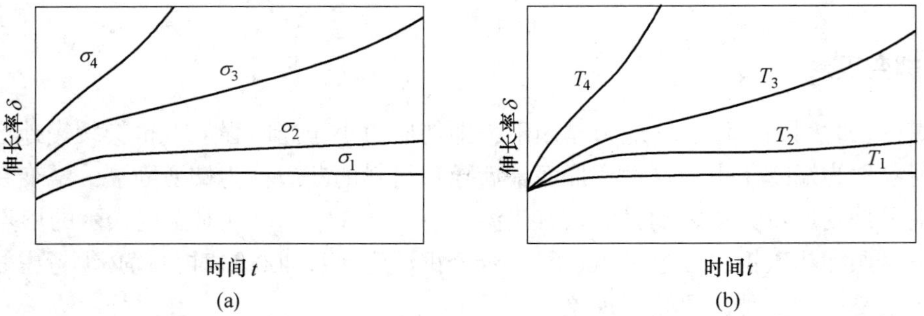

图 9-3　等强温度示意图

（a）恒定温度下改变应力（$\sigma_4>\sigma_3>\sigma_2>\sigma_1$）；（b）恒定应力下改变温度（$T_4>T_3>T_2>T_1$）

9.1.2　蠕变过程中变形与断裂机理

9.1.2.1　蠕变变形机理

蠕变变形是通过位错滑移、位错攀移形成亚晶及晶界的滑动和迁移等方式实现的。在高温蠕变条件下，它们对变形的贡献与常温下的有所不同。

在常温下，若滑移面上位错运动受阻，产生塞积现象，滑移便不能再进行。但在高温蠕变条件下，由于热激活，就有可能导致滑移面上塞积的位错进行攀移，形成小角度亚晶界（此即高温回复阶段的多边化），塞积群中位错有出、有进，增殖不停，变形也就不停。从而导致金属材料的交替硬化软化，使滑移继续进行。虽然对蠕变有贡献的是位错的滑移，但其进行的速度则受攀移过程所控制。

在常温下，晶界变形是极不明显的，可以忽略不计，但在高温蠕变条件下，由于晶界强度降低，其变形量就很大，有时甚至占蠕变变形总量的一半，这是蠕变变形的特点之一。

晶界变形过程如图 9-4 所示。图中画出 A、B、C 三个晶粒。若 A、B 晶粒边界产生滑动，如图 9-4（a），则在 C 晶粒内产生畸变区（图中影线区域），随后 B、C 晶粒边界便在垂直方向上向畸变能较高的 C 晶粒进行扩散迁移，如图 9-4（b），从而使三晶粒的交会点由 1 点移到 2 点。这样即可使“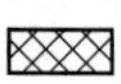”阴影区压畸变和“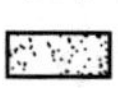”阴影区拉畸变消失，也可使晶界能降低。同样道理，B、C 晶粒界产生滑移，如图 9-4（c）所示，可使新的三晶交会点 2 移到 3 点。这样就完成了三晶交会点由 1 点→2 点→3 点的移动。由此可见，晶界变形是晶界的滑动和迁移交替进行的过程。晶界的滑动对变形产生直接影响，晶界的迁移虽不提供变形量，但它能消除由于晶界滑动而在晶界附近产生的畸变区，为晶界进一步滑动创造了条件。

下面根据位错理论及蠕变变形方式对高温蠕变三个过程作简要说明。蠕变第一阶段以晶内滑移和晶界滑动方式产生变形。位错刚开始运动时，障碍较少，蠕变速度较快。随

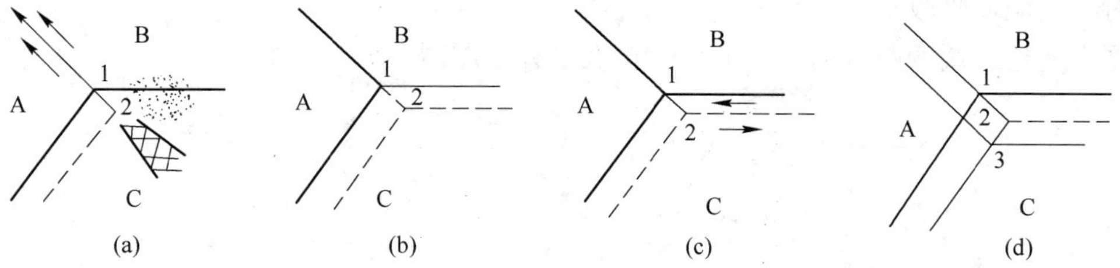

图 9-4 晶界滑动和迁移示意图

（a）A、B 晶界滑动；（b）B、C 晶界迁移；（c）A、C 晶界滑动；（d）A、B 晶界迁移

后，位错逐渐塞积、位错密度逐渐增大，晶格畸变不断增加，造成形变强化。在高温下，位错虽可通过攀移形成亚晶而产生回复软化，但位错攀移的驱动力主要来自温度，温度一定，位错攀移速度一定。位错滑移增殖容易而攀移难，即强化容易而软化难。因此，这一阶段的形变强化效应超过回复软化效应，使蠕变速度不断降低。蠕变第二阶段，晶内变形以位错滑移和攀移方式交替进行，晶界变形以滑动和迁移方式交替进行。晶内位错滑移和晶界滑动使金属强化，但位错攀移和晶界迁移则使金属软化。软化是扩散过程，受时间限制，主要由温度提供动力。第二阶段受控于软化，即受控于热扩散。

蠕变发展到第三阶段，由于裂纹迅速扩展，为位错塞积群提供减少位错的新途径，位错除攀移外还可以从裂纹处放出自由表面，使塞积群得以松弛——加快了软化过程，使变形加快，蠕变速度加快。当裂纹达到临界尺寸时，便产生蠕变断裂。

9.1.2.2 蠕变断裂机理

蠕变断裂主要是沿晶断裂，在裂纹成核和扩展过程中，晶界滑动引起的应力集中与空位的扩散起着重要作用。由于应力和温度的不同，裂纹成核有两种类型。

（1）裂纹成核于三晶粒交会处。在高应力和较低温度下，在晶粒交会处由于晶界滑动造成应力集中而产生裂纹。图 9-5 表示几种晶界滑动方式所对应的晶界交会处产生裂纹示意图。这种由晶界滑动所造成的应力集中，若能被晶内变形（例如，在滑动晶界相对的晶粒内引起形变带）或晶界迁移使畸变回复的方式所松弛，则裂纹不易形成，或产生后也不易扩展至断裂。

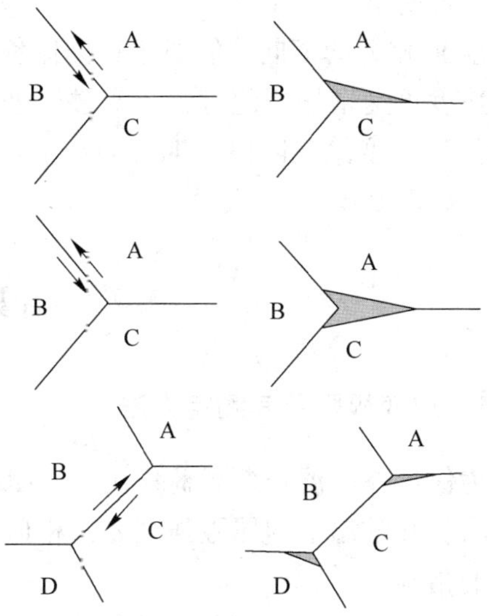

图 9-5 晶粒交会处因晶界滑动产生裂纹示意图

（2）空洞汇集于晶界上。在较低应力和较高温度下，蠕变裂纹常分散在晶界各处，特别易产生在垂直于拉应力方向的晶界上。这种裂纹成核的过程为：首先由于晶界滑动在晶界的台阶（如第二相质点或滑移带的交截）处受阻而形成空洞。其次由于位错运动和交割产生的大量空位，为了减少其表面能都向拉伸应力作用的晶界上迁移，当晶界上有

空洞时，空洞便吸收空位而长大，形成裂纹。

据上所述，蠕变断裂的裂纹形核与扩展过程可用图 9-6 来描述。

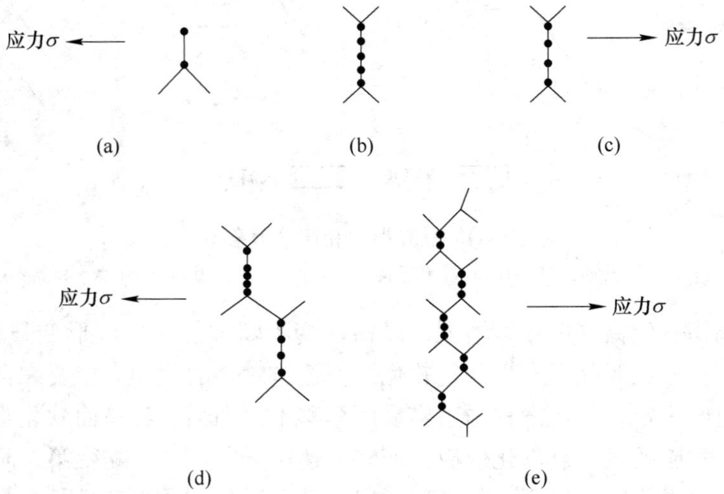

图 9-6 蠕变断裂过程示意图

（a）形核；（b）分散长大；（c）横向裂纹段的形成；（d）曲折裂纹的形成；（e）曲折裂纹的连接

（1）在蠕变初期，由于晶界滑动在三晶粒交会处形成空洞核心或在晶界台阶处形成空洞核心，如图 9-6（a）所示。

（2）已形成的核心达到一定尺寸后，在应力和空位流的同时作用下，优先在与拉应力垂直的晶界上分散长大，如图 9-6（b）所示。

（3）蠕变第二阶段后期，楔形和洞形裂纹连接而形成终止于两个相邻的三晶粒交会处的横向裂纹段。此时，在其他与应力相垂直的晶界上，这种横向裂纹段相继产生，如图 9-6（c）所示。

（4）相邻的横向裂纹段通过向倾斜晶界的扩展而形成曲折裂纹，裂纹尺寸迅速扩大，蠕变速度迅速增加。此时，蠕变过程进入到第三阶段，如图 9-6（d）所示。

（5）蠕变第三阶段后期，曲折裂纹进一步连接，当扩展至临界尺寸时，便产生蠕变断裂，如图 9-6（e）所示。

9.2 蠕变极限与持久强度

9.2.1 蠕变极限及其测定方法

为保证在高温长期载荷作用下的机件不致产生过量变形，要求金属材料具有一定的蠕变极限。和常温下的屈服强度 $\sigma_{0.2}$ 相似，蠕变极限是高温长期载荷作用下材料对塑性变形抗力的指标。

蠕变极限一般有两种表示方法：一种是在给定温度下，使试样产生规定蠕变速度的应力值，以符号 $\sigma_{\dot{\varepsilon}}^{T}$MPa 表示（其中 $\dot{\varepsilon}$ 为第二阶段蠕变速度,%/h）。在电站锅炉、汽轮机和燃气轮机制造中，规定的蠕变速度大多为 1×10^{-5}%/h 或 1×10^{-4}%/h。例如，$\sigma_{1\times10^{-5}}^{600}$ =

58.8 MPa，表示在温度为 600 ℃的条件下，蠕变速度为 $1\times10^{-5}\%/h$ 的蠕变极限应力为 58.8 MPa。另一种是在给定温度（T/℃）下和在规定的试验时间（t/h）内，使试样产生一定蠕变应变量（δ/%）的应力值，以符号 $\sigma_{\delta/t}^{T}$ 表示。例如，$\sigma_{1\times10^{-5}}^{500}=98$ MPa，就表示材料在 500 ℃温度下，10^5 h 后应变量为 1%的蠕变极限应力为 98 MPa。试验时间及蠕变变形量的具体数值是根据机件的工作条件来规定的。

以上两种蠕变极限都需要试验到蠕变第二阶段若干时间后才能确定。这两种蠕变极限在应变量之间有一定的关系。例如，以蠕变速度确定蠕变极限时，当恒定蠕变速度为 $1\times10^{-5}\%/h$ 时，就相当于 10^5h 的应变量为 1%。这与以应变量确定蠕变极限时的 10^5h 的应变量为 1%相比，仅相差 $\varepsilon_0'-\varepsilon_0$（见图 9-2），其差值甚小，可忽略不计。因此，就可认为两者所确定的应变量相等。同样，蠕变速度为 $1\times10^{-4}\%/h$，就相当于 10^4h 的应变量为 1%。

测定金属材料蠕变极限所采用的试验装置，如图 9-7 所示。试样 7 装卡在夹头 8 上，然后置于电炉 6 内加热。试样温度用捆在试样上的热电偶 5 测定，炉温用铂电阻 2 测控。通过杠杆 3 及砝码 4 对试样加载，使之承受一定大小的应力。试样的蠕变伸长则用安装于炉外的测长仪器 1 测量。蠕变试验用试样的形状、尺寸及制备方法、试验程序和操作方法等可按有关国家标准 GB/T 2039—2012、GB/T 10120—2013 的有关规定进行。

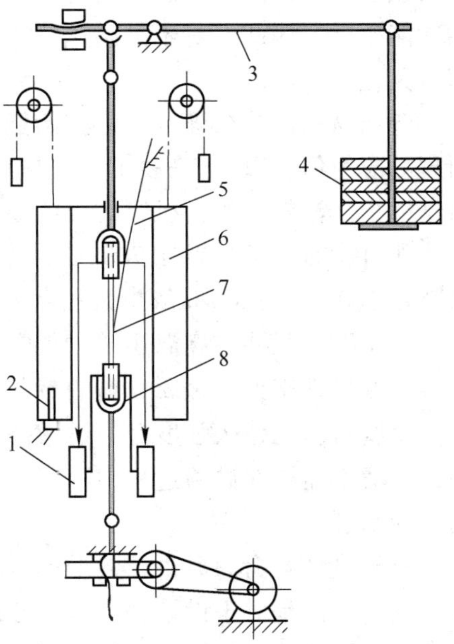

图 9-7 蠕变试验装置简图

1—测长仪；2—铂电阻；3—杠杆；4—砝码；5—热电偶；6—电炉；7—试样；8—夹头

现以第二阶段蠕变速度所定义的蠕变极限为例，说明其测定的方法。

（1）在一定温度和不同应力条件下进行一组蠕变试验。每个试样的试验持续时间不少于2000 h。根据所测定的应变量与时间的关系，作出一组蠕变曲线，如图 9-3（a）所示。每一条蠕变曲线上直线部分的斜率，就是第二阶段恒定蠕变速度。

（2）根据获得的不同应力 σ_1、σ_2、σ_3、…和与之对应的恒定蠕变速度 $\dot{\varepsilon}_1$、$\dot{\varepsilon}_2$、$\dot{\varepsilon}_3$、…，在应力与蠕变速度的对数坐标上作出 σ-$\dot{\varepsilon}$ 关系曲线。图 9-8 即为 12Cr1MoV 钢在 580 ℃时的应力-蠕变速度（σ-$\dot{\varepsilon}$）曲线。

（3）由图 9-8 可知，在同一温度下进行蠕变试验，其应力与蠕变速度的对数值（$\lg\sigma$-$\lg\dot{\varepsilon}$）之间呈线性关系。

因此，我们可采用较大的应力，在较短的试验时间内作出几条蠕变曲线，根据所测定的 σ-$\dot{\varepsilon}$ 对数曲线或用线性回归法给出规定蠕变速度的应力值，即得到蠕变极限。

9.2.2 持久强度及其测定方法

蠕变极限表征了金属材料在高温长期载荷作用下对塑性变形的抗力，但不能反映断裂

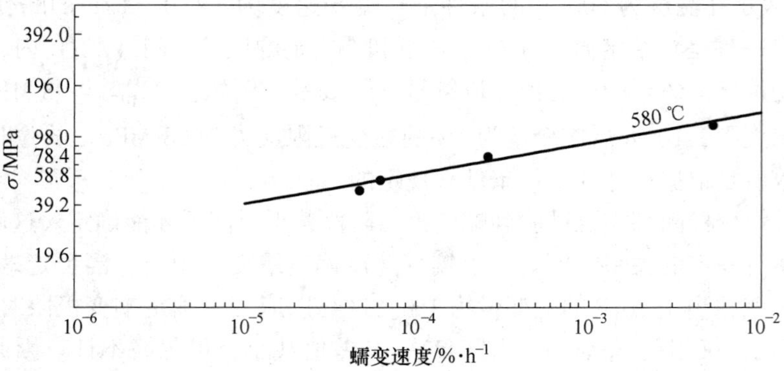

图 9-8　12Cr1MoV 钢的 σ-$\dot{\varepsilon}$ 对数曲线

时的强度及塑性。与常温下的情况一样，材料在高温下的变形抗力与断裂抗力是两种不同的性能指标。因此，对于高温材料还必须测定其在高温长期载荷作用下抵抗断裂的能力，即持久强度。

金属材料的持久强度，是在给定温度（T）下，恰好使材料经过规定时间（t）发生断裂的应力值，以 σ_i^T 来表示，这里所指的规定时间是以机组的设计寿命为依据。例如，对于锅炉、汽轮机等，机组的设计寿命为数万以至数十万小时，而航空喷气发动机则为一千或几百小时。某材料在 700 ℃承受 294 MPa 的应力作用，经 1000 h 后断裂，则称这种材料在 700 ℃、1000 h 的持久强度为 294 MPa，写为 $\sigma_{1\times10^3}^{700}=294$ MPa。

对于设计某些在高温运转过程中不考虑变形量的大小，而只考虑在承受给定应力下使用寿命的机件来说，金属材料的持久强度是极其重要的性能指标。

金属材料的持久强度是通过做持久试验测定的。持久试验与蠕变试验相似，但较为简单，一般不需要在试验过程中测定试样的伸长量，只要测定试样在给定温度和一定应力作用下的断裂时间。

对于设计寿命为数百至数千小时的机件，其材料的持久强度可以直接用同样时间的试验来确定。但是对于设计寿命为数万以至数十万小时的机件，要进行这么长时间的试验是不可取的。因此，和蠕变试验相似，一般做出一些应力较大、断裂时间较短（数百至数千小时）的试验数据，画在 lg$t$-lgτ 坐标图上，找出 σ 与 t 之间的关系，用外推法求出数万以至数十万小时的持久强度。图 9-9 为 12Cr1MoV 钢在 580 ℃及 600 ℃时的持久强度曲线。由图可见，试验最长时间为几千小时（实线部分），但用外推法（虚线部分）可得到一万至十万小时的持久强度值。例如，12Cr1MoV 钢在 580 ℃、10000 h 的持久强度为 $\sigma_{1\times10^4}^{580}=107.8$ MPa 。

高温长时试验表明，在双对数坐标中，各试验点并不真正符合线性关系，而常常有转折现象，如图 9-10 所示。其转折位置和形状随材料在高温下的组织稳定性和试验温度高低不等而不同。因此，直线外推法只是很粗略的方法。为了防止意外，一般限制外推时间不超过一个数量级。

通过持久强度试验，测量试样在断裂后的伸长率及断面收缩率，还能反映出材料在高温下的持久塑性。持久塑性是衡量材料蠕变脆性的一项重要指标，过低的持久塑性会使材料在使用中产生脆性断裂。实验表明，材料的持久塑性并不总是随载荷持续时间的延长而

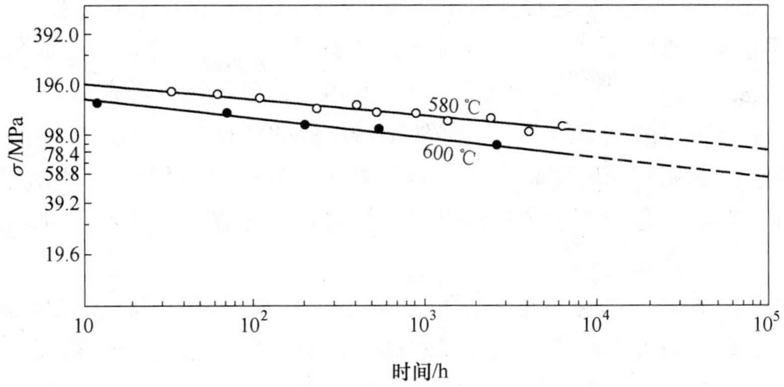

图 9-9　12Cr1MoV 钢的 σ-t 对数曲线

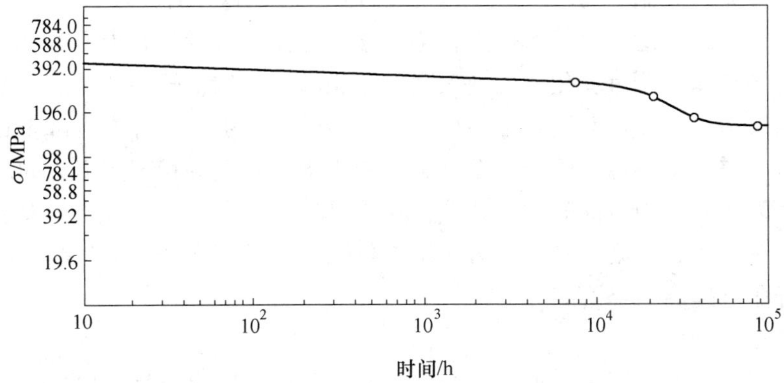

图 9-10　某种钢持久强度曲线的转折现象

降低。因此，不能用外推法来确定持久塑性的数值。对于高温材料持久塑性的具体指标，还没有统一规定。对于制造汽轮机、燃气轮机紧固件用的低合金铬钼钒钢，一般希望持久塑性（伸长率）不小于 3%，以防止脆断。

9.2.3　影响蠕变极限及持久强度的主要因素

由蠕变断裂机理可知，要降低蠕变速度提高蠕变极限，必须控制扩散和位错攀移的速度；要提高断裂抗力，即提高持久强度，必须抑制晶界的滑动和位错的运动，也就是说要控制晶内和晶界的扩散过程。这种扩散过程主要取决于合金的化学成分，但又同冶炼工艺、热处理工艺等因素密切相关。

9.2.3.1　合金化学成分

耐热钢及合金的基体材料一般选用熔点高，自扩散激活能大或层错能低的金属及合金。这是因为在一定温度下，熔点越高的金属自扩散越慢；如果熔点相同但结构不同，则自扩散激活能越高者，扩散越慢；堆垛层错能越低者越易产生扩展位错，使扩展位错宽度加宽，使位错难以产生割阶、交滑移及攀移。这些都有利于降低蠕变速度。大多数面心立方结构金属的高温强度比体心立方结构的高，这是一个重要原因。

在面心立方基体金属中加入铬、钼、钨、铌等合金元素形成单相固溶体，除产生固溶强化作用外，还因合金元素使层错能降低，易形成扩展位错，加大扩展位错的宽度，以及溶质原子与溶剂原子的结合力较强，增大了扩散激活能，从而提高蠕变极限。一般来说，固溶元素的熔点越高，其原子半径与溶剂的相差越大，对热强性提高越有利。

合金中如果含有弥散相，由于它能强烈阻碍位错的滑移与攀移，因而是提高高温强度更有效的方法。弥散相粒子硬度高（指与基体相不共格）、弥散度大、稳定性高，则强化作用越好。对时效强化合金，若在基体中加入相同摩尔分数的合金元素的情况下，多种元素要比单一元素的效果好。

在合金中添加能增加晶界扩散激活能的元素（如硼及稀土等），则既能阻碍晶界滑动，又增大晶界裂纹的表面能，因而对提高蠕变极限，特别是持久强度是很有效的。

9.2.3.2 冶炼工艺

各种耐热钢及其合金的冶炼工艺要求较高，因为钢中的夹杂物和某些冶金缺陷会使材料的持久强度降低。高温合金对杂质元素和气体含量要求更加严格，常存杂质除硫、磷外，还有铅、锡、砷、锑、铋等低熔点合金元素，即使其含量只有十万分之几，当其在晶界偏聚后，会导致晶界严重弱化，而使热强性急剧降低，加工塑性变差。例如，某些镍基合金的实验结果指出，经过双真空冶炼后，由于铅的含量由百万分之五降至百万分之二以下，其持久时间增长了一倍。由于高温合金在使用中通常在垂直于应力方向的横向晶界上易产生裂纹，因此，采用定向凝固工艺使柱状晶沿受力方向生长，减少横向晶界，从而大大提高持久寿命。例如，某镍基合金采用定向凝固工艺后，在 760 ℃、646.8 MPa 应力作用下的断裂寿命可提高 4~5 倍。

9.2.3.3 热处理工艺

珠光体耐热钢一般采用正火加高温回火工艺。正火温度应较高，以促使碳化物较充分而均匀地溶于奥氏体中。回火温度应高于使用温度 100~150 ℃，以提高其在使用温度下的组织稳定性。

奥氏体耐热钢或合金一般进行固溶处理和时效，使之得到适当的晶粒度，并改善强化相的分布状态。有的合金在固溶处理后再进行一次中间处理（二次固溶处理或中间时效），使碳化物沿晶界呈断续链状析出，则可使持久强度和持久塑性进一步提高。

采用形变热处理改变晶界形状（形成锯齿状），并在晶内造成多边化的亚晶，使新生成位错攀移困难，则可使合金进一步强化。如 GH38、GH78 型铁基合金采用高温形变热处理后，在 550 ℃和 630 ℃的 100 h 持久强度分别提高 25%和 20%左右，而且还保持有较高的持久塑性。

9.2.3.4 晶粒度

晶粒大小对金属材料高温性能的影响很大，当使用温度低于等强温度时，细晶粒钢有较高的强度；当使用温度高于等强温度时，粗晶粒钢及合金有着较高的蠕变抗力与持久强度。但是，晶粒度太大会使持久塑性和冲击韧性降低。为此，在热处理时应考虑适当的加热温度，以满足适当晶粒度的要求。对于耐热钢及合金随合金成分及工作条件不同有一最佳晶粒度范围。例如，奥氏体耐热钢及镍基合金一般以 2~4 级晶粒度较好。

在耐热钢及合金中晶粒度不均匀会显著降低其高温性能。这是由于在大小晶粒交界处出现不协调产生高应力集中，裂纹就容易在此产生而引起过早的断裂。

9.3　松弛稳定性

9.3.1　金属中的应力松弛现象

为了用螺栓压紧两个零件（如蒸汽管道接头），需转动螺帽使螺杆产生一定的弹性变形，这样在螺杆中就产生了拉应力。在高温下会发现，经一段时间后，螺杆的拉应力会逐渐自行减小。但原来给的总变形量不变。这种在具有恒定总变形的零件中，随着时间的延长而自行减低应力的现象，称为应力松弛。

处于松弛条件下的零件如图 9-11（a）所示；在一定温度下随着时间的延长，弹性应变量 $\varepsilon_{弹}$ 与塑性应变量 $\varepsilon_{塑}$ 的变化如图 9-11（b）所示，其总应变 ε_0 可表示如下：

$$\varepsilon_0 = \varepsilon_{弹} + \varepsilon_{塑} = 常数$$

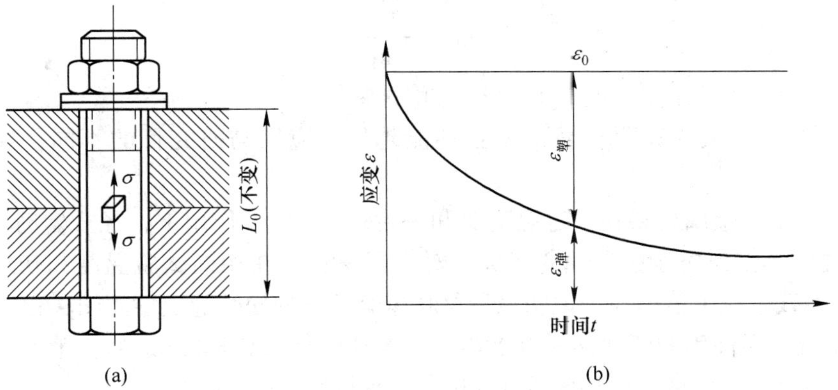

图 9-11　金属中的应力松弛现象

（a）零件装配示意图；（b）零件中弹性应变和塑性立变随时间变化规律

最初，即 $t=0$ 时，零件中的总应变为 $\varepsilon_0 = \Delta L_{总}/L_0$，全为弹性变形，这时其中的应力为 $\sigma_0 = E\varepsilon_0$。随着时间的增长，塑性变形产生，弹性变形消失，弹性变形不断地转化为塑性变形，即弹性应变 $\varepsilon_{弹}$ 不断地减小，零件中的应力也就相应降低，即应力 $\sigma = E\varepsilon_{弹}$，而 $\varepsilon_{弹}$ 减小，σ 就减小。

钢在常温下，可以说不产生松弛现象，因松弛速度甚小，没有实际意义。但在高温时，松弛现象就较明显。因此，蒸汽管道接头螺栓在工作一定时间后必须拧紧一次，以免产生漏水、漏气现象。在高温下，除螺栓外，凡是相互连接而其中有应力相互作用的零件，如弹簧、压配合零件等，都会产生应力松弛现象。

前已述及，金属的蠕变是在应力不变的条件下，不断产生塑性变形的过程；而金属的松弛则是在总变形不变的条件下，弹性变形不断转变为塑性变形，从而使应力不断减小的过程。因此，可以将松弛现象视为应力不断减小条件下的一种蠕变过程。由此可知，金属的蠕变与应力松弛两者的本质是一致的，只是由于外界条件有差异而有不同的表现而已。

9.3.2　松弛稳定性指标及其测定方法

金属中的应力松弛过程，可通过松弛试验测定的松弛曲线来描述。金属的松弛曲线是

在给定温度 T 和总变形量不变条件下应力随时间而降低的曲线，如图 9-12 所示。经验证明，在单对数坐标（$\lg\sigma$-t）上，用各种方法所得到的应力松弛曲线，都具有明显的两个阶段。第一阶段持续时间较短，应力随时间急剧降低，第二阶段持续时间很长，应力下降逐渐缓慢，并趋于恒定。

第一阶段主要是蠕变中位错滑移和晶界滑移起主导作用，而第二阶段主要是扩散控制的位错攀移和畸变区扩散起主导作用的缘故，前者较快，而后者较慢。材料抵抗应力松弛的性能称为松弛稳定性，可通过松弛曲线来评定。松弛曲线第一阶段的晶粒间界抗应力松弛的能力，用晶间稳定系数 s_0 表示：

$$s_0 = \sigma'_0/\sigma_0$$

式中，σ_0 为初应力；σ'_0 为松弛曲线第二阶段的初应力，其数值可由图 9-12 所示松弛曲线上直线部分延长后与纵坐标的交点求得。

材料在第二阶段抗应力松弛的能力，可用晶内稳定系数 t_0 表示：

$$t_0 = \frac{1}{\tan\alpha}$$

式中，α 为松弛曲线上直线部分与横坐标之间的夹角。

s_0 和 t_0 数值越大，表明材料抗松弛性能越好。应用与研究目的不同，规定也不会相同。

此外，还常用金属材料在一定温度 T 和一定初应力 σ_0 作用下，经规定时间 t 后的残余应力 σ 的大小作为松弛稳定性的指标。对不同材料，在相同试验温度和初应力下，经时间 t 后，如残余应力值越高，说明该种材料越有较好的松弛稳定性。图 9-13 为制造汽轮机、燃气轮机紧固件用的两种钢材（20Cr1Mo1VNbB 及 25Cr2MoV）的松弛曲线。由图可见，20Cr1Mo1VNbB 钢的松弛稳定性比 25Cr2MoV 钢好。

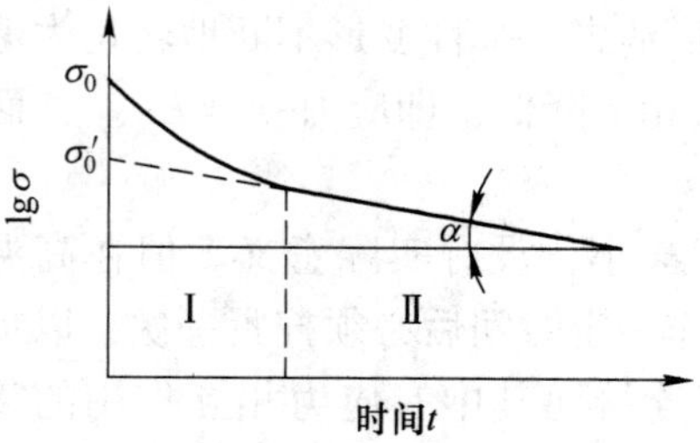

图 9-12 松弛曲线

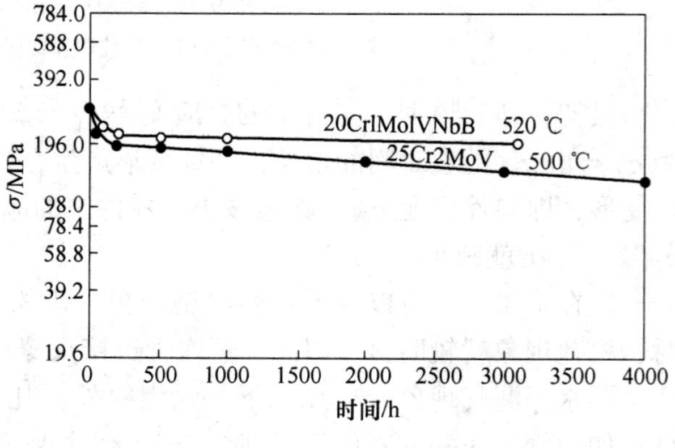

图 9-13 两种钢材松弛曲线的比较

应力松弛试验采用环状试样的试验方法。环状试样如图 9-14 所示。试环的厚度一定，其工作部分 BAB 由两个偏心圆 R_1 及 R_2 构成，使环的径向宽度 h 随 φ 角而变化，以保证在试环开口处 C 打入楔子时，在 BAB 半圆环的所有截面中具有相同的应力。试环的非工作部分 BCB 的截面较大，致其弹性变形可忽略不计。试验时，将一已知宽度 b_0 的几个不同尺寸的楔子依次打入开口处，使原开口的宽度 b 增大。根据材料力学公式，可计算出试环由于开口宽度增大在工作部分所承受的应力，即初应力 σ_0。试样加楔后，放在一定温度的炉中保温至预定时间，取出冷却，拔出楔子。这时，由于试环有一部分弹性变形转变为塑性变形，因而开口的宽度比原宽 b 有所增大，测出实际宽度，就可算出环内残余应力的大小。然后仍将楔子打入，第二次入炉，炉温不变，延长保温时间。这样依次进行，就可测出经不同保温时间后环内的残余应力的数值，据此绘出松弛曲线。

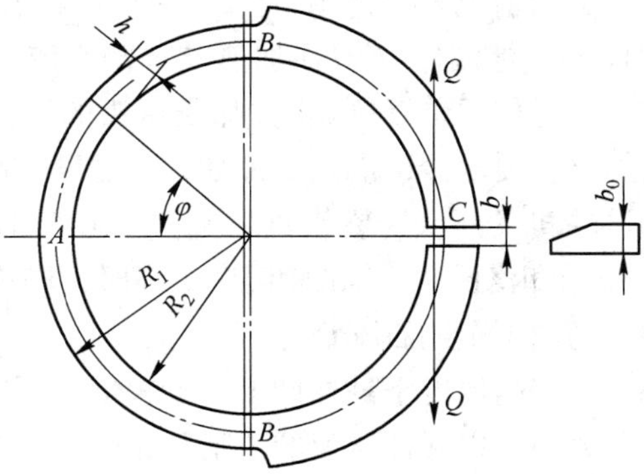

图 9-14　松弛试验用的环状试样
（ϕ70 mm 型标准试环，$R_1=28.6$ mm，$R_2=25.0$ mm）

9.4　其他高温力学性能

我们前几章讲的力学性能指标，有许多指标有时要求在高温下进行测试，如拉伸、硬度、疲劳、腐蚀、开裂及氢脆、冲击等。

9.4.1　高温短时拉伸性能

评定材料热强性能时，虽然主要考虑其蠕变极限和持久强度，但在某些特殊情况下，如火箭上的零件，工作时间很短，蠕变现象不起决定作用，又如制定钢的热锻轧工艺，需要了解钢材的热塑性，这时高温瞬时拉伸的力学性能就有重要的参考价值。

高温短时拉伸试验主要是测定金属材料在高于室温时的抗拉强度、屈服强度、伸长率及断面收缩率等性能指标。可在装有管式电炉及测量和控制温度等辅助设备的一般试验机上进行。试样按常温试验要求准备好后，装入管式炉中，两端用特制的连杆引出炉外，夹于试验机的夹头内。为了准确地测定试样温度，最好将热电偶的热接点用石棉绳绑在试样标距部分。试样加热到规定温度后，应根据其尺寸大小，保温 20 min 以上，然后进行拉伸试验。试样的伸长和断面收缩，可待试样冷却后在常温下测定。如需测定材料的屈服强度，则应采用特制的引伸计，使其能伸出炉外，以便观测；也可在管式炉上预留窥视孔，装试样时使其标点恰好对准此孔，在试验过程中用测试望远镜测定其伸长。

国家标准《金属材料　拉伸试验　第 2 部分：高温试验方法》(GB/T 228.2—2015）中对试件、拉伸炉、试验机、试验步骤、数据处理及试验温度、拉伸速度等都作了相关的规定。

9.4.2　高温硬度

金属材料的高温硬度，对于高温轴承及某些工具材料等是重要的质量指标。此外，目前正在研究高温下金属材料的硬度值随承载时间的延长而逐渐下降的规律，试图据此确定同温度下的持久强度，以减少或省去时间冗长的持久试验。因此，高温硬度试验的应用将日益广泛。

高温硬度试验在试验设备方面，涉及到试样加热、保温、控温和防止氧化等一系列问题。目前，在试验温度不太高的情况下，仍用布氏、洛氏和维氏试验法。在试验机的工作台上须加装一只密闭的试样加热保温箱（包括加热及冷却系统、测温装置、通入保护气体系统、高真空系统及移动试样位置装置等），并加长压头的压杆，使之伸入密闭的加热箱内。注意热对试验机的损害，要水冷、隔热等。如试验温度较高，要求较严格时，则多采用特制的高温硬度计。试验机的压头，在温度不超过 800 ℃时，可用金刚石锥（维氏和洛氏）和硬质合金球（布氏和洛氏），当试验温度更高时，则应换用人造蓝宝石或刚玉制的压头或其他陶瓷材料，高温下金刚石不稳定。

在操作方法上，考虑到在较高温度下试样硬度一般较低，所以载荷不宜过大，并需根据试验温度的高低改变载荷大小，以保证压痕的清晰和完整。此外，由于试样在高温下塑性较好和对蠕变的影响较显著，一般规定加载时间为 30~60 s。但有时为了特地显示蠕变的影响，加载时间可延续 1~5 h，所得结果称为持久硬度。试样上压痕对角线（维氏）或直径（布氏）的测量，一般均待试样冷却后取出在常温下进行。

金属的高温力学性能对于保障和推动国民经济的多个关键行业的稳定和发展具有重要的影响。在我国民航工业的发展历程中，C919 大型客机的成功研发是一个标志性成就。C919 客机不仅代表了我国在大型民用飞机领域的突破，也体现了对高端制造技术的掌握。其中，航空发动机作为飞机的“心脏”，其性能的优劣直接关系到飞机的运行效率和安全性。发动机在运行过程中会产生极高的温度，对构成发动机的金属材料提出了极高的要求，尤其是在高温力学性能方面。

C919 客机的发动机涡轮叶片使用了先进的镍基超合金材料，这种材料能够在高达 1100 ℃的温度下保持高强度和良好的抗蠕变性能。这种高温合金的成功应用，是我国材料科学家和工程师多年研究和实验的成果，展示了我国在高温材料技术方面的进步。作为未来的材料学科的专业人才，同学们的学习和研究工作与国家的航空安全和科技进步密切相关，大家应继承和发扬老一辈科学家献身科学、热爱祖国的优良传统，深刻理解肩负的强国使命和职业担当，为实现中华民族伟大复兴的中国梦而努力奋斗。

思考题

9-1 和常温下力学性能相比，金属材料在高温下的力学行为有哪些特点？造成这种差别的原因是什么？

9-2 试说明高温下金属蠕变变形的机理与常温下金属塑性变形的机理有何不同？

9-3 讨论稳态蠕变阶段的变形机制及温度和应力的影响。

9-4 试说明金属蠕变断裂的裂纹形成机理与常温下金属断裂的裂纹形成机理有何不同？由此得到什么启发？

9-5 提高材料的蠕变抗力有哪些途径？

9-6 试分析晶粒大小对金属材料高温力学性能的影响。

9-7 试述高温蠕变与应力松弛的异同点。如何计算一紧固螺栓产生应力松弛的时间。

参 考 文 献

[1] 束德林．工程材料力学性能［M］．北京：机械工业出版社，2016.
[2] 冯端，师昌绪，刘治国．材料科学导论：融贯的论述［M］．北京：化学工业出版社，2002.
[3] 王吉会，郑俊萍，刘家臣，等．材料力学性能原理与实验教程［M］．天津：天津大学出版社，2018.
[4] 肖纪美．材料学的方法论［M］．北京：冶金工业出版社，1994.
[5] 刘瑞堂，刘文博，刘锦云．工程材料力学性能［M］．哈尔滨：哈尔滨工业大学出版社，2001.
[6] 孙茂才．金属力学性能［M］．哈尔滨：哈尔滨工业大学出版社，2005.
[7] 郑修麟．工程材料的力学行为［M］．西安：西北工业大学出版社，2004.
[8] 石德珂，金志浩．材料力学性能［M］．西安：西安交通大学出版社，1998.
[9] ISO 14556：2023. Metallic materials—Charpy V-notch pendulum impact test—instrumented test method.
[10] ISO 14577-1：2015. Metallic materials—Instrumented indentation test for hardness and materials parameters—Part 1：Test method.
[11] 杨道明．金属力学性能与失效分析［M］．北京：冶金工业出版社，1991.
[12] 姜伟之，赵时熙，王春生，等．工程材料的力学性能（修订版）［M］．北京：北京航空航天大学出版社，2000.
[13] 赵建生．断裂力学及断裂物理［M］．武汉：华中科技大学出版社，2003.
[14] 哈宽富．金属力学性质的微观理论［M］．北京：科学出版社，1983.
[15] 褚武扬．断裂力学基础［M］．北京：科学出版社，1979.
[16] 郑修麟．切口件的断裂力学［M］．西安：西北工业大学出版社，2005.
[17] 肖纪美．金属的韧性与韧化［M］．上海：上海科学技术出版社，1980.
[18] 刘家浚．材料磨损原理及其耐磨性［M］．北京：清华大学出版社，1993.
[19] 邓增杰，周敬恩．工程材料的断裂与疲劳［M］．北京：机械工业出版社，1995.
[20] SURESH S. 材料的疲劳［M］．王中光，译．北京：国防工业出版社，1993.
[21] 杨宜科，吴天禄，江先美，等．金属高温强度及试验［M］．上海：上海科学技术出版社，1986.
[22] 陈国邦．低温工程材料［M］．杭州：浙江大学出版社，1998.
[23] 郑文龙，于青．钢的环境敏感断裂［M］．北京：化学工业出版社，1988.
[24] 李莎，那顺桑，陈斌锴．探索用锥锻法评价冷镦钢的冷镦性能［J］．理化检验（物理分册），2006（7）：339-342.
[25] 李莎，那顺桑．钢中夹杂物在镦粗过程中的运动行为［J］．热处理，2006（1）：40-43.
[26] KALTON A F，HOWARD S J，JANCZAK-RUSCH J，et al. Measurement of interfacial fracture energy by single fibre push-out testing and its application to the titanium-silicon carbide system［J］. Acta Materialia，1998，46（9）：3175-3189.
[27] LU Y，HIROHASHI M，PAN J，et al. Distribution of interfacial shear strength in SiC/Al composites［J］. Journal of Materials Science Letters，2000，19（15）：1343-1346.